영재 교육을 위한

창의력 수학 I

대수

지 은 이　남호영·박제남·장영호
펴 낸 이　박문규
펴 낸 곳　KM 경문사
출판등록　1979년 11월 9일 제9-9호

주　　소　(121-818) 서울 마포구 동교동 184-17
전　　화　02-332-2004　팩스 02-336-5193
이 메 일　kms2004@kyungmoon.com
홈페이지　www.kyungmoon.com

초판 1쇄 발행 2006년 6월 15일
초판 2쇄 발행 2008년 5월 1일

ISBN 89-7282-937-4 03410
ISBN 89-7282-936-6 (세트)

* 책값은 뒤표지에 있습니다.

영재 교육을 위한

창의력 수학 I

대수

남호영 · 박제남 · 장영호 지음

경문사

머리말

아주 오래된 이야기이지만 기원전 알렉산드리아 대학에서 유클리드에게 기하학을 배우던 학생들 중에는 왕자도 있었다. 왕자가 좀더 쉽게 배울 수 있는 방법을 묻자 유클리드는 "기하학에는 왕도가 없습니다."라고 대답하였다고 전해진다. 기원전이든 지금이든, 알렉산드리아든 어디든 이 대답에는 변함이 없을 것이다. 수학을 재미있고 쉽게 가르치라는 요구가 거세지면서 '재미있는 수학'이라는 제목을 내걸면서 마치 하룻밤에 수학을 정복할 수 있는 듯이, 마치 놀이를 하듯 흥미진진하게 공부할 수 있는 듯이 유혹하는 책을 어렵잖게 볼 수 있다. 그러나 김치가 매운 것이 사실이듯, 수학은 결코 쉬운 학문이 아니다.

쉽고 어려움은 그것을 겪는 과정에서 달라질 수 있다.(그렇다! 김치도 맛을 알게 되면 맵다기보다는 시원하고 맛이 있다고 생각한다.) 어렵던 것도 몇 번 보면 쉬워질 수 있다. 더 놀라운 것은 어려운 것에도 재미를 느낄 수 있다는 사실이다. 이해하기 어렵거나 해결하기 어려울 때 며칠 덮어놓았다가 다시 들여다보고 또 덮어놓았다가 들여다보기를 반복하다보면 어느덧 어려움 자체를 즐기는 자신을 발견하게 될 것이다. 이때는 이미 어려움과 재미가 뒤섞여 쉬움과 어려움, 재미있음과 재미없음이라는 구분이 의미 없는 경지에 이르게 되는 것이다. 이 책은 바로 이러한 경지에 이르고 싶은 사람을 위한 책이다. 자신을 영재라고 생각하든 그렇지 않든 관계없이 수학을 '해보고 싶다'는 생각을 가진 용기 있는 사람을 위한 책이다.

이 책은 인하대학교 과학영재교육원에서 2003년부터 최근까지 강의했던 교재를 기본으로 하여 만든 것이다. 기본적인 내용은 중·고등학교 수학에 기반하고 있으며, 해당 주제의 출발은 중·고등학교 수학교육 과정을 원칙으로 하였기 때문에 흐름을 따라가는 것이 낯설지는 않을 것이다. 그러나 해당 주제에 대한 깊은 이해를 위해서라면 현행 교육 과정에 제시된 중·고등학교 수학을 넘어서는 것을 망설이지 않았다.

책을 즐기는 데 특징을 알면 많은 도움이 되기 때문에 이 책의 특징을 몇 가지 소개하고자 한다.

첫째, 이 책은 주제별로 장이 구분되어 있다. 여러 학년에 걸친 강의 교재를 주제별로 묶고 보완하는 과정을 거치면서 장의 첫머리에는 해당 주제에 대한 기본적인 내용을 담고 뒤쪽으로 갈수록 점점 심화된 내용을 담도록 배치하였다. 따라서 장의 뒤쪽으로 가면서 점점 어려움을 느낀다면 잠시 중단하고 다른 장을 먼저 보는 것도 좋은 방법이다.

두 번째 특징은 서로 연관된 내용의 위치가 실려 있는 각주이다. 책을 처음 볼 때는 차례대로 보더라도 나중에 연관된 내용이 있는 부분을 중심으로 다시 한 번 본다면 머릿속에 그림이 그려지듯이 가닥을 잡을 수 있을 것이다. 예를 들어, 무리수는 1권의 10장 유리수와 무리수에서 주로 다루지만 1권의 7장 몫과 나머지, 8장 방정식과 부등식, 9장 원주율, 2권의 6장 정다면체, 9장 닮음과 프랙털에도 등장한다. 각 장마다 무리수가 해당 주제에 관련된 모습으로 등장하는데, 각주를 이용하여 하이퍼링크처럼 무리수에 대한 부분을 읽어나간다면 무리수에 대한 개념을 총체적으로 파악하는 데 매우 큰 도움이 될 것이다.

세 번째 특징은 기존 단행본이나 영재 교육 관련 자료집에 담겨 있지 않은 새로운 내용들이 많이 실려 있다는 점이다. 이 책에는 카탈란 수가 등장하는데, 학생들이 카탈란 수를 꼭 배워야 할 필요는 없지만 카탈란 수가 학생들이 흔히 접하지 못했던 새로운 소재로서 수학적 해석 능력과 탐구력을 높이는 도구가 되는 것은 사실이다. 또, 고등학교에서 $f(x)$의 역함수 $f^{-1}(x)$를 구하다보면 일반적으로는 $f^{-1}(x)$와 $1/f(x)$이 다르지만 어떤 경우에는 마치 역수처럼 $f^{-1}(x)=1/f(x)$이 성립하기도 한다. 어떤 경우에 $f^{-1}(x)=1/f(x)$이 성립하는가를 탐구하는 것은 고등학교 교육 과정을 벗어나지만 영재 교육의 소재로서는 충분히 의미 있는 것이다.

넷째, 이 책에는 거의 종이를 넘길 때마다 참고문헌이 달려 있다고 해도 과언이 아닐 정도로 많은 참고문헌이 소개되어 있다. 몇 년 간 수고한 저자들의 노력이 엿보이는 부분인데, 더 깊이 있는 공부를 원한다면 각주를 참고할 수 있다.

이 책은 두 권으로 구성되어 있다. 1권은 대수에 관련된 내용을 주로 담았고, 2권은 기하에 관련된 내용을 주로 담았다. 이 책은 주제별로 구성되어 있기 때문에 차례대로 볼 필요는 없으며, 관심 가는 주제를 먼저 보는 것이 충분히 가능하다. 장의 첫머리에 관련 학년과 단원을 기록해놓았으므로 이를 참고할 수 있을 것이다.

이 책은 약 3년 동안 쓴 책이다. 3년은 책을 한 권 완성하기에 결코 충분하지 않은 시간이다. 그러나 1998년 영재교육진흥법이 제정된 이래 영재 교육이 본격화된 지 몇 년 지났지만 올림피아드 관련 책 이외에는 수학 영재 교육에 관련된 책을 찾아볼 수 없는 현실을 고려하여 내놓게 되었다. 이 책이 수학 영재 교육의 질을 높이는 데 조금이라도 기여할 수 있기를 바라며, 끝으로 이 책을 출판하는 데 애써주신 경문사 여러분께 감사드린다.

2006년 5월

저자 일동

차례

머리말 4

101 단위분수와 완전수

1. 이집트인이 사용한 분수 12
2. 단위분수로 고치기 24
3. 완전수와 준완전수 30
4. 친화수 43

102 도형수

1. 평면에서의 도형수 56
2. 삼각수를 이용한 문제해결 68
3. 공간에서의 도형수 72

103 소수

1. 소수의 세계를 탐험하다 80
2. 소수의 몇 가지 성질 87
3. 빅뱅 이론과 블랙홀 95

104 피보나치 수열

1. 피보나치 수열 104
2. 피보나치 수열이 만드는 퍼즐 116
3. 피보나치 수와 최소정사각형 분할 122
4. 피보나치 수에서의 패턴 130

105 자연수 합과 분할

1. 자연수의 합 144
2. 연속된 짝/홀수의 합으로 나타내기 151
3. 자연수의 분할 162
4. 분할의 생성함수 170
5. 베르누이 수 177

106 순환소수

1. 순환소수의 순환마디의 길이 192
2. 순환마디의 길이와 몇 가지 규칙 200
3. 순환마디에서의 규칙 209
4. 왼쪽으로 가는 순환수 218

107 몫과 나머지
1. 몫과 나머지 228
2. 연분수 235
3. 도미노 246

108 방정식과 부등식
1. 아르키메데스의 황소 260
2. 부정방정식 268
3. 산술평균, 기하평균, 조화평균 291
4. 여러 가지 평균 304

109 원주율
1. 원주율의 역사 312
2. 아르키메데스가 바라본 π 의 값 319
3. 파이의 날 327
4. 피라미드 탐구 334
5. 원의 넓이 340

110 유리수와 무리수
1. 무리수 348
2. 무리수의 근사값 356
3. 유리수인가, 무리수인가? 375

111 암호
1. 비밀키 암호방식 382
2. 암호에 필요한 중요한 수학이론 391
3. RSA 암호방식 398

112 함수
1. 역함수와 헨리 함수 406
2. 정수함수 416
3. 생성함수 1 431
4. 생성함수 2 440
5. 이차곡선 1 452
6. 이차곡선 2 462

찾아보기 472

101

단위분수와 완전수

• **교육과정**

중 1_ 자연수

중 2_ 유리수, 식의 계산

주제 1	이집트인이 사용한 분수
Keywords	단위분수, 분수, 피보나치, 피라미드
주제 2	단위분수로 고치기
Keywords	단위분수, 분수, 소수, 기우가 수
주제 3	완전수와 준완전수
Keywords	단위분수, 완전수, 준완전수, 약수, 배수
주제 4	친화수
Keywords	완전수, 친화수, 약수

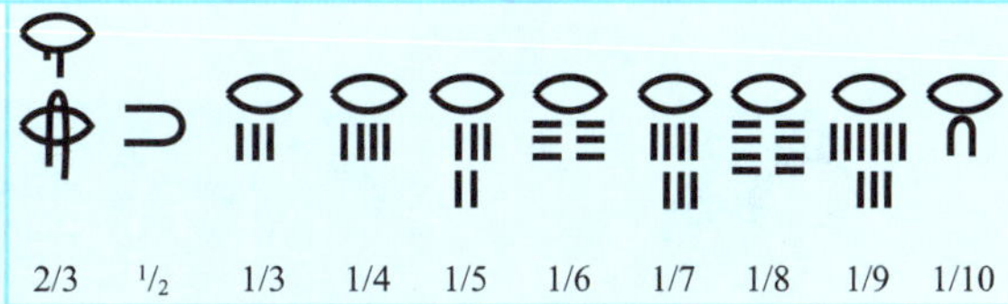

분수는 인류가 수를 쓰기 시작한 이래 자연수와 함께 쓰이기 시작했다고 말할 수 있을 정도로 오랜 역사를 가지고 있다. 그러나 그 표현 방법이 지금과 같았던 것은 아니고 고대 이집트에서 쓰인 기록에 따르면 그들은 $\frac{2}{3}$ 를 제외한 모든 분수는 분자가 1인 분수만을 사용했다고 한다. 분자가 1인 분수를 단위분수라 부르는데, 고대 이집트에서 시작된 단위분수 표현은 이후 아랍에서 더욱 발전하게 되었다.

단위분수의 의의는 단지 분수 표현에 그치는 것이 아니다. 어떤 수를 단위분수의 합으로 표현하는 알고리즘이 매우 풍부하게 개발되었으며, 완전수, 친화수 등 우리에게 친숙한 정수론의 여러 영역에 관련되어 있다.

흔히, 완전수, 친화수 등은 단순한 흥밋거리로 소개되곤 하였다. 그 이유는 정의는 단순한데 비하여 몇몇 작은 수를 제외하고는 그 수들을 구하는 과정이 결코 쉽지 않기 때문인 것으로 짐작된다. 여기에서는 단위분수에서 출발하여 그 외연을 점차 확장하여 완전수, 친화수로 발전시켰으며, 이것들과 관련된 정수론에서의 미해결 문제들도 소개되어 있어 수에 대하여 깊이 있는 학습을 할 기회를 가질 수 있을 것이다.

주제 1에서는 고대 이집트의 린드 파피루스에 실려 있는 단위분수 표현을 피보나치가 제안한 방법에 따라 재현해보는 내용과 단위분수의 필요성을 소개하였다. 한 수를 단위분수의 합으로 표현하는 방법에 대한 피보나치의 알고리즘은 단위분수의 합으로 표현하는 방법이 여러 가지로 가능함을 알려준다.

주제 2에서는 1을 단위분수의 합으로 나타내는 여러 가지 방법을 소개하였다. 이는 기우가(Giuga) 수라는 미해결 문제와 관련 있는데, 어떤 수가 기우가 수인지 아닌지를 알 수 있는 방법은 아직 알려지지 않았으며 이는 페르마의 소정리와 관련 있다.

주제 3에서는 1을 단위분수의 합으로 표현하는 것에서 출발하여 완전수, 준완전수를 소개하였다. 하세의 다이어그램을 이용한 약수 구하기, 약수의 합에 관련된 공식 등은 완전수를 학습하는 데 매우 유용한 도구가 될 것이다.

주제 4에서는 완전수를 친화수로 발전시킨 후, 친화수를 구하는 여러 가지 방법을 소개하였다.

101-1 이집트인이 사용한 분수

Keywords 단위분수, 분수, 피보나치, 피라미드

1 단위분수

지금으로부터 약 5천 년 전 고대 이집트인들은 $\frac{1}{3}$, $\frac{1}{5}$, $\frac{1}{8}$ 등으로 분자가 1인 분수들만을 사용했다($\frac{2}{3}$는 예외). 분자가 1인 분수를 '단위분수'라 부른다. 단위분수 표현은 이집트에서 시작되어 이후 아랍에서 더욱 발전하게 되었다. 이집트에서의 단위분수에 대해서는 호루스에 관한 신화에서도 엿볼 수 있다. 호루스는 이집트 신화에 등장하는 신으로 매의 머리를 가진 형상의 신(神)이다. 따라서 호루스의 눈(Eye of Horus)은 사악한 것으로부터 보호받을 수 있는 매우 강력한 부적으로 여겨졌다. 호루스의 눈은 그림과 같이 여섯 개의 부분으로 나누어 각 부분을 단위분수로 나타낸다. 이들 분수들을 모두 합하면 1에서 단위분수 하나만큼 모자라는데, 전설에 의하면 세트 신이 그의 아버지인 오시리스를 죽이고 왕이 되고자 조카인 호루스의 눈을 버렸는데, 이것을 토트 신이 찾아 넣어 1이 되게 하였다고 한다.

단위분수
분자가 1인 분수

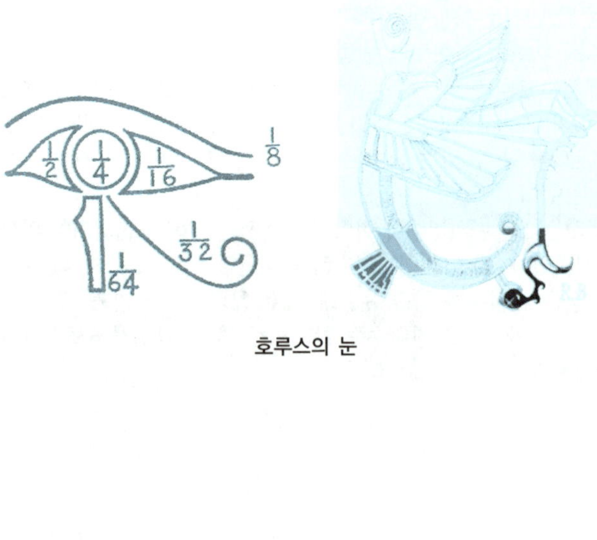

호루스의 눈

아랍에서는 단위분수에 대한 다음과 같은 이야기가 전해진다. 당시 아랍에서는 낙타가 매우 중요한 재산이었다.

어떤 부자가 17마리의 낙타를 유산으로 남기면서 세 명의 아들에게 다음과 같은 유언을 남겼다.

> "큰 아들은 $\frac{1}{2}$, 둘째 아들은 $\frac{1}{3}$ 그리고 막내는 $\frac{1}{9}$로 나누어 갖거라."

그러나 큰 아들은 17마리의 낙타의 1/2은 가질 수 없었고 둘째 아들도 마찬가지로 17마리의 1/3을 가질 수 없나. 낙타를 어떻게 나누어야 할지 난감해진 아들들은 마을 사람들에게 지혜를 구하러 나섰다. 낙타를 어떻게 나누어 가지라고 말해주겠는가?

> "내가 낙타 한 마리를 빌려줄 테니 이 낙타까지 포함해서 18마리로 나누어 가져라. 그러면
>
> $$18\times\frac{1}{2}=9,\ 18\times\frac{1}{3}=6,\ \text{그리고}\ 18\times\frac{1}{9}=1$$
>
> 이므로 너희들은 각각 9, 6, 2마리씩 갖게 될 것이고, 나머지 한 마리는 다시 내가 가져가면 된단다."

위 문제의 핵심은

$$\frac{1}{2}+\frac{1}{3}+\frac{1}{9}=\frac{17}{18}$$

이고, 따라서 17마리 낙타에 한 마리를 추가한다는 것은 모자라는 $\frac{1}{18}$을 채우는 것이 된다. 즉,

$$\frac{1}{2}+\frac{1}{3}+\frac{1}{9}+\frac{1}{18}=1$$

이다.

호루스의 눈이나 낙타 문제나 모두 합이 1이 되는 단위분수에 관한 것이다. 이러한 문제에 대한 기록은 린드 파피루스[1]에서 찾아볼 수 있다. 이해를 돕기

1) 린드 파피루스(B.C. 2000, Rhind Papyrus)는 1858년 영국인 린드가 테베의 작은 고대 건물 폐허 속에서 발견되었다는 파피루스를 구입하면서 세상에 알려졌다. 현재까지 알려져 있는 가장

위하여 문제를 간단히 줄이면 다음과 같다.

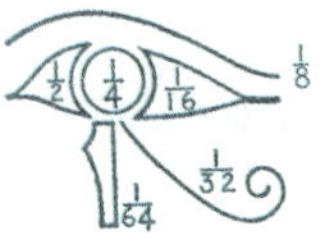

린드 파피루스

> 분자가 1인 분수들의 합이 1보다 작을 때, 단위분수를 적당히 몇 개 더하면 1이 되는 분수를 찾아라. 예를 들어
>
> $$\frac{1}{2}+\frac{1}{3}<1$$
>
> 일 때
>
> $$\frac{1}{2}+\frac{1}{3}+\frac{1}{x}+\frac{1}{y}=1$$
>
> 이 되는 분수 $\frac{1}{x}$, $\frac{1}{y}$을 찾아라.

린드 파피루스에 있는 문제는 1202년까지 그리 주목을 받지 못했다. 그러나 이 문제는 우리가 잘 알고 있는 수학자 피보나치에 의하여 매우 중요한 문제로 다시 태어난다. 피보나치의 접근 방법은 무엇일까?

피보나치의 생각을 단순화하여 설명하면 다음과 같다. 그는 식

$$\frac{1}{a}+\frac{1}{b}+\frac{1}{c}<1$$

에서 오른쪽에 있는 1을 분수 $\frac{q}{p}$로 바꾸었다. 즉,

$$\frac{1}{a}+\frac{1}{b}+\frac{1}{c}<\frac{q}{p}$$

일 때, 적당한 단위분수 몇 개를 더하면

$$\frac{1}{a}+\frac{1}{b}+\frac{1}{c}+\frac{1}{x}+\frac{1}{y}=\frac{q}{p}$$

가 된다는 것을 피보나치가 증명을 하였다. 예를 들어, $\frac{1}{5}+\frac{1}{27}<\frac{5}{21}$의

오래된 수학서로 지금은 영국 박물관에 보관되어 있다. 이집트어로 기록된 이 파피루스는 1877년, 독일의 고고학자 아이젠롤레(A. Eisenrolle)에 의해서 번역되었다. 이에 따르면 이 고문서는 기원전 1850년경에 이집트의 아메스가 그 전부터 알려져 있던 수학에 관한 지식을 기록한 수학책이었던 것이다. 따라서 '아메스의 파피루스'라고도 불린다.

왼쪽에 단위분수 $\frac{1}{945}$을 더하면

$$\frac{1}{5}+\frac{1}{27}+\frac{1}{945}=\frac{5}{21}$$

이다.

2 분수를 단위분수의 합으로 나타내기

1. 피보나치의 방법

이집트인들은 어떤 방법으로 분수를 단위분수들의 합으로 표현했을까? 다음은 수학자 피보나치가 1202년에 내놓은 아이디어이다. 기본적인 아이디어는 주어진 분수보다 작은 단위분수를 찾아 뺀 후 남은 수에 다시 이 과정을 반복하는 것이다. 피보나치의 위대함은 그의 알고리즘의 훌륭함에 있다. 그의 알고리즘에 의하면 다음과 같이 큰 수도 단위분수의 합으로 표현이 가능하다.

$$\frac{4}{8689}=\frac{1}{2173}+\frac{1}{6293733}+\frac{1}{59416606319201}+\frac{1}{7060666212981772994396237601}$$

이제 피보나치의 알고리즘으로 $\frac{5}{21}$를 단위분수들의 합으로 표현해보자.

단계		피보나치의 방법
단계 1	단위분수 결정	$\frac{5}{21}$보다 작으면서 가장 가까운 단위분수를 결정하자. $\Rightarrow \frac{1}{5}<\frac{5}{21}<\frac{1}{4}$이므로 구하는 단위분수는 $\frac{1}{5}$이다.
	빼기	$\frac{5}{21}-\frac{1}{5}$을 계산하자. $\Rightarrow \frac{5}{21}-\frac{1}{5}=\frac{4}{105}$
단계 2	단위분수 결정	분수 $\frac{4}{105}$에 [단계 1]을 되풀이한다. $\Rightarrow \frac{1}{27}<\frac{4}{105}<\frac{1}{26}$
	빼기	$\Rightarrow \frac{5}{21}-\frac{1}{5}-\frac{1}{27}=\frac{1}{945}$

1 위에서는 $\frac{1}{5}$을 첫 출발점으로 사용했다. 첫 출발을 $\frac{1}{6}$로 하여 $\frac{5}{21}$를 단위분수들의 합으로 나타내어라. 이와 같은 시도에서 나온 결과가 무엇을 말하는지 자신의 생각을 써보아라.

2 $\frac{3}{4}$을 단위분수로 표현할 때 여러 가지 방법이 존재하는지 알아보아라.

(1) $\frac{3}{4}=\frac{1}{2}+\frac{1}{\square}$

(2) $\frac{3}{4}=\frac{1}{2}+\frac{1}{5}+\frac{1}{\square}$

(3) $\frac{3}{4}=\frac{1}{2}+\frac{1}{6}+\frac{1}{\square}$

3 어떤 수를 단위분수의 합으로 표현할 때 무한개의 표현이 가능할까?

4 다음 분수를 단위분수의 합으로 나타내어라.

(1) $\frac{4}{5}$ (2) $\frac{5}{11}$

이번에는 단위분수에 관한 해결되지 않은 문제를 알아보자. 위와 같은 과정을 거쳐 $\frac{4}{5}$를 단위분수의 합으로 나타내면

$$\frac{4}{5}=\frac{1}{2}+\frac{1}{4}+\frac{1}{20}$$

이다. 이때, $\frac{4}{5}=\frac{1}{2}+\frac{1}{4}+\frac{1}{20}$에서 4를 고정하고 일반화하면 임의의 자연수 n에 대하여

$$\frac{4}{n}=\frac{1}{a}+\frac{1}{b}+\frac{1}{c}$$

이라는 식을 얻게 된다. 이 식의 해는 항상 존재할까? 이 식의 해가 항상 존재한다는 것이 에르도스-슈트라우스(Erdos-Straus)의 가설(1948년)이다. 이 문제는 아직 수학자들이 해결을 못했지만 부분적인 성과는 있는데, 앨런 스위트(Alan Swett)는 n이 10^{14} 이하일 때에 한하여 증명을 하였다. 예를 들어, $n=8689$일 때

$$\frac{4}{8689} = \frac{1}{2175} + \frac{1}{1718250} + \frac{1}{14929874250}$$

이다.

만약 $\frac{5}{11} = \frac{1}{3} + \frac{1}{11} + \frac{1}{33}$에서 5를 고정하고 일반화한다면 임의의 자연수 n에 대하여 $\frac{5}{n} = \frac{1}{a} + \frac{1}{b} + \frac{1}{c}$의 해는 존재할까? 이 식의 해가 항상 존재한다는 것이 시에르핀스키(Sierpinski)의 가설(1956년)이었는데, 이는 가이(Guy, 1994년)가 해결하였다.

2. 단위분수를 또 다른 단위분수로 분해하기

앞에서는 분자가 1이 아닌 분수를 단위분수의 합으로 표현하는 것에 대하여 알아보았다. 분자가 1이 아닌 분수는 단위분수의 합으로 나타낼 수 있을 뿐만 아니라 그 표현 방법도 여러 가지로 할 수 있었다. 여기에서는 단위분수를 또 다른 단위분수의 합으로 표현하는 방법에 대하여 알아보고자 한다. 예를 들어, $\frac{1}{8}$을 다른 단위분수의 합으로 나타내어보자.

$$\begin{aligned}
\frac{1}{8} &= \frac{1}{25} \times \frac{25}{8} \\
&= \frac{1}{5} \times \frac{25}{40} \\
&= \frac{1}{5} \times \left(\frac{3}{5} + \frac{1}{40}\right) \\
&= \frac{1}{5} \times \left(\frac{1}{5} + \frac{2}{5} + \frac{1}{40}\right) \\
&= \frac{1}{5} \times \left(\frac{1}{5} + \frac{1}{3} + \frac{1}{15} + \frac{1}{40}\right) \\
&= \frac{1}{25} + \frac{1}{15} + \frac{1}{75} + \frac{1}{200}
\end{aligned}$$

위의 방법은 헨리 린드가 린드 파피루스와 비슷한 시기에 구입한 이집트의 유물인 가죽에 쓰여진 기록(The Egyptian Mathematical Leather Roll : EMLR)에 있는 것이다. 이 가죽에 있는 기록은 1927년에 해독되기 시작했는데, $\frac{1}{p}$ 또는 $\frac{1}{pq}$ 꼴의 단위 분수 26개를 또 다른 단위분수로 분해한 표가 기록되어 있다. 이 가죽은 학생들의 시험 결과인 것으로 추측되고 있다.[2)]

몇 가지 방법을 더 살펴보자.

첫 번째로 분모가 짝수인 꼴의 단위분수는 $\frac{1}{2n}=\frac{1}{2}\times\frac{1}{n}=\left(\frac{1}{3}+\frac{1}{6}\right)\times\frac{1}{n}$을 이용하여 또 다른 단위분수로 분해할 수 있다.

5 단위분수 $\frac{1}{6}$, $\frac{1}{12}$을 또 다른 단위분수로 분해하여라.

두 번째로 $\frac{1}{n}=\frac{1}{2n}+\frac{1}{2n}$과 같이 분모를 2배한 수로 분해하는 방법이 있다. 단, 이 방법은 항상 같은 단위분수로 분해된다는 제한점이 있는데, 아래 세 번째 방법과 같이 사용할 수도 있다.

세 번째로 $1=\frac{1}{2}+\frac{1}{3}+\frac{1}{6}$임을 이용하여 $\frac{1}{n}=\frac{1}{n}\times\left(\frac{1}{2}+\frac{1}{3}+\frac{1}{6}\right)$과 같이 분해할 수 있다. 예를 들면, $\frac{1}{5}$을 다음과 같이 분해할 수 있다.

$$\frac{1}{5}=\frac{1}{5}\left(\frac{1}{2}+\frac{1}{3}+\frac{1}{6}\right)=\frac{1}{10}+\frac{1}{15}+\frac{1}{30}$$

6 두 번째 방법과 세 번째 방법을 같이 사용하여 $\frac{1}{5}$을 또 다른 단위분수로 분해하여라.

네 번째로 $\frac{1}{n}=\frac{1}{n+1}+\frac{1}{n(n+1)}$임을 이용하여 $\frac{1}{5}=\frac{1}{6}+\frac{1}{30}$과 같이 분해할 수도 있다.

다섯 번째는 앞서 소개한 $\frac{1}{8}$을 바꾼 방법과 같이 어떤 수 A를 정하여 $\frac{1}{n}=\frac{1}{A}\frac{A}{n}$임을 이용하여 분해하는 것이다. 예를 들어, $\frac{1}{4}$을 $A=5$로 하여 분해하면 다음과 같다.

$$\frac{1}{4}=\frac{1}{5}\times\frac{5}{4}=\frac{1}{5}\left(1+\frac{1}{4}\right)=\frac{1}{4}+\frac{1}{20}$$

한 분수에 대하여 A를 다른 수로 택하면 그 결과도 달라진다.

7 $A=7$로 하여 $\frac{1}{4}$을 또 다른 단위분수로 분해하여라.

2) http://mathworld.wolfram.com/EgyptianMathematicalLeatherRoll.html

3 피라미드에서의 단위분수

피라미드의 크기에 대해서는 이집트 정부에서 공식 발표한 것이 있다. 다음은 이것에 만족하지 않고 한 개인(Terrys)이 더 세밀한 측정을 하여 개인이 조사한 후, 그 속에서 이집트인들이 단위분수를 어떻게 사용했는지를 추정한 것이다.[3)]

ls: left south
rs: right south

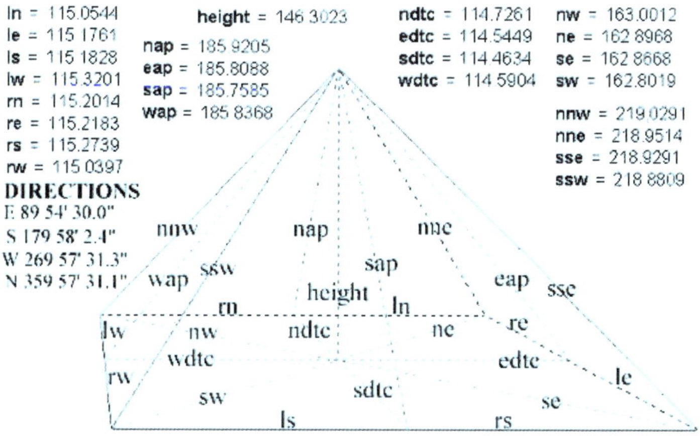

피라미드에서 남쪽 밑변의 길이는 ls + rs 로 115.18+115.27=230.45이고 높이는 146.30로 하자. 남쪽 밑변의 길이를 높이로 나누면 $1\frac{153}{266}$이고 $\frac{153}{266}$을 단위분수의 합으로 고치면

$$\frac{153}{266}=\frac{1}{2}+\frac{1}{14}+\frac{1}{266}$$

이다.

1 고대 이집트인들은 단위분수만을 사용했으므로 단위분수만을 사용하여 남쪽 밑변의 길이는 높이의 몇 배인지 알아보아라.

3) http://www.nulpuntenergie.net/vormkracht/pyramid.htm

4 단위분수의 필요성

단위분수는 이집트인들이 사용하기 시작하였지만 지금도 단위분수는 그 필요성이 인정되고 있다. 단위분수와 관련된 다섯 가지 예를 보면서 단위분수의 필요성을 인식해보자.

1. 나누어 갖기와 단위분수

만약 5통의 곡물을 8명에게 나누어 주려고 한다면 어떻게 해야 할까? 지금의 우리들이라면 $\frac{5}{8}$통씩 주면 된다고 하겠지만 이집트인들은 생각하는 방법이 달랐다. 그들은 먼저 4통을 8명에게 반씩 나누어준 후 남은 한 통을 8등분하여 또 나누어주었다. 따라서 아래 그림에서 색칠한 부분이 한 사람이 받는 양이다.

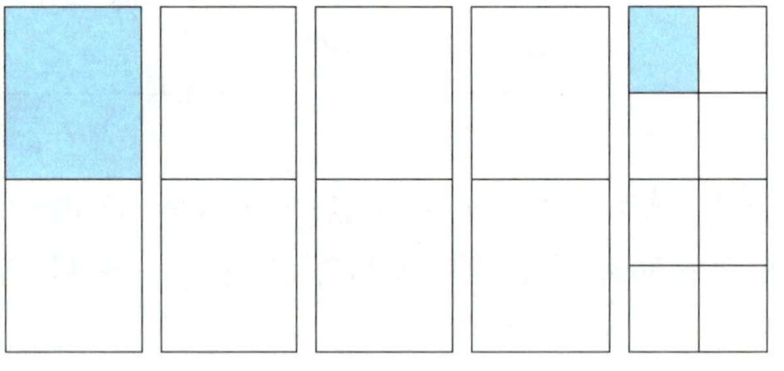

1 위의 방법을 바탕으로 $\frac{5}{8}$를 단위분수의 합으로 나타내어라.

2. 대소관계와 단위분수

두 분수의 크기를 비교하는 기본적인 방법은 통분하는 것이다. 예를 들어, 두 분수 $\frac{4}{7}$와 $\frac{5}{8}$의 크기를 비교하려면 통분하여 $\frac{32}{56} < \frac{35}{56}$와 같이 대소 관계를 알아낼 수 있다. 그러나 이집트인들은 단위분수만을 사용하였으므로 대소 관계를 비교하는 것이 매우 편리하였을 것으로 추정된다.

2 다음 두 가지 방법으로 두 분수 $\frac{3}{4}$와 $\frac{107}{144}$의 크기를 비교해보아라.

(1) 통분을 하여 두 분수의 크기를 비교해보아라.

(2) 다음은 이집트인처럼 두 분수를 단위분수만을 이용하여 나타낸 것이다. 두 분수의 크기를 비교해보아라.

$$\frac{3}{4}=\frac{1}{2}+\frac{1}{8}+\frac{1}{12}+\frac{1}{48}+\frac{1}{72}+\frac{1}{144}$$

$$\frac{107}{144}=\frac{1}{2}+\frac{1}{8}+\frac{1}{12}+\frac{1}{48}+\frac{1}{72}$$

3. 전기저항과 단위분수

전기저항이 R_1, R_2인 병렬회로에서의 (등가)저항 R에서 다음과 같이 단위분수식을 볼 수 있다.

병렬연결된 2개의 저항기

$$\Rightarrow \frac{1}{R}=\frac{1}{R_1}+\frac{1}{R_2}$$

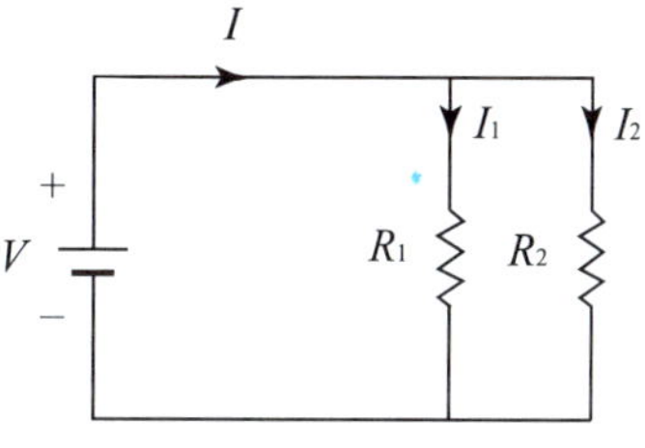

4. 구면거울과 단위분수

구면 거울에서 물체의 거리 p, 상의 거리 i, 거울의 초점거리 f 사이에 다음 단위분수식이 성립한다.

$$\Rightarrow \frac{1}{f}=\frac{1}{p}+\frac{1}{i}$$

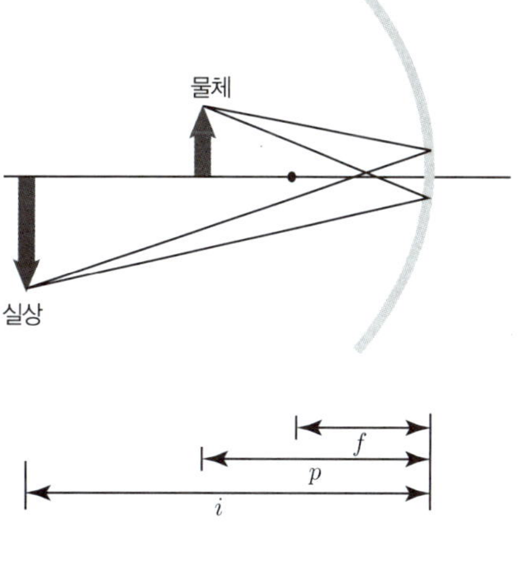

5. 다면체와 단위분수

오일러에 의하여 다면체에서 꼭지점의 개수를 v, 모서리의 개수를 e, 그리고 면의 개수를 f라 하면 $v-e+f$의 값은 일정함이 알려져 있다.[4] 이 식은 다면체에 대한 연구에서 매우 유용하게 쓰이는 식이다. 아래에서 이 식에 관련된 단위분수식을 만들어보자.

3 다면체 중 한 가지 정다각형으로만 이루어지고 각 꼭지점에 모인 면의 개수가 일정한 것을 정다면체[5]라고 한다. 각 꼭지점에서 m개의 정 n각형이 만나는 정다면체에 대하여 단위분수식을 만들어보아라.

4) 오일러 식에 대해서는 [206-1 오일러 식] 참고
5) 정다면체와 오일러 식에 대해서는 [206-2 정다면체의 종류] 참고

이집트인이 사용한 분수

❷ 분수를 단위분수의 합으로 나타내기

1 $\frac{5}{21}=\frac{1}{6}+\frac{1}{14}$. 출발점을 다르게 하면 단위분수의 또 다른 표현을 얻을 수 있다. 즉, 단위분수 표현은 유일하지 않다.

2 (1) 4　(2) 20　(3) 12

3 얼마든지 많은 표현을 찾을 수 있다.

4 (1) $\frac{4}{5}=\frac{1}{2}+\frac{1}{4}+\frac{1}{20}$　(2) $\frac{5}{11}=\frac{1}{3}+\frac{1}{11}+\frac{1}{33}$

5 $\frac{1}{6}=\left(\frac{1}{2}\right)\left(\frac{1}{3}\right)=\left(\frac{1}{3}+\frac{1}{6}\right)\left(\frac{1}{3}\right)=\frac{1}{9}+\frac{1}{18}$

$\frac{1}{12}=\left(\frac{1}{2}\right)\left(\frac{1}{6}\right)=\left(\frac{1}{3}+\frac{1}{6}\right)\left(\frac{1}{6}\right)=\frac{1}{18}+\frac{1}{36}$

6 $\frac{1}{5}=\frac{1}{10}+\frac{1}{10}=\frac{1}{10}+\frac{1}{10}\left(\frac{1}{2}+\frac{1}{3}+\frac{1}{6}\right)=\frac{1}{10}+\frac{1}{20}+\frac{1}{30}+\frac{1}{60}$

7 $\frac{1}{4}=\frac{1}{7}\times\left(\frac{7}{4}\right)=\frac{1}{7}\left(1+\frac{1}{2}+\frac{1}{4}\right)=\frac{1}{7}+\frac{1}{14}+\frac{1}{28}$

❸ 피라미드에서의 단위분수

1 남쪽 밑변의 길이$=$높이$\times\left(1+\frac{1}{2}+\frac{1}{14}+\frac{1}{266}\right)$

❹ 단위분수의 필요성

1 $\frac{5}{8}=\frac{1}{2}+\frac{1}{8}$

3 모서리의 개수를 면을 중심으로 보면 $2e=nf$, 꼭지점을 중심으로 보면 $2e=mv$인데 여기서 구한 식 $f=\frac{2e}{n}$, $v=\frac{2e}{m}$를 오일러 공식에 대입하면 $\frac{2e}{m}-e+\frac{2e}{n}=2$로 단위분수식 $\frac{1}{n}+\frac{1}{m}=\frac{1}{2}+\frac{1}{e}$을 얻는다.

101-2

단위분수로 고치기

Keywords 단위분수, 분수, 소수, 기우가 수

1 1을 단위분수의 합으로 나타내기

앞에서 피보나치의 알고리즘에 의하여 분수를 단위분수의 합으로 나타냈다. 이번에는 1을 단위분수의 합으로 나타내는 문제에 대하여 알아보자. 우리는 다음과 같은 간단한 식을 알고 있다.

$$\frac{1}{2}+\frac{1}{3}+\frac{1}{2}\times\frac{1}{3}=1$$

이 식은 두 수 2와 3으로 이루어졌다. 이를 바탕으로 세 수로 이루어진 식을 생각해보면

$$\frac{1}{2}+\frac{1}{3}+\frac{1}{7}+\frac{1}{2}\times\frac{1}{3}\times\frac{1}{7}=1$$

이 성립함을 확인할 수 있다. 이 식은 처음 식의 분모에 등장한 두 수 2와 3을 곱한 후에 1을 더한 값 7을 이용하여 또 다른 단위분수를 더한 식이다. 그렇다면 단위분수의 합이 1이 되는 식을 알고 있을 때, 위와 같은 방법으로 또 다른 식을 구할 수 있을까? 즉, 식 $\frac{1}{2}+\frac{1}{3}+\frac{1}{7}+\frac{1}{2}\times\frac{1}{3}\times\frac{1}{7}=1$ 다음에는 어떤 식이 만들어질지 추측해보고 우리의 추측을 일반적으로 증명해보자.

1 (1) 식 $\frac{1}{2}+\frac{1}{3}+\frac{1}{7}+\frac{1}{2}\times\frac{1}{3}\times\frac{1}{7}=1$에서 $2\times3\times7+1=43$을 얻으면

$$\frac{1}{2}+\frac{1}{3}+\frac{1}{7}+\frac{1}{43}+\frac{1}{2}\times\frac{1}{3}\times\frac{1}{7}\times\frac{1}{43}=1$$

이 성립한다. 이를 확인하여라.

(2) 위 식으로 낙타 주인의 유산 분배 문제와 비슷한 이야기를 만들어보아라.

2 다음을 증명하여라.

세 정수 a, b, c에 대하여 $\frac{1}{a}+\frac{1}{b}+\frac{1}{c}+\frac{1}{a}\times\frac{1}{b}\times\frac{1}{c}=1$이면

$\frac{1}{a}+\frac{1}{b}+\frac{1}{c}+\frac{1}{abc+1}+\frac{1}{a}\times\frac{1}{b}\times\frac{1}{c}\times\frac{1}{abc+1}=1$이다.

3 **2** 를 이용하여 1을 단위분수의 합으로 나타내는 또 다른 표현을 구하여라.

(1) 앞에서 식

$$\frac{1}{2}+\frac{1}{3}+\frac{1}{7}+\frac{1}{43}+\frac{1}{2}\times\frac{1}{3}\times\frac{1}{7}\times\frac{1}{43}=1$$

이 성립함을 확인하였다. 그 다음 식을 두 개 구하여라.

(2) 다음 식

$$\frac{1}{2}+\frac{1}{3}+\frac{1}{11}+\frac{1}{23}+\frac{1}{31}+\frac{1}{2}\times\frac{1}{3}\times\frac{1}{11}\times\frac{1}{23}\times\frac{1}{31}=1$$

이 성립한다. 그 다음 식을 구하여라.

위와 같은 방법으로 분모가 소수인 단위분수의 합으로 1을 만들 수 있는 소수가 다음과 같이 알려져 있다.

k	소수해
1	2
2	2, 3
3	2, 3, 7
4	2, 3, 7, 43
5	2, 3, 11, 23, 31
6	2, 3, 11, 23, 31, 47059
7	2, 3, 11, 17, 101, 149, 3109
8	2, 3, 11, 23, 31, 47059, 2217342227, 1729101023519
9	모름

9개의 소수로 이루어진 것을 모른다는 것은 8개 소수로 이루어진 것에서 모두 곱한 후 1을 더한 수는 소수가 되지 못한다는 것이다. 실제로 8개의 소수에서 얻어지는 그 다음 분모에 쓰일 수는 다음과 같이 인수분해되어 소수가 아니다.

$$2\times3\times11\times23\times31\times47059\times2217342227\times1729101023519+1$$
$$=8490421583559688410706771261087$$

이고 이를 소인수분해하면

$$8490421583559688410706771261087$$
$$=3005130785820328 57\times373213\times2207\times34301$$

이다.

물론 위의 식은 분모가 소수가 아닌 경우에도 성립한다. 그러면 1을 단위분수의 합으로 표현하되 분모를 모두 홀수로 할 수 있을까? 이에 대해서는 뒤에서 살펴보도록 하겠다.

2 기우가 수

앞에서 소수 2, 3에 대하여

$$\frac{1}{2}+\frac{1}{3}+\frac{1}{2\times3}=1$$

과 같은 단위분수식을 알아보았다. 2, 3은 6의 소수인 약수이다. 모양을 약간 바꾸어 30에서 출발하자. 30의 약수 중에서 소수인 것은 2, 3, 5이며, 식

$$\frac{1}{2}+\frac{1}{3}+\frac{1}{5}-\frac{1}{30}=1$$

이 성립한다. 이와 같이 어떤 자연수 n에 대하여 n의 소수인 약수의 역수의 합에서 소수인 약수의 역수의 곱을 뺀 수가 자연수이면 이 수 n을 기우가(Giuga) 수[6]라고 한다. 즉, 30은 기우가 수이고, 66198=2×3×11×17×59에서

$$\frac{1}{2}+\frac{1}{3}+\frac{1}{11}+\frac{1}{17}+\frac{1}{59}-\frac{1}{66198}=1$$

이므로 66918도 기우가 수이다.

6) 주세페 기우가(Giuseppe Giuga), 이탈리아 수학자

1 858과 1722가 기우가 수임을 보여라.

2 $70=2\times5\times7$, $296310=2\times3\times5\times7\times17\times83$은 기우가 수인가?

기우가 수

어떤 자연수에 대하여 소수인 약수의 역수의 합에서 소수인 약수의 역수의 곱을 뺀 수가 자연수인 수

$$\sum_{p|n}\frac{1}{p}-\prod_{p|n}\frac{1}{p}\in \mathrm{N}$$

이면 n은 기우가 수이다.

현재로서는 기우가 수가 무한히 많이 존재하고 있는지 아무도 모른다. 전문가 사이에서도 30, 1722, 66198을 포함한 11가지밖에 모르고 있다. 그리고 홀수인 기우가 수가 존재하는지도 알려져 있지 않다. 기우가 수에 대한 연구는 지금도 계속 되고 있는데, 어떤 수가 기우가 수인가 아닌가는 놀랍게도 1950년에 나온 다음 가설과 관련이 있다.7)

기우가 가설

"n이 소수이다"와 "$1+1^{n-1}+2^{n-1}+3^{n-1}+\cdots+(n-1)^{n-1}$은 n의 배수이다"는 참, 거짓이 같다.

위 기우가 가설에서 $n=2$, 3, 4, 5일 때를 확인해보자.

$n=2$이면 "2가 소수이다"와 "1+1은 2의 배수이다"는 모두 참이다.

$n=3$이면 "3은 소수이다"와 "$1+1^2+2^2=6$은 3의 배수이다"는 모두 참이다.

$n=4$이면 "4는 소수이다"와 "$1+1^3+2^3+3^3=37$은 4의 배수이다"는 모두 거짓이다.

어떤 수가 기우가 수인가 아닌가와 기우가 가설이 어떻게 관련이 있는가를 알아보기 전에 먼저 페르마의 소정리를 보자.

$a|b$, $a\nmid b$

$a|b$는 a가 b의 약수임을 나타내는 기호이다. $a\nmid b$는 a가 b의 약수가 아님을 나타내는 기호이다.

페르마의 소정리(Fermat's little theorem)

p가 소수이면 $p\nmid k$인 k에 대하여 $k^{p-1}-1$은 p의 배수이다.

3 위 페르마 소정리로부터 소수 p에 대하여

$$1+1^{p-1}+2^{p-1}+3^{p-1}+\cdots+(p-1)^{p-1}$$

7) http://www.math.uwo.ca/~dborwein/cv/giuga.pdf
http://www.users.globalnet.co.uk/~perry/maths/giugasconjecture/giugasconjecture.htm

은 p의 배수가 됨을 보여라.

따라서 기우가의 가설은

$$\text{“}1+1^{n-1}+2^{n-1}+3^{n-1}+\cdots+(n-1)^{n-1}\text{은 } n\text{의 배수이다”}$$

가 성립하는 소수가 아닌 정수가 존재하느냐에 달려 있다. 1996년에 보르바인(Borwein), 기르겐존(Girgensohn)은 만일 그러한 수가 존재한다면 그 수는 최소한 12,055자리의 수가 된다고 증명하였다.

단위분수로 고치기

❶ 1을 단위분수의 합으로 나타내기

2

$$\frac{1}{a}+\frac{1}{b}+\frac{1}{c}+\frac{1}{abc+1}+\frac{1}{a}\times\frac{1}{b}\times\frac{1}{c}\times\frac{1}{abc+1}$$
$$=1-\frac{1}{abc}+\frac{1}{abc+1}+\frac{1}{abc(abc+1)}=\frac{abc(abc+1)-(abc+1)+abc+1}{abc(abc+1)}=1$$

3

(1) $\frac{1}{2}+\frac{1}{3}+\frac{1}{7}+\frac{1}{43}+\frac{1}{1807}+\frac{1}{2}\times\frac{1}{3}\times\frac{1}{7}\times\frac{1}{43}\times\frac{1}{1807}=1$

$\frac{1}{2}+\frac{1}{3}+\frac{1}{7}+\frac{1}{43}+\frac{1}{1807}+\frac{1}{3263443}+\frac{1}{2}\times\frac{1}{3}\times\frac{1}{7}\times\frac{1}{43}\times\frac{1}{1807}\times\frac{1}{3263443}=1$

❷ 기우가 수

1

$858=2\times3\times11\times13$이고 $\frac{1}{2}+\frac{1}{3}+\frac{1}{11}+\frac{1}{13}-\frac{1}{858}=1$이므로 858은 기우가 수이다.

$1722=2\times3\times7\times41$이고 $\frac{1}{2}+\frac{1}{3}+\frac{1}{7}+\frac{1}{41}-\frac{1}{1722}=1$이므로 1722는 기우가 수이다.

2

$70=2\times5\times7$은 $\frac{1}{2}+\frac{1}{5}+\frac{1}{7}-\frac{1}{70}=\frac{59}{70}\neq1$이므로 기우가 수가 아니다.

$296310=2\times3\times5\times7\times17\times83$은 $\frac{1}{2}+\frac{1}{3}+\frac{1}{7}+\frac{1}{83}+\frac{1}{5\times17}-\frac{1}{296310}=1$은 성립하지만 5×17은 소수가 아니므로 기우가 수가 아니다.

3

페르마 소정리로부터 소수 p에 대하여

$$1^{p-1}-1,\ 2^{p-1}-1,\ 3^{p-1}-1,\ \cdots\ (p-1)^{p-1}-1$$

이 각각 p의 배수이므로

$$(1^{p-1}-1)+(2^{p-1}-1)+(3^{p-1}-1)+\cdots\ \{(p-1)^{p-1}-1\}$$

도 p의 배수이고 따라서 $1+1^{p-1}+2^{p-1}+3^{p-1}+\cdots+(p-1)^{p-1}$도 p의 배수이다. 다시 말하면 소수 p에 대하여 $\sum_{k=1}^{p-1}k^{p-1}\equiv-1\pmod{p}$이 성립한다.

101-3

완전수와 준완전수

Keywords 단위분수, 완전수, 준완전수, 약수, 배수

1 1을 단위분수의 합으로 나타내기

이번에는 1을 단위분수의 합으로 나타내는 방법에 대하여 알아보자. 자연수 n에 대하여 $1=\frac{n}{n}$임을 생각하면 1을 단위분수의 합으로 나타내는 것은 $\frac{n}{n}$에서 분자 n을 1로 만드는 방법을 찾는 것과 마찬가지이므로 약수를 이용하면 된다. 예를 들어, $n=18$일 때 1을 단위분수의 합으로 나타내어보자. 18의 약수(자기 자신 제외)는 1, 2, 3, 6, 9이고 이를 모두 더하면

$$9+6+3+2+1=21$$

이다. 약수의 합으로 18을 만들기 위하여 21에서 3을 빼자.
첫 번째 경우로 1, 2를 빼면

$$1=\frac{9+6+3}{18}=\frac{1}{2}+\frac{1}{3}+\frac{1}{6}$$

두 번째 경우로 3을 빼면

$$1=\frac{9+6+2+1}{18}=\frac{1}{2}+\frac{1}{3}+\frac{1}{9}+\frac{1}{18}$$

을 얻는다. 따라서 유산 문제[8]는 주어진 수(앞에서는 18)를 자신을 제외한 약수들의 적당한 합으로 나타내는 문제로 귀착된다. 세 자연수 $n=4$, 6, 20에 이를 적용해보자.
수 4에서 자신을 제외한 약수는 1, 2이고 이를 합하면 $1+2=3<4$이므로

8) 유산 문제는 [101-1 이집트인이 사용한 분수, 12쪽] 참조

약수 1, 2를 사용하여 단위분수의 합으로 나타낼 수 없다. 즉,

$$1 = \frac{4}{4} \neq \frac{2+1}{4} = \frac{1}{2} + \frac{1}{4}$$

수 6에서 자신을 제외한 약수는 1, 2, 3이고 이를 합하면 1+2+3=6이므로 약수 1, 2, 3를 사용하여 1을 단위분수의 합

$$1 = \frac{3+2+1}{6} = \frac{1}{2} + \frac{1}{3} + \frac{1}{6}$$

로 나타낼 수 있다.

1 $n=20$에 대하여 20의 약수를 이용하여 1을 단위분수의 합으로 나타내어보아라.

(1) 20의 약수를 모두 구하여라.

(2) 20의 약수 중에 적당한 것을 택하여 합이 20이 되도록 하여라.

(3) 위 (2)를 이용하여 1을 단위분수의 합으로 나타내어라.

위와 같은 방법으로 1을 단위분수의 합으로 나타낼 때에는 약수의 합을 구하는 것이 매우 중요한 문제가 된다. 따라서 약수의 합을 구하는 간단한 방법을 소개하고자 한다.

1. 하세 다이어그램으로 약수의 합 구하기

약수와 배수의 관계를 이용하여 어떤 수의 약수들을 모두 나타낸 그림을 '하세 다이어그램(Hasse's Diagram)'이라고 한다. 예를 들어, 아래의 그림은 $36=2^2 \times 3^2$의 약수를 나타낸 하세 다이어그램이다.

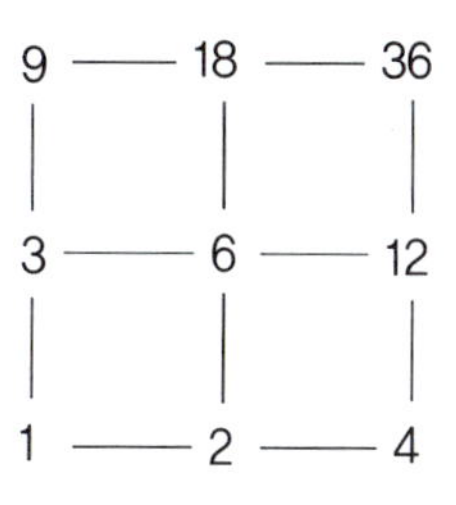

36의 하세 다이어그램

하세 다이어그램에서 약수의 합을 구하려면 각 행의 합을 구하여 모두 더하면 된다. 따라서 36의 약수의 합은

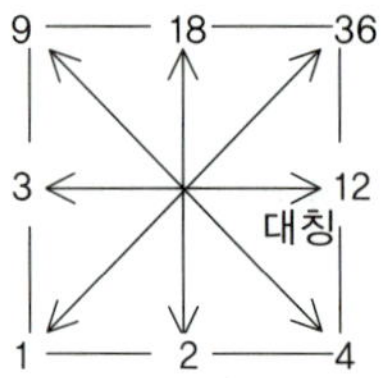

$$(1+2+4)+(1+2+4)\times3+(1+2+4)\times9 = 7+21+63 = 91$$

이제 약수의 합을 이용하여 1을 단위 분수들의 합으로 나타내어보자. 36에서 자기 자신을 제외한 약수의 합은 91−36=55이므로

$$1=\frac{36}{36}=\frac{55-(1+18)}{36}=\frac{2+4+3+6+12+9}{36}=\frac{1}{18}+\frac{1}{9}+\frac{1}{12}+\frac{1}{6}+\frac{1}{3}+\frac{1}{4}$$

이다. 이때, 분모 36과 그 약수인 분자를 약분한 값의 분모는 놀랍게도 하세 다이어그램의 중심에 대하여 그 약수와 점대칭된 수이다.

위의 방법대로 378을 이용하여 1을 단위분수의 합으로 나타내어보자.
먼저 $378=2\times3^3\times7$의 약수를 나타내는 하세 다이어그램은 다음과 같다.

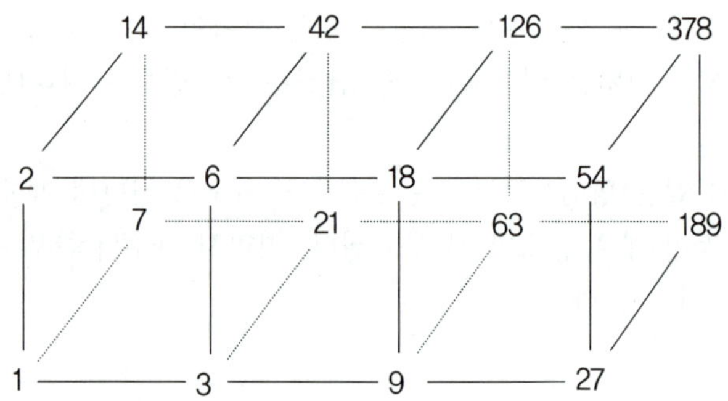

378의 약수의 합은

$$(1+3+9+27)+(1+3+9+27)\times2+(1+3+9+27)\times7+(1+3+9+27)\times14=960$$

이므로 자기 자신을 제외한 약수의 합은 960−378=582이다.
이제 약수의 합을 이용하여 1을 분자가 1인 분수들의 합으로 나타내어보자.

$$378=582-204=582-(1+2+3+9+189)$$

이므로

$$1=\frac{582-204}{378}=\frac{6+7+14+18+21+27+42+54+63+126}{378}$$
$$=\frac{1}{63}+\frac{1}{54}+\frac{1}{27}+\frac{1}{21}+\frac{1}{18}+\frac{1}{14}+\frac{1}{9}+\frac{1}{7}+\frac{1}{6}+\frac{1}{3}$$

으로 표현된다. 물론 식에서 약분을 할 때는 분자인 약수와 하세 다이어그램의 중심에 대하여 점대칭되는 수를 찾으면 된다.

2 하세의 다이어그램을 이용하여 72, 3675의 약수, 약수의 합을 구하여라.

2. 약수의 합을 구하는 일반적인 공식

소인수분해로 약수의 합을 구할 수 있는 방법을 알아보기 위하여 먼저 n의 약수의 합 $\sigma(n)$의 성질을 몇 가지 알아보자.

> **등비수열**
>
> $1, p, p^2, \cdots, p^{k-1}, p^k$와 같이 일정한 수 p가 곱해진 수열을 '등비수열'이라고 한다. 등비수열의 합
>
> $S = 1+p+p^2+\cdots+p^{k-1}+p^k$
>
> 은 다음과 같이 구한다.
>
> $$\begin{array}{rl} & S=1+p+p^2+\cdots+p^{k-1}+p^k \\ -) & pS=p+p^2+\cdots+p^k+p^{k+1} \\ \hline & (1-p)S=1-p^{k+1} \end{array}$$
>
> $$\therefore\ S=\frac{1-p^{k+1}}{1-p}\ (p\neq 1)$$

첫째로, p가 소수이면 $\sigma(p)=1+p$이고 $\sigma(p^k)$은 등비수열의 합 공식에 의하여 다음과 같다.

$$\sigma(p^k)=1+p+p^2+\cdots+p^{k-1}+p^k=\frac{p^{k+1}-1}{p-1}$$

둘째로, 서로 다른 소수 p, q에 대하여 수 pq의 약수의 합은

$$1+p+q+pq=(1+p)(1+q)$$

이므로

$$\sigma(pq)=\sigma(p)\sigma(q)$$

이다.

셋째로, 서로 다른 소수 p, q에 대하여 p^iq^k의 약수의 합은

$$\begin{aligned} &(1+p+p^2+\cdots+p^i)+(1+p+p^2+\cdots+p^i)q \\ &+(1+p+p^2+\cdots+p^i)q^2+\cdots+(1+p+p^2+\cdots+p^i)q^k \\ =\ &(1+p+p^2+\cdots+p^i)(1+q+q^2+\cdots+q^k) \end{aligned}$$

이므로

$$\sigma(p^iq^k)=\sigma(p^i)\sigma(p^k)$$

이다.

결론적으로 위의 세 가지 사실을 종합하면 서로소인 소수 $p_1, p_2, \cdots, p_k$에 대하여

$$\sigma(p_1^{n_1}p_2^{n_2}\cdots p_k^{n_k})=\sigma(p_1^{n_1})\sigma(p_2^{n_2})\cdots\sigma(p_n^{n_k})$$

가 성립한다.

3 다음 수의 약수의 합을 구하여라.

(1) 11 (2) 22 (3) 16 (4) 2205

이제 위의 약수의 합을 구하는 공식을 이용하여 15015=3×5×7×11×13으로 분모가 모두 홀수인 단위분수 식을 만들어보자. 15015의 약수의 합은

$$\sigma(15015)=\sigma(3)\sigma(5)\sigma(7)\sigma(11)\sigma(13)=4\times6\times8\times12\times14=32256$$

이므로 15015을 제외한 약수의 합은 17241이다.
이제 1501의 약수

1	3	5	7	11	13	15	21	33	35	39	55	65	77	91	105
143		165		195		231		273		385		429		455	
715		1001		1155		1365		2145		3003		5005		15015	

중에서 합이 17241−15015=2226이 되는 약수들을 제외한 후 1을 홀수인 단위분수의 합으로 표현하면 다음과 같다.

$$1=\frac{15015}{15015}=\frac{17241-2226}{15015}$$

$$=\frac{1+21+33+35+55+77+165+231+385+1155+13+39+65+91+143+195+273+429+1001+2145+3003+5005}{15015}$$

$$=\frac{1}{15015}+\frac{1}{715}+\frac{1}{455}+\frac{1}{429}+\frac{1}{273}+\frac{1}{195}+\frac{1}{91}+\frac{1}{65}+\frac{1}{39}+\frac{1}{13}$$
$$+\frac{1}{1155}+\frac{1}{385}+\frac{1}{231}+\frac{1}{165}+\frac{1}{105}+\frac{1}{77}+\frac{1}{55}+\frac{1}{35}+\frac{1}{33}+\frac{1}{15}$$
$$+\frac{1}{7}+\frac{1}{5}+\frac{1}{3}$$

2 완전수

앞에서 수 6에서 자신을 제외한 약수들은 1, 2, 3이고 이를 합하면 1+2+3=6이므로 약수 1, 2, 3를 사용하여 1을 단위분수의 합

$$1 = \frac{3+2+1}{6} = \frac{1}{2} + \frac{1}{3} + \frac{1}{6}$$

완전수

자기 자신을 제외한 모든 약수들의 합으로 표현되는 수

을 얻었다. 6과 같이 자기 자신을 제외한 모든 약수들의 합으로 표현되는 수를 완전수(Perfect number)라 부른다.

자연수 n에 대하여 자신을 제외한 약수의 합을 $s(n)$, 자신을 포함한 약수의 합을 $\sigma(n)$으로 표시할 때, 자연수 n이 자신을 제외한 모든 약수의 합으로 표현되면 이를 완전수라 한다(유클리드). 즉, 완전수 n에서는

$$s(n) = n \quad \text{또는} \quad \sigma(n) = 2n$$

이다. 예를 들면,

$$s(6) = 1+2+3 = 6$$
$$\sigma(n) = 1+2+3+6 = 12 = 2 \times 6$$

이므로 6은 완전수이다.

1 다음 수가 완전수인지 아닌지 판단하여라.

(1) 496 (2) 2912 (3) 8128

1. 완전수

유클리드는 완전수를 어떻게 찾았을까? 유클리드의 방법[9]은 다음과 같다.

> 1, 2, 2^2처럼 앞의 수의 두 배인 수로 이루어진 수열의 합 $1+2+2^2=7$이 소수가 되면
>
> $$(\text{합}) \times (\text{마지막 수}) = 7 \times 2^2 = 28$$
>
> 은 완진수이다.

이 방법으로 또 다른 완전수를 찾아보면, 2의 거듭제곱인 수열의 합

$$1+2+4+8+16 = 31$$

9) **Proposition 36** : If as many numbers as we please beginning from an unit be set out continuously in double proportion, until the sum of all becomes prime, and if the sum multiplied into the last make some number, the product will be perfect(*Elements*, IX, Proposition 36).

은 소수이므로

$$31 \times 16 = 496$$

은 완전수이다. 일반적으로

$$1+2+4+8+ \cdots +2^{m-1} = 2^m - 1$$

이므로 $2^m - 1$이 소수이면

$$(2^m - 1) \times 2^{m-1}$$

은 완전수가 된다. 물론 이 방법으로 만들어지는 완전수는 짝수이다.
유클리드의 방법을 증명하여보자. $2^m - 1$이 소수이면 $(2^m - 1)2^{m-1}$은 완전수임을 보이면 된다.
$2^m - 1$이 소수이면 자신을 제외한 $(2^m - 1)2^{m-1}$의 모든 약수는

$$1,\ 2,\ 4,\ \cdots,\ 2^{m-1},\ 2^m - 1,\ 2(2^m - 1),\ \cdots,\ 2^{m-2}(2^m - 1)$$

이고 이들의 합은

$$\sum_{j=0}^{m-1} 2^j + \sum_{j=0}^{m-2} (2^m - 1)2^j = 2^m - 1 + (2^m - 1)(2^{m-1} - 1) = 2^{m-1}(2^m - 1)$$

이다. 따라서 $2^{m-1}(2^m - 1)$은 완전수이다.

한편, 고대 그리스 시대에 모든 완전수는 유클리드의 방법에서 주어진 형태라는 문제가 제기되었으나 아직 완전히 풀리지는 않았다. 이에 관련해서는 오일러가 짝수에 대하여만 해결하였다.

유클리드-오일러 정리

n이 짝수인 완전수이면 $n = 2^{m-1}(2^m - 1)$이고 $2^m - 1$은 소수이다.

이는 다음과 같이 증명된다. 자연수 n을 짝수인 완전수라 하고

$$n = 2^k M \ (k \geq 1,\ M\text{은 홀수})$$

이라 하자. 이때, $(2^k,\ M) = 1$이므로 $2^{k+1}M = 2n = \sigma(n) = \sigma(2^k)\sigma(M)$

(a, b)

(a, b)는 a, b의 최대공약수를 나타내는 기호이다. $(a, b) = 1$이면 a와 b는 서로소이다.

$= (2^{k+1}-1)\sigma(M)$이고 또 $(2^{k+1}-1,\ 2^{k+1}) = 1$이므로 $(2^{k+1}-1)|M$이다. 따라서

$$M = (2^{k+1}-1)q,\ \ q|M,\ \ \sigma(M) = 2^{k+1}q$$

인 자연수 q가 존재한다. $q \geq 2$라고 가정하면 $M > q \geq 2$이므로 M은 적어도 4개의 양의 약수 $M,\ 2^{k+1}-1,\ q,\ 1$을 갖는다. 따라서

$$\sigma(M) \geq M+q+1 = (2^{k+1}-1)q+q+1 > 2^{k+1}q = \sigma(M)$$

이 되어 모순이 된다. 따라서 다음을 얻는다.

$$q = 1,\ \ M = 2^{k+1}-1,\ \ \sigma(M) = 2^{k+1} = M+1$$

$k+1 = m$이라 놓으면 $n = 2^k M = 2^{m-1}(2^m-1)$이고 $\sigma(M) = M+1$이므로 $M = 2^m - 1$은 소수이다.

a|b

a|b는 a가 b의 약수임을 나타내는 기호이다. 예를 들면, 2|6이고 (2, 6)=2 이다.

한편, $2^{13466917}-1$은 소수인데 이와 같이 $p = 2^m - 1$ 형태의 소수를 '메르센(Mersenne) 소수'라 부른다. 실제 $2^m - 1$이 소수이면 m은 소수이다. 그러나 이 정리의 역은 성립하지 않는다. 예를 들어, 11은 소수이지만 $2^{11}-1 = 2047 = 23 \times 89$로 소수가 아니다.

현재 10^9 이하의 완전수는 모두 구해져 있는데 모두 짝수이다. 홀수인 완전수의 존재는 모르고 있다(최근 50년간 완전수에 관한 50여 개의 논문이 출간되었다). 또한 완전수가 무한개 존재하는지도 모르고 있다. 한편, 만일 홀수인 완전수 n (많아야 k개의 서로 다른 소인수를 가지고 있다)이 존재한다고 가정하면 다음이 성립한다.

- $k \geq 8$ (Chein, 1979년; Hagis, 1980년)
- $n > 10^{300}$ (Brent, Cohen, Riele, 1991년)
- n은 10^7보다 큰 소수를 약수로 가진다 (Jenkins, 2003년)
- n의 소수인 약수 중 두 번째로 큰 수는 10^4보다 크다 (Iannucci)
- n의 소수인 약수 중 세 번째로 큰 수는 1000보다 크다 (Iannucci, 1999년)

2. 완전수의 일반화

n이 완전수이면 $\sigma(n) = 2n$이다. 그러면 약수의 합이 자기 자신의 3배, 4배인 경우를 생각해보자. 예를 들어, 120, 672는 약수의 합이 자기 자신의 3배,

30240은 약수의 합이 자기 자신의 4배인 수이다. 즉,

$$\sigma(120) = 3 \times 120$$
$$\sigma(672) = 3 \times 672$$
$$\sigma(30240) = 4 \times 30240$$

인데, 이것은 완전수의 개념을 일반화한 것이라고 할 수 있다.
완전수를 일반화하는 또 다른 방법은 약수의 합이 아니라 곱에 대하여 생각해 보는 것이다. 여기서 약수라고 하면 자기 자신을 제외한 약수를 말하는 것으로 하자. 다음 경우를 보자.

9의 약수는 1, 3으로 약수의 곱 1×3=3은 9보다 작다.
6의 약수는 1, 2, 3으로 약수의 곱 1×2×3=6은 6과 같다.
12의 약수는 1, 2, 3, 4, 6으로 약수의 곱 1×2×3×4×6=144는 12보다 크다.

곱완전수

자기 자신을 제외한 모든 약수들의 곱으로 표현되는 수

이와 같이 약수의 곱을 자기 자신과 비교하였을 때, 자신을 제외한 모든 약수의 곱으로 표현이 되는 수를 곱완전수라 부른다.

2 2와 50 사이의 곱완전수를 모두 구하여라.

3 곱완전수는 어떤 형태인가?

3 준완전수와 단위분수 표현

단위분수식의 입장에서 완전수의 장점은 완전수 n을 가지고 1을 단위분수로 표시할 때 $s(n)$[10]을 그대로 사용할 수 있다는 것이다. 그러나 완전수가 많이 알려져 있지 않고 더구나 모든 완전수는 짝수이므로 조건을 다소 완화하여 새로운 수를 도입할 필요가 있다. 1965년 시에르핀스키(Waclaw Sierspinski)는 준완전수(Psudoperfect number)를 도입하였다. 준완전수란 자연수 n이 자신을 제외한 적당한 약수의 합으로 표현되는 수를 말한다. 증명 없이 다음 정리를 살펴보자.

10) 자연수 n에 대하여 $\sigma(n)$은 자기 자신을 포함한 약수의 합, $s(n)$은 자기 자신을 제외한 약수의 합이다. (35쪽)

- 정의에 의하여 완전수는 준완전수이다.
- 6, 12, 18, 20, 24, 28, 30, 36, 40, ⋯ 등은 준완전수이다.
- 두 준완전수의 곱은 준완전수이다.(Guy, 1994년)

준완전수

자기 자신을 제외한 적당한 약수의 합으로 표현되는 수

자연수 n 이 완전수가 아니면 완전수에서 얼마나 멀리 떨어져 있나를 생각해 보자. 완전수 n 이란 자신을 포함한 모든 약수의 합이 $2n$인 수이다. 즉, $\sigma(n)=2n$. 그렇다면 주어진 자연수 n 에 대하여 자신을 포함한 모든 약수의 합 $\sigma(n)$이 $2n$ 인 수, $2n$ 보다 큰 수, 그리고 $2n$보다 작은 수로 분류된다.

다음 예를 보자.

[경우 1] 30의 모든 약수의 합은 $\sigma(30)=\sigma(2)\sigma(3)\sigma(5)=3\times4\times6=72$로 $2\times30=60$ 보다 크다.

[경우 2] 8의 모든 약수의 합은 $\sigma(8)=1+2+4+8=15$로 $2\times8=16$보다 작다.

[경우 3] 6의 모든 약수의 합은 $\sigma(6)=1+2+3+6=12$로 $2\times6=12$와 같다.

약수의 합과 $2n$ 비교	수	명칭
$2n$ 보다 작은 수	1, 2, 3, 4, 5, 7, 8, 9	부족수
$2n$ 인 수	6, 28, 496	완전수
$2n$ 보다 큰 수	12, 18, 20, 24, 30	과잉수

정의에 의하여 부족수는 준완전수가 될 수 없고 당연히 완전수는 준완전수이다. 그러나 과잉수에는 준완전수도 있고 준완전수가 되지 못하는 수도 있다.

1 위 표에 있지 않은 부족수, 완전수, 과잉수의 예를 3개씩 찾아보아라.

$70=2\times5\times7$의 모든 약수의 합은

$$1+2+5+7+10+14+35+70=144>140$$

이므로 과잉수이다. 그러나 70을 제외한 약수 1, 2, 5, 7, 10, 14, 35의 합으로 70을 만들 수 없다. 또, $836=2^2\times11\times19$의 모든 약수의 합은

$$1+2+4+11+19+22+38+44+76+209+418+836=1680>1672$$

이므로 과잉수이지만 준완전수가 되지 못한다. $4030=2\times5\times13\times31$도 마찬가지로 과잉수이고 준완전수가 되지 못하는 것을 보일 수 있다.

위어드 수

과잉수이면서 준완전수가 아닌 수

과잉수이면서 준완전수가 아닌 수를 위어드(Weird) 수라 부른다. 다음은 12110 이하의 위어드 수이다. 12110 이하의 위어드 수는 다음 14개뿐이다.

$70=2\times5\times7$

$836=2^2\times11\times19$

$4030=2\times5\times13\times31$

$5830=2\times5\times11\times53$

$7192=2^3\times29\times31$

$7912=2^3\times23\times43$

$9272=2^3\times19\times61$

$10430=2\times5\times7\times149$

$10570=2\times5\times7\times151$

$10792=2^3\times19\times71$

$10990=2\times5\times7\times157$

$11410=2\times5\times7\times163$

$11690=2\times5\times7\times167$

$12110=2\times5\times7\times173$

2 계산을 통하여 70이 가장 작은 위어드 수임을 보여라.

주어진 자연수의 약수를 사용하여 단위분수식 $\frac{1}{a}+\frac{1}{b}+\frac{1}{c}+\frac{1}{d}=1$을 만들려면 부족수로는 불가능하며 완전수나 과잉수에서 찾아야 한다. 특히 분모를 모두 홀수로 한다는 것은 홀수인 완전수나 과잉수를 사용한다는 뜻이다. 그러나 아직 홀수인 완전수의 존재를 모르고 있으므로 앞에서 문제제기한 분자가 모두 홀수인 단위분수의 합은 홀수인 과잉수에서 찾아야 한다. 물론 단위분수의 합이 1이므로 준완전수이어야 한다. 즉, 위어드 수는 안 된다.

이제 가장 작은 홀수인 과잉수를 찾아 시도해보자.

가장 작은 홀수인 과잉수는 $945=3^3\times5\times7$이다. 945의 자신을 제외한 약수의 합은

$$\sigma(945)=\sigma(3^3)\sigma(5)\sigma(7)=\frac{3^4-1}{3-1}\times6\times8=1920$$

에서 1920-945=975이므로 이 수는 과잉수이다. 975-945=30을 위 약수의 합에서 빼자. 즉, 약수 1, 3, 5, 21의 합이 30이므로

$$7+9+15+27+35+45+63+105+135+189+315=945$$

가 되어 945는 준완전수이다.

이제 여기서 분모가 모두 홀수이면서 1을 표현하는 단위분수식을 얻을 수 있다. 준완전수 945에서

$$1 = \frac{315+189+135+105+63+45+35+27+15+9+7}{945}$$

이므로

$$1 = \frac{1}{3}+\frac{1}{5}+\frac{1}{7}+\frac{1}{9}+\frac{1}{15}+\frac{1}{21}+\frac{1}{27}+\frac{1}{35}+\frac{1}{63}+\frac{1}{105}+\frac{1}{135}$$

이다. 물론 30은 9, 21을 더하여 만들어지므로 1을 표현하는 단위분수식은 유일하지 않다.

3 345345를 이용하여 분모가 모두 홀수인 단위분수식을 만들 수 있는지 판단하여라.

완전수와 준완전수

❶ 1을 단위분수의 합으로 나타내기

1 (1) 1, 2, 4, 5, 10, 20 (2) 20=10+5+4+1 (3) $1=\frac{1}{2}+\frac{1}{4}+\frac{1}{5}+\frac{1}{20}$

2

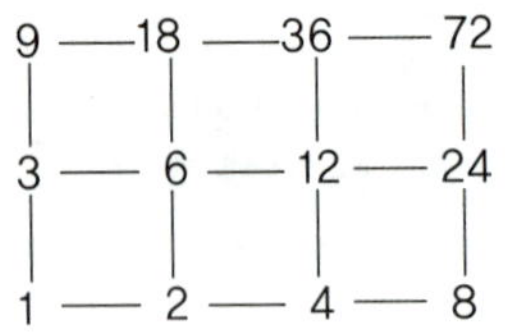

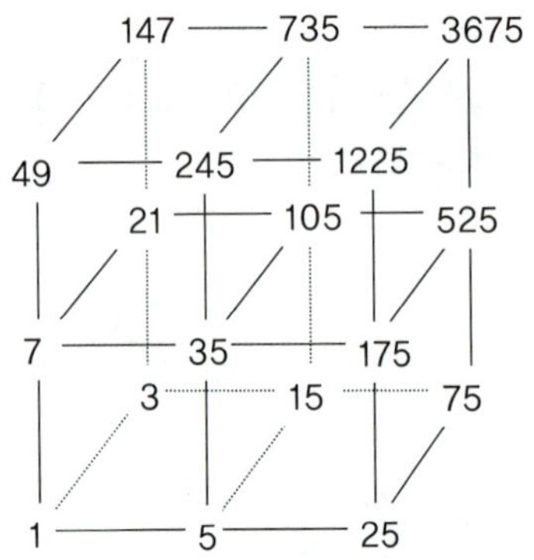

❷ 완전수

1 (1) $\sigma(496)=\sigma(2^4)\sigma(31)=31\times32=992=2\times496$이므로 완전수

(2) $\sigma(2912)=\sigma(2^5)\sigma(7)\sigma(13)=63\times8\times14=7056\neq2\times2912$이므로 완전수가 아니다.

(3) $\sigma(8128)=\sigma(2^6)\sigma(127)=127\times128=16126=2\times8128$이므로 완전수

2 6, 8, 10, 14, 15, 21, 22, 26, 33, 34, 35, 38, 46

3 서로 다른 소수 p, q에 대하여 pq, p^3

❸ 준완전수와 단위분수 표현

3 σ(345345)-345345=428799로 과잉수이다.

101-4 친화수

Keywords 완전수, 친화수, 약수

1 친화수의 도입

앞에서는 어떤 자연수에 대하여 약수의 합과 자기 자신과의 관계를 알아보았다. 즉, 약수의 합이 자기 자신의 두 배가 되는 수를 완전수라고 하고, 그보다 작은 수를 부족수, 그보다 큰 수를 과잉수라고 하였다.
이번에는 두 자연수에 대해서 이 수들과 서로 다른 수의 약수의 합의 관계를 생각해보자.

1 두 수 220, 284에 대하여 자신을 제외한 모든 약수의 합을 구해보아라.

220의 자기 자신을 제외한 약수의 합은 284인데 놀랍게도 284의 자기 자신을 제외한 약수의 합은 220이다. 이와 같은 두 수를 친화수(amicable number)라 부른다. 즉, 220과 284는 친화수이다. 친화수라는 개념은 피타고라스 시대부터 시작되어 쿠라흐(Kurrah, 850년), 오일러(1750)에 의하여 발전하였다. 한편, 성경에서 다음과 같이 친화수의 흔적을 볼 수 있다.

> 야곱이 거기서 경야하고 그 소유 중에서 형 에서(Esau)를 위하여 예물을 택하니 암염소가 이백이요 숫염소가 이십이요 암양이 이백이요 숫양이 이십이요[11]

야곱이 그를 죽이려하는 형에게 220마리의 양을 주는 데서 친화수를 찾을 수 있다. 창세기가 쓰여진 시기를 가까이는 기원전 5세기부터 멀리는 기원전

11) 창세기 32장 13-14절

친화수

자기 자신을 제외한 약수의 합이 같은 두 수

$\sigma(n)$, $s(n)$

$\sigma(n)$은 자연수 n에 대하여 모든 약수의 합(n을 포함)을 나타내고, $s(n)$은 자기 자신 n을 제외한 약수의 합을 나타낸다.

950년으로 보면 친화수를 알고 사용했는지에 대하여는 결론을 내릴 수 없다. 두 수에서 자기 자신을 제외한 약수의 합이 같은 수를 친화수라고 하였는데, 우리는 친화수의 또 다른 정의를 얻을 수 있다. 즉,

$$\sigma(M) = \sigma(N) = M + N$$

일 때, 두 수 M, N을 친화수라 한다. 물론 자기 자신을 제외한 약수의 합으로 친화수를 정의하는 것과 본질적으로 같다. 그 이유는 다음과 같다.
자신을 제외한 약수의 합으로 친화수를 정의하면

$$s(M) = N,\ s(N) = M$$

이다. 따라서

$$\sigma(M) = s(M) + M = N + M,\ \sigma(N) = s(N) + N = M + N$$

이다.
현 시점에서 친화수의 도입이 얼마나 자연스러운지 생각해보자.
두 친화수 220, 284를 (220, 284)와 같이 순서쌍으로 표시하면 M이 완전수이면 $\sigma(M) = 2M = M + M$이므로 (M, M)은 친화수이고 그 역도 성립한다. 따라서 완전수는 친화수의 특별한 경우이다.
여기서 잠시 $\sigma(M) = \sigma(N) = M + N$이 아니라 $\sigma(M) = \sigma(N)$만으로 친화수가 정의될 수 있는지 알아보자.
48과 75의 약수의 합은 다음과 같이 모두 93으로 같다. 즉, $\sigma(48) = \sigma(75)$이다.

$$\sigma(48) = \sigma(2^4)\sigma(3) = \left(\frac{2^5 - 1}{2 - 1}\right)(1 + 3) = 93$$

$$\sigma(75) = \sigma(3)\sigma(5^2) = (1 + 3)(1 + 5 + 5^2) = 93$$

그러나 자기 자신을 제외한 약수의 합은 각각 45, 18로 친화수가 아니다.
한편, 친화수의 정의

$$\sigma(M) = \sigma(N) = M + N$$

에서 두 수 N, M을 세 개의 수로 확장할 수 있을까? 즉, 세 수 a, b, c에 대하여

$$\sigma(a) = \sigma(b) = \sigma(c) = a + b + c$$

인 관계를 갖는 수에 대한 관심이다. 세 수 1560, 1740, 1740에 대해서는 이 관계가 알려져 있다. 즉,

$$\sigma(1560)=\sigma(1740)=\sigma(1740)=1560+1740+1740$$

2 세수 1980, 2016, 2556에서 각 수의 모든 약수의 합이 세 수의 합과 같은지 알아보아라

2 타빗의 방법

지금까지도 친화수를 모두 알아내는 일반적인 식은 없다. 그러나 특별한 경우의 친화수를 알아내는 방법은 9세기 중반에 타빗 이븐 쿠라흐(Thabit ibn Kurrah, 836-931)에 의하여 처음으로 발견되었다. 타빗의 방법은 다음과 같다.

타빗의 방법(Thabit's Rule)

자연수 $n \geq 2$에 대하여

$$p=3\times 2^{n-1}-1,\ q=3\times 2^{n}-1,\ r=9\times 2^{2n-1}-1$$

이 모두 소수이면

$$M=2^{n}\times p\times q,\ N=2^{n}\times r$$

은 친화수이다

이는 다음과 같이 σ의 성질을 이용하여 증명된다.

$$\begin{aligned}\sigma(M)&=\sigma(2^{n})\sigma(p)\sigma(q)\\&=(2^{n+1}-1)(p+1)(q+1)\\&=(2^{n+1}-1)(3\times 2^{2n-1})(3\times 2^{n})\\&=9\times 2^{2n-1}(2^{n+1}-1)\end{aligned}$$

$$\begin{aligned}\sigma(N)&=\sigma(2^{n})\sigma(9\times 2^{2n-1}-1)\\&=9\times 2^{2n-1}(2^{n+1}-1)\end{aligned}$$

$$
\begin{aligned}
M+N &= 2^n(pq+r)\\
&= 2^n[(3\times 2^{n-1}-1)(3\times 2^n-1)+(9\times 2^{2n-1}-1)]\\
&= 2^n(9\times 2^{2n-1}-3\times 2^n-3\times 2^{n-1}+9\times 2^{2n-1})\\
&= 2^n(9\times 2^{2n}-9\times 2^{n-1})\\
&= 2^n[9\times 2^{n-1}(2^{n+1}-1)]\\
&= 9\times 2^{2n-1}(2^{n+1}-1)
\end{aligned}
$$

타빗의 방법에서 $n=2$로 하면 $p=5$, $q=11$, $r=71$이 되어 $M=220$, $N=284$으로 앞에서 예로든 친화수를 확인할 수 있다. 이제 또 다른 n의 값으로 친화수를 몇 개 구해보자.

1 타빗의 방법에서 $n=3$, 4, 5, 6 경우 친화수를 구해보자(계산기 사용).

2 타빗의 방법에서 $M=2^n\times p\times q$, $N=2^n\times r$은 과잉수인가, 부족수인가?

타빗의 방법은 9세기에 발견된 것으로 친화수를 구하는 대수적 방법을 처음으로 제시한 것이다. 그러나 이 방법에 의하면 앞에서 구한 세 개의 친화수

(220, 284), (17296, 18416), (9364584, 9437056)

만을 구할 수 있다. 이를 타빗의 방법에서의 형태

$$M=2^n\times p\times q,\ N=2^n\times r$$

로 쓰면 다음과 같다.

$$
\begin{aligned}
&(220,\ 284)=(2^2\times 5\times 11,\ 2^2\times 71),\\
&(17296,\ 18416)=(2^4\times 23\times 47,\ 2^4\times 1151),\\
&(9364584,\ 9437056)=(2^7\times 191\times 383,\ 2^7\times 73727)
\end{aligned}
$$

3 오일러 방법

타빗의 방법은 비록 3개의 친화수만을 만들지만 최근까지 친화수를 만드는 대부분의 대수적 방법은 타빗의 방법에 기초를 두고 있다. 오일러는 타빗의 방

법을 여러 방향으로 일반화하여 59개의 새로운 친화수를 구하였다. 타빗의 방법을 일반화한 오일러의 한 가지 방법은 다음과 같다.

> **오일러의 방법(Euler's Rule)**
>
> 자연수 n에 대하여 $0<x<n$, $g=2^{n-x}+1$이라 하자.
>
> $$p=2^{x}\times g-1,\ q=2^{n}\times g-1,\ s=2^{n+x}\times g^{2}-1$$
>
> 이 모두 소수이면
>
> $$M=2^{n}\times p\times q,\ N=2^{n}\times s$$
>
> 은 친화수이다

이는 다음과 같이 증명할 수 있다.

$$\begin{aligned}\sigma(M)&=\sigma(2^{n})\sigma(p)\sigma(q)\\&=(2^{n+1}-1)(p+1)(q+1)\\&=(2^{n+1}-1)(2^{x}g)(2^{n}g)\\&=(s+1)(2^{n+1}-1)\\&=\sigma(s)\sigma(2^{n})\\&=\sigma(N)\end{aligned}$$

그리고

$$\begin{aligned}M+N&=2^{n}(pq+s)\\&=2^{n}[(2^{x}g-1)(2^{n}g-1)+(2^{n+x}g^{2}-1)]\\&=2^{n}(2^{n+x}g^{2}-2^{x}g-2^{n}g+2^{n+x}g^{2})\\&=2^{2n+x+1}g^{2}-2^{n+x}g-2^{2n}g\\&=2^{2n+x+1}(2^{n-x}+1)^{2}-2^{n+x}(2^{n-x}+1)-2^{2n}(2^{n-x}+1)\\&=2^{2n+x+1}(2^{2n-2x}+2^{n-x+1}+1)-2^{n+x}(2^{n-x}+1)-2^{2n}(2^{n-x}+1)\\&=2^{4n-x+1}+2^{3n+2}+2^{2n+x+1}-2^{2n+1}-2^{n+x}-2^{3n-x}\\&=2^{n+1}(2^{3n-x}+2^{2n+1}+2^{n+x})-(2^{2n+1}+2^{n+x}+2^{3n}-x)\\&=(2^{3n-x}+2^{2n+1}+2^{n+x})(2^{n+1}-1)\\&=(s+1)(2^{n+1}-1)\end{aligned}$$

$$= \sigma(s)\sigma(2^n)$$
$$= \sigma(N)$$
$$= \sigma(M)$$

오일러 시대 이전에 알려진 친화수는 3개였다. 위 오일러 방법이 타빗의 방법을 일반화한 것임을 다음에서 확인해보자.

- $n=2$, $x=1$로 하면 $g=2^1+1=3$이고

$$p=2^1\times3-1=5,\ q=11,\ s=71$$
$$M=220,\ N=284$$

- $n=8$, $x=1$로 하면 $g=2^7+1=129$이고

$$p=2\times129-1=257,\ q=33023,\ s=8520191$$

  은 모두 소수이므로

$$M=2^8\times257\times33023=2172649216,$$
$$N=2^8\times8520191=2181168896$$

  이다.

타빗의 방법으로 위 친화수를 얻을 수 있는지 알아보자.
$n=8$, $p=257$, $q=33023$, $r=2181168896$에서 $p=3\times2^{8-1}-1=383$이므로 만들 수 없다.
다음은 타빗의 방법에서 얻을 수 없는 친화수 2개를 오일러의 방법에 의해서 새로 얻은 것이다.

- $n=40$, $x=29$로 하면

$$p=2252899325313023,\ q=1100048498687,$$
$$s=2478298520505800166853312511$$

  으로

$$M=2724918040393706557785752240819405848576$$
$$N=2724918040396184856306258038787235905536$$

1 $n=4$, $x=3$일 때, $n=7$, $x=6$일 때, M, N을 구해보자.

따라서 지금까지 우리가 이론적으로 구한 친화수는 모두 다음과 같다.

n	x	친 화 수
2	1	220, 284
4	3	17296, 18416
7	6	9363584, 9437056
8	1	2172649216, 2181168896
40	29	2724918040393706557785752240819405848576, 2724918040396184856306258038787235905536

다음은 1,000,000보다 작은 완전수와 친화수를 메이플(Maple)을 이용하여 구한 것이다. 완전수와 친화수의 정의를 곰곰이 생각하며 프로그램 언어를 이해해보자.

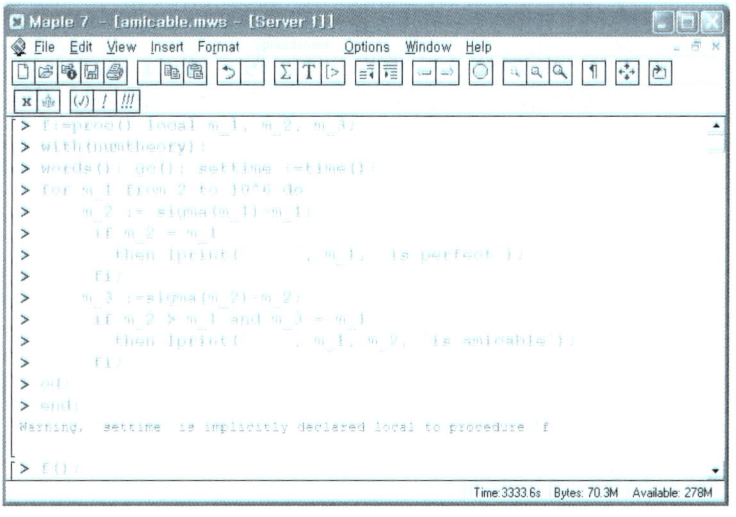


```
 6, `is perfect`
 28, `is perfect`
220, 284, `is amicable`
 496, `is perfect`
1184, 1210, `is amicable`
2620, 2924, `is amicable`
5020, 5564, `is amicable`
6232, 6368, `is amicable`
 8128, `is perfect`
10744, 10856, `is amicable`
12285, 14595, `is amicable`
17296, 18416, `is amicable`
63020, 76084, `is amicable`
66928, 66992, `is amicable`
67095, 71145, `is amicable`
69615, 87633, `is amicable`
79750, 88730, `is amicable`
100485, 124155, `is amicable`
122265, 139815, `is amicable`
122368, 123152, `is amicable`
141664, 153176, `is amicable`
142310, 168730, `is amicable`
171856, 176336, `is amicable`
176272, 180848, `is amicable`
185368, 203432, `is amicable`
196724, 202444, `is amicable`
280540, 365084, `is amicable`
308620, 389924, `is amicable`
319550, 430402, `is amicable`
356408, 399592, `is amicable`
437456, 455344, `is amicable`
469028, 486178, `is amicable`
503056, 514736, `is amicable`
522405, 525915, `is amicable`
600392, 669688, `is amicable`
609928, 686072, `is amicable`
624184, 691256, `is amicable`
635624, 712216, `is amicable`
643336, 652664, `is amicable`
667964, 783556, `is amicable`
726104, 796696, `is amicable`
802725, 863835, `is amicable`
879712, 901424, `is amicable`
898216, 980984, `is amicable`
947835, 1125765, `is amicable`
998104, 1043096, `is amicable`
```

위에서 구한 친화수에서 몇 가지 재미있는 사실을 찾을 수 있다.
친화수인 2620과 2924에서 두 수는 각 자리수의 합의 배수이다. 즉,

$2+6+2+0=10$인데 2620은 10의 배수
$2+9+2+4=17$인데 $2924=17\times172$로 17의 배수이다.

또, 다섯자리수 친화수 중에 두 번째로 큰 수인 69615와 87633은 각 자리수의 합이 같다. 즉,

$6+9+6+1+5=27$, $8+7+6+3+3=27$

한편, 오일러는 59개의 친화수를 구하였는데 의외로 두 번째로 작은 친화수인 (1184, 1210)은 오일러에 의해 발견되지 않았다. 그것은 1866년에 16세의 파가니니(Nicolo I. Paganini)가 발견하였다. 이 경우도 어떤 이론에 근거하여 찾았다기보다는 흔히 아마추어 수학자가 정수론에 기여하는 경우처럼 수많은 시도 끝에 찾았을 것이라고 추측하고 있다. 왜냐하면 이 친화수는 타빗의 방법으로 얻을 수 없기 때문이다.

2 10^6 이하인 친화수를 구한 위 메이플의 결과를 보고 다음을 추정해보자.
(1) 두 홀수로 이루어진 친화수는 존재하는가?
(2) 짝수와 홀수로 이루어진 친화수는 존재하는가?
(3) 두 친화수 (a, b), (c, d)에 대하여 $a \le c$이면 $b \le d$인가?
(4) 친화수 (2620, 2924)는 네자리수로 되어 있다. 일반적으로 친화수 (a, b)에 대하여 a와 b의 자리수는 항상 같은가?

4 그 이외의 방법

다음은 최근에 개발된 친화수를 구하는 방법 몇 가지이다.
딕슨(Dickson, 1934)은 친화수를 구하는 오일러의 다섯 가지 방법 중에 네 가지 방법의 본질을 다음으로 제시하였다.

주어진 수 E에 대하여
(1) $\sigma(E)$를 계산하자.
(2) 다음을 만족하는 E와 서로소인 두 수 M, N을 찾는다.

$$\sigma(E)\times\sigma(M)=E(M+N)=\sigma(E)\times\sigma(N)$$

(3) 이로부터 $\sigma(M)=\sigma(N)$
(4) EM, EN은 친화수이다.

오일러는 여러 가지의 M, N을 시도하였다. 이때 M, N의 형태는 서로 다른 소수 p, q, r에 대하여

$$M=pq,\ N=r$$

여기서

$$p=2^m(2^k+1)-1$$
$$q=2^m(2^{2k}+2^k)-1$$
$$r=2^{2m}(2^{2k+1}+2^{3k}+2^k)-1$$

특히 $k=1$이면

$$p=3\times2^m-1$$
$$q=3\times2^{m+1}-1$$
$$r=9\times2^{2m+1}-1$$

로 타빗의 방법을 얻는다. 한편 르장드르(Legendre, 1830)는 $k=7$, $m=1$의 경우를 연구한 끝에 다음의 친화수를 구하였다.

$$2172649216=2^8\times257\times33023,\ 2181168896=2^8\times8520191$$

타빗의 방법이나 오일러의 방법으로 구한 친화수는 모두 짝수인데 1939년 브라운(B.H. Brown)은

$$M=3^\alpha\times a\times p,\ N=3^\alpha\times a\times q$$

의 형태에서 처음으로 홀수 중에서 가장 작은 친화수

$$12285=3^3\times5\times7\times13,\ 14595=3\times5\times7\times139$$

를 구하였다.

보호(W. Borho)는 타빗의 방법을 응용한 방법으로 1981년에 다음과 같은 형태의 친화수를 발표하였다.

적당한 자연수 n에 대하여 두 수

$$q_1=(n+1)p^n-1,\ q_2=(p-u)(u+1)p^n-1$$

이 소수이면

$$(aup^n q_1,\ ap^n q_2)$$

는 친화수이다.

1986년에는 보호(W. Borho)와 호프먼(H. Hoffmann)은 매우 효과적으로 친화수를 구하는 방법을 발표하였다.

양의 두 정수 a_1, a_2에 대하여 다음

$$\sigma(a_1)(r_1+1)=a_1r_1+a_2r_2=\sigma(a_2)(r_2+1)$$

을 만족하는 두 소수 r_1, r_2가 a_1, a_2와 서로소이면

$$(a_1r_1,\ a_2r_2)$$

는 친화수이다.

끝으로 친화수에 대해서도 아직 해결하지 못하고 있는 문제를 소개하겠다.

- 컴퓨터와 알고리즘의 발전으로 수많은 친화수가 발견되고 있다. 이미 2001년에 수백만 개가 구해졌다. 따라서 친화수는 무한히 많이 존재한다는 매우 사실일 가능성이 높은 주장이다.
- 짝수로 이루어진 친화수 그리고 (12285, 14595), (67095, 71145)와 같이 홀수로 된 친화수는 존재한다. 그러나 짝수와 홀수로 이루어진 친화수가 존재하는지, 특히 서로소인 친화수는 존재하는지 아직 모르고 있다.

Answer

친화수

❶ 친화수의 도입

1 $\sigma(220)=\sigma(2^2)\sigma(5)\sigma(11)=(1+2+4)(1+5)(1+11)=504$
$\sigma(248)=\sigma(2^2)\sigma(71)=(1+2+4)(1+71)=504$

3 $\sigma(1980)=\sigma(2016)=\sigma(2556)=1980+2016+2556$

❷ 타빗의 규칙

1 $n=3$이면 $p=12$로 소수가 아니다.
$n=4$이면 $p=23$, $q=47$, $r=1151$로 소수이므로 친화수 $M=17296$, $N=18416$
$n=5$이면 $q=95$로 소수가 아니다.
$n=6$이면 $p=191$, $q=383$, $r=73727$로 소수이므로 친화수 9363584, 9437056

2 만약 $M>N$이라고 가정하면 $\sigma(M)=M+N<M+M$이므로 M은 부족수이고
$\sigma(N)=M+N>N+N$이므로 N은 과잉수이다.

❸ 오일러 방법

1 • $n=4$, $x=3$: $g=2+1=3$, $p=2^3\times3-1=23$, $q=2^4\times3-1=47$
$s=2^7\times9-1=1151$, $M=2^4\times23\times47=17296$, $N=2^4\times1151=18416$

2 (1) 존재한다.
(2) 존재하지 않는다.
(4) 성립하지 않는다.
(5) 친화수 (a, b)에 대하여 a와 b의 자리수가 다른 경우도 있다.

102

도형수

• **교육과정**

중 1 _ 수와 연산, 자연수, 도형, 다면체

중 2 _ 문자와 식, 식의 계산

주제 1	평면에서의 도형수
Keywords	삼각수, 사각수, 오각수
주제 2	삼각수를 이용한 문제해결
Keywords	삼각수, 자연수의 분할, 완전수
주제 3	공간에서의 도형수
Keywords	삼각뿔수, 사각뿔수, 유심 삼각수, 유심 사각수, 유심 오각수, 유심 육각수

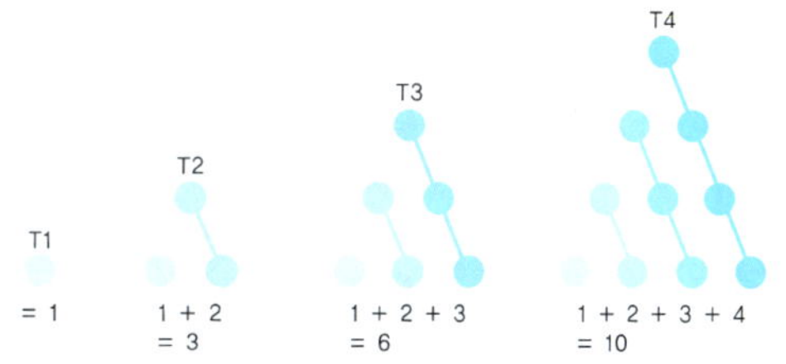

기록에 따르면, 수메르(바빌로니아)의 수학에서 자연수는 단지 기록을 하기 위해서 또는 상거래를 위해서 사용되어왔다. 그 후 처음으로 자연수 연구에 과학적 접근을 시도한 사람들은 그리스인들이었다.

특히, 기원전 600년경 피타고라스와 그의 제자들은 자연수를 심도 있게 연구하였다. 기원전 300년에 이르러 수학은 수에 대한 관심을 넘어서게 되었다. 고대 그리스 수학자들은 점점 더 기하학에 관심을 갖게 된 것이다. 그들에게 수학은 수와 형태에 관한 학문이었으므로 수를 기하학의 일부로 다루게 되었다. 피타고라스학파가 자연수를 기하와 연관지어 도형수, 즉 삼각수, 사각수, 오각수, 육각수 등 여러 가지 수를 연구하게 된 배경은 바로 이것이다. 1, 2, 3, 4, 5, …와 같은 수를 자연수(양의 정수, 셈수)라 부르고 자연수의 성질을 연구하는 수학의 한 분야를 수론(정수론)이라 한다.

고대 그리스에 뿌리를 두고 있는 도형수에 대한 연구는 수와 형태를 연관짓는 대표적인 내용으로 이미 널리 알려진 것이다. 여기에서는 단지 도형수의 일반항을 찾는 것을 넘어서 도형수 사이의 관계를 추론하고 증명하는 내용을 다루었다.

주제 1에서는 평면에서의 도형수를 다룬다.

주제 2에서는 평면에서의 도형수 중 특히 삼각수를 이용한 문제해결을 다루었다.

주제 3에서는 공간에서의 도형수를 다루었다.

평면 및 공간에서 도형수를 통해 어떤 규칙성을 갖는 자연수들을 탐구하고, 그 규칙성으로부터 일반화를 유도하는 것을 공부한다. 수학적인 용어를 사용하여 이야기 하면 수열의 일반항을 찾는 문제와 주어진 수열의 합을 계산하고, 주어진 수열의 앞항과 뒤항과의 관계인 점화식을 만들어 보는 것이다. 이를 통하여 관계를 추론하고 증명하는 능력이 키워지길 바란다.

102-1

평면에서의 도형수

Keywords 삼각수, 사각수, 오각수

도형수는 고대 그리스 피타고라스학파에 의해서 알려진 것으로 추측된다. 도형수란 점을 규칙적인 형태로 배열하여서 나타낼 수 있는 수, 즉 규칙적인 형상에 나타나는 수를 말한다. 그들이 도형수에 관심을 가진 것은 그들의 철학 때문인 것으로 여겨진다. 그들은 수를 매우 중요시하였는데, "만물은 수"라는 말에서 그들의 철학을 엿볼 수 있다. 아리스토텔레스는 피타고라스학파의 수에 대한 태도를 다음과 같이 말하였다.

피타고라스.
토머스 스탠리(Thomas Stanley)의 《철학의 역사(The History of Philosophy)》 (1660).

> "The (Pythagoreans were) ... the first to take up mathematics ... (and) thought its principles were the principles of all things. Since, of these principles, numbers ... are the first, ... in numbers they seemed to see many resemblances to things that exist ... more than [just] air, fire and earth and water, (but things such as) justice, soul, reason, opportunity ..."

피타고라스 학파가 만물을 수라고 한 것에서 짐작할 수 있듯이 세상을 수로 해석한 그들의 시도는 여러 가지가 전해져오고 있다. 예를 들면, 홀수는 남성, 짝수는 여성으로 비교하기도 하였는데, 이는 짝수가 홀수보다 약하기 때문이다. 홀수와 짝수를 더하면 언제나 홀수가 되고 두 홀수로는 짝수를 만들어낼 수 있지만 두 짝수로는 홀수를 만들 수 없기 때문이다.
이러한 시도는 신비주의에 가깝기는 하지만 그들이 발견한 도형수는 규칙을 일반화하는 연습을 할 수 있는 좋은 소재이다. 단지 삼각수, 사각수 등의 일반식을 찾는 것 이상으로 도형수 사이에서의 규칙도 발견할 수 있다. 다음에서 여러 가지 도형수를 알아보고 그들 사이의 관계를 알아보자.

1 평면에서의 도형수

1. 삼각수

아래 그림과 같이 삼각형 모양으로 주어지는 수를 삼각수라 한다. 삼각수는 차례로 1, 3, 6, 10, 15, ⋯ 이다. 삼각수의 배열에서 규칙을 찾아내면 n번째 삼각수, n번째 삼각수까지의 합을 n에 관한 식으로 나타낼 수 있다.

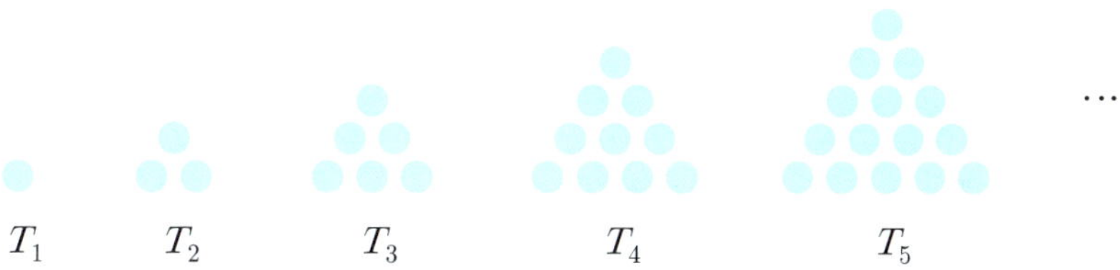

1 n번째 삼각수 T_n을 구하여라.

2 다음은 삼각수를 두 개 배열한 그림이다. 아래 그림을 이용하여 T_n의 값을 간단히 나타내어라.

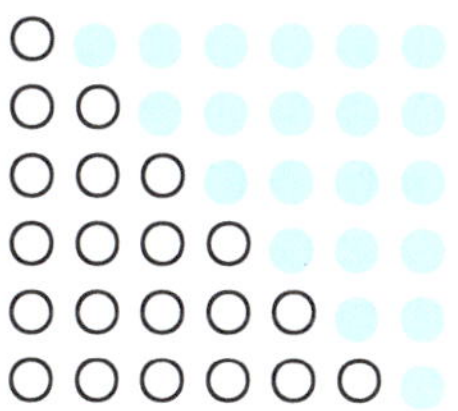

3 아래 그림을 이용하여 삼각수의 합에 대하여 알아보자.

(1) $T_1 + T_2 + T_3 + T_4$를 T_4에 관한 식으로 나타내어라.

(2) n항까지의 삼각수의 합 $T_1 + T_2 + \cdots + T_n$을 구하여라.

자연수 중에는 두 삼각수의 합으로 표현되는 수도 있고 그렇지 않은 수도 있다. 예를 들어, 아래와 같이 2, 4, 7은 두 삼각수의 합으로 표현되는 수이고 3, 5는 두 삼각수의 합으로 표현되지 않는다.

n	$n=T_m+T_k$
2	2=1+1= T_1+T_1
3	×
4	4=1+3= T_1+T_2
5	×
6	6=3+3= T_2+T_2
7	7=1+6= T_1+T_3

어떤 자연수가 두 삼각수의 합으로 표현되는지, 그러한 수들의 특징은 무엇인지 알아보자.

4 25 이하의 자연수에 대하여 두 삼각수의 합으로 표현되는 수를 식으로 나타내어라.

어떤 자연수가 두 삼각수의 합으로 표현되면 이것과 관련하여 또 다른 성질을 찾을 수 있다. 임의의 자연수 n이 두 삼각수의 합으로 주어지면 $4n+1$은 두 정수의 제곱의 합으로 표현되는 것이다. 그 이유를 알아보자.

삼각수는 자연수 m에 대하여 $\frac{m(m+1)}{2}$ 꼴로 표현되므로 $n=\frac{m(m+1)}{2}+\frac{k(k+1)}{2}$라고 하면

$$\begin{aligned}4n+1 &= 2m(m+1)+2k(k+1)+1\\ &= 2m^2+2k^2+2m+2k+1\\ &= m^2-2mk+k^2+m^2+k^2+1+2mk+2m+2k\\ &= (m-k)^2+(m+k+1)^2\end{aligned}$$

이 되어 $4n+1$은 두 제곱수의 합으로 표현된다.

5 두 삼각수의 합으로 표현되는 25 이하의 자연수 n에 대하여 $4n+1$을 두 제곱수의 합으로 나타내어라.

2. 사각수

아래 그림과 같이 사각형 모양으로 주어지는 수를 사각수라고 한다.

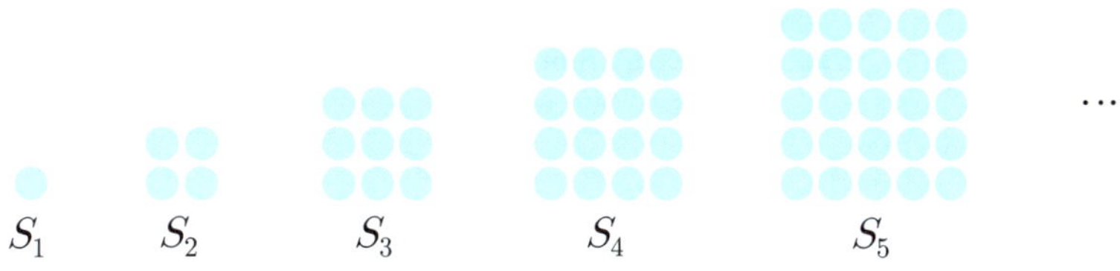

n번째 사각수를 S_n이라 하면

$$S_1 = 1$$
$$S_2 = 1+3 = 2^2$$
$$S_3 = 1+3+5 = 3^2$$
$$S_4 = 1+3+5+7 = 4^2$$
$$S_5 = 1+3+5+7+9 = 5^2$$
$$\cdots$$
$$S_n = 1+3+5+\cdots+(2n-1) \ \text{(1에서 } 2n\text{까지 홀수의 합)}$$

n번째 사각수 S_n의 값을 구하기 위해서는 사각수를 아래 그림과 같이 삼각형 모양으로 나누어 생각하면 된다.

위의 그림에서 흰 점, 파란 점, 다이아몬드, 별의 개수는 각각 사각수 $1+3+5+7 = S_4$이고, 전체 개수는 8^2이다. 따라서 $4S_4 = 8^2$ 즉, 따라서 $S_4 = 4^2$이다. 일반적으로 위와 같은 형태의 배열을 통하여 다음을 알 수 있다.

$$S_n = 1+3+5+\cdots+(2n-1) = n^2$$

6 사각수와 피타고라스의 수 사이의 관계를 알아보기 위하여 다음 물음에 답하여라.

(1) 아래 표의 빈칸을 채워라.

m	n	$(S_m+S_n)^2$	$(S_m-S_n)^2$	$(2\sqrt{S_mS_n})^2$
2	1	$(2^2+1^2)^2=5^2$	$(2^2-1^2)^2=3^2$	$(2\sqrt{2^2\times1^1})^2=4^2$
3	1	$(3^2+1^2)^2=10^2$	$(3^2-1^2)^2=8^2$	$(2\sqrt{3^2\times1^2})^2=6^2$
4	1			
5	1			
3	2			
4	2			
5	2			
4	3			
5	3			
5	4			

(2) 위 표에서 m번째 사각수 S_m과 n번째 사각수 S_n에 대하여 세 수

$$S_m+S_n,\ S_m-S_n,\ 2\sqrt{S_mS_n}\ \ (m>n)$$

은 피타고라스의 세 수가 되는지 확인하여라.

(3) 위 (2)를 증명하여라. 물론 이 수들의 상수배 역시 피타고라스의 세 수가 된다.

7 아래 그림에서 주어지는 직사각수 2, 6, 12, 20, 30, ⋯ 에 대하여 물음에 답하여라.

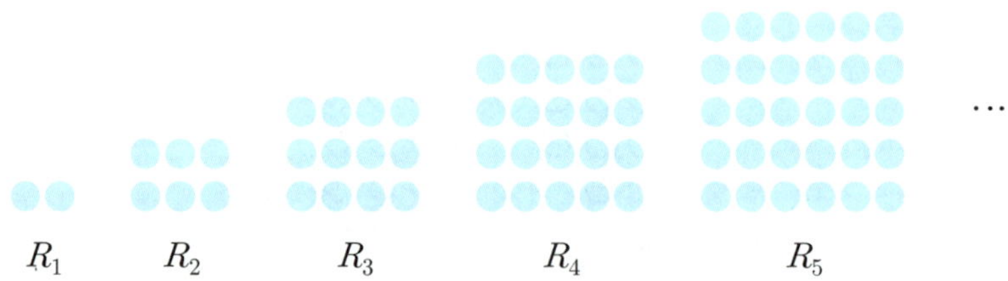

(1) n번째 직사각수 R_n을 구하여라.

(2) 직사각수 R_3을 삼각수 T_3으로 나타내어라.

(3) 직사각수 R_n을 삼각수 T_n으로 나타내어라.

2 도형수 사이의 관계

1. 삼각수와 사각수 사이의 관계

다음 그림을 이용하여 삼각수와 사각수 사이의 관계를 알아보자.

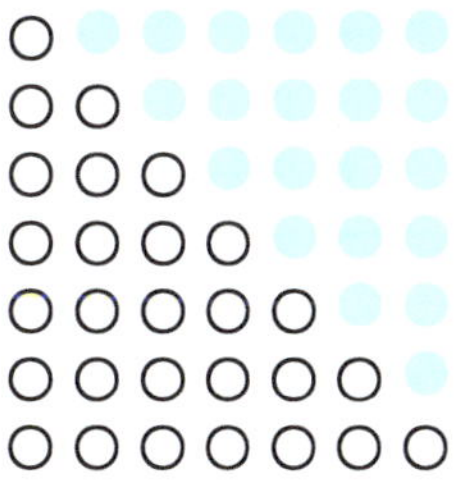

위의 그림에서 흰 점과 파란 점의 개수는 각각 삼각수 T_7과 T_6이고, 전체 점의 개수는 사각수 $7^2 = S_7$이다. 따라서 $T_6 + T_7 = S_7$을 얻는다. 실제로

$$T_n + T_{n+1} = \frac{n(n+1)}{2} + \frac{(n+1)(n+2)}{2} = \frac{2n^2+4n+2}{2}$$
$$= (n+1)^2 = S_{n+1}$$

으로 연속된 두 삼각수의 합에 대하여

$$T_n + T_{n+1} = S_{n+1}$$

이 성립한다.
또한, $T_{n+1} = 1+2+3+\cdots+n+(n+1) = T_n + (n+1)$이므로 삼각수와 사각수 사이에

$$2T_n + (n+1) = S_{n+1}$$

도 성립한다.

1 아래 그림을 보고 다음을 유도하고 증명하여라.
(1) 연속된 두 사각수 $S_5 + S_6$과 삼각수 T_5의 관계
(2) $4T_n + 1$과 S_n의 관계
(3) 삼각수 T_5와 사각수 S_5의 관계
(4) $8T_n + 1$과 S_n의 관계

2 아래 그림을 이용하여 사각수의 합을 알아보자.

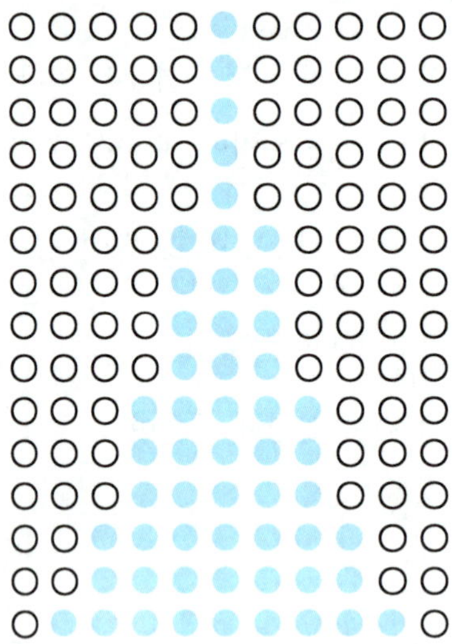

(1) $S_1+S_2+S_3+S_4+S_5$을 삼각수 T_n으로 나타내어라.

(2) 사각수의 합 $S_1+S_2+\cdots+S_n$을 구하여라.

2. 오각수와 육각수

아래 그림과 같이 오각형 모양으로 주어지는 수를 오각수라고 한다. n번째 오각수를 P_n이라 하면

$P_1=1$

$P_2=1+4=5$

$$P_3 = 1 + 4 + 7 = 12$$

$$P_4 = 1 + 4 + 7 + 10 = 22$$

$$P_5 = 1 + 4 + 7 + 10 + 13 = 35$$

$$\cdots$$

$$P_n = 1 + 4 + 7 + \cdots + (3n - 2)$$

이다.

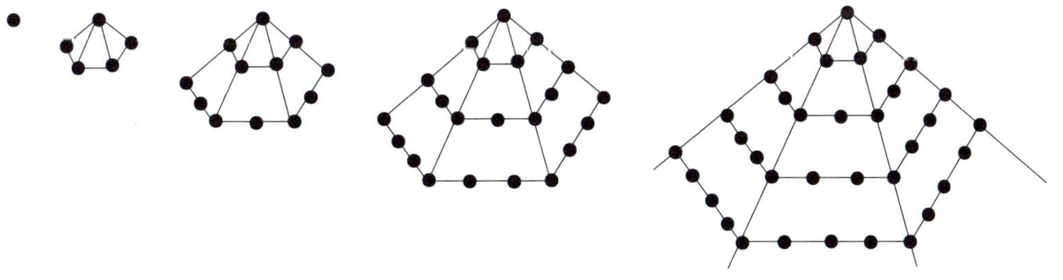

P_1 P_2 P_3 P_4 P_5

3 오각수와 삼각수, 사각수 사이의 관계를 알아보자.

(1) 오각수 P_5를 삼각수 T_n과 사각수 S_n으로 나타내어라.

(2) 오각수 P_n을 삼각수 T_n과 사각수 S_n으로 나타내어라.

아래 그림과 같이 육각형 모양으로 주어지는 수를 육각수라고 한다. n번째 육각수를 H_n이라 하면

$$H_1 = 1$$

$$H_2 = 1 + 5 = 6$$

$$H_3 = 1 + 5 + 9 = 15$$

$$H_4 = 1 + 5 + 9 + 13 = 28$$

$$H_5 = 1 + 5 + 9 + 13 + 17 = 45$$

$$\cdots$$

이다.

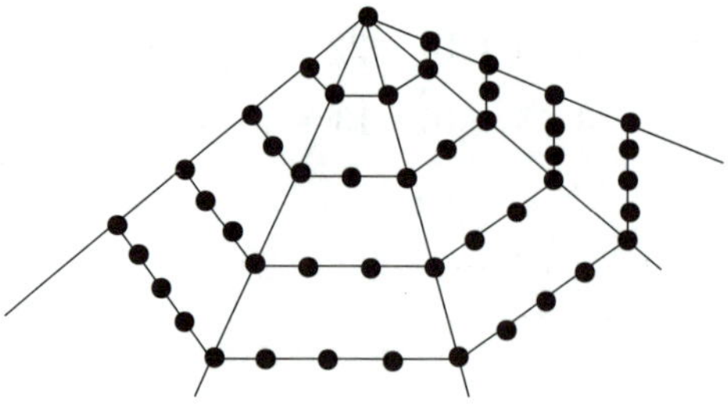

4 다음 물음에 답하여라.

(1) n번째 육각수 H_n을 n을 써서 나타내어라.

(2) 육각수 H_n을 사각수 S_n과 자연수 n으로 나타내어라.

(3) 오각수 P_n을 삼각수 T_n, 사각수 S_n, 자연수 n으로 나타내어라.

평면에서의 도형수

❶ 평면에서의 도형수

1 $T_n = 1+2+3+ \cdots +n$

2 $T_n = 1+2+3+ \cdots +n = \dfrac{n(n+1)}{2}$

3 (1) 위 왼쪽 그림의 세 부분은 각각 $T_1+T_2+T_3+T_4$를 나타내고, 전체 점의 개수는 $6\times 10 = 6T_4$로 볼 수 있으므로 다음 식이 성립한다.

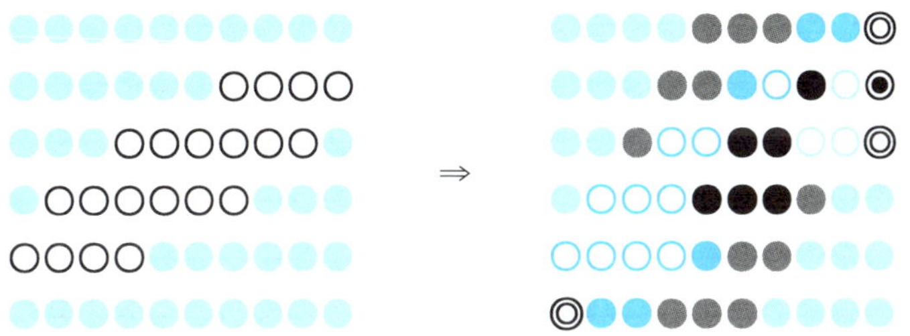

$$3(T_1+T_2+T_3+T_4) = 6T_4 = (4+2)T_4 T_1+T_2+T_3+T_4 = \frac{(4+2)}{3}T_4$$

(2) $T_1+T_2+ \cdots +T_n = \dfrac{(n+2)}{3}T_n = \dfrac{n(n+1)(n+2)}{6}$

5

n	$n=T_m+T_k$	$4n+1=(m-k)^2+(m+k+1)^2$
2=1+1	$2=T_1+T_1$	$9=0^2+3^2$
4=1+3	$4=T_1+T_2$	$17=1^2+4^2$
6=3+3	$6=T_2+T_2$	$25=0^2+5^2$
7=1+6	$7=T_1+T_3$	$29=2^2+5^2$
9=3+6	$9=T_2+T_3$	$37=1^2+6^2$
11=1+10	$11=T_1+T_4$	$45=3^2+6^2$
12=6+6	$12=T_3+T_3$	$49=0^2+7^2$
13=3+10	$13=T_2+T_4$	$53=2^2+7^2$
16=1+15	$16=T_1+T_5$	$65=4^2+7^2$

n	$n=T_m+T_k$	$4n+1=(m-k)^2+(m+k+1)^2$
18=3+15	$18=T_2+T_5$	$73=3^2+8^2$
20=10+10	$20=T_4+T_4$	$81=0^2+9^2$
21=6+15	$21=T_3+T_5$	$85=2^2+9^2$
22=1+21	$22=T_1+T_6$	$89=5^2+8^2$
24=3+21	$24=T_2+T_6$	$97=4^2+9^2$
25=10+15	$25=T_4+T_5$	$101=1^2+10^2$

6 (1)

m	n	$(S_m+S_n)^2$	$(S_m-S_n)^2$	$(2\sqrt{S_mS_n})^2$
2	1	$(2^2+1^2)^2=5^2$	$(2^2-1^2)^2=3^2$	$(2\sqrt{2^2\times1^1})^2=4^2$
3	1	$(3^2+1^2)^2=10^2$	$(3^2-1^2)^2=8^2$	$(2\sqrt{3^2\times1^2})^2=6^2$
4	1	$(4^2+1^2)^2=17^2$	$(4^2-1^2)^2=15^2$	$(2\sqrt{4^2\times1^2})^2=8^2$
5	1	$(5^2+1^2)^2=26^2$	$(5^2-1^2)^2=24^2$	$(2\sqrt{5^2\times1^2})^2=10^2$
3	2	$(3^2+2^2)^2=13^2$	$(3^2-2^2)^2=5^2$	$(2\sqrt{3^2\times2^2})^2=12^2$
4	2	$(4^2+2^2)^2=20^2$	$(4^2-2^2)^2=12^2$	$(2\sqrt{4^2\times2^2})^2=16^2$
5	2	$(5^2+2^2)^2=29^2$	$(5^2-2^2)^2=21^2$	$(2\sqrt{5^2\times2^2})^2=20^2$
4	3	$(4^2+3^2)^2=25^2$	$(4^2-3^2)^2=7^2$	$(2\sqrt{4^2\times3^2})^2=24^2$
5	3	$(5^2+3^2)^2=34^2$	$(5^2-3^2)^2=16^2$	$(2\sqrt{5^2\times3^2})^2=30^2$
5	4	$(5^2+4^2)^2=41^2$	$(5^2-4^2)^2=9^2$	$(2\sqrt{5^2\times4^2})^2=40^2$

(3) $(m^2+n^2)^2=m^4+2m^2n^2+n^4=m^2-2m^2m^2+n^2+4m^2n^2=(m^2-n^2)^2+(2mn)^2$ 이 성립하므로 S_m+S_n, S_m-S_n, $2\sqrt{S_mS_n}$ $(m>n)$은 피타고라스의 세 수가 된다. 또, $(k(m^2+n^2))^2=(k(m^2-n^2))^2+(k(2mn))^2$가 성립하므로 이 수들의 상수배 역시 피타고라스의 수가 된다.

7 (1) $R_n=2+4+6+\cdots+2n$ (1에서 $2n$까지 짝수의 합).

(2) $n=3$인 경우에 직사각수는 다음 그림과 같이 삼각수와 사각수로 나타낼 수 있다.

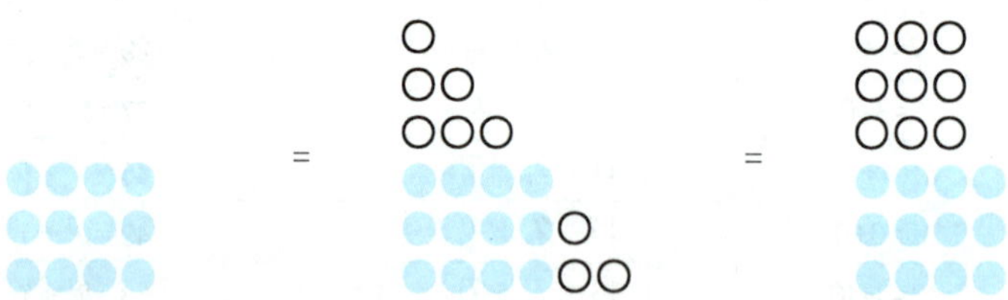

R_3 = = $T_{2\times3}-S_3$

(3) $R_n = T_{2n} - S_n = \dfrac{2n(2n+1)}{2} - n^2 = n(n+1) = 2T_n$

❷ 도형수 사이의 관계

1 (1) 그림에서 파란 점은 사각수 S_5이고 흰 점은 사각수 S_6이다. 흰 점으로 이루어진 삼각수, 파란 점으로 이루어진 삼각수를 생각하고 중복된 수를 빼주면

$$S_5 + S_6 = 4T_5 - (4\times4) - 3 + 20 = 4T_5 + 1$$

(2) $4T_n + 1 = 2n(n+1) + 1 = 2n^2 + 2n + 1 = n^2 + (n+1)^2 = S_n + S_{n+1}$

(3) $8T_5 + 1 = S_{11} = S_{2\times5+1}$

(4) $8T_n + 1 = 4n(n+1) + 1 = 4n^2 + 4n + 1 = (2n+1)^2 = S_{2n+1}$

2 (1) $3(S_1 + S_2 + S_3 + S_4 + S_5) = 11 \times 15 = 11T_5 = (2\times5+1)T_5$에서

$$S_1 + S_2 + S_3 + S_4 + S_5 = \frac{(2\times5+1)}{3}T_5$$

(2) $S_1 + S_2 + \cdots + S_n = \dfrac{2n+1}{3}T_n$에 $T_n = \dfrac{n(n+1)}{2}$를 대입하면

$$S_1 + S_2 + \cdots + S_n = \frac{n(n+1)(2n+1)}{6}$$

3 (1) $P_5 = (1+3+5+8+9) + (1+2+3+4) = S_5 + T_4$

$P_5 = 3(1+2+3+4) + 5 = 3T_4 + 5$

(2) $P_n = S_n + T_{n-1} = 3T_{n-1} + n$

4 (1) $H_n = 1 + 5 + 9 + \cdots + (4n-3)$

(2) $H_5 = P_5 + T_4 = S_5 + 2T_4 = S_5 + 2\dfrac{S_5 - 5}{2} = 2S_5 - 5$에서

$H_n = P_n + T_{n-1} = S_n + 2T_{n-1} = 2S_n - n$을 알 수 있다.

(3) $P_n + T_{n-1} = 2S_n - n$이므로 $P_n - 2S_n - T_{n-1} - n$

102-2

삼각수를 이용한 문제해결

Keywords 삼각수, 자연수의 분할, 완전수

우리는 n번째 삼각수는 $T_n = 1+2+3+\cdots+n = \dfrac{n(n+1)}{2}$임을 알고 있다. 이것은 $n+1$개의 물건에서 2개를 뽑는 방법의 수인 $\dbinom{n+1}{2}$와 같다. 이제 삼각수를 이용하여 여러 가지 문제를 해결하여 보자.[1)]

1 아래 그림을 보고 $T_1+T_2+T_3+T_4$를 삼각수로 나타내보아라. 또, 일반적으로 $T_1+T_2+T_3+\cdots+T_n$도 삼각수로 나타내보아라.

$$\begin{array}{c} 1 \\ 1\ \ 2 \\ 1\ \ 2\ \ 3 \\ 1\ \ 2\ \ 3\ \ 4 \end{array} + \begin{array}{c} 1 \\ 2\ \ 1 \\ 3\ \ 2\ \ 1 \\ 4\ \ 3\ \ 2\ \ 1 \end{array} + \begin{array}{c} 4 \\ 3\ \ 3 \\ 2\ \ 2\ \ 2 \\ 1\ \ 1\ \ 1\ \ 1 \end{array} = \begin{array}{c} 6 \\ 6\ \ 6 \\ 6\ \ 6\ \ 6 \\ 6\ \ 6\ \ 6\ \ 6 \end{array}$$

2 (1) 두 개의 평행선 위에 각각 4개, 3개의 점이 있다. 서로 다른 선 위에 있는 점을 모두 잇는다면 교점은 모두 몇 개인가? 단, 교점이 겹치지 않도록 점의 위치를 잘 조정한다고 하자.

(2) 두 개의 평행선 위에 각각 m개, n개의 점이 있다. 위와 마찬가지로 할 때, 교점의 개수를 T_m, T_n으로 나타내어라.

삼각수는 수의 분할[2)]과도 관련이 있다. 다음은 자연수 5를 세 수의 합으로 분할하는 경우이다.

1) James Tanton, *A Dozon Questions About Triangular Numbers*, Math Horizons, MAA, Nov. 2005.

2) [105-3 자연수의 분할] 참고

$$3+1+1 = 1+3+1 = 1+1+3 = 2+2+1 = 2+1+2 = 1+2+2$$

양의 정수 a, b, c에 대하여 $5 = a+b+c$의 해의 가지수는 6으로 이것은 T_3과 같다. 아래에서 일반적인 경우에 대하여 알아보자.

3 (1) 일반적으로 $n = a+b+c \quad (n \geq 2)$의 해는 T_{n-2}임을 보여라.

(2) $(x+x^2+x^3+\cdots)^3$을 전개할 때, x^n의 계수를 구하여라.

(3) $0.1+0.03+0.006+0.0010+0.00015+0.000021+\cdots$이 순환소수[3]인가?

360의 약수 중에는 삼각수가 7개(1, 3, 6, 10, 15, 36, 45, 120) 있다. 365의 약수 중에는 단 한 개의 삼각수가 있다. 다음은 1부터 20까지의 수가 가지고 있는 삼각수인 약수의 개수이다. 이 수들의 평균은 1.5이다.

수	1	2	3	4	5	6	7	8	9	10	11	12	13	14	15	16	17	18	19	20
개수	1	1	2	1	1	2	1	1	2	2	1	3	1	1	2	1	1	3	1	2

1부터 n까지의 수가 갖는 삼각수인 약수의 개수의 평균을 $A(n)$이라고 할 때, $A(50)=1.74$, $A(100)=1.8$, $A(200)=1.865$이다.

4 1부터 n까지의 수가 가지고 있는 삼각수인 약수의 개수의 평균의 극한값 $\lim_{n \to \infty} A(n)$을 구하여라.

완전수는 자기 자신을 제외한 약수의 합이 자기 자신과 같은 수이다. 다시 말하면 약수의 합이 자기 자신의 두 배인 수이다. 처음 4개의 완전수는 6, 28, 496, 8128인데, 이것은 모두 삼각수이다. 실제로 짝수인 완전수는 모두 삼각수이다. 아래에서 증명하여 보자.

5 짝수인 완전수는 모두 삼각수임을 보여라. [도움말 : 짝수인 완전수를 $n = 2^a b \ (a \geq 1, b$는 홀수)로 나타낸다.]

---

3) [106 순환소수] 참고

삼각수를 이용한 문제 해결

1 $3(T_1+T_2+T_3+T_4)=6T_4$, $3(T_1+T_2+T_3+\cdots+T_n)=(n+2)T_n$

2 (1) 두 선에서 각각 2개씩 고르는 것이므로 $\binom{4}{2}\binom{3}{2}=18$

(2) $\binom{m-1}{2}\binom{n-1}{2}=T_{m-1}T_{n-1}$

3 (1) n개의 점을 늘어놓으면 그 사이에는 $n-1$개의 빈 자리가 있다. $n=a+b+c$ 표현은 빈 자리 두 군데를 정하는 것과 같으므로 경우의 수는 $\binom{n-1}{2}$ 즉, T_{n-2}이다.

(2) $(x+x^2+\cdots+x^a+\cdots)(x+x^2+\cdots+x^b+\cdots)(x+x^2+\cdots+x^c+\cdots)$에서 괄호마다 각각 x^a, x^b, x^c를 택하여 x^n을 만든다면 $n=a+b+c$을 만족하므로

$$(x+x^2+x^3+\cdots)^3=T_1x^3+T_2x^4\ T_3x^5+\cdots$$

이다. 따라서 x^n의 계수는 T_{n-2}이다.

(3) $x+x^2+x^3+\cdots=\dfrac{x}{1-x}$이므로 $T_1x+T_2x^2\ T_3x^3+\cdots=\dfrac{x}{(1-x)^3}$

여기에 $x=\dfrac{1}{10}$을 대입하면

$$0.1+0.03+0.006+0.0010+0.00015+0.000021+\cdots=\frac{1}{10}(1-\frac{1}{10})^3=\frac{100}{729}$$

이므로 이 수는 유리수이다. 순환마디는 81이다.

4 주어진 정수 n,k에 대하여 $\left\lfloor \dfrac{n}{k} \right\rfloor$은 1부터 n까지의 수 중 k를 약수로 갖는 수의 개수이다. 다시 말하면, 이 수는 1부터 n까지의 수의 약수를 늘어놓았을 때, k가 나타나는 횟수이다. 따라서

$$A(n)=\frac{1}{n}\left(\left\lfloor \frac{n}{T_1}\right\rfloor+\left\lfloor \frac{n}{T_2}\right\rfloor+\left\lfloor \frac{n}{T_3}\right\rfloor+\cdots\right)$$

이다. 위의 합은 유한 개의 합인데, 그 개수는 많아야 $\sqrt{2n}$이다. $x=x-\lfloor x\rfloor<1$을 이용하면

$$A(n)=\sum_{k\ge1}\frac{1}{n}\left\lfloor\frac{n}{T_k}\right\rfloor=\sum_{k\ge1}\frac{1}{T_k}-\sum_{k\ge1}\frac{1}{n}\left\{\frac{n}{T_k}\right\}$$

즉,

$$\sum_{k\ge 1}\frac{1}{T_k}=\sum_{k\ge 1}\left(\frac{2}{k}-\frac{2}{k+1}\right)=2,\quad \left|\sum_{k\ge 1}\frac{1}{n}\left\{\frac{n}{T_k}\right\}\right|\le\frac{\sqrt{2n}}{n}\to 0\quad (n\to\infty)$$

이므로 $\lim_{n\to\infty}A(n)=2$이다.

5 n은 짝수인 완전수라고 하고 $n=2^a b$ ($a\ge 1, b$는 홀수)로 나타내자.

b의 약수를 $d_1=1,\ d_2,\cdots,d_k=b$ 라고 하자.

그러면 n의 약수는 $2d_1,\ \cdots,\ 2d_k,\ \cdots,2^a d_1,\cdots,2^a d_k$ 이고 그 합은

$$(1+2+\cdots+2^a)(d_1+\ d_2+\ \cdots\ +d_k)=(2^{a+1}-1)(d_1+d_2+\cdots+d_k)$$

이다. n이 완전수이므로 $n+n=2^{a+1}b$ 이므로

$$\frac{d_1+d_2+\cdots+d_k}{b}=\frac{2^{a+1}}{2^{a+1}-1}$$

이다. 그런데 우변은 기약이므로 적당한 정수 m에 대하여

$$d_1+\ d_2+\ \cdots\ +d_k=2^{a+1}m,\ b=(2^{a+1}-1)m$$

꼴이다. 여기서 만약 $m\ne 1$이면 b는 적어도 3개의 인수 $1, m, b$를 갖는다. 결국

$$d_1+d_2+\cdots+d_k\ge 1+m+b=2^{a+1}m+1=d_1+d_2+\cdots+d_k+1$$

이 되어 모순이다. 따라서 $m=1$이고 $n=2^a b=2^a(2^{a+1}-1)=T_{2^{a+1}-1}$ 로 삼각수이다.

102-3

공간에서의 도형수

Keywords 정삼각뿔수, 사각뿔수, 유심 삼각수, 유심 사각수, 유심 오각수, 유심 육각수, 성형 육각수

1 각뿔수

각뿔 모양으로 주어지는 수를 각뿔수라고 한다. 아래 그림과 같이 삼각뿔 모양으로 주어지는 수는 삼각뿔수, 사각뿔 모양으로 주어지는 수는 사각뿔수라고 한다.

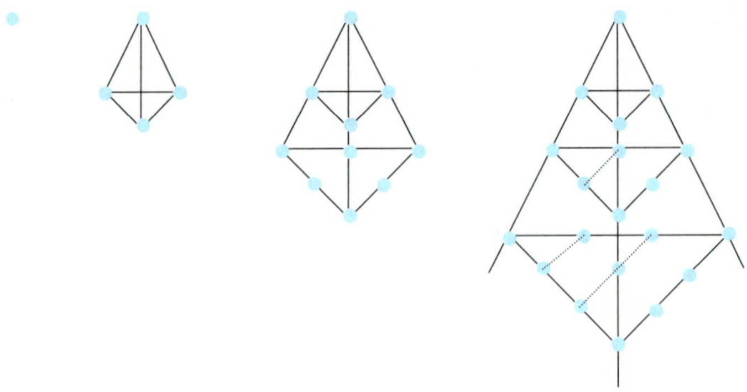

삼각뿔 수는 1, 4, 10, 20, … 이다. 삼각뿔수를 구하려면 삼각수를 더해나가면 된다. 즉, n번째 삼각뿔수를 TC_n이라 하면

$$TC_1 = 1 = T_1 = 1$$
$$TC_2 = 1 + 3 = T_1 + T_2 = 4$$
$$TC_3 = 1 + 3 + 6 = T_1 + T_2 + T_3 = 10$$
$$TC_4 = 1 + 3 + 6 + 10 = T_1 + T_2 + T_3 + T_4 = 20$$

$$\cdots$$

$$TC_n = T_1 + T_2 + \cdots + T_n = \frac{n(n+1)(n+2)}{6}$$

이다.

1 파스칼 삼각형에서 삼각뿔수를 찾아보아라.

```
1
1 1
1 2 1
1 3 3 1
1 4 6 4 1
1 5 10 10 5 1
1 6 15 20 15 6 1
1 7 21 35 35 21 7 1
1 8 28 56 70 56 28 8 1
1 9 36 84 126 126 84 36 9 1
```

2 아래 그림에서 주어진 사각뿔수 1, 5, 14, 30, $\cdots$ 의 n번째 사각뿔수를 SC_n이라 할 때 SC_n을 구하여라.

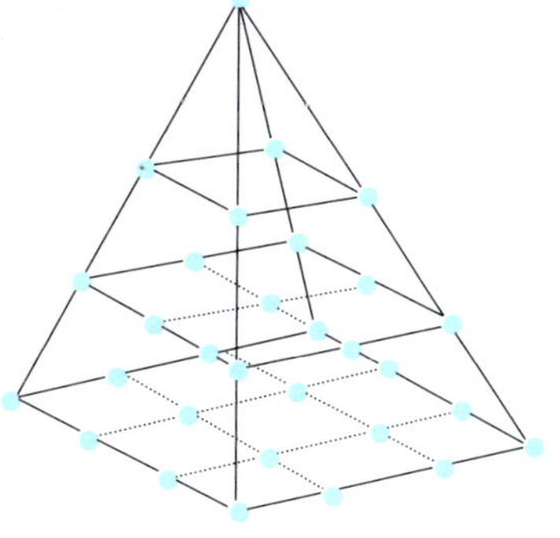

3 다음과 같이 삼각뿔수에서 삼각뿔 속에 있는 점을 제거한 모양으로 주어지는 수를 직각삼각뿔수라 한다. 직각삼각뿔 수 1, 4, 10, 19, 31, 46, $\cdots$ 의 n번째 수를 구하여라.

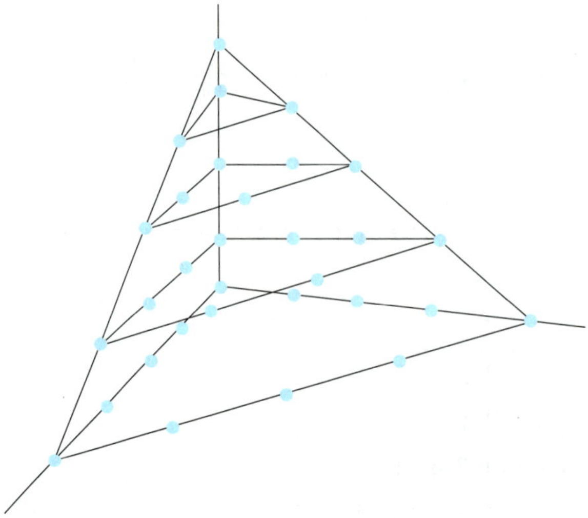

2 중심이 있는 도형수

다음 그림과 같이 중심에서 방사형으로 뻗어나가는 삼각수를 유심 3각수라 한다. n번째 유심 3각수를 OT_n 이라 하면

$$OT_1 = 1$$
$$OT_2 = 1+3 = 1+3T_1 = 4$$
$$OT_3 = 1+3+6 = 1+3(1+2) = 1+3T_2 = 10$$
$$OT_4 = 1+3+6+9 = 1+3(1+2+3) = 1+3T_3 = 19$$
$$\cdots$$
$$OT_n = 1+3T_{n-1} = 4T_{n-1}+1-T_{n-1} = S_{n-1}+S_n-T_{n-1}$$

이다.[4)]

4) 후지무라 고자부로, 다무라 사부로 지음. 김관영, 유영호 옮김, 《수학자도 갸우뚱(?)하는 75문제》, 전파과학사

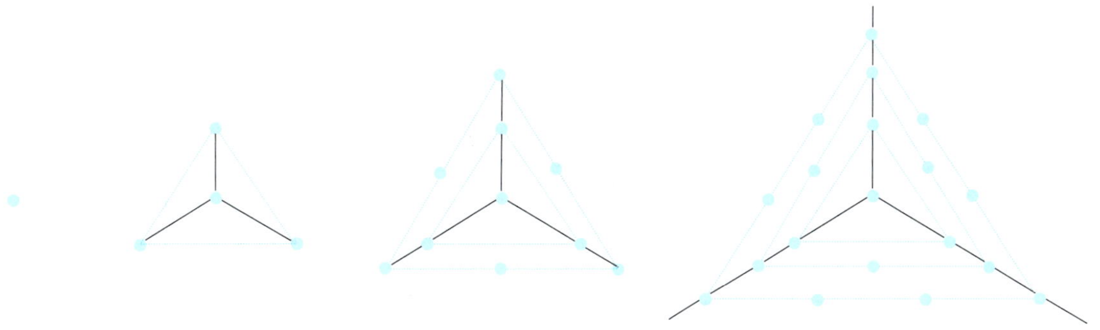

1 다음 그림은 유심 4각수이다. 물음에 답하여라.

(1) 1, 5, 13, 25, 41, 61, $\cdots$ 로 주어지는 유심 4각수의 n번째 수를 구하라.

(2) 유심 4각수를 삼각수 T_n으로 나타내어라.

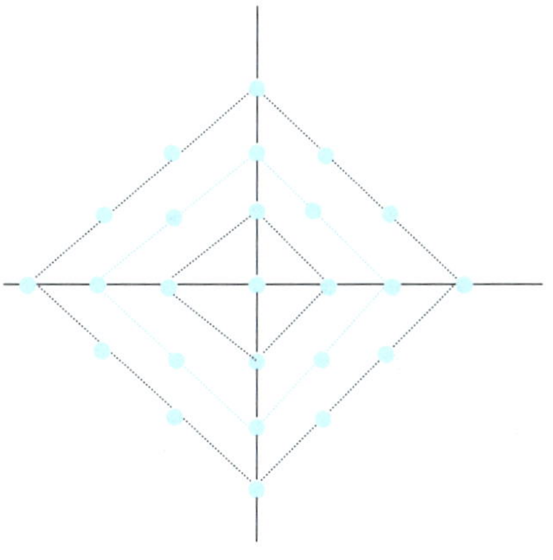

2 중심에서 방사형으로 뻗어나가는 유심 5각수, 유심 6각수를 삼각수 T_n으로 나타내어라.

3 유심 12각수는 $12T_{n-1}+1$로 주어진다. 만약 유심 12각수가 제곱수이면 연속된 두 자연수의 제곱의 합과 연속된 세 자연수의 제곱의 합이 같은 수를 얻을 수 있다. 즉, 등식

$$12T_{n-1}+1=m^2$$

을 만족하는 자연수 m,n이 있다면 연속된 두 자연수 $3n-2$, $3n-1$의 제곱의 합과 연속된 세 자연수 $m-1$, m, $m+1$의 제곱의 합이 같게 된다.

다음 물음에 답하여라.

(1) 식 $12T_{n-1}+1=m^2$을 만족하는 자연수 m, n에 대하여

$$3m^2+2=(m-1)^2+m^2+(m+1)^2=(3n-2)^2+(3n-1)^2$$

이 성립함을 보여라.

(2) 식 $12T_{n-1}+1=m^2$을 만족하는 자연수 n, m을 한 개 이상 찾아라.

4 n번째 유심 육각수에 $(n-1)$번째 삼각수를 붙여 만든 도형수를 n번째 성형 6각수라 한다. 이를 그림으로 확인하여라.

공간에서의 도형수

❶ 각뿔 수

1

1

1 1

1 2 1

1 3 3 1

1 **4** 6 4 1

1 5 **10** 10 5 1

1 6 15 **20** 15 6 1

1 7 21 35 **35** 21 7 1

1 8 28 56 70 **56** 28 8 1

1 9 36 84 126 126 **84** 36 9 1

⋮

2

$$SC_n = S_1 + S_2 + \cdots + S_n = \frac{n(n+1)(2n+1)}{6}$$

3

$$T_1 + T_2 + \cdots + T_n - (T_1 + T_2 + \cdots + T_{n-3}) = 1 + \frac{3(n-1)n}{2}$$

❷ 중심이 있는 도형수

1

(1) $1 + 4T_{n-1} = S_{n-1} + S_n$

(2) $1 + 4T_{n-1}$

2

n번째 유심 5각수는 $1 + 5T_{n-1}$, n번째 유심 6각수는 $1 + 6T_{n-1}$

3

(1) $(m-1)^2 + m^2 + (m+1)^2 = 3m^2 + 2 = 3(6n(n-1)+1) = (3n-2)^2 + (3n-1)^2$

(2) $n=5,\ m=11$과 $n=45,\ m=109$

103

소수

• **교육과정**

중 1 _ 자연수, 도형

중 2 _ 문자와 식, 식의 계산, 측정, 닮음

고 1 _ 로그

주제 1	소수의 세계를 탐험하다
Keywords	소수, 소수의 개수, 페르마 소수
주제 2	소수의 몇 가지 성질
Keywords	소수, 골드바흐 가설
주제 3	빅뱅 이론과 블랙홀
Keywords	소수, 소수의 개수, 로그, 블랙홀

자연수는 신이 인간에게 내려준 수라고 한다. 자연수 이외의 수(정수, 유리수, 무리수, 복소수)는 연산이 확장됨에 따라 차례로 등장하지만 인간이 언제부터 자연수를 사용하였는지, 한 인간이 언제, 어떻게 자연수를 인식하는지는 정확하게 말하기 어렵다.

소수는 자연수의 일부이지만 사실은 전부라고 할 수 있다. 약수가 1과 자기 자신뿐인 자연수를 소수라고 하므로 분명히 소수는 자연수의 일부일 뿐이다. 그러나 모든 자연수는 소수의 곱으로 나타낼 수 있어 자연수에 대한 연구는 거의 대부분 소수에 대한 연구로 귀결되기 때문이다. 자연수는 유한개의 소수들의 곱으로 나타낼 수 있는데, 순서를 무시하면 이 방법은 유일하다. 이를 소인수분해의 유일성, 산술의 기본정리라고 한다.

중학교 1학년에 등장하는 소수에 관한 내용은 소수의 정의, 소인수분해의 유일성이 전부이다. 이후 고등학교에서 약수 · 배수에 대한 한 발 더 나아간 내용이 등장하지만 소수 자체의 성질을 탐구하는 내용은 아니다. 여기에 소개된 내용은 학교 수학에 나오는 것과 같은 내용은 아니고 소수에 대한 근본적인 물음에 다가갈 수 있는 내용이다.

주제 1은 중학교 1학년 내용과 관련지어 소수의 무한성에 관한 내용을 다루었다. 소수가 무한개임을 증명하는 방법을 몇 가지 소개하였고, 소수의 개수가 몇 개인지 근사적으로 접근하였다. 소수의 분포 규칙은 리만 가설로 알려져 있는데, 여기에서는 n보다 작은(또는 10^n보다 작은) 소수의 개수에 대한 소수 정리를 소개하였다.

주제 2에서는 소수에 대한 몇 가지 성질을 소개하였다. 페르마, 골드바흐, 오일러 등의 수학자와 관련된 내용이다. 소개된 성질 자체는 어렵지 않으나 미해결 문제와 높은 수준의 수학이 밑에 깔린 내용이다.

주제 3은 소수를 우주의 생성, 태양계 운동에 빗대어 구성한 내용이다. 무한의 세계에 사는 선녀와 유한의 세계에 사는 나무꾼과의 대비에서 무한을 좀더 깊이 이해할 수 있기를 바란다.

103-1 소수의 세계를 탐험하다

Keywords 소수, 소수의 개수, 페르마 소수

1 소수는 얼마나 많은가

유클리드 우표, 아이슬란드 발행, 1988년

기원전 300년경 유클리드(Euclid)는 오직 유한개의 소수만이 존재한다는 가정으로부터 모순을 끌어내는 귀류법을 사용하여 소수가 무한히 많다는 것을 증명하였다. 어떤 수가 소수인지 아닌지는 에라토스테네스(Eratosthenes)의 체(sieve)를 이용하여 판단할 수 있으나 손으로 계산하기 힘든 정도의 큰 수가 소수인지 아닌지 판단하는 것은 컴퓨터를 이용하더라도 매우 많은 시간이 걸린다. 현재까지 알려진 가장 큰 소수는 $2^{25964951}-1$(2005년, 7816230 자리수) 이다.[1)]

1 에라토스테네스의 체를 이용하여 200 이하의 소수를 구하여라.

1	2	3	4	5	6	7	8	9	10	11	12	13	14	15	16	17	18	19	20
21	22	23	24	25	26	27	28	29	30	31	32	33	34	35	36	37	38	39	40
41	42	43	44	45	46	47	48	49	50	51	52	53	54	55	56	57	58	59	60
61	62	63	64	65	66	67	68	69	70	71	72	73	74	75	76	77	78	79	80
81	82	83	84	85	86	87	88	89	90	91	92	93	94	95	96	97	98	99	100
101	102	103	104	105	106	107	108	109	110	111	112	113	114	115	116	117	118	119	120
121	122	123	124	125	126	127	128	129	130	131	132	133	134	135	136	137	138	139	140
141	142	143	144	145	146	147	148	149	150	151	152	153	154	155	156	157	158	159	160
161	162	163	164	165	166	167	168	169	170	171	172	173	174	175	176	177	178	179	180
181	182	183	184	185	186	187	188	189	190	191	192	193	194	195	196	197	198	199	200

1) http://www.utm.edu/research/primes

소수가 무한히 많다는 증명 중 가장 오래된 것은 유클리드[2)]의 증명이다. 유클리드의 증명은 널리 알려져 있으므로 여기에서는 페르마의 수를 이용한 증명을 소개하겠다.

페르마 수 $F_n = 2^{2^n} + 1$ $(n = 0,\ 1,\ 2,\ \ldots)$에 대하여 생각해보자. 예를 들면, 페르마의 수인

페르마 수, 페르마 소수

페르마의 수란 $n = 0,\ 1,\ 2$ $\cdots$에 대하여 $F_n = 2^{2^n} + 1$ 꼴의 수를 말한다. 페르마는 이런 꼴의 수가 모두 소수일 것이라고 생각했다. 페르마 수 중 소수인 것을 페르마 소수라고 한다.

$$F_0 = 3$$
$$F_1 = 5$$
$$F_2 = 17$$
$$F_3 = 257$$
$$F_4 = 65537$$

은 모두 소수이다. 당시 페르마(Pierre de Fermat, 1601~1665)는 $F_n = 2^{2^n} + 1$ $(n = 0,\ 1,\ 2,\ \cdots)$꼴의 모든 수가 소수라고 주장하고 있었다. 1729년 12월 1일 오일러(L. Euler, 1707-1783)는 모스크바에 머물고 있던 골드바흐(C. Glodbach, 1690-1764)의 편지를 받았는데 그 편지에서 골드바흐는 위의 페르마의 주장에 대해 오일러에게 물었다. 오일러는 1730년 6월 4일 답장에서 $F_5 = 2^{32} + 1$는 소수 641을 인수로 갖는다는 것을 밝혔다. 실제로

$$F_5 = 4294967297 = 641 \times 6700417$$

이다. 즉,

$$2^{32} + 1 = (2^0 + 2^7 + 1)(2^{23} - 2^{21} + 2^{19} - 2^{17} + 2^{14} - 2^9 - 2^7 + 1)$$

이다. 페르마 수 F_n은 $n = 0,\ 1,\ 2,\ 3,\ 4$일 때는 소수이지만 $n = 5,\ 6,\ 7,\ \cdots,\ 21$일 때는 합성수이다. F_n 꼴의 소수를 페르마 소수라고 하는데, 아직 페르마 소수가 유한개인지는 모르고 있다. 이제 서로 다른 두 페르마 수가 서로소(relatively prime)이면 무한개의 소수가 존재함을 증명하여보자.

이 증명을 하기 위하여 먼저 수학적 귀납법을 이용하여

$$F_0 F_1 \cdots F_{n-1} = F_n - 2 \qquad (n \geq 1)$$

임을 보이자.

2) Euclid, *The elements*, IX 20, Dover, P. 413.

$k=1$일 때, $F_0=3$, $F_1-2=3$이므로 식이 성립한다.

$k=n-1$일 때 $F_0F_1\cdots F_{n-1}=F_n-2\,(n\geq 1)$이 성립한다면

$$\begin{aligned}F_0F_1\cdots F_{n-1}F_n&=(F_0F_1\cdots F_{n-1})F_n=(F_n-2)F_n\\&=(2^{2^n}-1)(2^{2^n}+1)=2^{2^{n+1}}-1\\&=F_{n+1}-2\end{aligned}$$

이 성립한다.

이제 m이 F_k와 F_n (여기서 $k<n$)의 약수라 하면 식 $F_0F_1\cdots F_{n-1}=F_n-2$ $(n\geq 1)$에 의하여 $m|2$이다. 즉, $m=1$ 또는 2이다. 그런데 페르마 수는 모두 홀수이므로 $m=1$이 되어 페르마 수는 서로소가 된다. 페르마 수가 무한개인데 서로소이므로 소수는 무한개이다.

이 외에도 위상수학, 자연로그, 무한급수 등의 이론을 사용하면 소수가 무한히 많이 존재한다는 것을 여러 가지 다른 방법으로 보일 수가 있다.

2 소수가 유한개만 존재한다고 가정하여 모순을 이끌어내는 방법으로 소수가 무한히 많다는 것을 증명하여라.

참고로 소수의 곱에 1을 더한 수는 소수인 경우도 있고 소수가 아닌 경우도 있다. 예를 들어, 두 소수 2, 3에 대해서는

$$2\times3+1=7$$

로 소수이고 여섯 개의 소수 2, 3, 5, 7, 11, 13에 대해서는

$$2\times3\times5\times7\times11\times13+1=30031=59\times509$$

로 소수가 아니다.

2 소수의 개수

소수가 몇 개인가, 소수는 규칙적으로 나타나는가에 대해서 생각해보기 위하여 앞에서 구한 200 이하의 소수에 대하여 다음을 알아보자.

3 다음 표에 200 이하의 수에 대하여 각 구간별로 소수가 몇 개인지 채워라.

수	1~10	11~20	21~30	31~40	41~50	51~60	61~70	71~80	81~90	91~100
소수 개수	4									
수	101~110	111~120	121~130	131~140	141~150	151~160	161~170	171~180	181~190	191~200
소수 개수										

위의 표에서 보듯이 소수의 개수는 규칙적으로 나타나지 않는다. 그러면 1000000000000000 이하의 정수 중에는 소수가 몇 개 존재할까?

어떤 수보다 작은 소수의 개수를 처음으로 예측한 사람은 가우스(Gauss, 1792)와 르장드르(Legendre, 1798, 1808)이다. 그들은 x보다 작은 소수가 $\frac{x}{\log x}$개 정도 존재한다는 것을 예측하였다.[3] 이는 소수 정리로 알려져 있다.

가우스 우표

로그(logarithm)

네이피어(Napier, 영국)에 의하여 만들어졌는데, 로그는 '비율을 나타내는 수'라는 뜻의 라틴어에서 유래하였다. 큰 수의 계산을 무척 편리하게 해주어 당시 천문학자들의 수명을 두 배로 늘려주었다고 한다.
$b>0, b\neq 1, x>0$에 대하여 $\log_b x$의 값은 $b^y=x$를 만족하는 y이다. 예를 들면, $\log_{10}1000=3, \log_e e^x=x$이다.

소수 정리(prime number theorem)

$\pi(x)$를 1과 x 사이에 존재하는 소수의 개수라고 하면

$$\pi(x) \sim \frac{x}{\log x}$$

이다.

여기서 등호를 쓰지 않은 이유는 근사적인 측면 때문이다. 이 기호는 "두 값이 거의 같은데 x가 클수록 더 정확한 값을 얻는다"로 해석하면 된다.

1852년 체비세프(P. L. Chebyshev)는 가우스-르장드르의 예측을 다음과 같이 약화시켜 증명하였다.

충분히 큰 x에 대하여

$$0.92129\times\frac{x}{\log x}<\pi(x)<1.10555\times\frac{x}{\log x}$$

1859년 리만(Bernhard Riemann, 1826~1866)은 소수에 관한, 8쪽의 짧은 논

3) G. Tenenbaum, M. France, *The prime numbers and their distribution*, Student Mathematical Library, Vol. 6., AMS, 2000.
여기서 $\log x$는 자연로그인 $\log x=\int_1^x \frac{1}{t}dt$이다. 자연로그란 밑이 e인 로그를 말한다. e는 $y=\frac{1}{x}$과 x축, $x=1$, $x=e$로 막힌 구간의 넓이가 1이 되는 수로 약 2.718인데, $e=\lim_{n\to\infty}(1+\frac{1}{n})^n$로 정의된다.

문을 발표하였다. 그 논문에서 리만은 리만 제타 함수의 중요한 성질들을 기술하고, 당시에 최대의 미해결 문제였던 소수 정리의 증명방법을 제시하였다. 약 30년 후인 1896년 아다마르(Hadamard)와 푸생(de la Vallée Poussin)이 서로 독립적으로 소수 정리를 증명하게 된다. 가우스의 예측을 증명하는데 104년이 걸린 셈이다. 자연로그를 무시하고 소수정리를 표현하면 다음과 같다.

$\pi(10^n)$을 10^n 이하의 소수의 개수라 하면

$$\pi(10^n) \approx 0.4343 \times \frac{10^n}{n}$$

4 계산기를 이용하여 다음 표를 채워 실제 소수의 개수와 소수 정리로 구한 소수의 개수를 비교해보아라.

10^n	10^n 이하의 소수의 개수 $\pi(10^n)$	10^n 이하의 소수의 개수 $\approx 0.4343 \times \frac{10^n}{n}$
10		
10^2		
10^3 (천)	168	
10^4 (만)	1,229	
10^8 (억)	5,761,455	

5 소수 정리가 증명되기 전에 가우스, 르장드로는 충분히 큰 수 n에 대하여 1부터 10^n 까지의 수 중에서 임의로 택한 수가 소수일 확률을 예측하였다. 소수 정리를 이용하여 10^n 까지의 수 중에서 임의로 택한 수가 소수일 확률을 구하여라.

리만의 논문에 실려 있던 제타 함수에 대한 사실들은 한 가지를 제외하고는 모두 증명되었다. 유일하게 증명되지 않은 것을 리만 가설이라고 하는데, 2000년 5월 미국 클레이 재단에서는 이 문제를 포함하여 7개의 미해결문제에 백만 달러의 상금을 걸어놓은 상태이다. 리만 가설은 소수의 패턴과 관계가 있다. 현재 인터넷 상거래에서는 소인수분해의 어려움에 기반한 공개키암호 (RSA)[4]를 채택하고 있는데 리만 가설이 풀리게 될 경우 이 암호 체계가 무용지물로 전락할 가능성도 제기되고 있다. 흥미롭게도 NUMB3RS라는 텔레비전 수사물 시리즈에서 'Prime Suspect'라는 제목으로 이 가능성을 극화하였다.

4) [111-3 RSA 암호방식] 참고

한 범죄집단이 인터넷상에서 전세계의 은행의 암호를 해독하기 위하여 리만 가설을 거의 해결한 수학자의 딸을 유괴하는 설정이다.[5)]

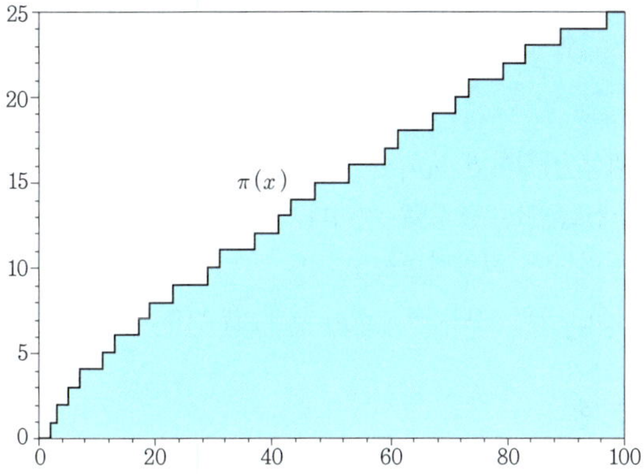

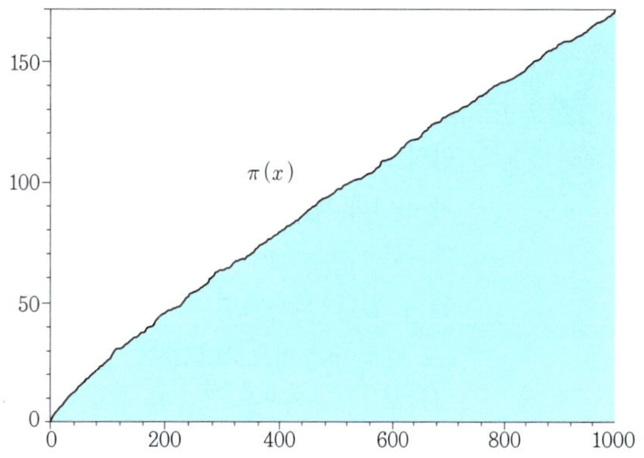

10^n	10^n 이하의 소수의 개수 $\pi(10^n)$	10^n 이하의 소수의 개수 : $0.4343\times\frac{10^n}{n}$
10^5	9,592	8,686
10^6	78,498	72,383
10^7	664,579	620,429
10^8	5,761,455	5,428,750
10^9	50,847,534	48,255,556
10^{10}	455,052,511	434,300,000
10^{11}	4,118,054,813	3,948,181,818
10^{12}	37,607,912,018	$0.3619166667\times10^{11}$
10^{13}	346,065,536,839	$0.3340769231\times10^{12}$
10^{14}	3,204,941,750,802	$0.3102142857\times10^{13}$
10^{15}	29,844,570,422,669	$0.2895333333\times10^{14}$
10^{16}	279,238,341,033,925	$0.2714375000\times10^{15}$
10^{17}	2,623,557,157,654,233	$0.2554705882\times10^{16}$
10^{18}	24,739,954,287,740,860	$0.2412777778\times10^{17}$
10^{19}	234,057,667,276,344,607	$0.2285789474\times10^{18}$
10^{20}	2,220,819,602,560,918,840	$0.2171500000\times10^{19}$
10^{21}	21,127,269,486,018,731,928	$0.2068095238\times10^{20}$
10^{22}	201,467,286,689,315,906,290	$0.1974090909\times10^{21}$

5) http://math.cofc.edu/faculty/kasman/MATHFICT/mfview.php?callnumber=mf457

소수의 세계를 탐험하다

2 [유클리드의 증명]

만일 소수가 $\{p_1, p_2, \cdots, p_n\}$으로 유한개라고 가정하면 $p_1p_2\cdots p_n+1$은 소수이거나 소수가 아니다. 만약 이 수가 소수이면 우리는 새로운 소수를 찾은 것이다. 만약 이 수가 소수가 아니면 $p_1p_2\cdots p_n+1$은 소수 p로 나누어떨어진다. 그런데 p는 $p_1, p_2, \cdots, p_n$ 중의 하나가 될 수 없다. 왜냐하면 만약 p가 $p_1, p_2, \cdots, p_n$ 중의 하나라면, $p_1p_2\cdots p_n$을 나누고 따라서 1도 나누어야 하므로 모순이 발생한다.

따라서 어느 경우든 소수는 유한개가 될 수 없다. □

[쿰머(Kummer)의 증명]

유한 개의 소수 $p_1, \cdots, p_n$만 있다고 하고 $N=p_1\times p_2\times\cdots\times p_n\ (N>2)$라고 하자.

그러면 $N-1$은 어떤 소수 p_i를 약수로 갖는다.

그런데 p_i는 N의 약수이므로 p_1는 두 수의 차 $N-(N-1)=1$의 약수도 되어야 한다.

이는 모순이다. □

[합동식을 이용한 증명]

소수가 유한개라 하고 p를 이들 중에서 제일 큰 소수라 하자. 이 때, 2^p-1의 소인수는 p보다 크다. 그 이유를 살펴보자. 소수 q가 $q\,|\,(2^p-1)$이면

$$2^p\equiv 1\pmod{q}$$

이므로 곱셈군 $\mathbb{Z}_p-\{0\}$에서 2의 위수(order)는 p이다. 따라서 라그랑주의 정리에 의하여

$$p\,|\,(q-1)$$

이다. 따라서 $p<q$이다. □

4

10^n	10^n 이하의 소수의 개수 $\pi(10^n)$	10^n 이하의 소수의 개수 : $0.4343\times\frac{10^n}{n}$
10	4	
10^2	24	
10^3	168	145
10^4	1,229	1,086

5 $\left(0.4343\times\frac{10^n}{n}\right)/10^n=\frac{0.4343}{n}$

103-2

소수의 몇 가지 성질

Keywords 소수, 골드바흐 가설

여기에서는 소수의 성질 몇 가지를 다루어보고자 한다. 소수에 대해서는 아직 풀리지 않은 가설이 많이 있다. 다음은 그 중의 몇 개이다.

- 골드바흐의 가설 : $n > 2$인 모든 짝수는 두 소수의 합으로 표현된다.
  골드바흐는 1742년 오일러에게 5보다 큰 소수는 세 소수의 합으로 표현된다고 편지를 보냈다. 오일러는 이 문제가 위의 가설과 동치임을 증명하였으며, 오늘날에는 이것이 골드바흐의 가설로 알려져 있다. 라마레(O. Ramaré, 1995)는 모든 정수는 6개 이하의 소수의 합으로 표현됨을 증명하였으며 첸(1973, 중국)은 충분히 큰 짝수는 소수와 2개 이하의 소인수를 갖는 수의 합으로 표현됨을 증명하였다. 한편, 슈니첼(Schnizel)은 골드바흐의 가설이 17보다 큰 정수는 세 개의 서로 다른 소수의 합으로 표현된다는 것과 동치임을 보였다.
- 모든 짝수는 두 소수의 차로 표현된다.
- 모든 짝수 $2n$에 대하여 차가 $2n$인 소수의 쌍이 무한히 많이 존재한다. 예를 들어, $n = 1$은 쌍둥이 소수이다.
- 쌍둥이 소수 가설 : 쌍둥이 소수가 무한히 많다.
- $n^2 + 1$ 형태의 소수가 무한히 많은가?
- 페르마 소수($2^{2^n} + 1$꼴의 소수)는 유한개인가?
- n^2과 $(n+1)^2$ 사이에는 항상 소수가 있는가?

1 소수 표현

1640년 페르마가 메르센(Marin Mersenne, 1588~1648)에게 보낸 편지에 의하면 페르마는 두 제곱수의 합으로 표현될 수 있는 소수의 조건을 알아내었다.[6] 다음에서 그 조건을 알아보자.

1 소수 중에는 두 제곱수의 합으로 표현될 수 있는 수가 있다. 다음 과정을 통해서 어떤 조건을 만족하는 소수가 두 제곱수의 합으로 표현되는지 알아보자.(단 하나의 짝수인 소수 2는 제외하기로 하자.)

(1) 91 이하의 소수에 대하여 두 제곱수의 합으로 표현될 수 있는지 조사하여라.

수	표현	수	표현
3		43	
5		47	
7		53	
11		59	
13		61	
17		67	
19		71	
23		73	
29	2^2+5^2	79	
31		83	
37		89	
41		91	

(2) 어떤 소수가 두 제곱수의 합으로 표현될 수 있는지 가설을 세워보아라.

(3) 위에서 세운 가설을 100보다 크고 200 이하인 소수에 적용하여 확인하여라. 가설이 옳지 않다면 가설을 수정하여라.

1742년 골드바흐가 소수에 대한 연구를 하던 중 "5보다 큰 정수는 세 개의 소수의 합으로 쓸 수 있다"는 가설을 친구인 오일러에게 편지를 보냈다. 그때 당시에는 이렇게 편지로 자신의 연구 결과나 진행 과정에 대한 것을 다른 수

6) Marcus du Sautoy, *The Music of the Primes*, HarerCollins Publishers. 2003, p.39-40
Joseph H. Silverman, *A Friendly Introduction to Number Theory*, Prentice Hall, 2001, p.172-183

학자들과 토론했다.(물론 지금은 이메일로 한다.) 이 편지를 읽은 오일러는 이 가설을 약간 수정해서 이렇게 답장하였다.

> "골드바흐씨, 당신이 제기한 가설과 '2보다 큰 짝수는 두 소수의 합으로 쓸 수 있다'는 같은 문제입니다."

이렇게 해서 골드바흐의 가설이 등장하게 되었는데 지금은 4×10^{14} 보다 작은 정수에 대해서는 이 가설이 참이라는 것이 컴퓨터의 도움으로 알려져 있다. 이와 관련해서 모든 정수는 많아야 6개의 소수의 합으로 쓸 수 있다는 것이 밝혀졌고 첸(1966)이라는 수학자에 의해 충분히 큰 짝수는 소수와 소수의 거듭제곱의 합으로 쓸 수 있다는 것이 증명되었다. 이제 위에서 말한 두 가지 내용이 동치임을 증명하여보자.

2 (1) 다음 2보다 큰 짝수를 두 소수의 합으로 나타내어라.

$8 =$

$10 =$

$34 =$

(2) 다음 5보다 큰 정수를 세 개의 소수의 합으로 나타내어라.

$7 =$

$19 =$

$40 =$

(3) 다음 두 명제가 서로 동치임을 증명하여라.

명제 A : 2보다 큰 짝수는 두 소수의 합이다.

명제 B : 5보다 큰 모든 자연수는 세 소수의 합이다.

2 소수를 만드는 함수

소수 분포에 대한 비밀을 풀지 못한 것처럼 아직까지 소수를 만들어내는 어떤 공식도 알려진 것이 없다. 1752년 골드바흐는 항상 소수를 만들어내는 계수가 정수인 다항식이 없음을 보였으며 르장드르(Adrien-Marie Legendre, 1752~1833)는 분수식의 경우에도 그러한 식은 없다는 것을 보였다. 그러나 어떤 식들은 소수를 많이 만들어내는 것으로 알려져 있다.

그 중의 한 예가 $f(x)=ax+q$ (q는 소수)에서 $x=1, 2, \cdots, q-1$에 대하여 수열

$$q,\ q+a,\ q+2a,\ \cdots,\ q+a(q-1)$$

이 소수가 되는 a와 q를 찾는 문제이다. 이 문제는 매우 어려운 것이다. 이것은 디리클레(Lejeune Dirichlet, 1805-1859)의 정리로 알려져 있는 q와 a가 서로소일 때, 수열 $q, q+a, q+2a, \cdots$에는 무한개의 소수가 존재한다와 관련이 있다. 다음에서 q와 a가 서로소이므로 디리클레에 의하면 다음 수열에는 무한히 많은 소수들이 있게 된다.

$(q, a)=(3, 2)$이면 3, 5, 7, 9, 11, 13…
$(q, a)=(5, 2)$이면 5, 7, 9, 11, 13, 15, …
$(q, a)=(5, 4)$이면 5, 9, 13, 17, 25, 29, …
$(q, a)=(5, 62)$이면 5, 11, 17, 23, 29, …

한편, $f(x)=ax+q$ (q는 소수)에서 $x=1, 2, \cdots, q-1$에 대하여 $q, q+a, q+2a, \cdots, q+a(q-1)$ 전체가 아니라 몇 개의 연속된 수가 소수가 되는 경우도 알려져 있다. 이러한 소수들로 마방진을 만들어보자.

1 다음은 합이 15인 3×3마방진이다. 아래의 수를 $q+a$의 꼴로 생각해보자. $q=1$, $a=1$로 하면 아래의 마방진 속의 수는

$$1=1,\quad 2=1+1,\quad 3=1+2\times1,\quad \cdots,\quad 9=1+8\times1$$

이다.

2	9	4
7	5	3
6	1	8

(1) $q=199$, $a=210$으로 하여 $a, a+d, \cdots, a+8d$를 구하고[7] 위의 마방진을 이용하여 이 소수들로 마방진을 만들어라.

(2) $d=6043$, $a=840$로 하여 $a, a+d, \cdots, a+8d$를 구하고 이 소수들

7) 93쪽의 표, http://www.utm.edu/research/primes/에서 이 수들이 모두 소수임을 확인할 수 있다.

로 마방진을 만들어라.

(3) 위와 같이 새로운 마방진이 만들어지는 원리를 설명하여라.

소수를 만들어내는 다항식은 일차식이 아닌 경우도 알려져 있다. 소수 q에 대하여 다항식 $2x^2+q$도 꽤 많은 소수를 만들어낸다. 다음 표를 보자.

	$x=0$	$x=1$	$x=2$	$x=3$	$x=4$
$2x^2+2$	2				
$2x^2+3$	3	5	11		
$2x^2+5$	5	7	13	23	37

위 표에서 보듯이 소수 2, 3, 5에 대해서는 $x=0, 1, \cdots, q-1$에 대하여 다항식 $2x^2+q$의 값은 모두 소수이다. 그러나 불행히도 다항식 $2x^2+7$에서는 위와 같은 관계가 성립하지 않는다. 다음에서 다항식 $2x^2+q$은 어떤 소수 q에 대하여 $x=0$, 1, $\cdots$, $q-1$의 값이 모두 소수가 되는지 알아보자.

2 다항식 $2x^2+q$의 값이 $x=0$, 1, $\cdots$, $q-1$에 대하여 항상 소수인지 조사하여라. 단, q는 29 이하의 소수(2, 3, 5, 7, 11, 13, 17, 19, 23, 29)이다.

다항식 $2x^2+q$ 이외에도 알려져 있는 소수를 만들어내는 식이 여러 개 더 있지만 그 중 가장 훌륭하다고 여겨지는 것은 오일러(1772)가 만든

$$f(x)=x^2+x+41$$

이다. 위 식에 $x=0$, 1, 2, $\cdots$, 39를 대입한 값은

41, 43, 47, 53, 61, 71, 83, 97, 113, 131, 151, 173, 197, 223, 251, 281, 313, 347, 383, 421, 461, 503, 547, 593, 641, 691, 743, 797, 853, 911, 971, 1033, 1097, 1163, 1231, 1301, 1373, 1447, 1523, 1601, 1847, 1933, 2111, 2203, 2297, 2393, 2591, 2693, 2797

오일러 우표

으로 모두 소수이다.[8)] 오일러는 위와 같은 꼴의 식, 즉 소수 q에 대하여 x^2+x+q에 $x=0$, 1, $\cdots$, $q-2$를 대입했을 때의 값이 모두 소수인 식에 관심이 있었다. 다음에서 다항식 x^2+x+q은 어떤 소수 q에 대하여 $x=0$, 1, $\cdots$, $q-2$의 값이 모두 소수가 되는지 알아보자.

8) http://mathworld.wolfram.com/Prime-GeneratingPolynomial.html

3 다항식 x^2+x+q의 값이 $x=0,\ 1,\ \cdots,\ q-2$에 대하여 항상 소수인지 조사하여라. 단, q는 41 미만의 소수이다.

소수를 만드는 공식

이차함수 $f(x)=x^2+x+q$에서 $n=0,\ 1,\ 2,\ \cdots,\ q-2$에 대하여 $f(n)$이 소수가 되는 소수 q를 찾으려는 시도는 1960년대에 와서 41이 제일 큰 소수라는 것이 증명됨으로써 끝났다. 이는 이차방정식의 판별식 $1^2-4\times1\times41=-163$과 관련이 있다.[9] 실제 체(field) $\mathbb{Q}(\sqrt{-d})$에서 $d=3,\ 4,\ 7,\ 8,\ 11,\ 19,\ 43,\ 67,\ 163$인 경우 그 원소 중에서 최고차항의 계수가 1인 정수계수 다항식의 근(대수적수 ring of algebraic integers)의 모임은 유일분해정역(UFD)[10]이며 따라서 $\mathbb{Q}(\sqrt{-163})$도 유일분해정역이다. 따라서 이차함수 $f(x)=x^2+x+q$에서 $n=0,\ 1,\ 2,\ \cdots,\ q-2$에 대하여 $f(n)$이 소수가 되는 가장 큰 소수는 41이다. 한편, 윌리엄스(C.P. Willams)는 1964년 소수를 만드는 다음과 같은 식을 발견하였다.

$$f(n)=1+\sum_{m=1}^{2^n}\left[\left(\frac{n}{1+\pi(m)}\right)^{1/n}\right] \qquad (n=1,\ 2,\ 3,\ \cdots)$$

9) H.M. Stark, *A complete determination of the complex quadratic fields of class-number one*, Michigan Math. J., 14 (1967), P. 1-27.

10) unique factorization domain, 유일분해정역이 아닌 경우도 있다. 예를 들어, 체 $\mathbb{Q}(\sqrt{-5})$에서 대수적수의 모임은 $\mathbb{Z}[\sqrt{-5}=\{a+b\sqrt{-5}\mid a,\ b\in\mathbb{Z}\}$이며 이때, 21의 인수분해는

$$21=3\times7=(1+2\sqrt{-5})(1-2\sqrt{-5})$$

로 서로 다른 두 가지 방법으로 나타내진다. 따라서 $\mathbb{Z}[\sqrt{-5}]$는 유일분해정역이 아니다.

소수 목록(작은 것부터 480개)

2	3	5	7	11	13	17	19	23	29
31	37	41	43	47	53	59	61	67	71
73	79	83	89	97	101	103	107	109	113
127	131	137	139	149	151	157	163	167	173
179	181	191	193	197	199	211	223	227	229
233	239	241	251	257	263	269	271	277	281
283	293	307	311	313	317	331	337	347	349
353	359	367	373	379	383	389	397	401	409
419	421	431	433	439	443	449	457	461	463
467	479	487	491	499	503	509	521	523	541
547	557	563	569	571	577	587	593	599	601
607	613	617	619	631	641	643	647	653	659
661	673	677	683	691	701	709	719	727	733
739	743	751	757	761	769	773	787	797	809
811	821	823	827	829	839	853	857	859	863
877	881	883	887	907	911	919	929	937	941
947	953	967	971	977	983	991	997	1009	1013
1019	1021	1031	1033	1039	1049	1051	1061	1063	1069
1087	1091	1093	1097	1103	1109	1117	1123	1129	1151
1153	1163	1171	1181	1187	1193	1201	1213	1217	1223
1229	1231	1237	1249	1259	1277	1279	1283	1289	1291
1297	1301	1303	1307	1319	1321	1327	1361	1367	1373
1381	1399	1409	1423	1427	1429	1433	1439	1447	1451
1453	1459	1471	1481	1483	1487	1489	1493	1499	1511
1523	1531	1543	1549	1553	1559	1567	1571	1579	1583
1597	1601	1607	1609	1613	1619	1621	1627	1637	1657
1663	1667	1669	1693	1697	1699	1709	1721	1723	1733
1741	1747	1753	1759	1777	1783	1787	1789	1801	1811
1823	1831	1847	1861	1867	1871	1873	1877	1879	1889
1901	1907	1913	1931	1933	1949	1951	1973	1979	1987
1993	1997	1999	2003	2011	2017	2027	2029	2039	2053
2063	2069	2081	2083	2087	2089	2099	2111	2113	2129
2131	2137	2141	2143	2153	2161	2179	2203	2207	2213
2221	2237	2239	2243	2251	2267	2269	2273	2281	2287
2293	2297	2309	2311	2333	2339	2341	2347	2351	2357
2371	2377	2381	2383	2389	2393	2399	2411	2417	2423
2437	2441	2447	2459	2467	2473	2477	2503	2521	2531
2539	2543	2549	2551	2557	2579	2591	2593	2609	2617
2621	2633	2647	2657	2659	2663	2671	2677	2683	2687
2689	2693	2699	2707	2711	2713	2719	2729	2731	2741
2749	2753	2767	2777	2789	2791	2797	2801	2803	2819
2833	2837	2843	2851	2857	2861	2879	2887	2897	2903
2909	2917	2927	2939	2953	2957	2963	2969	2971	2999
3001	3011	3019	3023	3037	3041	3049	3061	3067	3079
3083	3089	3109	3119	3121	3137	3163	3167	3169	3181
3187	3191	3203	3209	3217	3221	3229	3251	3253	3257
3259	3271	3299	3301	3307	3313	3319	3323	3329	3331
3343	3347	3359	3361	3371	3373	3389	3391	3407	3413

소수의 몇 가지 성질

❶ 소수 표현

1 4로 나누었을 때 나머지가 1인 소수(2 제외)는 두 제곱수의 합으로 표현된다.

2 (1) 8=3+5, 10=3+7, 34=11+23

(2) 7=2+2+3, 19=3+5+11, 40=2+7+31

(3) 명제 A ⇒ 명제 B

n을 6 이상의 자연수라고 하자.

n이 짝수이면, $n-2$는 4 이상의 짝수이다.

명제 A 에서 $n-2=p_1+p_2$인 두 소수가 존재한다.

따라서, $n=2+p_1+p_2$이다.

n이 홀수이면, n은 7 이상이고 $n-3$은 4 이상의 짝수이다.

역시 명제 1 에서 $n-3=p_1+p_2$인 두 소수가 존재한다.

따라서, $n=3+p_1+p_2$이다.

명제 B ⇒ 명제 A

m이 4 이상의 짝수라고 하자.

$m+2$는 6 이상의 수이다.

따라서, 명제 B 에 의하여, $m+2=p_1+p_2+p_3$가 되는 소수가 셋 존재한다.

이제 편의상 $p_1 \leqq p_2 \leqq p_3$라고 가정해도 된다.

만일 p_1이 2 가 아니면, p_1, p_2, p_3는 홀수인 소수가 된다.

특히 이들의 합 $m+2$도 홀수가 되어 모순이다.

따라서, $p_1=2$ 일 수 밖에 없다.

❷ 소수를 만드는 함수

1 (1)

409	1879	829
1459	1039	619
1249	199	1669

(2)

6883	12763	8563
11083	9403	7723
10243	6043	11923

(3) 합이 $3q+12a$인 마방진

$q+a$	$q+8a$	$q+3a$
$q+6a$	$q+4a$	$q+2a$
$q+5a$	q	$q+7a$

2 q=3, 5, 11, 29인 경우

3 q=2, 3, 5, 11, 17, 41인 경우

103-3 빅뱅 이론과 블랙홀

Keywords 소수, 소수의 개수, 로그, 블랙홀

전래동화 선녀와 나무꾼을 살펴보자.

> "옛날 어느 산골에 늙으신 어머님을 모시고 사는 심성이 착한 나무꾼이 있었다. 너무 가난하여 서른 살이 넘도록 장가를 못 가고 있었으며 마을 산꼭대기에 한 연못이 있는데 그곳에는 보름밤마다 하늘에서 선녀들이 내려와 목욕을 한다는 것을 사슴으로부터 알게 되었다. 드디어 보름달이 떠오른 어느 날 나무꾼은 한 날개옷을 감추었고 이로 인하여 하늘나라로 떠나지 못한 선녀와 결혼을 하여 행복하게 살았다……."

선녀와 나무꾼의 대비 관계를 무한(infinite)과 유한(finite)으로 바라보자. 즉, 선녀는 하늘나라에서 내려온 무한한 존재를 그리고 나무꾼은 지구상에 사는 유한한 존재를 뜻한다. 따라서 선녀와 나무꾼 이야기는 "유한이 무한을 어떻게 접근했는가"로 생각해볼 수 있다.
나무꾼이 확실히 알 수 있는 수(數, number)는 정수에서 시작한 유리수까지이다. 무리수는 유한한 나무꾼이 알 수 없는 무한한 존재인 선녀의 것이다. 우리가 무리수를 무한의 대상으로 보는 이유는 예를 들어 $\sqrt{2}$의 존재를 증명하기 위하여 $\sqrt{2}$를 일 초에 한자리씩 나무꾼이 확인할 때, 60년 후엔 기껏해야

$$60 \times 365 \times 24 \times 60 \times 60 = 1,892,160,000$$

자리까지의 존재를 보일 수밖에 없기 때문이다.
먼저 나무꾼이 선녀의 날개를 감추어 함께 살게 된 후 그들 사이에 어떤 불행한 일들이 벌어질 수 있는지 알아보자.

나무꾼은 목욕중인 선녀의 날개를 몰래 훔쳐서 선녀와 결혼할 수 있었다. 이 후, 이들 사이에 '선나'라는 어여쁜 아이가 태어났다. 선나는 무럭무럭 자라 중학교에 입학하였고 선나는 2학년 1학기에 지수법칙을 배웠다.

1 나무꾼과 선녀의 우주관

어느 봄날, 선나는 학교에서 인수분해를 배우고 와서 아빠에게 자랑하였다.

선나 : 아빠! 10을 인수분해 하면 2 곱하기 5다.
나무꾼 : 그래 아빠하고 구구단 놀이하자.
나무꾼 : 구구단을 외자! 구구단을 외자! 삼칠이?
선나 : 이십일!
선나 : 구구단을 외자! 구구단을 외자! 오이?
나무꾼 : 갑자기 웬 오이니?

이 광경을 물끄러미 보고 있던 선녀는 너무 기분이 좋아 같이 놀고 싶은 마음에서 부녀에게 다음 문제를 던졌다.

선녀 : 선나야, 2, 3, 5, 7… 등을 소수라 한단다. 예를 들어, 20보다 작은 두 자리 소수를 모두 다 구하면 11, 13, 17, 19란다. 아빠하고 10자리 소수를 모두 다 구해보렴?
선나 : 야! 신난다! 아빠! 빨리 하자?

물론 선녀는 무한개의 소수를 모두 다 알고 있다. 따라서 기껏 해야 10자리로 이루어진 소수를 모두 찾아보라고 주문한 것은 나무꾼의 능력을 배려한 너무도 쉬운 문제였다. 나무꾼으로서도 열자리 정도는 쉬울 것 같고, 딸에 대한 체면도 있고 해서 선녀의 제안을 얼떨결에 받아들였다. 실제 나무꾼이 장난삼아 열자리 수를 다음과 같이 써보았다.

1234567890

물론 끝자리가 0이므로 이는 짝수이고 따라서 소수가 아니다. 그래서 나무꾼이 0을 홀수인 1로 바꾸어

1234567891

로 적었다. 나무꾼이 장난삼아 쓴 이 열자리 수는 소수이다. 한편, 모든 자리 수가 1인 317자리 수는 소수로 알려져 있다.

1 정확히 10자리인 소수를 나무꾼이 일 분에 하나씩 모두 확인하는 데 대략 몇 년이 걸리겠는가?

2 나무꾼이 사는 우주는 150억 년 이전에 빅뱅을 통해서 만들어졌다. 소수 하나의 크기를 $1mm^3$라고 할 때, 나무꾼이 사는 우주를 꽉 채우려면 몇 자리 수의 소수까지 필요한지 알아보자.

(1) 우주의 반지름의 길이는 빛이 150억 년 동안 진행한 거리와 같으므로 우주의 반지름의 길이를 r이라고 하면

$$r=(150\text{억 년})\times(30\text{만km/sec})$$

이다. 우주를 구 모양이라고 가정하고 우주의 부피를 구하여라. (단위 : mm^3)

(2) n 자리까지의 소수가 우주를 채웠다고 가정하면
(n자리 이하의 소수의 개수) = (우주의 부피)
이다. 소수 정리를 이용하여 n을 구하여라.

엄청난 에너지를 갖고 있는 한 점이란 무엇인가? 이를 숫자로 생각해보자. 예를 들어, 6은 2의 배수이고 따라서 배수인 6은 그의 약수인 2보다 더 큰 에너지를 갖고 있다. 이제 영(0, zero)은 모든 수의 배수[11]이므로 영이 갖고 있는 에너지는 상상할 수 없이 크다. 영은 모든 수의 배수라는 성질을 이용하면 나무꾼과 선녀의 우주관을 얻을 수 있다.
먼저 나무꾼의 우주관을 알아보자. 나무꾼이 알고 있는 우주는 약 150억 년 전 한 점 영이 엄청난 폭발을 일으킨 후 소수가 팽창을 계속하고 있다는 사실이다.
영의 폭발 순간에서 10^{-43}초 사이에 모든 한 자리 소수가 형성되었으며, 이때 온도는 10^{33}K(Kelvine) 이상이었다. 한편, 10^{-43}초에서 10^{-35} 초 사이에서는 두 자리까지의 소수로 우주는 팽창되었으며, 이때는 온도가 10^{32}K로 낮아졌

11) 현행 중등교육과정에서는 약수와 배수를 자연수 집합(양의 정수 집합) 범위에서 다루므로 '0은 모든 수의 배수이다'는 제외된다.

다. 현재까지는 91자리 소수들이 막 팽창을 완료하였고, 92자리 소수들이 팽창을 계속하고 있다.

위 사실로부터 나무꾼에게 93자리 소수란 물리적으로 존재하지 않는다. 즉, 현재의 우주는 아직 93자리 소수까지는 팽창되지 않았고 따라서 나무꾼이 아는 소수는 92자리 소수의 일부이다. 그러므로 나무꾼에게 93자리 소수란 물리적으로 존재하지 않는다.

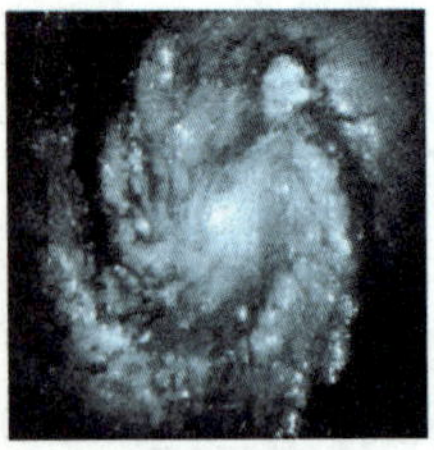

앞에서 알아본 나무꾼의 우주관은 어느 가을 밤, 그의 딸 선나와 함께 초롱초롱한 밤하늘을 바라보며 노래하는 모습에서도 엿볼 수 있다.

> 선나 : 별 하나 나 하나, 별 둘 나 둘……
> 나무꾼 : 소수 하나 나 하나, 소수 둘 나 둘……
> 독자 : ?!?

이제 선녀의 우주관을 알아보자.

선녀의 우주는 영의 폭발로부터 모든 소수가 팽창을 완료한 공간이다. 특히, 선녀의 우주공간의 부피는

$$\lim_{n\to\infty} \pi(10^n)$$

이다.(단위는 세제곱밀리미터, mm^3)

2 선녀가 하늘나라로 올라갈 때

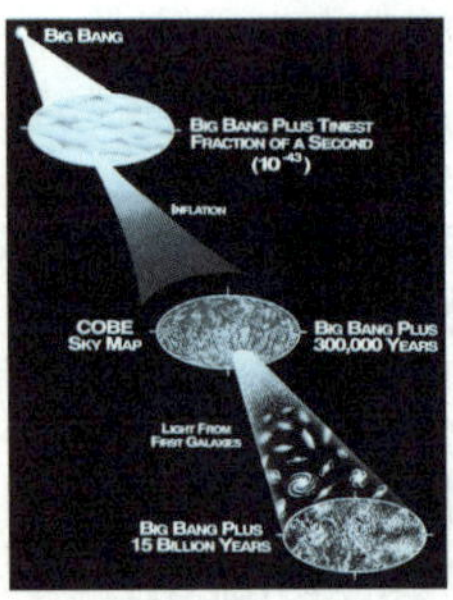

나무꾼의 무식함에 지친 선녀는 아이들을 데리고 하늘로 올라가기로 결심했다. 그러면 하늘나라로 올라가기 위하여 선녀는 어느 정도의 속력을 필요로 하는지 알아보자.

선녀가 지구로부터의 인력을 벗어나기 위하여 필요한 속도(지구탈출 속도)를 v_e라 하자. 지표면 근처에서 선녀의 위치에너지는 $PE = mgh$(여기서 g는 지구중력가속도)이다. 물론 선녀가 지구에서 충분히 멀리 떨어지면 g는 더 이상 상수가 아니고 따라서 새로운 위치에너지 식이 요구된다. 선녀가 지구 중심으로부터 떨어진 거리를 r이라 할 때, 이때의 위치에너지는

$$PE = -\frac{GM_e m}{r}$$

이다. 여기서 M_e는 지구의 질량, m 은 선녀의 질량, 그리고 G 는 만유인력 상수(universal gravitational constant)이다. 임의의 시간에 선녀가 갖는 총 에너지(total energy)는 운동에너지(kinetic energy)와 위치에너지의 합

$$E = KE + PE = \frac{1}{2} m v^2 - G M_e m \frac{1}{r}$$

이다. 따라서 선녀가 지구표면을 떠날 때 $r = R$, 탈출속도 v_e에서 그녀가 갖고 있는 총에너지는

$$E = \frac{1}{2} m v_e^2 - G M_e m \frac{1}{R}$$

이다. 에너지보존법칙에 의하여 선녀가 갖는 지표면에서의 총에너지는 지구에서 떨어진 임의의 곳에서의 총에너지와 같다. 즉,

$$\frac{1}{2} m v_e^2 - G M_e m \frac{1}{R} = \frac{1}{2} m v^2 - G M_e m \frac{1}{r}$$

이다. 선녀가 지구인력으로부터 벗어날 때 선녀는 자유롭게 무한히 멀리 그녀가 살던 하늘나라($r = \infty$)로 날아가고 그녀의 속도는 점진적으로 0으로 줄어든다($v = 0$). 즉,

$$\frac{1}{2} m v_e^2 - G M_e m \frac{1}{R} = 0 - G M_e m \frac{1}{\infty} = 0$$

이다. 이로부터

$$\frac{1}{2} m v_e^2 = \frac{G M_e m}{R}, \quad v_e^2 = \frac{2 G M_e}{R}$$

를 얻으며, 따라서 선녀가 하늘을 향하여 날아가다 적당한 시간에 그녀는 궤도를 그릴 것이며, 그 궤도를 이탈하기 위해서는 지구중력장을 탈출할 수 있는 속도가 필요하다.

3 이 궤도를 이탈(지구중력장을 탈출)하는데 반드시 필요한 속도 v_e를 계산해 보아라.

선녀의 탈출 속도 v_e를 빛의 속도 c로 바꾸고 반지름 R에 관한 등식에서 그 근을 R_s(슈바르츠실트Schwarzschild 반지름)라 놓으면

M87 성운의 블랙홀.
허블전체망원경, 1994.

$$R_s = \frac{2GM_e}{c^2}$$

이다. 따라서 지구에 관하여 이 값을 구하면

$$R_s = \frac{2\times[6.67\times10^{-11}Nm^2/Kg^2]\times[5.977\times10^{24}Kg]}{(3\times10^8 m/s)^2}$$

$$\simeq 8.859242\times10^{-3}\,\mathrm{m}$$

이다. 따라서 지구의 질량을 그대로 하여 지구의 반지름을 0.885 cm 이하로 압축하면 빛은 지구를 탈출할 수 없으며[12] 따라서 지구는 이론적으로 블랙홀이 된다.

4 태양의 질량이 1.99×10^{30} Kg이므로 이를 고정하고 태양이 블랙홀이 되기 위한 태양의 반지름을 구하여라.

12) 빛이 입자라고 처음 제안한 사람은 아이작 뉴턴이며, 따라서 빛이 입자이기에 빛이 지구를 탈출할 수 있는 한계 반지름을 생각할 수 있다.

빅뱅 이론과 블랙홀

1 $\pi(10^n)$을 10^n을 넘지 않는 소수의 개수라 하면 $\pi(10^n) \approx 0.4343 \times \frac{10^n}{n}$이므로 정확히 10자리로 이루어진 소수의 개수는

$$\pi(10^{10}) - \pi(10^9) = 0.4343\left(\frac{10^{10}}{10} - \frac{10^9}{10}\right) = 3.9086 \times 10^8$$

이다. 일년은 5.256×10^5분이므로 나무꾼이 열자리 소수를 일 분에 하나씩 확인하는 데는 최소 743년이 소모된다. 실제로 $\pi(10^9) = 50847534$, $\pi(10^{10}) = 455052511$이므로 정확히 열자리로 이루어진 소수의 총 개수는 $\pi(10^{10}) - \pi(10^9) = 404204977$이다.[13)]

2 (1) $r =$(150억 년) × (30만 km/sec)

$$= 1.5 \times 10^{10} \times (365 \times 24 \times 60 \times 60) \times (3 \times 10^8)\ (\mathrm{m/sec})$$

$$= 1.41912 \times 10^{26}\ (\mathrm{m})$$

(우주의 부피)= $\frac{4}{3}\pi r^3 = \frac{4}{3} \times \pi \times (1.41912 \times 10^{26})^3 = 1.1971 \times 10^{79}\ (\mathrm{m}^3)$

(2) $0.4343 \times \frac{10^n}{n} = 0.1197 \times 10^{80} \times 10^9$, $\frac{10^n}{n} = 0.27562 \times 10^{89}$ (단위: mm^3)

위 식으로부터 n은 89 근처의 정수로 예측할 수 있으므로 $n =91$, 92를 이 식에 대입하면 각각

$$\frac{10^{91}}{91} = 0.10989 \times 10^{89},\quad \frac{10^{92}}{92} = 1.08695 \times 10^{89}$$

를 얻는다. 따라서 우리의 우주에서는 91자리 소수들은 막 팽창이 완료되었고 92자리 소수들은 계속 팽창하고 있다고 할 수 있다.

3

$$v_e = \sqrt{\frac{2GM_e}{R}} = \left(\frac{2 \times [6.67 \times 10^{-11} Nm^2/Kg^2][5.977 \times 10^{24} Kg]}{6.371 \times 10^6 m}\right)^{1/2} \simeq 11.187\ Km/s$$

4

$$\frac{2 \times [6.67 \times 10^{-11} Nm^2/Kg^2] \times [1.99 \times 10^{30} Kg]}{(3 \times 10^8 m/s)^2} \approx 2949.62222(\mathrm{m}) \approx 3\ (km)$$

13) S. Guiasu, *Is there any regularity in the distribution of prime numbers at the beginning of the sequence of positve integers?*, Mathematics Magazine, 68(1995), P. 110-121.

104

피보나치 수열

• **교육과정**

중 1_ 수와 연산, 자연수

중 2_ 식의 계산

고 1_ 식의 계산

주제 1	피보나치 수열
Keywords	피보나치 수열, 정사각형, 도미노
주제 2	피보나치 수열이 만드는 퍼즐
Keywords	피보나치 수열, 로이드
주제 3	피보나치 수와 최소정사각형분할
Keywords	피보나치 수열, 피보나치 수, 알고리즘
주제 4	피보나치 수에서의 패턴
Keywords	피보나치 수열, 소수, 배수

수열 1, 1, 2, 3, 5, 8, 13,…은 고대 그리스 시대에서부터 유래된 것으로 아마도 지구상에서 가장 널리 알려져 있는 수열이라고 할 수 있다. 이 수열은 1202년 피보나치가 토끼 개체수의 증가 모델을 제시할 때 사용한 이후, 피보나치 수열로 알려졌다. 피보나치가 개체수의 증가 모델을 위와 같은 방식으로 모델링한 이유는 그 당시에는 미적분이 존재하지 않았기 때문이다.

피보나치 수열은 자연에서 피보나치의 수를 따르거나 황금비를 따르는 현상에서도 발견된다. 꽃잎의 개수, 줄기가 뻗어나가는 패턴, 조개의 무늬, 해바라기의 씨 등에서 피보나치의 수, 황금비가 발견된다. 그러나 피보나치의 수에는 자연 현상을 설명하는 것 이상의 수학적 구조가 들어 있어 우리의 상상 이상으로 많은 분야에서 이용되고 있다. 이와 같은 이유로 피보나치 수열에 대한 연구가 아직도 계속되고 있다. 피보나치 수열과 관련된 새로운 이론이나 과거의 방법을 새롭게 조명한 논문은 《계간 피보나치(Fibonacci quarterly)》를 통하여 발간되고 있다.

여기에서는 자연 현상에서 발견되는 피보나치 수열, 황금비와의 관계 등 널리 알려져 있는 것은 다루지 않고 피보나치 수열의 구조에 대한 탐구를 주로 다루었다.

주제 1에서는 피보나치 수열을 만드는 여러 가지 경우를 소개하였다. 즉, 특정한 경우의 수가 피보나치 수열로 나타나는 현상을 다루었다.

주제 2에서는 널리 알려져 있는 샘 로이드 퍼즐을 소개하면서 이것의 기반이 피보나치 수열임을 밝혔다. 피보나치 수열을 이용하면 64=65, 39=40 등의 관계를 만들어내는 퍼즐을 얼마든지 만들 수 있다.

주제 3에서는 피보나치 수열을 이용한 곱셈 방법을 소개하였는데, 이는 고대 이집트에서 곱셈을 하던 방법과 같은 것이다. 아라비아 숫자가 쓰이기 이전에는 연산이 매우 어려운 작업이었다. 고대 이집트에서는 곱셈을 2의 거듭제곱을 이용한 합으로 변환시켰는데, 같은 방법으로 피보나치 수열을 이용해서도 곱셈을 할 수 있다. 한편, 피보나치 수열을 이용해서 직사각형을 정사각형으로 분할할 수 있는데, 이것은 최대공약수와 관계 있다.

주제 4에서는 피보나치 수열의 패턴을 탐구하는 내용이다. 피보나치 수열은 단지 이웃한 수의 합으로 만들어졌지만 그 속에는 자연수의 성질과 관련된 패턴이 숨어 있다.

104-1 피보나치 수열

Keywords 피보나치 수열, 정사각형, 도미노

1 정사각형을 붙여서 만든 피보나치 수열

한 변의 길이가 1인 정사각형이 두 개 주어졌다. 여기에 길이가 다른 정사각형을 한 개 붙여 직사각형을 만들면 다음과 같다. 이와 같은 직사각형을 2×3 직사각형이라고 한다.

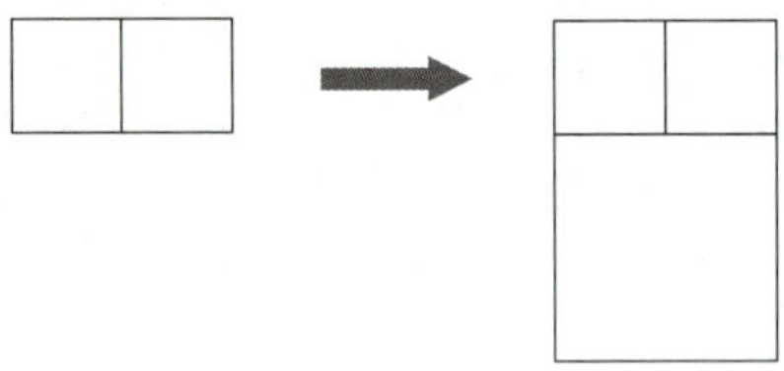

위와 같은 방법으로 정사각형을 한 개씩 붙여 직사각형을 만들려고 한다. 우리는 항상 길이가 양의 정수인 정사각형만을 사용하려고 한다. 따라서 가로, 세로가 1인 정사각형이 우리가 다루는 정사각형 중에 제일 작은 것이고, 이를 단위정사각형이라 한다. 정사각형을 붙여나가는 규칙을 다음과 같이 정하자.

> **[규칙 1]** 주어진 단위정사각형에서 길이가 다른 정사각형을 한 번만 사용한다.
> **[규칙 2]** 정사각형을 붙인 모양은 항상 직사각형을 유지한다.

위 규칙을 따라 정사각형을 붙여나가는 것을 '정사각형붙이기'라 부르자.

1 단위정사각형 두 개에서 시작하여 위의 규칙에 따라 정사각형붙이기를 하였다. 사용된 정사각형의 한 변의 길이를 순서대로 나열해보아라.

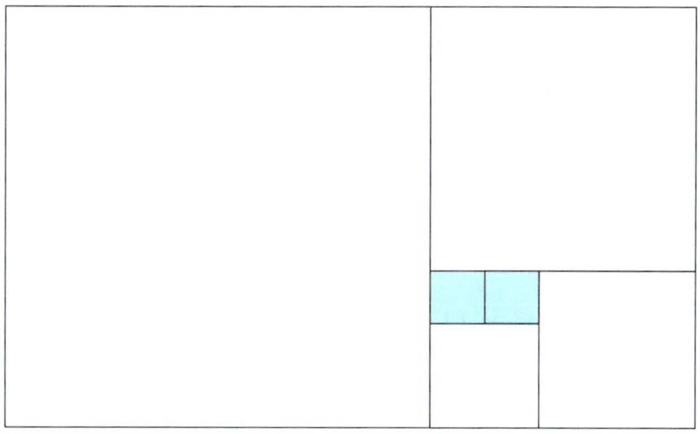

2 이번에는 세 개의 단위정사각형에서 위의 규칙에 따라 정사각형붙이기를 해보자.

(1) 아래 모눈종이에 정사각형붙이기를 시행하여라.

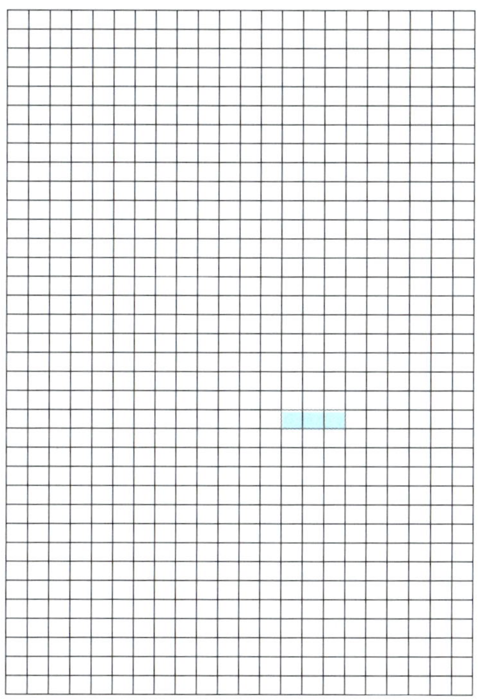

(2) 이때 사용된 정사각형의 한 변의 길이를 순서대로 나열해보아라.

단위정사각형의 개수에 따라 사용된 정사각형의 한 변의 길이가 다른 것을 알 수 있다. 단위정사각형 두 개로 시작하는 정사각형붙이기에 사용된 정사각형의 크기를 작은 것부터 나열하면

1, 1, 2, 3, 5, 8, 13, ⋯

인데 이것을 피보나치 수열이라고 한다. 피보나치 수열의 n번째 수를 f_n이라고 하면 피보나치 수열은

$$f_n = f_{n-1} + f_{n-2} \quad (f_0 = 1,\ f_1 = 1)$$

이다. 한편 단위정사각형 세 개로 시작하는 정사각형붙이기에 사용된 정사각형의 크기를 작은 것부터 나열하면

1, 3, 4, 7, 11, ⋯

이다. 이 수열을 루카스 수열(Lucas sequence)이라 부른다. 루카스 수열의 n번째 수를 L_n이라고 하면

$$L_n = L_{n-1} + L_{n-2} \quad (L_1 = 1,\ L_2 = 3)$$

이다.

2 수를 이용하여 만드는 피보나치 수열

자연수 3을 홀수를 이용하여 합을 만드는 방법은

1+1+1, 3

으로 두 가지이다. 자연수 4를 홀수를 이용하여 합을 만드는 방법은

1+1+1+1, 1+3, 3+1

로 세 가지이다. 다음은 중복을 허락하고 순서가 다른 경우를 서로 다른 것으로 인정할 때, 자연수를 홀수의 합[1)]으로 만드는 경우이다. 이 경우에서 피보나치 수열이 만들어짐을 확인할 수 있다(E, Netto, 1901년).

1) [105 자연수 합과 분할], [112-4 생성함수 2] 참고

합	1	2	3	4	5	6
홀수의 합의 표현	1	1+1	1+1+1	1+1+1+1	1+1+1+1+1	1+1+1+1+1+1
			3	1+3	1+3+1	1+1+1+3
				3+1	1+1+3	1+1+3+1
					3+1+1	1+3+1+1
					5	3+1+1+1
						3+3
						1+5
						5+1
개수	1	1	2	3	5	8

2 이상의 자연수의 합으로 자연수 3을 만들면

$$3$$

으로 한 가지 방법밖에 없다. 자연수 4를 만드는 방법은

$$2+2$$
$$4$$

로 두 가지이다. 자연수 5를 만드는 방법은

$$2+3$$
$$3+2$$
$$5$$

로 세 가지 존재한다.(E. Netto, 1901년)

2 다음은 중복을 허락하고 순서가 다른 경우를 서로 다른 것으로 인정할 때, 자연수를 2 이상의 자연수의 합으로 만드는 경우이다. 빈칸을 채우고 피보나치 수열이 만들어지는지 확인하여라.

합	1	2	3	4	5	6	7
합	없음	2	3	2+2			
				4			
개수		1	1	2			

2 다음은 아파트를 흰색과 파란색을 이용하여 칠하는 경우의 수이다. 4층 건물을 칠하는 경우를 그리고 경우의 수를 구하여라. 단, 파란색을 위/아래층 연속하여 칠하지는 않기로 한다.

아파트	결과	경우의 수
1층 건물		2
2층 건물		3
3층 건물		5
4층 건물		

{2, 3, 4, 5}, {2, 3, 7}은 연속되는 숫자가 있는 자연수의 모임이다. 연속되는 수가 없는 자연수의 모임을 생각해보자.
두 자연수 1, 2로 만들 수 있는 연속되는 수가 없는 자연수 모임은

- 아무것도 없다
- {1}, {2}

이고, 세 자연수 1, 2, 3으로 만들 수 있는 연속되는 수가 없는 자연수 모임은

- 아무것도 없다
- {1}, {2}, {3}
- {1, 3}

이다.

3 다음은 여러 개의 자연수로 만들어지는 연속되는 수가 없는 자연수의 모임의 개수에 관한 표이다. 빈칸을 채워라.

수	1	2	3	4
연속되는 수가 없는 자연수 모임	• 아무것도 없다	• 아무것도 없다		
	• {1}	• {1}, {2}		
개수	2	3		

주어진 자리에 0과 1만 나열하여 기호를 만들어보자. 만약 n자리만큼 0과 1을 나열하면 이를 n-비트(bit) 열이라고 한다. 먼저 1, 2, 3 비트 열을 차례로 만들어보면 다음과 같다.

1-비트 열 : 0, 1
2-비트 열 : 00, 01, 10, 11
3-비트 열 : 000, 001, 010, 100, 011, 101, 110, 111

4 n-비트 열을 구할 때, 위와 같이 아무 조건 없이 구할 수도 있지만 아래와 같은 제약 조건을 둘 수도 있다.

$$x_1 \leq x_2,\ x_2 \geq x_3,\ x_3 \leq x_4,\ x_4 \geq x_5,\ \cdots$$

(1) 다음 표는 위와 같은 제약 조건 아래에서 n-비트 열을 구한 것이다. 빈칸을 채워라.

n	1	2	3	4
제약 조건하에서 n-비트 열	0	00	000	
	1	01	010	
		11	011, 110	
			111	
개수	2	3	5	

수	5	6
제약 조건하에서 n-비트 열		
개수		

(2) 이웃한 항 사이에 관계를 찾아내고 그림으로 증명하여라.

3 도미노로 바라본 피보나치 수열

수 1과 2만의 합으로 자연수를 만들어보자.
합이 2인 경우는

$$1+1$$

로 한 가지 경우뿐이다. 합이 3인 경우는

$$1+1+1$$
$$1+2,\ 2+1$$

로 세 가지 경우이다. 합이 4인 경우는

$$1+1+1+1$$
$$1+1+2,\ 1+2+1,\ 2+1+1$$
$$2+2$$

로 다섯 가지 경우이다. 합이 5가 되는 경우는

$$1+1+1+1+1$$
$$1+1+1+2,\ 1+1+2+1,\ 1+2+1+1,\ 2+1+1+1$$
$$1+2+2,\ 2+1+2,\ 2+2+1$$

로 여덟 가지 경우이다.

합	1	2	3	4	5	6
경우	1	1 1	1 1 1	1 1 1 1	1 1 1 1 1	1 1 1 1 1 1
		2	1 2	1 1 2	1 1 1 2	1 1 1 1 2
			2 1	1 2 1	1 1 2 1	1 1 1 2 1
				2 1 1	1 2 1 1	1 1 2 1 1
				2 2	1 2 2	1 1 2 2
					2 1 1 1	1 2 1 1 1
					2 1 2	1 2 1 2
					2 2 1	1 2 2 1
						2 1 1 1 1
						2 1 1 2
						2 1 2 1
						2 2 1 1
						2 2 2
기호	$f_1=1$	$f_2=2$	$f_3=3$	$f_4=5$	$f_5=8$	$f_6=13$

1 합이 7, 8이 되는 경우를 나름대로 순서를 개발하여 구하여라.

2 합이 4가 되도록 만드는 방법은 합이 3이 되는 경우에 1을 더하거나 합이 2가 되는 경우에 2를 더하면 된다.

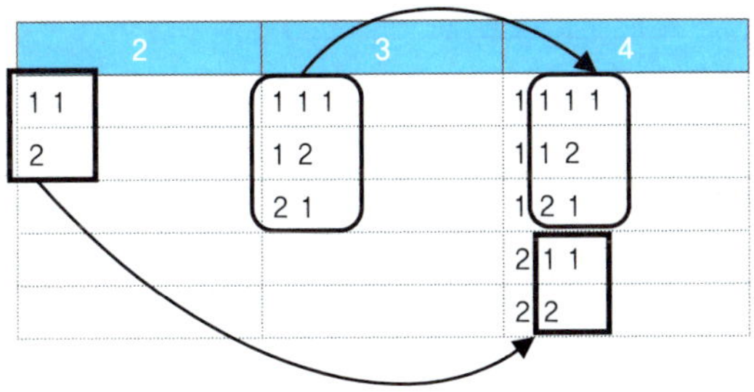

마찬가지로 합이 6이 되도록 하기 위해서는 합이 5가 되는 경우에 1을 붙이고 합이 4가 되는 경우에 2를 붙이면 된다. 앞에서 구한 합이 7, 8이 되는 경우에서 이를 확인해보아라.

1. 도미노와 타일로 만드는 피보나치 수열

이제 한 개의 정사각형 타일(간단히 타일이라 부르자)과 두 개의 정사각형 타일을 붙인 도미노를 도입하자. 타일은 한 개의 방 그리고 도미노는 두 개의 방으로 하자.

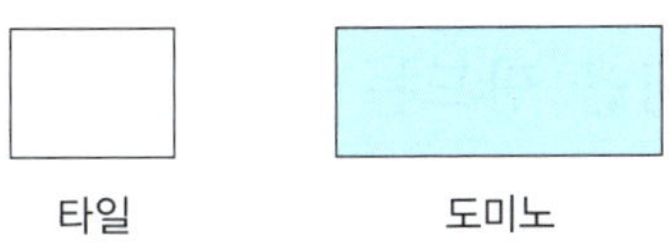

나무 또는 두꺼운 종이 등을 이용하여 타일과 도미노를 30개씩 만들어 다음에 전개되는 내용에 사용해보자.
방이 4, 5, 6개가 되는 경우를 타일과 도미노를 이용하여 확인하여보자.
이제 타일과 도미노를 이용하여 방의 개수가 n이 되는 경우의 수를 f_n라 하자. 편의상 $f_0 = 1$이라 하자. 앞에서 관찰한 바와 같이 타일과 도미노를 이용하여 4개의 방을 만드는 경우 수는 5이다. 즉, $f_4 = 5$이다. 이를 확인하면 다음과 같다.

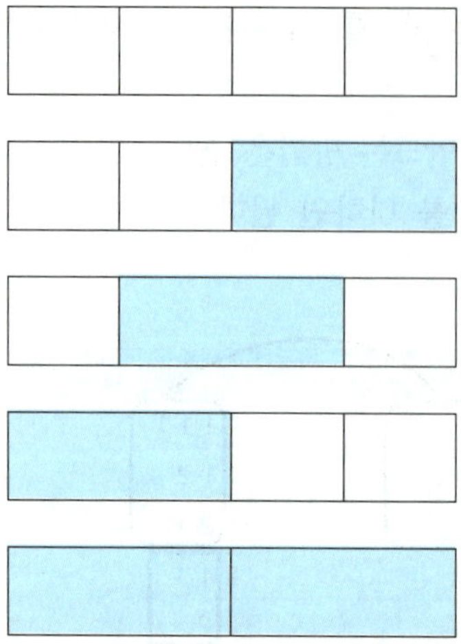

3 $f_6 = f_5 + f_4$를 확인해보아라.

4 $f_n = f_{n-1} + f_{n-2}$를 보여라.

5 도미노를 한 개 이상 사용하여 다음을 구해보자.

(1) 6개의 방을 만드는 경우의 수를 구하여라.

(2) 일반적으로

$$f_0 + f_1 + f_2 + f_3 \cdots + f_n = f_{n+2} - 1$$

임을 타일과 도미노를 사용하여 이야기를 꾸미고 증명해보라.(루카스, 1876년)

2. 홀수 개의 방을 만드는 경우

이번에는 홀수 개의 방을 만드는 경우를 생각해보자.
먼저 다섯 개의 방을 만드는 경우의 수를 구해보자. 5는 홀수이므로 타일이 반드시 한 개 있어야 한다. 그 한 개의 타일을 오른쪽부터 놓아보자.
가장 오른쪽(5번 방)에 타일을 놓으면 앞에 4개의 빈 방을 타일과 도미노로 채우는 가지수와 같으므로 이 경우의 수는 f_4이다.

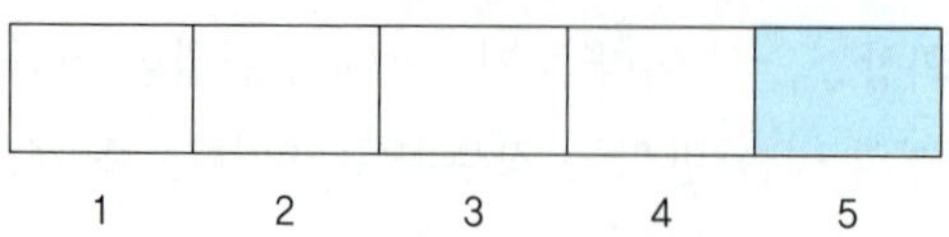

4번 방에 타일을 놓자.

이때는 5번 방에는 타일을 놓아야 한다. 따라서 이 경우는 앞에서 알아본 경우에 속한다.

따라서 3번 방 그리고 1번 방에 타일을 놓는 경우만 생각하면 된다. 물론 3번 방에 타일을 놓으면 4, 5번 방에다 도미노를 놓는 경우만 생각하고, 마찬가지로 1번 방에 타일을 놓으면 2, 3번 방과 4, 5번 방에 도미노를 놓는 경우만을 생각하면 된다.

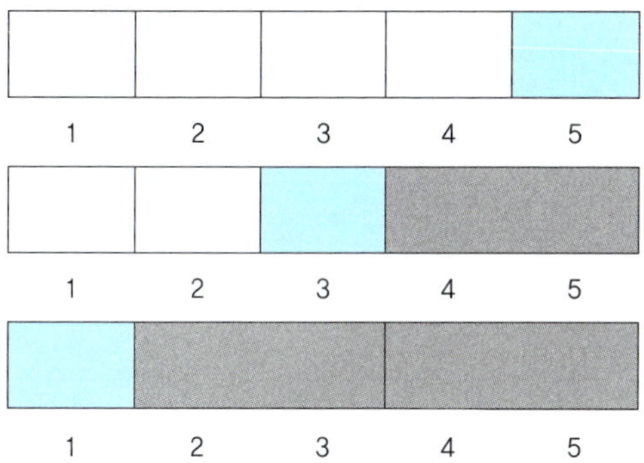

따라서

$$f_0 + f_2 + f_4 = f_5$$

이다.

6 7개의 방을 만드는 경우의 수를 구해보자.

(1) 왼쪽부터 한 개의 타일(빗금)을 놓으면서 모든 경우를 그려보아라.

(2) 위 그림을 통하여 $f_0 + f_2 + f_4 + f_6 = f_7 = f_{2\times 3+1}$를 증명하여라.

(3) 일반적으로

$$f_0 + f_2 + f_4 + f_6 \cdots + f_{2n} = f_{2n+1}$$

를 증명하여라.

피보나치 수열

❶ 정사각형을 붙여서 만든 피보나치 수열

1　1, 1, 2, 3, 5, 8, 13, ⋯

2　(2) 1, 3, 4, 7, 11, ⋯

❷ 수를 이용하여 만드는 피보나치 수열

1

합	1	2	3	4	5	6	7
합	없음	2	3	2+2	2+3	2+2+2	2+2+3
				4	3+2	2+4	2+3+2
					5	4+2	3+2+2
						3+3	3+4
						6	4+3
							2+5
							5+2
							7
개수		1	1	2	3	5	8

2　8가지

3　3 - 5가지, 4 - 8가지

5　1-비트 열 : 0, 1
2-비트 열 : 00, 01, 11
3-비트 열 : 000, 010, 011, 110, 111
4-비트 열 : 0000, 0001, 0011, 0100, 0101, 1100, 1101, 1111
제약조건을 만족하는 n-비트 열은 2, 3, 5, 8, ⋯ 로 피보나치 수열을 만든다.

❸ 도미노로 바라본 피보나치 수열

1　합이 7이 되는 경우는 21가지, 합이 8이 되는 경우는 34가지

5 (1) $f_0+f_1+f_2+f_3+f_4$; 도미노를 오른쪽부터 놓으면 다음 그림과 같다.

6 (1)

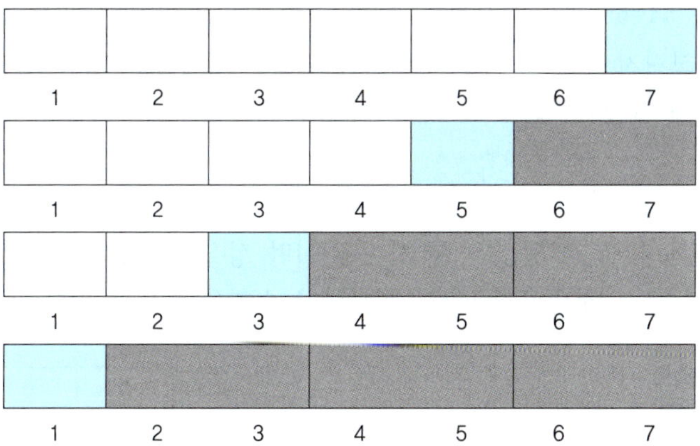

104-2

피보나치 수열이 만드는 퍼즐

Keywords 피보나치 수열, 로이드

1 샘 로이드의 퍼즐

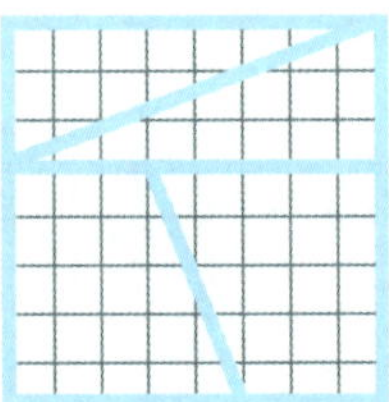

왼쪽 그림은 한 변의 길이가 8인 정사각형이다. 이것을 네 조각으로 잘라 다시 배열하면 넓이가 65인 직사각형을 만들 수 있다. 이 퍼즐은 '샘 로이드(Sam Loyd, 1841-1911)의 퍼즐'이라는 이름으로 널리 알려진 것으로 놀랍게도 '64=65'라고 주장하는 것이다. 이 퍼즐의 비밀은 피보나치 수열에 있으며 피보나치 수열을 이용하면 이와 비슷한 퍼즐을 수없이 많이 만들 수 있다.
이제 타일과 도미노로 만든 피보나치 수열

$$1,\ 1,\ 2,\ 3,\ 5,\ 7,\ 13,\ 21,\ 34,\ 55,\ 89,\ \cdots$$

에서 각 항과 앞, 뒤 항 사이에 어떤 성질이 있는지 알아보자. 먼저 앞에서 $f_0 = 1$로 정의하였으므로 피보나치 수열은 다음과 같다.

번째	0	1	2	3	4	5	6	7	8
수열	$f_0=1$	$f_1=1$	$f_2=2$	$f_3=3$	$f_4=5$	$f_5=8$	$f_6=13$	$f_7=21$	$f_8=34$

타일과 도미노로 만든 숫자의 배열 1, 1, 2, 3, 5, 8, 13, 21, 34, 55, 89, ⋯에서 이웃한 수 사이에는 어떤 관계가 있을까? 예를 들어, 3과 이 수에 이웃한 2, 5 사이에는 어떤 관계가 있을까? 또, 8과 이에 이웃한 5, 13 사이에는 어떤 관계를 발견할 수 있을까?
천문학자이며 수학자인 케플러는 이에 관한 재미있는 관계를 알아냈다.

1 케플러가 알아낸 재미있는 관계가 무엇인지 알아보자.

(1) 다음 표를 완성하여라.

n	f_n	이웃한 두 수의 곱	f_n^2
0	1		
1	1	$1 \times 2 =$	$1^2 =$
2	2	$1 \times 3 =$	$2^2 =$
3	3	$2 \times 5 =$	$3^2 =$
4	5	$3 \times 8 =$	$5^2 =$
5	8	$5 \times 13 =$	$8^2 =$
6	13	$8 \times 21 =$	$13^2 =$
7	21	$13 \times 34 =$	$21^2 =$
8	34	$21 \times 55 =$	$34^2 =$

(2) 위로부터 f_{n-1}, f_n, f_{n+1}의 관계식을 만들어보아라.

샘 로이드는 위 현상을 다음과 같은 퍼즐을 통하여 통쾌하게 설명하였다. 예를 들어 $f_5^2 = f_4 \times f_6 - 1$에서 즉, $8^2 = 5 \times 13 - 1$이다.
먼저 8×8 정사각형을 아래와 같이 네 조각으로 잘라 13×5 정사각형으로 배열하면 $64 = 65$를 얻는다.

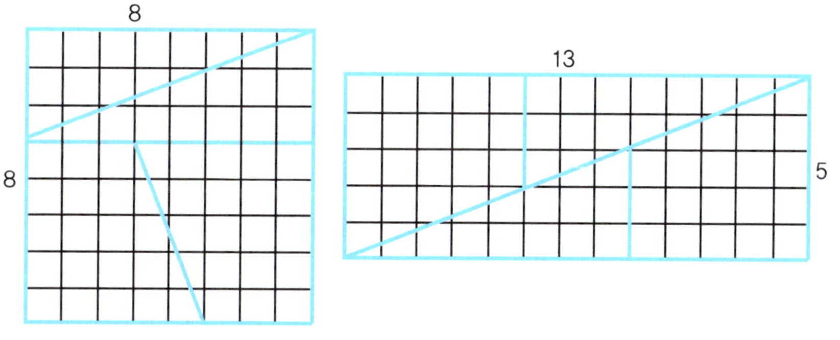

2 피보나치 수열을 이용하여 $169 = 168$이 되는 퍼즐을 만들어보아라.

3 샘 로이드의 아들은 $64 = 63$임을 보이는 퍼즐을 만들었다. 다음의 오른쪽 그림에 하나의 직선을 그어 완성해보자.

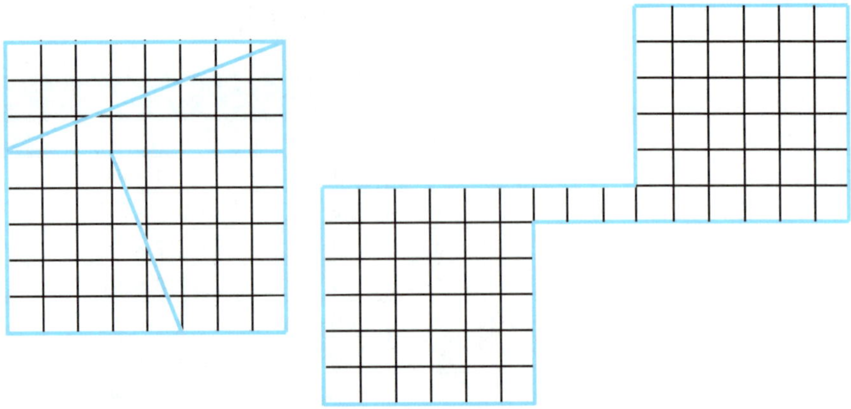

2 피보나치 수열을 이용한 퍼즐

랭만(H. Langman)은 피보나치 수열의 네 개의 수에서 안쪽 수와 바깥쪽 수의 곱으로 퍼즐을 만들었다. 즉,

$$f_{n-2}f_{n+1} - f_{n-1}f_n = (-1)^n$$

임을 이용하여 가로, 세로가 f_{n-2}, f_{n+1}인 직사각형을 분할하여 가로, 세로가 f_{n-1}, f_n인 직사각형으로 재배열하였다.

1 네 개의 연속된 피보나치 수로 1이 차이가 나는 퍼즐을 만들어보자. 아래 그림은 연속된 피보나치 수 5, 8, 13, 21에서 8×13 직사각형을 만든 것이다. 8×13=5×21임을 보이도록 조각을 잘라 다시 배열해보아라.

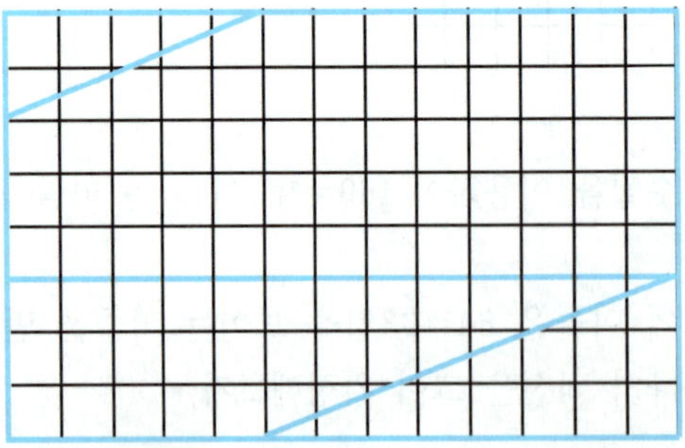

위의 성질을 이용해서 커리(P. Curry, 1953년)는 또 다른 퍼즐을 만들었다. 다음 물음을 보자.

2 아래 두 그림을 비교해보면 흰색 세 부분의 넓이가 같다. 따라서 흰색 부분의 넓이가 같아야 하므로

$$3 \times 5 = 2 \times 8$$

이 성립한다.

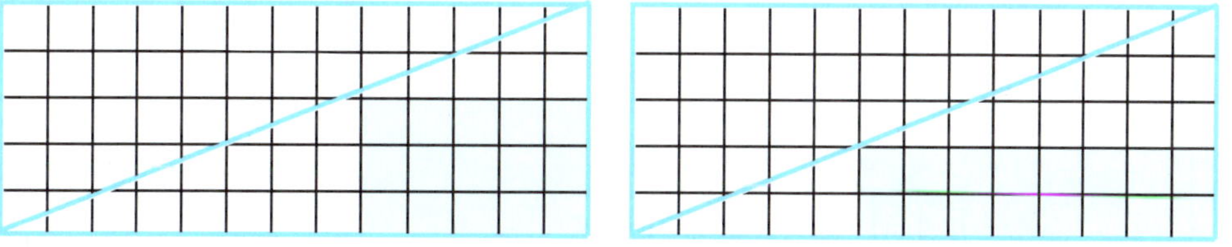

(1) 그러면 $5 \times 8 = 3 \times 13$을 만들려면 어떻게 하면 될까?

(2) 피보나치 수에서 위와 같은 방법으로 $f_{n-2}f_{n+1} = f_{n-1}f_n$임을 보이기 위해서는 어떤 직사각형을 그려야 하는가?

3 연속된 다섯 개의 수에서 가운데 수를 제외한 네 수 사이의 관계를 이용하여 또 다른 퍼즐을 만들어보자.

(1) 아래 그림과 같이 분할하면 다섯 개의 연속된 수 5, 8, 13, 21, 34에서 $8 \times 21 = 5 \times 34$를 만들 수 있다. 조각을 잘라 다시 배열해보아라.

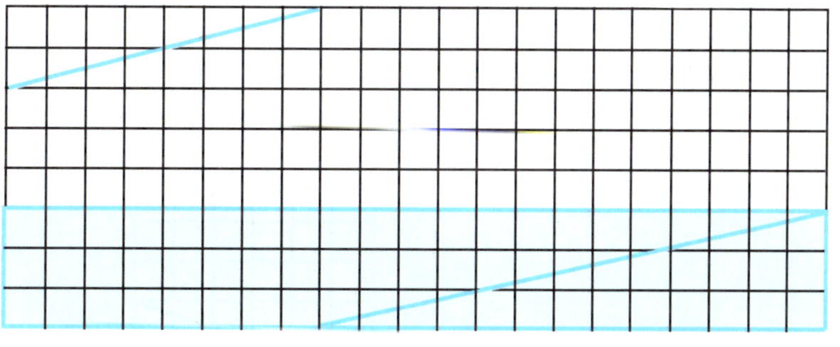

(2) 다섯 개의 연속된 피보나치 수에서 위의 관계를 일반화시켜보아라.

피보나치 수열이 만드는 퍼즐

❶ 샘 로이드의 퍼즐

1 (2) $f_n^2 - f_{n-1}f_{n+1} = (-1)^n$

2

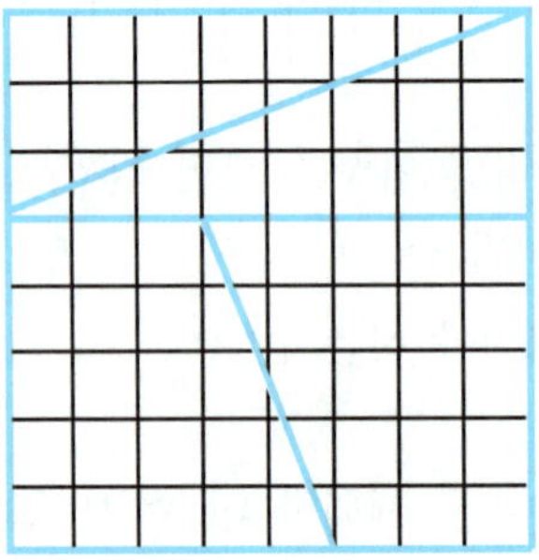

13^2

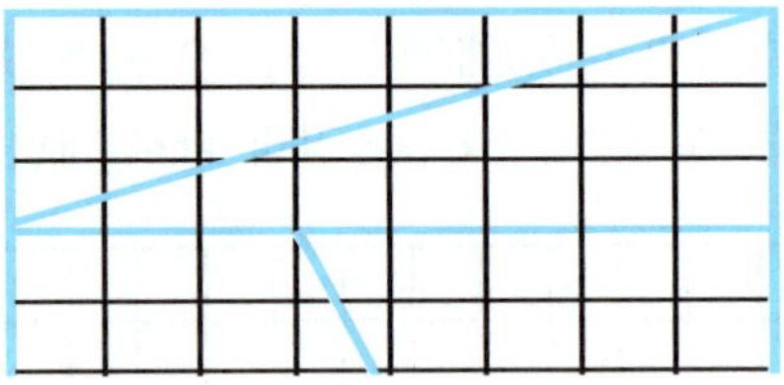

$8 \times 21 = 168$

3

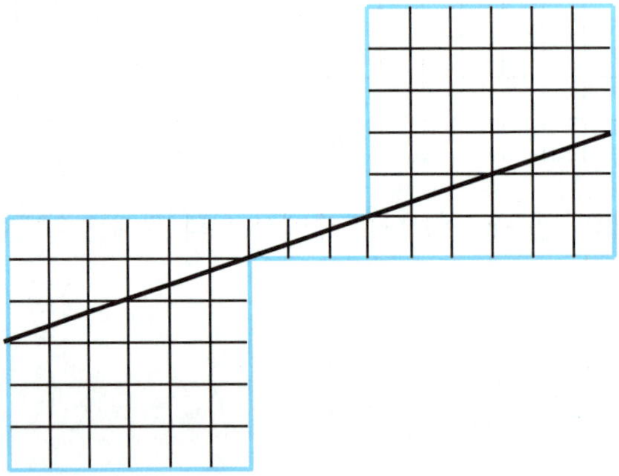

❷ 피보나치 수열로 만든 퍼즐

1

5×21=105

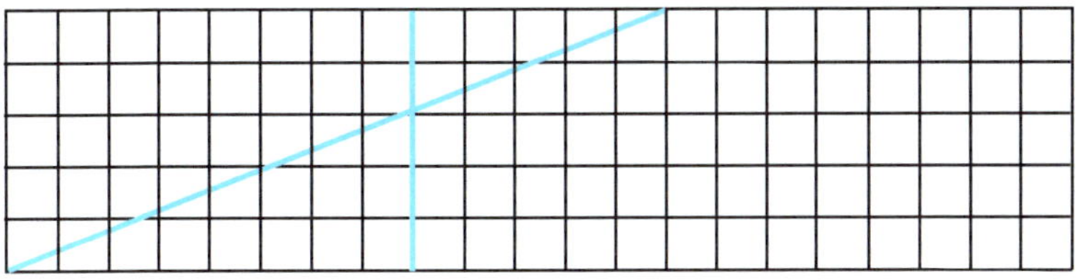

104=105

2

(1) 8×21 정사각형 안에 대각선을 긋고 5×8 정사각형을 빗금 표시
8×21 정사각형 안에 대각선을 긋고 3×13 정사각형을 빗금 표시
하면 된다. 그러면 빗금을 표시하지 않은 세 부분의 넓이가 같아 40=39를 만들 수 있다.

(2) 피보나치 수열에서 $f_n f_{n-2}$직사각형을 그리면 된다.

3

(1)

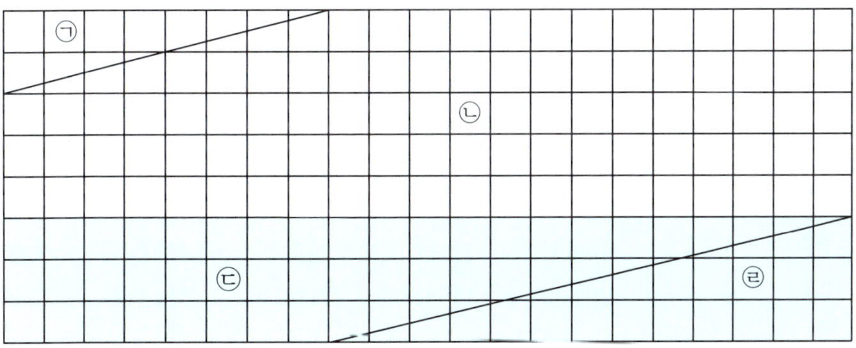

8×21=168

⇓

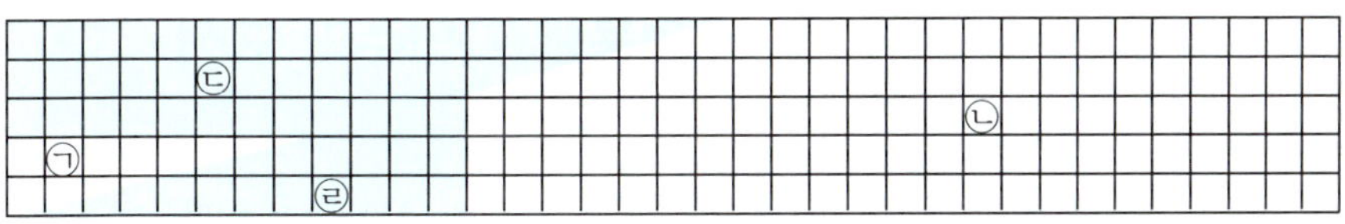

168=170

(2) $f_{n-2}f_{n+2}=f_{n-1}f_n+1$

104-3 피보나치 수와 최소정사각형 분할

Keywords 삼각수, 자연수의 분할, 완전수

피보나치 분수.
헬러먼 퍼거슨(Helaman Ferguson) 작품, x축을 따라 피보나치 수에 비례하는 간격으로 14개의 물 구멍이 배치되어 있다.

피보나치 수열

1, 1, 2, 3, 5, 8, 13, 21, 34, 55, …

의 각 자연수를 피보나치 수(Fibonacci Number)라 한다. 다음은 30개의 피보나치 수이다.

1	1	2	3	5
8	13	21	34	55
89	144	233	377	610
987	1597	2584	4181	6765
10946	17711	28657	46368	75025
121393	196418	317811	514229	832040

1 피보나치 수열을 이용한 자연수의 표현

모든 자연수를 피보나치 수만의 합으로 나타낼 수 있다. 예를 들어, 자연수 43은

$$34 + 8 + 1 = 21 + 13 + 5 + 3 + 1$$

등으로 서로 다른 피보나치 수로 표현된다. 그 방법을 살펴보자.
피보나치 수열에서 43보다 작으면서 가장 가까운 피보나치 수는 34이므로

$$43 = 34 + 9$$

와 같이 나타낼 수 있다. 다시 9보다 작으면서 가장 가까운 피보나치 수는 8이므로

$$43 = 34 + 8 + 1$$

와 같이 나타낼 수 있다.

1 다음 수를 위 방법을 따라서 서로 다른 피보나치 수의 합으로 표현하라.

자연수	서로 다른 피보나치 수의 합
99	
137	
343	
111111	

2 곱셈 알고리즘

1) 이집트인의 곱셈법

지금 우리가 사용하고 있는 아라비아 숫자가 쓰이기 전에는 계산하는 것이 불편하였다. 고대 이집트에서도 마찬가지였는데, 이들이 계산을 편하게 하기 위하여 어떤 방법을 사용하였는지 22×21을 예로 들어 알아보자.

1	
2	
4	
8	
16	
32	

[표 1]

⇨

1	22
2	44
4	88
8	176
16	352
32	704

[표 2]

⇨

➡ 1	22
2	
➡ 4	88
8	
➡ 16	352
32	
21	462

[표 3]

먼저 2의 거듭제곱인 1, 2, 4, 8, 16, 32, …를 [표 1]에 적어 넣는다. [표 2]에

는 22를 계속 두 배한 수를 적어 넣는다. [표 3]에서 21을 2의 거듭제곱의 합으로 표현한 수, 즉 $21 = 1+4+16$에 대응하는 22의 배수들을 합하면

$$22 \times 21 = 22 + 88 + 352 = 462$$

이다.

그러면 고대 이집트인들은

$$21 = 1+4+16$$

과 같이 어떤 수를 2의 거듭제곱으로 어떻게 구했을까?(린드 파피루스, B.C. 1700) 그 방법은 다음과 같이 추정된다.
21과 가장 가까운 21보다 작은 2의 거듭제곱은 16이다. 21에서 16 이하의 2의 거듭제곱을 차례로 빼어 0이 되는 것을 확인한다.

$$21-16 = 5,\ 5-4 = 1,\ 1-1 = 0$$

그러면

$$21 = 1+4+16$$

과 같이 2의 거듭제곱의 합으로 표현된다. 즉,

$$21 = 16+4+1 = 1 \times 2^4 + 0 \times 2^3 + 1 \times 2^2 + 0 \times 2^1 + 1 = 10101_{(2)}$$

이다.

2. 피보나치 수를 이용한 곱셈법

이번에는 피보나치 수를 이용하여 43×73을 구해보자.
먼저 피보나치 수열 1, 1, 2, 3, 5, 8, 13, 21, 34, …을 [표 1]에 적어 넣는다. [표 2]의 세 번째 칸부터는 위의 두 칸을 합하여 아래 칸에 쓴다. [표 3]에서와 같이 43을 서로 다른 피보나치 수의 합으로 나타날 때 사용되는 수, 즉 $43 = 1+8+34$에 대응하는 수들을 합하면

$$43 \times 73 = 1 \times 73 + 8 \times 73 + 34 \times 73$$

이다.

1	
1	
2	
3	
5	
8	
13	
21	
34	

[표 1]

⇨

1	73
1	73
2	146
3	219
5	365
8	584
13	949
21	1533
34	2482

[표 2]

⇨

1	73
➡ 1	73
2	146
3	219
5	365
➡ 8	584
13	949
21	1533
➡ 34	2482
43	3139

[표 3]

1 41×305를 이집트 및 피보나치 방법으로 각각 구하여라.

3 직사각형을 정사각형으로 분할

1. 최소정사각형 분할

두 변의 길이가 37, 16인 직사각형을 정사각형으로 분할해보자. 이때, 정사각형의 개수를 최소로 하자. 이와 같은 분할을 '최소정사각형 분할'이라 부르자. 짧은 변의 길이가 16이므로 다음 그림과 같이 이 직사각형에서 16을 한 변으로 하는 정사각형이 두 개 만들어진다.

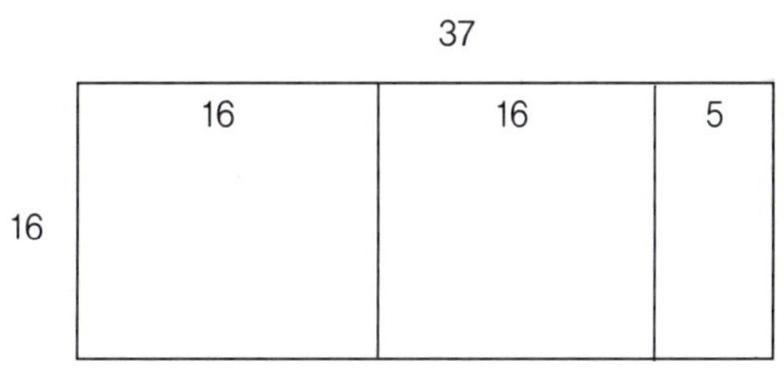

이때, 두 변의 길이가 16, 5인 직사각형이 남는다. 이 직사각형에서 다시 짧은 변의 길이인 5를 한 변의 길이로 하는 정사각형을 만들면 정사각형을 3개 만

들 수 있다.

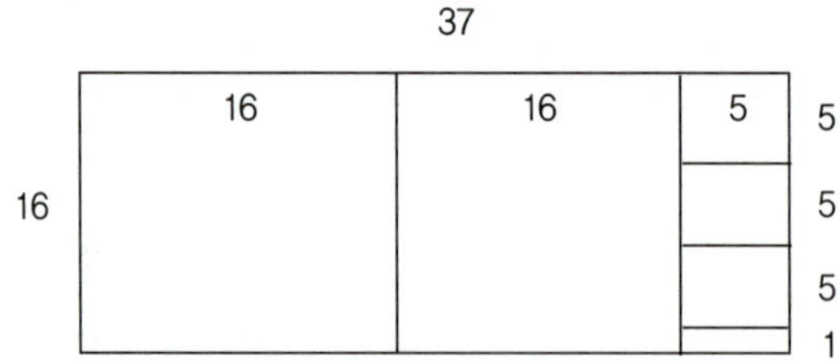

이때, 오른쪽 아래 모서리에는 두 변의 길이가 1, 5인 직사각형이 남는다. 이 직사각형을 다섯 개의 단위 정사각형으로 나눈다.
따라서 두 변의 길이가 37, 16인 직사각형은 아래와 같이 정사각형으로 분할된다.

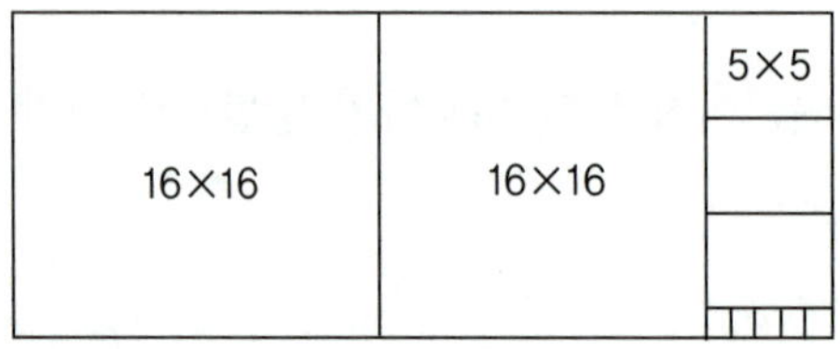

즉, 2개의 16×16 정사각형, 3개의 5× 5 정사각형, 그리고 5개의 1×1 정사각형을 얻는다. 이와 같이 최소정사각형 분할에서 얻는 정사각형의 개수를 큰 것부터 늘어놓아 ⟨2, 3, 5⟩로 표시하자.
상황을 바꾸어 두 정수 37, 16에 몫과 나머지[2)]를 거듭 시행하면

$$37=2\times16+5$$
$$16=3\times5+1$$
$$5=5\times1+0$$

이다. 이를 연속되는 곱의 형태로 바꾸면

$$\begin{aligned}16\times37&=16\times(16+16+5)\\&=(16\times16)+(16\times16)+16\times5\\&=2\times(16\times16)+(5+5+5+1)\times5\\&=2\times(16\times16)+3\times(5\times5)+1\times5\\&=2\times(16\times16)+3\times(5\times5)+5\times(1\times1)\end{aligned}$$

2) [107-1 몫과 나머지] 참고

이다. 다시 몫과 나머지를 연속되는 분수 형태로 바꾸면

$$\begin{aligned}\frac{37}{16} &= \frac{2\times16+5}{16} = 2+\frac{5}{16} \\ &= 2+\cfrac{1}{\frac{16}{5}} = 2\cfrac{1}{\frac{3\times5+1}{5}} \\ &= 2+\cfrac{1}{3+\cfrac{1}{5}}\end{aligned}$$

인 연분수[3] 형태로 표시된다. 이 연속된 분수를 순서대로 [2, 3, 5]로 표시하기로 하자.

1 분할에 동원된 서로 다른 정사각형의 개수 ⟨2, 3, 5⟩와 연속된 분수에 있는 [2, 3, 5]와 어떤 관계가 있는가?

이번에는 28×36 직사각형의 최소정사각형 분할을 구해보자. 위의 방법대로 분할해나가면 다음 그림을 얻을 수 있다.

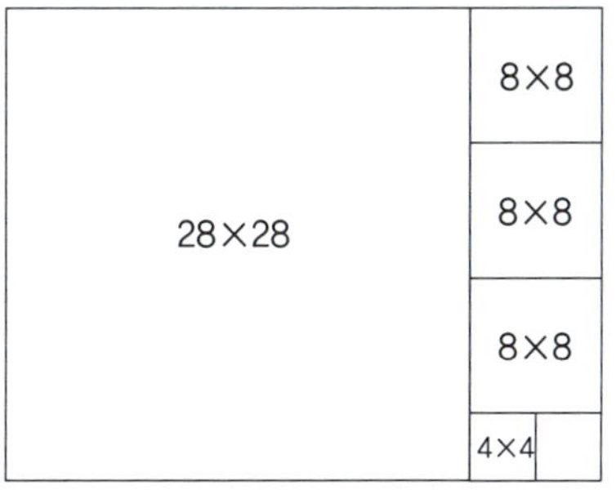

분할에서 서로 다른 정사각형의 개수는 ⟨1, 3, 2⟩이다. 즉

$$\frac{36}{28} = 1+\cfrac{1}{3+\cfrac{1}{2}}$$

이다.

3) [107-2 연분수] 참고

2 위 예에서 가장 작은 정사각형이 1×1이 아니고 4×4인 이유는 무엇일까? 또, 4×4 사각형의 개수 2는 무엇을 의미하는가?

3 35×90 직사각형의 최소정사각형 분할을 구하여라.

정사각형이 단위 정사각형을 제외하고 꼭 한 개씩만 오도록 할 수 있을까? 예를 들어, 분할에 동원된 서로 다른 정사각형의 개수가 ⟨1, 1, 1, 1, 2⟩인 사각형을 그려나가면 8×13 사각형을 얻는다.

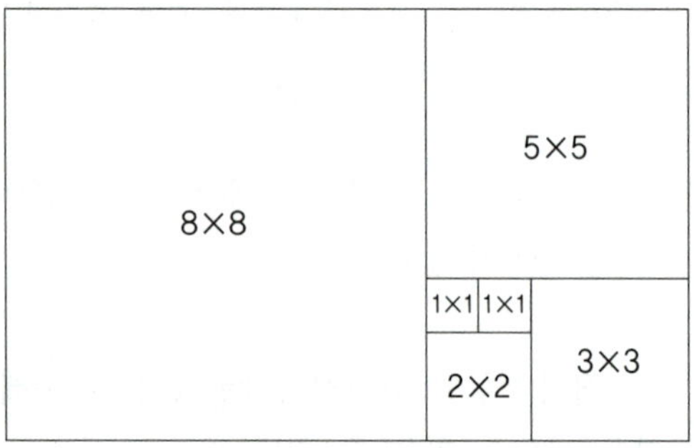

4 단위 정사각형을 제외하고 꼭 한 개씩만 오는 ⟨1, 1, 1, 1, 1, 1, 2⟩ 분할에서 얻는 사각형은 무엇인가?

5 ⟨1, 2⟩, ⟨1, 1, 2⟩, ⟨1, 1, 1, 2⟩, ⟨1, 1, 1, 1, 2⟩, ⟨1, 1, 1, 1, 1, 2⟩로 만들어지는 사각형의 크기에서 어떤 규칙을 얻을 수 있을까? 또, 무한개의 1이 있는 ⟨⋯, 1, 1, 1, 2⟩와 관련이 있는 수는 무엇인가?

6 앞에서는 1×1 정사각형의 개수를 2로 하였다. 1×1 정사각형의 개수를 마음대로 할 수 있을까? 예를 들어 3으로 하면 어떤 규칙을 얻을 수 있을까? ⟨1, 3⟩, ⟨1, 1, 3⟩, ⟨1, 1, 1, 3⟩, ⟨1, 1, 1, 1, 3⟩, ⟨1, 1, 1, 1, 1, 3⟩을 그림으로 그려보고 규칙을 얻어보자. 1×1 정사각형의 개수가 a개인 경우에는 어떤 규칙을 얻을 수 있는지 알아보아라.

피보나치 수

❶ 피보나치 수열을 이용한 자연수의 표현

1 $99 = 89 + 8 + 2$

$137 = 89 + 34 + 13 + 1$

$343 = 233 + 89 + 21$

$111111 = 75025 + 28657 + 6765 + 610 + 34 + 13 + 5 + 2$

❸ 직사각형을 정사각형으로 분할

1 분할에 동원된 서로 다른 정사각형의 개수 〈2, 3, 5〉와 연속된 분수에 있는 [2, 3, 5]가 같다.

2 28과 36의 최대공약수가 4임을 의미한다. 4×4 정사각형을 두 개 붙인 후, 긴 변에 또 다른 정사각형을 붙여나가는 방법으로 28×36 직사각형이 만들어졌음을 의미한다.

4 21×34 사각형

5 변의 길이는 1, 1, 2, 3, 5, 8, 13, 21, …로 피보나치 수열이다.

6 단위 정사각형의 개수를 3으로 하면 이 분할에서 얻는 정사각형의 변의 길이는 1, 1, 1, 3, 4, 7, 11, …이다. 이를 루카스 수열이라고 하는데 n번째 수를 L_n이라고 하면 $L_n = L_{n-1} + L_{n-2}\,(L_1 = 1, L_2 = 3)$이다. 단위정사각형의 개수를 a로 한다면 그 분할에서 얻는 정사각형의 변의 길이는 1, a, $a+1$, $2a+1$, … 로 수열 $F_n = F_{n-1} + F_{n-2}$ ($F_1 = 1$, $F_2 = a$)를 얻는다. 이는 일반화된 피보나치 수열 $F_n = F_{n-1} + F_{n-2}$ ($F_1 = a$, $F_2 = b$)이다.

104-4 피보나치 수에서의 패턴

Keywords 피보나치 수열, 소수, 배수

피보나치 수가 새겨져 있는 굴뚝.
핀란드, 마리오 메르츠 작품

여기에서는 피보나치 수에서 찾아볼 수 있는 몇 가지 패턴을 다루어보자.[4] 여기에서는 패턴을 찾기 위하여 피보나치 수를

$$0,\ 1,\ 1,\ 2,\ 3,\ 5,\ 8,\ 13,\ \cdots$$

즉,

$$f_0 = 0,\ f_1 = 1,\ f_2 = 2,\ \cdots$$

로 하자.

1 피보나치 수를 구하여 다음 표를 채워라. 여기서 $F(i) = f_i$.

$F(0)$	$F(1)$	$F(2)$	$F(3)$	$F(4)$	$F(5)$	$F(6)$	$F(7)$	$F(8)$	$F(9)$	$F(10)$
0	1									

$F(11)$	$F(12)$	$F(13)$	$F(14)$	$F(15)$	$F(16)$	$F(17)$	$F(18)$	$F(19)$	$F(20)$

$F(21)$	$F(22)$	$F(23)$	$F(24)$	$F(25)$	$F(26)$	$F(27)$	$F(28)$	$F(29)$	$F(30)$
10946	17711	28657	46368	75025	121393	196418	317811	514229	832040

2 피보나치 수열에서 서로 배수가 되는 관계를 알아보자.

(1) 피보나치 수열 f_n에서 다음과 같은 n의 값을 나열해보아라.

4) http://www.mcs.surrey.ac.uk/Personal/R.Knott/Fibonacci/fib.html

피보나치 수가 2의 배수인 n의 값	
피보나치 수가 3의 배수인 n의 값	
피보나치 수가 5의 배수인 n의 값	
피보나치 수가 8의 배수인 n의 값	

(2) 위에서 어떤 규칙을 발견할 수 있는가?

(3) 다음 피보나치 수에 대해서 위에서 발견한 규칙이 적용되는지 확인하여라.

$$f_{51} = 20365011074$$
$$f_{52} = 32951280099$$
$$f_{53} = 53316291173$$
$$f_{54} = 86267571272$$
$$f_{55} = 139583862445$$
$$f_{56} = 225851433717$$
$$f_{57} = 365435296162$$
$$f_{58} = 591286729879$$
$$f_{59} = 956722026041$$
$$f_{60} = 1548008755920$$

3 피보나치 수를 소인수분해하여 어떤 패턴을 찾을 수 있는지 알아보자.

(1) 30 이하의 소수를 모두 써보아라.

(2) 피보나지 수를 f_{30}까지 소인수분해하여 보지. 여기서 $F(i)=f_i$.

F(0) = 0	F(16) = 987 = □ × 47
F(1) = 1	F(17) = 1597
F(2) = 1	F(18) = 2584 = $2^3 \times 17 \times 19$
F(3) = 2	F(19) = 4181 = □ × 113
F(4) = 3	F(20) = 6765 = □ × 41
F(5) = 5	F(21) = 10946 = □ × 421
F(6) = 8 = □	F(22) = 17711 = 89 × 199
F(7) = 13	F(23) = 28657
F(8) = 21 = □	F(24) = 46368 = □ × 23
F(9) = 34 = □	F(25) = 75025 = □ × 3001

$F(10) = 55 = \square$

$F(11) = 89$

$F(12) = 144 = \square$

$F(13) = 233$

$F(14) = 377 = \square$

$F(15) = 610 = \square$

$F(26) = 121393 = 233 \times 521$

$F(27) = 196418 = \square \times 53 \times 109$

$F(28) = 317811 = \square \times 281$

$F(29) = 514229$

$F(30) = 832040 = \square \times 31 \times 61$

$F(31) = 1346269 = 557 \times 2417$

$F(32) = 2178309 = 3 \times 7 \times 47 \times 2207$

$F(33) = 3524578 = 2 \times 89 \times 19801$

$F(34) = 5702887 = 1597 \times 3571$

$F(35) = 9227465 = 5 \times 13 \times 141961$

$F(36) = 14930352 = 2^4 \times 3^3 \times 17 \times 19 \times 107$

$F(37) = 24157817 = 73 \times 149 \times 2221$

$F(38) = 39088169 = 37 \times 113 \times 9349$

$F(39) = 63245986 = 2 \times 233 \times 135721$

$F(40) = 102334155 = 3 \times 5 \times 7 \times 11 \times 41 \times 2161$

$F(41) = 165580141 = 2789 \times 59369$

$F(42) = 267914296 = 2^3 \times 13 \times 29 \times 211 \times 421$

$F(43) = 433494437$

$F(44) = 701408733 = 3 \times 43 \times 89 \times 199 \times 307$

$F(45) = 1134903170 = 2 \times 5 \times 17 \times 61 \times 109441$

$F(46) = 1836311903 = 139 \times 461 \times 28657$

$F(47) = 2971215073$

$F(48) = 4807526976 = 2^6 \times 3^2 \times 7 \times 23 \times 47 \times 1103$

$F(49) = 7778742049 = 13 \times 97 \times 6168709$

$F(50) = 12586269025 = 5^2 \times 11 \times 101 \times 151 \times 3001$

$F(51) = 20365011074 = 2 \times 1597 \times 6376021$

$F(52) = 32951280099 = 3 \times 233 \times 521 \times 90481$

$F(53) = 53316291173 = 953 \times 55945741$

$F(54) = 86267571272 = 2^3 \times 17 \times 19 \times 53 \times 109 \times 5779$

$F(55) = 139583862445 = 5 \times 89 \times 661 \times 474541$

$F(56) = 225851433717 = 3 \times 7^2 \times 13 \times 29 \times 281 \times 14503$

$F(57) = 365435296162 = 2 \times 37 \times 113 \times 797 \times 54833$

F(58) =	591286729879 =	59 × 19489 × 514229
F(59) =	956722026041 =	353 × 2710260697
F(60) =	1548008755920 =	$2^4 \times 3^2 \times 5 \times 11 \times 31 \times 41 \times 61 \times 2521$

(3) 위의 소인수분해를 보고 다음 글이 참인지 추측하여라.

가) 제곱수는 1과 144뿐이다.

나) 모든 자연수는 피보나치 수의 소인수이다.

다) n이 소수이면 f_n도 소수이다.

라) f_n이 소수이면 n도 소수이다.

(4) 이웃한 피보나치 수는 서로소임을 증명하여라.

(5) 피보나치 수에서 1 뺀 수 또는 1 더한 수, 즉 $f_n \pm 1$은 대부분 소수가 아니다. $f_n \pm 1$이 소수인 몇 가지 경우를 구하여라.

3 피보나치 수열과 몫과 나머지

먼저 피보나치 수와 황금비로 알려져 있는 $\frac{1+\sqrt{5}}{2}$ 사이에는 피보나치 수 f_n과 $\phi = \frac{1+\sqrt{5}}{2}$에 대하여

$$\phi^{n-2} < f_n < \phi^{n-1} \quad (n \geq 3)$$

이 성립한다. 이때, 피보나치 수열은 $f_0 = 0$, $f_1 = 1$이다. 이를 수학적 귀납법을 이용하여 증명하여보자.
$n = 3$, 4일 때, 다음과 같이 성립함을 알 수 있다.

$$n = 3 : \phi^{n-2} = \phi = \frac{1+\sqrt{5}}{2} < \frac{1+3}{2} = 2 = f_3$$

$$n = 4 : \phi^{n-2} = \phi^2 = \left(\frac{1+\sqrt{5}}{2}\right)^2 < \frac{3+\sqrt{5}}{2} < \frac{3+3}{2} = 3 = f_4$$

이제 $n = 3$, 4, ⋯, k일 때 정리가 성립한다고 가정하고 $n = k+1$일 때 성립함을 보이자(이때, $k \geq 3$).
$\phi^2 = \phi + 1$이므로 양변에 ϕ^{k-3}을 곱하면

$$\phi^{n-2} = \phi^{k-1} = \phi^{k-2} + \phi^{k-3} < f_k + f_{k-1} = f_{k+1} = f_n$$

따라서 수학적 귀납법에 의하여

$$\phi^{n-2} < f_n \ (n \geq 3)$$

이다. 같은 방법으로

$$f_n < \phi^{n-1} \ (n \geq 3)$$

을 보일 수 있다.

이번에는 피보나치 수를 이용하여 두 수의 나눗셈의 횟수에 대하여 알아보자. 우리는 앞에서 두 정수 3654, 1365에 몫과 나머지를 연속하여 적용해 보았다.

$$\begin{aligned} 3654 &= 1365 \times 2 + 924 \\ 1365 &= 924 \times 1 + 441 \\ 924 &= 441 \times 2 + 42 \\ 441 &= 42 \times 10 + 21 \\ 42 &= 21 \times 2 + 0 \end{aligned}$$

이를 일반적인 표현과 비교해보자.

두 정수 $a \geq b \geq 2$에 대하여 $a = r_0$, $b = r_1$이라 하면

$$\begin{aligned} r_0 &= r_1 q_1 + r_2 & 0 \leq r_2 < r_1 \\ r_1 &= r_2 q_2 + r_3 & 0 \leq r_3 < r_2 \\ &\cdots \\ r_{n-2} &= r_{n-1} q_{n-1} + r_n & 0 \leq r_n < r_{n-1} \\ r_{n-1} &= r_n q_n \end{aligned}$$

따라서 나눗셈의 횟수는 n으로 $\gcd(a, b) = r_n$를 구할 수 있다. 그러면 나눗셈의 횟수와 a, b 사이에 어떤 관계가 있을까?

gcd(a, b)

$\gcd(a, b)$는 a, b의 최대공약수 (greatest common divisor) 를 말한다.

$$r_{i-1} > r_i, \ q_i \geq 1 \ (1 \leq i \leq n)$$

특히, $r_{n-1} > r_n$, $q_n \geq 2$이고 $r_n \geq 1$이므로

$$\begin{aligned} r_{n-1} &\geq 2 = f_3 \\ r_{n-2} &= r_{n-1} q_{n-1} + r_n \geq r_{n-1} + r_n \geq f_3 + 1 = f_3 + f_2 = f_4 \\ r_{n-3} &= r_{n-2} q_{n-2} + r_{n-1} \geq r_{n-2} + r_{n-1} \geq f_4 + f_3 = f_5 \end{aligned}$$

$$\cdots$$

$$r_1 = r_2 q_2 + r_3 \geq r_{n-2} + r_{n-1} \geq f_4 + f_3 = f_5$$

즉,

$$b \geq f_{n+1}$$

$$b \geq f_{n+1} > \phi^{n-1}, \text{ 여기서 } \phi = \frac{1+\sqrt{5}}{2} \text{ 이고 } n \geq 3$$

따라서

$b > \phi^{n-1}$ 또는 $\log b > (n-1)\log\frac{1+\sqrt{5}}{2}$ (여기서 log는 상용로그)[5]

이다. 계산기를 이용하면

$$\log\frac{1+\sqrt{5}}{2} \fallingdotseq 0.20898 > \frac{1}{5}$$

그러므로 b가 k자리수이면

$$b < 10^k \text{ 또는 } \log b < k$$

따라서

$$k > (n-1)\log\frac{1+\sqrt{5}}{2} > \frac{n-1}{5} \text{ 또는 } n \leq 5k$$

그러므로 나눗셈의 횟수는 자리수의 5배 이하이다.
위에서 구한 횟수를 좀더 엄밀하게 해보자.

$$\log b > (n-1)\log\frac{1+\sqrt{5}}{2} > \frac{n-1}{5}$$

에서 $1 + 5\log b > n$이고 $b \geq 2$이므로 $5\log b \geq 5\log 2 > 1$이다. 따라서

$$n < 1 + 5\log b < 5\log b + 5\log b = 10\log b$$

이다.

5) 로그에 대해서는 [103-1 소수의 세계를 탐험하다. 80쪽] 참고

4 피보나치 수열 속의 재미있는 이야기

1. π와 관련된 피보나치 수열

정말로 π와 피보나치 수열과 관련된 경이로운 식은 다음과 같다.[6]

$$\pi = \lim_{n\to\infty}\sqrt{\frac{6\log f_1 f_2 \cdots f_m}{\log lcm(f_1,\ f_2,\ \cdots,\ f_m)}}$$

(여기서 log는 자연로그이고 $f_1 = 1$, $f_2 = 1$)

2. 2001, 2002, 2003, 2004년이 들어간 식[7]

편의상 $f_n = F(n)$을 사용하면

$$(F(F(2002)))^2 + (F(F(2003)))^2 = F(F(2001))F(F(2004)).$$

이다. 이는 다음과 같이 증명할 수 있다.
a가 짝수이고 b가 홀수이며 $a < b$인 경우

$$(F(a))^2 + (F(b))^2 = F(b-a)F(b+a)$$

임을 보이자. 황금비 $\frac{1+\sqrt{5}}{2} = \phi$를 사용한 일반항을 사용하면 n이 홀수이면

$$F(n) = \frac{\phi^n + \phi^{-n}}{\sqrt{5}}$$

n이 짝수이면

$$F(n) = \frac{\phi^n - \phi^{-n}}{\sqrt{5}}$$

를 사용하자. 이제

$$F(b-a)F(b+a) = \frac{\phi^{b-a} + \phi^{a-b}}{\sqrt{5}}\ \frac{\phi^{b+a} + \phi^{-b-a}}{\sqrt{5}}$$

6) Y. Matiyasevich and R. Guy, *A new formular for* π, Amer. Math. Monthly 93 (1986), p.631-635.
7) 2000년에 C. Zara가 제안했고, 증명은 Z. Franco가 하였다.

$$= \frac{\phi^{2b} + \phi^{-26} + \phi^{2a} + \phi^{-2a}}{5}$$

$$= \left(\frac{\phi^{b} + \phi^{-b}}{\sqrt{5}}\right)^2 + \left(\frac{\phi^{a} - \phi^{-a}}{\sqrt{5}}\right)^2$$

$$= (F(b))^2 + F((a))^2$$

따라서 $a = F(2002)$, $b = F(2003)$로 하면 $b - a = F(2001)$, $b + a = F(2004)$이므로 등식이 성립한다.

3. 2의 거듭제곱번째 피보나치 수열

$$\sum_{n=0}^{\infty} \frac{1}{F(2^n)} = \frac{7-\sqrt{5}}{2} \quad \text{(R. Cuculiere, 1982)}$$

이 식은 다음과 같이 증명된다. 일반항 $F(n) = \frac{\phi^n - \overline{\phi}^n}{\sqrt{5}}$, $\phi = \frac{1+\sqrt{5}}{2}$, $\overline{\phi}\phi = -1$에 대하여

$$\sum_{n=0}^{\infty} \frac{1}{F(2^n)} = 1 + \sqrt{5} \sum_{n=1}^{\infty} \left(\frac{1}{\phi^{2^n} - 1} - \frac{1}{\phi^{2^{n+1}} - 1}\right) = 1 + \frac{\sqrt{5}}{\phi^2 - 1} = \frac{7-\sqrt{5}}{2}$$

4. 종말론적 수

피보나치 수열의 3184번째 항은 666자리라는 것을 처음 픽오버(C.A. Pickover)가 발견하였고, 이를 종말론적 수(apocalyptic)라 불렀다. 이를 쓰면 다음과 같다.

1167243740814955412334357645792141840689747174434394372363312827
3626208245238531296068232721031227888076824497987607345597197519
8631224699392309001139062569109651074019651076081705393206023798
4793918970003774751244713440254679507687069905503229713343709400
9365444241181520685790404104340056856808119437950300196766935663
3792347218656896136583990327918167352721163581650359577686552293
1027088272242471094763821154275682688200402585049861134087733332
2087361645911672649719869891579135588343138555695800212192814705
208717520674893636617125338042205880265529140335814561951463

0427946535764467290281171154076012677256157286715574607026067859
2297917904248853892358861771163

(C. Singh, 1989년) $666 = f_{15} + f_{11} - f_9 + f_1$ 여기서 15+11−9+1=6+6+6,
$666 = f_1^3 + f_2^3 + f_4^3 + f_5^3 + f_6^3$ 여기서 1+2+4+5+6=6+6+6

5. 피보나치 수열의 제곱[8)]

피보나치 수열 f_n에 대하여 다음을 확인할 수 있다.

$$f_n = f_{n-1} + f_{n-2}$$
$$f_n^2 = 2f_{n-1}^2 + 2f_{n-2}^2 - f_{n-4}^2$$
$$f_n^3 = 3f_{n-1}^3 + 6f_{n-2}^3 - df_{n-3}^3 - f_{n-4}^3$$
$$f_n^4 = 5_{n-1}^4 + 15f_{n-2}^4 - 15f_{n-3}^4 - 5f_{n-4}^4 + f_{n-5}^4$$

이 되어 각 f_{n-1}의 거듭제곱에 나타난 계수들이 다시 피보나치 수열을 만든다.

8) D. Hathway and S. Brown, *Fibonacci powers and a fascinating* triangle, The College Math. J., Vol. 28 (1997) p.124-128.

피보나치 수에서의 패턴

1

F_0	F_1	F_2	F_3	F_4	F_5	F_6	F_7	F_8	F_9	F_{10}
0	1	1	2	3	5	8	13	21	34	55

F_{11}	F_{12}	F_{13}	F_{14}	F_{15}	F_{16}	F_{17}	F_{18}	F_{19}	F_{20}
89	144	233	377	610	987	1597	2584	4181	6765

F_{21}	F_{22}	F_{23}	F_{24}	F_{25}	F_{26}	F_{27}	F_{28}	F_{29}	F_{30}
10946	17711	28657	46368	75025	121393	196418	317811	514229	832040

2

(1) 피보나치 수가 $f_3=2$의 배수인 n의 값 : 3, 6, 9, 12, 15, 18, 21, 24, 27, 30

피보나치 수가 $f_4=3$의 배수인 n의 값 : 4, 8, 12, 16, 20, 24, 28

피보나치 수가 $f_5=5$의 배수인 n의 값 : 5, 10, 15, 20, 25, 30

피보나치 수가 $f_6=8$의 배수인 n의 값 : 6, 12, 18, 24, 30

피보나치 수가 $f_7=13$의 배수인 n의 값 : 7, 14, 21, 28

(2) n의 배수번째 피보나치 수는 f_n의 배수, 즉 양의 정수 n, k에 대하여 f_{nk}는 f_n의 배수이다.

먼저 $k=1, 2$일 때를 알아보면 $f_2=1$은 $f_1=1$배수이다.

이제 $k=i$일 때 성립한다고 가정하면 f_n, f_{in}이 f_n의 배수이므로

$$f_{(i+1)n}=f_{in+n}=f_{in-1}f_n+f_{in}f_{n+1}$$

도 f_n의 배수가 된다.

(3) 58=2×29이므로 f_{58}=591286729879는 f_2, f_{29}의 배수이어야 한다. 이를 확인하면 $f_2=1$, f_{29}=514229로 591286729879=514229×1149851이다.

3

(1) 2, 3, 5, 7, 11, 13, 17, 19, 23, 29

(2)

$f_0=0$	$f_{16}=987=3\times7\times47$
$f_1=1$	$f_{17}=1597$
$f_2=1$	$f_{18}=2584=2^3\times17\times19$
$f_3=2$	$f_{19}=4181=37\times113$

$f_4 = 3$	$f_{20} = 6765 = 3 \times 5 \times 11 \times 41$
$f_5 = 5$	$f_{21} = 10946 = 2 \times 13 \times 421$
$f_6 = 8 = 2^3$	$f_{22} = 17711 = 89 \times 199$
$f_7 = 13$	$f_{23} = 28657$
$f_8 = 21 = 3 \times 7$	$f_{24} = 46368 = 2^5 \times 3^2 \times 7 \times 23$
$f_9 = 34 = 2 \times 17$	$f_{25} = 75025 = 5^2 \times 3001$
$f_{10} = 55 = 5 \times 11$	$f_{26} = 121393 = 233 \times 521$
$f_{11} = 89$	$f_{27} = 196418 = 2 \times 7 \times 53 \times 109$
$f_{12} = 144 = 2^4 \times 3^2$	$f_{28} = 317811 = 3 \times 13 \times 29 \times 281$
$f_{13} = 233$	$f_{29} = 514229$
$f_{14} = 377 = 13 \times 29$	$f_{30} = 832040 = 2^3 \times 5 \times 11 \times 31 \times 61$
$f_{15} = 610 = 2 \times 5 \times 61$	

(3) 가) 참, 나) 참 ; 1961년 Pergamon이 증명, 다) 거짓 ; $f_4 = 3$을 제외하면 f_n이 소수이면 n도 소수로 추정된다. 라) 거짓 ; $F_{19} = 4181 = 37 \times 113$

(4) 식 $f_{n+2} = f_{n+1} + f_n$, $n \geq 0$으로부터 f_{n+2}를 f_{n+1}로 나누면 나머지가 f_n임을 알 수 있다. 유클리드의 알고리즘에 따르면

$$(f_{n+2},\ f_{n+1}) = (f_{n+1},\ f_n) = \cdots = (f_2,\ f_1) = 1$$

이므로 인접한 두 피보나치 수는 서로소이다.

또 다른 증명 방법은 두 수 A와 B가 공약수를 가진다면 그 공약수는 $A+B$, $A-B$의 약수도 된다는 사실을 이용하면 된다. 즉, A, B가 공약수를 갖지 않는다면 A, $A+B$도 공약수를 갖지 않는다.

(5) 피보나치 수보다 1 작거나 큰 수는 대부분 소수가 아니다. 실제로 f_3, f_4, f_6을 제외하면 $f_n \pm 1$은 소수가 아니다. 그 이유는 다음과 같이 인수분해되기 때문이다.

$$f_{2n} + (-1)^n = (f_{n+2} + f_n) f_{n-1},\quad f_{2n} - (-1)^n = (f_n + f_{n-2}) f_{n+1}$$

$$f_{2n+1} + (-1)^n = (f_{n+1} + f_{n-1}) f_{n+1},\quad f_{2n+1} - (-1)^n = (f_{n+2} + f_n) f_n$$

여기서 f_3, f_4, f_6가 예외가 되는 이유는 각 경우에 우변 중의 한 값이 1이 되기 때문이다.

105

자연수 합과 분할

• **교육과정**
중 1 _ 수와 연산, 자연수
고 1 _ 함수

주제 1	자연수의 합
Keywords	자연수, 짝수, 홀수, 소수, 합성수, 거듭제곱수
주제 2	연속된 짝/홀수의 합으로 나타내기
Keywords	자연수, 짝수, 홀수, 소수, 합성수, 페르마 수, 제타함수, 소수정리
주제 3	자연수의 분할
Keywords	수열, 패러스 다이어그램, 공액분할
주제 4	분할의 생성함수
Keywords	수열, 생성함수, 피보나치 수열, 점화식, 멱급수
주제 5	베르누이 수
Keywords	자연대수함수, 지수함수, 베르누이 수, 베르누이 다항식, 베르누이 공식

자연수에 대한 연구는 여러 분야로 뻗어 있다. 그 중에 한 분야가 자연수를 다른 수의 합으로 표현하는 방법에 대한 것이다. 자연수를 연속된 자연수의 합으로 표현하기, 자연수를 연속된 짝수의 합으로 표현하기, 자연수를 다른 자연수의 합으로 표현하는 경우의 수 등이 바로 이 분야에서 다루는 내용이다.
경우의 수란 어떤 일이 일어날 수 있는 경우의 가짓수를 말한다. 초등학교, 중학교에서는 한 가지 일이 일어나는 경우의 수, 순서를 무시한 순서쌍을 이용한 경우의 수, 순서가 있는 경우의 수를 다룬다. 고등학교에서는 중복을 허락하고 순서를 무시한 경우의 수도 다룬다. 자연수의 분할은 이 범주에 속하는 문제이다.
주제 1은 연속된 자연수의 합으로 표현되는 수에 대한 내용이다. 연속된 자연수의 합으로 나타나는 수가 어떤 수인지에 대한 탐구와 함께 표현 알고리즘에 대해 알아본다.
주제 2는 자연수로부터 소수를 걸러내는 방법인 에라토스테네스의 항아리 체(sieve)와 항아리 체를 수학적으로 표현하는 르장드르의 표현과 오일러의 표현에 대한 것이다. 또한, 주어진 수를 연속된 짝수 또는 연속된 홀수의 합으로 표현하는 것에 대하여 살펴본다.
주제 3에서는 주어진 자연수에 대한 분할의 경우의 수, 한 개 또는 두 개 이상의 홀수의 합으로 분할하는 경우의 수, 한 개 또는 두 개 이상의 서로 다른 자연수의 합으로 분할하는 경우의 수를 작은 수에 대해 직접 구해보고 그들의 관계를 예측해본다.
주제 4에서는 생성함수라는 도구를 통해 주제 3에서 공부한 세 가지 경우의 수에 대하여 좀더 심도 있게 다루었다.
주제 5에서는 자연수의 제곱의 합, 세제곱의 합과 같은 유형에서 만들어진 베르누이 수에 대하여 소개하였다. 이 장의 내용은 주제 1과 2, 주제 3과 4로 분리되어 있다.

105-1

자연수의 합

Keywords 자연수, 짝수, 홀수, 소수, 합성수, 거듭제곱수

1 주어진 수를 연속된 자연수의 합으로 나타내보자[1)]

1. 연속된 자연수의 합으로 나타나는 수

자연수 = 양의 정수

자연수 중에는 연속되는 양의 정수의 합으로 표현되는 수도 있고 표현되지 않는 수도 있다. 예를 들어, 6은 $6 = 1+2+3$, 5는 $5 = 2+3$, 10은 $10 = 1+2+3+4$ 등으로 연속되는 양의 정수의 합으로 표현된다.

어떤 수가 연속되는 양의 정수의 합으로 표현되는지 알아보자. 편의상 1개의 정수의 합은 제외하도록 하자.

1 (1) 다음 표에 주어진 자연수를 연속된 양의 정수로 나타내어 보아라. 연속되는 양의 정수의 합으로 표현이 되는 수는 'O'로, 표현이 되지 않는 수는 'X'으로 표시하여라.

수	연속된 양의 정수의 합의 표현	수	연속된 양의 정수의 합의 표현
1		11	
2	불가능	12	
3	1+2	13	
4		14	
5		15	
6		16	
7		17	
8		18	
9		19	
10		20	

1) John B. Cosgrave, 'A Halmos Problem and a Related Problem', *The American Mathematical Monthly*, 101(10) (1994), P. 993-996.

(2) 위의 표를 보고 어떤 자연수가 연속된 양의 정수의 합으로 표현되는지 가설을 세워 보아라.

2 두 개의 연속된 양의 정수의 합은 2의 거듭제곱수가 될 수 없음을 보여라.

이번에는 세 개 이상의 연속된 양의 정수의 합의 경우를 생각해보자.
$n \geqq 2$인 경우, $(n+1)$개의 연속된 양의 정수의 합은

$$\begin{aligned} & a+(a+1)+(a+2)+(a+3)+\cdots+(a+n) \\ & =(a+a+\cdots+a)+(1+2+3+\cdots+n) \\ & =a(n+1)+\frac{n(n+1)}{2} \\ & =(n+1)\left(\frac{2a+n}{2}\right) \end{aligned}$$

이다. 여기서 a는 양의 정수이다. 2의 거듭제곱 2^m이 연속된 $(n+1)$개의 양의 정수의 합으로 표현된다면

$$2^m=(n+1)\left(\frac{2a+n}{2}\right)$$

이다. 즉,

$$2^{m+1}=(n+1)(2a+n)$$

이다. 이를 약수와 배수의 용어를 사용하여 표현하면

$(n+1)$과 $(2a+n)$은 2^{m+1}의 약수

이다.

3 세 개 이상의 연속된 양의 정수의 합이 2의 거듭제곱수가 될 수 있는지 알아보자.

(1) 먼저 2의 거듭제곱인 수의 약수에 대하여 알아보기 위하여 다음 표를 채워라.

거듭제곱	수	약수	약수의 거듭제곱 표현
2^2	4	1, 2, 4	2^0, 2^1, 2^2
2^3	8	1, 2, 4, 8	2^0, 2^1, 2^2, 2^3
2^4	16		
2^5	32		

(2) 2의 거듭제곱수의 약수는 어떤 꼴인가? 그 이유를 설명하여라.

(3) 세 개 이상의 연속된 양의 정수의 합이 2의 거듭제곱수가 될 수 없는 이유를 설명하여라.

이제 2의 거듭제곱이 아닌 수를 연속된 정수의 합으로 나타내어보자. $24 = 2^3 \times 3$, $30 = 2 \times 15$ 등과 같이 자연수를 소인수분해하였을 때, 2의 거듭제곱인 약수를 제외하면 홀수인 약수가 남는다. 즉, 2의 거듭제곱이 아닌 수는

$$2^k(2m+1)$$

로 나타낼 수 있다(여기서 $k \geq 0$, $m \geqq 1$). 이때,

$$\begin{aligned} 2^k(2m+1) &= a+(a+1)+(a+2)+(a+3)+\cdots+(a+n) \\ &= (n+1)\left(\frac{2a+n}{2}\right) \end{aligned}$$

이므로 2의 거듭제곱이 아닌 수 $2^k(2m+1)$가 a부터 $n+1$개의 연속된 정수의 합

$$a+(a+1)+(a+2)+(a+3)+\cdots+(a+n)$$

으로 표현되기 위해서는 다음 등식이 성립되어야 한다.

$$2^{k+1}(2m+1) = (n+1)(n+2a)$$

이 때, $n+1 < n+2a$이다.

예를 들어, $k=3$, $m=5$인 경우 즉, $2^{k+1}(2m+1) = 2^4 \times 11$의 경우에

$$2^4 \times 11 = (n+1)(n+2a)$$

을 만족하는 a, n을 구해보자.

$$n+1 = 11, \ n+2a = 16$$

로 정하면 $a=3$을 얻는다. 즉,

$$2^3 \times 11 = 88 = 3+4+ \cdots +11+12+13$$

와 같은 표현을 얻는다.

4 다음 주어진 수를 연속된 양의 정수의 합으로 나타내어라.

(1) 21

(2) 976

(3) 90

이제 2의 거듭제곱이 아닌 수만 연속된 양의 정수의 합으로 표현됨을 일반적으로 증명하여보자. 등식

$$2^{k+1}(2m+1) = (n+1)(2a+n)$$

에서 $n+1=2m+1$이면 $n=2m$이다.

따라서 $2a+n=2a+2m=2^{k+1}$이므로 $a+m=2^k$이 되어 $a=2^k-m$이다.

이제 $a=2^k-m$이 양의 정수인 경우와 음의 정수인 경우로 나누어 생각해보자. $a=2^k-m$이 양의 정수이면 $a=2^k-m$로 시작하여 연속되는 $n+1=2m+1$개의 양의 정수를 합하면

$$\begin{aligned}&[2^k-m]+[2^k-(m-1)]+[2^k-(m-2)]+ \cdots +[2^k-(m-2m)]\\&=2^k(2m+1)-m \quad (m-1)-(m-2)- \cdots -(m-2m)\\&=2^k(2m+1)-m(2m+1)+\frac{2m(2m+1)}{2}\\&=2^k(2m+1)\end{aligned}$$

이다.

$a=2^k-m$이 음의 정수인 경우에는 $n+1=2^{k+1}$로 하면 $n=2^{k+1}-1$이다. 한편, $2a+n=2a+2^{k+1}-1=2m+1$이 되어 $a=m+1-2^k$이다. 물론 이때의 a는 양의 정수이다. $a=m+1-2^k$에서 시작하여 $n+1=2^{k+1}$개의 연속되는 정수의 합을 구하면

$$\begin{aligned}&[m+1-2^k]+[m+1-2^k+1]+[m+1-2^k+2]+ \cdots \\&\qquad +[m+1-2^k+(2^{k+1}-1)]\end{aligned}$$

$$
\begin{aligned}
&= (m+1-2^k)2^{k+1} + [1+2+\cdots+(2^{k+1}-1)] \\
&= (m+1-2^k)2^{k+1} + \frac{(2^{k+1}-1)\,2^{k+1}}{2} \\
&= 2^k(2m+1)
\end{aligned}
$$

이다.

2. 가장 긴 표현

우리는 한 수를 연속된 양의 정수의 합으로 표현하면 여러 가지 경우가 가능함을 알았다. 이제는 매우 큰 숫자, 예를 들어 5^{10}을 연속된 자연수로 표현할 때, 가장 긴 표현을 구하는 방법을 생각해보자.

5^{10}이 a부터 $n+1$개의 연속된 정수의 합

$$a+(a+1)+(a+2)+(a+3)+\cdots+(a+n)$$

으로 표현되기 위해서는 다음 등식이 성립되어야 한다.

$$
\begin{aligned}
5^{10} &= a+(a+1)+(a+2)+(a+3)+\cdots+(a+n) \\
&= (n+1)\left(\frac{n+2a}{2}\right)
\end{aligned}
$$

또는

$$2\times 5^{10} = (n+1)(n+2a)$$

이다. 이때, $n+1$은 2×5^{10}의 약수이므로 먼저 2×5^{10}의 약수를 모두 구하면

$$1,\ 5,\ 5^2,\ 5^3,\ \ldots,\ 5^{10},\ 2,\ 2\times 5,\ 2\times 5^2,\ \ldots,\ 2\times 5^{10}$$

이다. 여기에서 $n+1 < n+2a$를 고려하면서 $n+1$을 최대로 하려면

$$n+1 = 5^5,\ n+2a = 2\times 5^5$$

이 되어 $n = 5^5 - 1 = 3124$이고

$$a = \frac{2\times 5^5-(5^5-1)}{2} = \frac{5^5+1}{2} = 1563$$

이다. 따라서 가장 긴 3125개의 합

$$1563 + 1564 + 1565 + \cdots + 4687 = 5^{10} = 9765625$$

을 얻는다.

5 3^9을 가장 긴 연속된 정수의 합으로 표현해보아라.

자연수의 합

❶ 연속된 자연수의 합으로 나타내기

1 (1)

1	2	3	4	5	6	7	8	9	10	11	12	13	14	15	16	17	18	19	20
○	×	○	×	○	○	○	×	○	○	○	○	○	○	○	×	○	○	○	○

(2) 2의 거듭제곱인 수는 연속된 양의 정수의 합으로 표현되지 않는다

2 두 연속된 양의 정수를 a, $a+1$이라고 하면 그 합은 $a+(a+1)=2a+1$로 항상 홀수이므로 이 수는 2의 거듭제곱이 될 수 없다.

3 (1)

거듭제곱	수	약수	약수를 거듭제곱으로 표현
2^2	4	1, 2, 4	2^0, 2^1, 2^2
2^3	8	1, 2, 4, 8	2^0, 2^1, 2^2, 2^3
2^4	16	1, 2, 4, 8, 16	2^0, 2^1, 2^2, 2^3, 2^4
2^5	32	1, 2, 4, 8, 16, 32	2^0, 2^1, 2^2, 2^3, 2^4, 2^5

(2) 2의 거듭제곱의 약수는 모두 2의 거듭제곱으로 표현된다.

(3) 2^{m+1}의 약수 $(n+1)$과 $(2a+n)$을 $n+1=2^p$, $2a+n=2^q$와 같이 나타내면 $2a+2n+1=2^p+2^q$으로 '홀수 = 짝수'라는 모순이 생긴다. 따라서 2의 거듭제곱은 연속된 정수의 합으로 표현되지 못한다.

4 (1) $k=0$, $m=10$로 하면 $2^{k+1}(2m+1)=2\times 21=2\times 3\times 7$이므로

$$2\times 3\times 7=(n+1)(n+2a),\ n+1<n+2a$$

에서 다음 경우를 얻는다.

$$n+1=2;\ n+2a=21 \quad \Rightarrow \quad a=10,\ n=1$$
$$n+1=3;\ n+2a=14 \quad \Rightarrow \quad a=6,\ n=2$$
$$n+1=6;\ n+2a=7 \quad \Rightarrow \quad a=1,\ n=5$$

따라서

$$21=10+11$$
$$21=6+7+8$$
$$21=1+2+3+4+5+6$$

과 같은 서로 다른 세 가지 표현을 얻는다.

105-2

연속된 짝/홀수의 합으로 나타내기

Keywords 자연수, 짝수, 홀수, 소수, 합성수, 페르마 수, 제타함수, 소수정리

1 항아리 체

자연수로부터 소수를 걸러내는 방법을 에라토스테네스(Eratosthenes)[2]의 항아리 체라 부른다. 오른쪽 토기는 고대 그리스 시대의 항아리 체이고, 표는 70보다 작은 소수를 걸러낸 것이다.

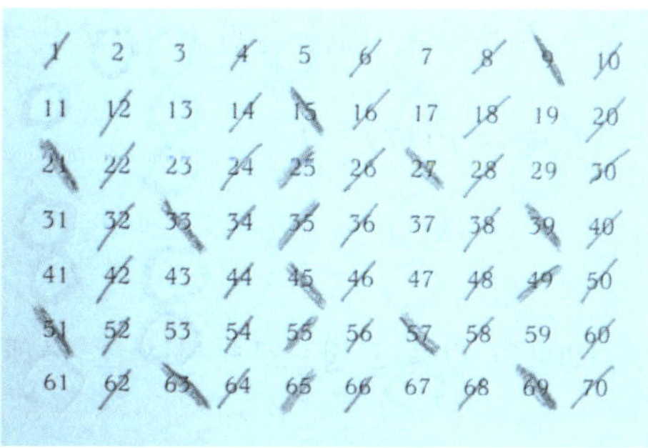

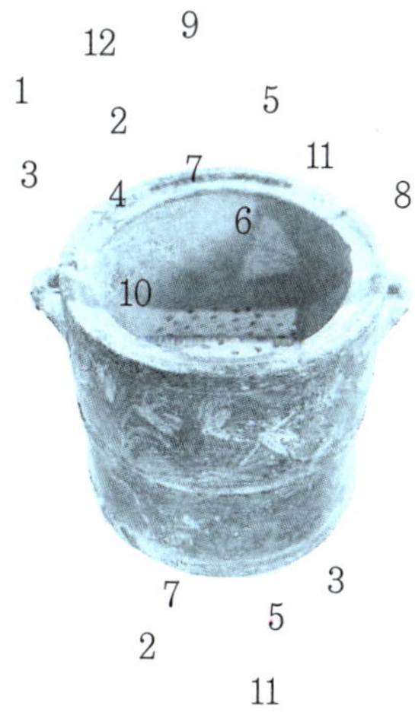

다음은 항아리 체를 수학적으로 표현하는 두 가지 방법이다.

2) 처음으로 지구의 둘레를 측정한 사람 중의 하나이다. [103-1 소수의 세계를 탐험하다] 참고

1. 르장드르의 표현

1부터 20의 정수에 다음 두 과정을 적용해보자.

> ① 2를 택하고 2의 배수를 지우고
> ② 위에서 남은 수 중 제일 작은 3을 택하고 3의 배수를 지운다.

위의 과정에서 살아남은 수는 1, 2, 3, 5, 7, 11, 13, 17, 19가 된다. 여기서 2와 3을 제외하면 이는 20 이하의 수로서 $2\times3=6$과 서로소인 수의 개수와 같다. 이를 기호로 $N_6(20)=7$와 같이 나타낸다. 일반적으로 x 이하의 수로 m과 서로소인 수의 개수를 $N_m(x)$로 표시한다. 이때,

$$N_m(x)=\sum_{d|m}\mu(d)\left[\frac{x}{d}\right]$$

이다(르장드르의 식, 1808년). 여기서 μ는 뫼비우스 함수

$$\mu(d)=\begin{cases}1 & (d=1)\\ (-1)^k & (d\text{가 서로 다른 }k\text{개의 소수곱으로 나타나는 수})\\ 0 & (\text{나머지 경우})\end{cases}$$

이고 $[y]$는 y의 정수 부분이다. 예를 들면 $6=2\times3$, $12=2^2\times3$이므로

$$\mu(6)=(-1)^2=1,\ \mu(12)=0$$

이다.

1 앞에서 구한 $N_6(20)$의 값을 르장드르의 식으로 구해보아라.

2. 오일러의 표현

리만 제타 함수[3)]

$$\zeta(z)=\sum_{k=1}^{\infty}\frac{1}{k^z}=1+\frac{1}{2^z}+\frac{1}{3^z}+\frac{1}{4^z}+\cdots\quad(z\geq2)$$

3) 리만 제타 함수에 대해서는 [110-3 유리수인가, 무리수인가?] 참고

를 소수로 표현하기 위하여 다음 과정을 거쳐보자.

$\zeta(z)$의 양변에 $\dfrac{1}{2^z}$를 곱하면

$$\frac{1}{2^z}\zeta(z)=\frac{1}{2^z}+\frac{1}{4^z}+\frac{1}{6^z}+\frac{1}{8^z}+\frac{1}{10^z}+\frac{1}{12^z}+\cdots$$

이다. $\zeta(z)-\dfrac{1}{2^z}\zeta(z)$를 하면

$$\left(1-\frac{1}{2^z}\right)\zeta(z)=1+\frac{1}{3^z}+\frac{1}{5^z}+\frac{1}{7^z}+\frac{1}{9^z}+\frac{1}{11^z}+\cdots$$

이다. 이 식의 양변에 다시 $\dfrac{1}{3^z}$를 곱하면

$$\left(1-\frac{1}{2^z}\right)\frac{1}{3^z}\zeta(z)=\frac{1}{3^z}+\frac{1}{9^z}+\frac{1}{15^z}+\frac{1}{21^z}+\cdots$$

이 되어 다음을 얻는다.

$$\left(1-\frac{1}{2^z}\right)\left(1-\frac{1}{3^z}\right)\zeta(z)=1+\frac{1}{5^z}+\frac{1}{7^z}+\frac{1}{11^z}+\cdots$$

이 과정을 소수에 대해서 계속하면 우변은 1이 되므로

기호 $\prod$

$\prod_{i=1}^{n} i=1\times 2\times\cdots\times n$과 같이 기호 $\prod$는 곱셈을 간단히 나타내는 기호이다.

$$\zeta(z)=\prod_{p=2}^{\infty}\left(1-\frac{1}{p^z}\right)^{-1}\ (p\text{는 소수})\ (\text{오일러의 곱})$$

을 얻는다.

2 연속된 짝/홀수의 합

앞에서 주어진 수를 연속된 양의 정수로 표현하는 것에 대하여 살펴보았다. 이번에는 주어진 수를 연속된 짝수 또는 연속된 홀수의 합으로 표현하는 것에 대하여 살펴보자. 예를 들면,

$12=2+4+6$

$24=3+5+7+9$

와 같이 12는 연속된 짝수의 합으로 표현되고 24는 연속된 홀수의 합으로 표현된다. 어떤 수가 연속된 짝수 또는 홀수의 합으로 표현되는지 알아보자.

1 다음은 어떤 수가 연속된 짝수 또는 홀수의 합으로 표현되는지 알아보기 위하여 1부터 20까지의 수에 대하여 조사해본 것이다.

(1) 다음 표를 채워라.

수	짝/홀수의 합	수	짝/홀수의 합
1	불가능	11	
2	불가능	12	
3	불가능	13	
4	1+3	14	
5		15	
6		16	
7		17	
8		18	
9		19	
10		20	

(2) 위의 표로부터 어떤 수가 연속된 짝수 또는 홀수의 합으로 표현되는지 가설을 세워보아라.

자연수 a에서 시작한 연속된 $(n+1)$개의 짝/홀수의 합은

$$a+(a+2)+(a+4)+\cdots+(a+2n)=(n+1)(a+n)$$

이다. 여기서

$$2 \le n+1 \le a+n$$

이다. 이 사실을 이용하여 $8=2^3$을 연속된 짝/홀수의 합으로 표현해보자. $2^3=(n+1)(a+n)$이고 정의에 의하여 $n \ge 1$이다. 따라서

$$a+n=2^2,\ n+1=2$$

따라서 $a=3$, $n=1$이다. 즉,

$$2^3=8=3+5$$

로 표현된다.

2 다음 수를 연속된 짝수 또는 홀수의 합으로 나타내어라.

(1) 40

(2) $2^3 \times 5$

(3) $3^2 \times 11$

3 일반적으로 자연수 1 또는 소수는 연속된 짝수나 홀수의 합으로 표현될 수 없음을 증명해보자.

(1) 소수 p가 연속되는 $n+1$개의 짝수나 홀수의 합으로 표현된다고 가정해 보자. 즉,

$$p = a + (a+2) + (a+4) + \cdots + (a+2n)$$

이것이 모순임을 보여라.

(2) 소수가 아닌 합성수는 일반적으로 pq (여기서 $p \geq q \geq 2$인 정수) 로 나타낼 수 있다. 따라서

$$pq = a + (a+2) + (a+4) + \cdots + (a+2n) = (n+1)(a+n)$$

이다. 이때, $n+1 = q$, $a+n = p$라고 놓고 pq가 a에서 시작한 연속된 $(n+1)$개의 연속된 짝수 또는 홀수의 합임을 보여라.

3 연속된 정수의 합에 사용된 자연수의 개수

앞 절에서 연속되는 2개, 3개, … 의 양의 정수의 합으로 표현되는 정수를 구해보았다. 예를 들어, 6은 $6=1+2+3$, 5는 $5=2+3$, 10은 $10=1+2+3+4$ 등으로 연속되는 정수의 합으로 표현되는데 2의 거듭제곱은 연속된 정수의 합으로 표현하지 못한다는 것을 추정하여 이를 일반적으로 증명하였다.
이제는 관심을 어떤 수를 연속되는 정수의 합으로 표현할 때 몇 개의 수의 합으로 표현되는지에 초점을 맞춰보자. 예를 들어,

$$6 = 1+2+3,\ 5 = 2+3,\ 10 = 1+2+3+4$$

에서 6은 3개의 수, 5는 2개의 수, 그리고 10은 4개의 수의 합으로 표현된다. 만약 $7+8=4+5+6=1+2+3+4+5$로 표현되는 15와 같이 여러 가지로 표현되는 수는 가장 많은 수를 사용한 개수를 택하기로 하자.

1 다음은 어떤 수가 연속된 수의 합으로 표현될 때, 가장 많은 수가 사용되는 개수를 찾기 위한 표이다.

(1) 다음 표를 채워라.

수	합의 표현	가장 많이 사용된 숫자의 개수
3	1+2	2
5	2+3	2
6		
7		
9		
10		
11		
12		
13		
14		
15	1+2+3+4+5	5
17		
18		
19		
20	2+3+4+5+6	5

(2) 위의 표로부터 연속된 수의 합으로 표현될 때, 어떤 수가 2개 이하의 수로만 표현되는지 가설을 세워보아라.

(3) 위에서 세운 가설을 증명하여보아라.

이번에는 자연수가 연속된 자연수의 합으로 표현되는 가지수에 대해서 생각해보자. 예를 들어, 15를 연속된 자연수의 합으로 표현하는 방법은 다음과 같이 네 가지이다.[4]

$$15 = 7+8 = 4+5+6 = 1+2+3+4+5$$

1882년 실베스터(Sylvester)의 논문[5]에 따르면 15의 약수 중 홀수가 1, 3, 5, 15로 네 개이므로 연속된 자연수의 합은 네 가지로 나타난다.

한편, 히슈호른(M. D. Hirschhorn, P. M. Hirschhorn)은 2005년 연속된 자

4) 여기에서는 자기 자신도 하나의 표현 형태로 인정하자.

5) J. J. Sylvester, *A constructive theory of partitions, arranged in three acts, an interact and an exodion*, Amer. J. Math. 5(1882), p. 251-330.

연수의 합으로 표현되는 경우 중 그 개수가 홀수개인 경우, 짝수개인 경우에 대하여 다음을 증명하였다.

> 일반적으로 주어진 수 n에 대하여 홀수개의 연속된 자연수의 표현 개수는 홀수인 약수 중 $\sqrt{2n}$ 이하인 약수의 개수에 의하여 결정되며, 짝수개의 연속된 자연수의 표현 개수는 홀수인 약수 중 $\sqrt{2n}$ 보다 큰 약수의 개수에 의하여 결정된다.[6)]

증명 n이 홀수개의 연속된 자연수의 합이라고 하자. 그 개수를 $2k+1$이라고 하고, 가운데 값을 a라고 하면

$$n=(a-k)+\cdots+a+\cdots+(a+k)=(2k+1)a$$

이다. n의 홀수인 약수를 $d=2k+1$, $\frac{n}{d}=d'=a$라고 하면, $a-k\geq 1$이므로

$$2a-(2k+1)>0,\ \ d<2d',\ \ d<\frac{2n}{d},\ \ d^2<2n$$

이다. 거꾸로, d $(d^2<2n)$를 n의 홀수인 약수, $\frac{n}{d}=d'$이라고 하면

$$d^2<2n,\ \ d<\frac{2n}{d},\ d<2d'$$

이고 만약 $2k+1=d$, $a=d'$이라고 하면

$$n=(a-k)+\cdots+a+\cdots+(a+k)$$

는 n을 $2k+1$개의 연속된 자연수의 합으로 표현한 것이다.

n이 짝수개의 연속된 자연수의 합으로 표현되는 경우는 문제로 남긴다.
예를 들어, 15의 경우 연속된 자연수가 홀수개인 경우는 15=4+5+6=1+2+3+4+5로 세 가지인데, 이는 15의 약수 중 $\sqrt{2\times 15}$ 보다 작으면서 홀수인 약수 1, 3, 5의 개수와 같다. 연속된 자연수가 짝수개인 경우는 7+8로 한 가지인데, 이는 15의 약수 중 $\sqrt{2\times 15}$ 보다 크면서 홀수인 약수 15의 개수와 같다.

6) M. D. Hirschhorn, and P. M. Hirschhorn, *Partitions into consecutive parts*, Math. magazine, 78(5)(2005), p. 396-397.

2 주어진 수 n에 대하여 짝수개의 연속된 자연수의 표현 개수는 홀수인 약수 중 $\sqrt{2n}$ 보다 큰 약수의 개수에 의하여 결정됨을 증명하여라.

3 다음 자연수에 대하여 위의 사실을 확인하여라.

(1) 21

(2) 63

연속된 짝/홀수의 합으로 나타내기

❶ 항아리 체

1 $N_6(20)=\mu(1)\left[\frac{20}{1}\right]+\mu(2)\left[\frac{20}{2}\right]+\mu(3)\left[\frac{20}{3}\right]+\mu(6)\left[\frac{20}{6}\right]$

$=1\times20+(-1)\times10+(-1)\times6+1\times3$

$=7$

❷ 연속된 짝/홀수의 합

1 (1)

수	짝/홀수의 합	수	짝/홀수의 합
1	불가능	11	불가능
2	불가능	12	2+4+6
3	불가능	13	불가능
4	1+3	14	6+8
5	불가능	15	3+5+7
6	2+4	16	1+3+5+7
7	불가능	17	불가능
8	3+5	18	4+6+8
9	1+3+5	19	불가능
10	4+6	20	2+4+6+8

(2) 1과 소수는 연속되는 짝수나 홀수의 합으로 나타낼 수 없다.

2 (1) $40=2^3\times5$이고 $2\le n+1\le a+n$이므로 $n+1$과 $a+n$을 다음과 같이 여러 가지로 정할 수 있다.

첫째, $2^3=a+n$, $5=n+1$로 하면 $a=4$, $n=4$이므로

$$40=4+6+8+10+12$$

둘째, $40=2^2\times10$에서 $2^2=n+1$, $10=a+n$로 하면 $n=3$, $a=7$이므로

$$40=7+9+11+13$$

셋째, $40=2\times20$에서 $a+n=20$, $n+1=2$로 하면 $a=19$, $n=1$이므로

$$40=19+21$$

따라서 40은 연속된 짝/홀수의 합으로 나타낼 때 세 가지 표현이 가능하다.

3 (1) 소수 p가 연속되는 $n+1$개의 짝수나 홀수의 합으로 표현된다고 가정해보자. 즉,

$$p=a+(a+2)+(a+4)+\cdots+(a+2n)$$

이때,

$$\begin{aligned}p&=(a+a+\cdots+a)+(2+4+\cdots+2n)\\&=a(1+1+\cdots+1)+2(1+2+\cdots+n)\\&=a(n+1)+2\frac{n(n+1)}{2}\\&=(n+1)(a+n)\end{aligned}$$

이므로 p가 소수라는 사실에 모순이 된다.

(2) 소수가 아닌 합성수는 일반적으로 pq (여기서 $p \geq q \geq 2$인 정수) 로 나타낼 수 있다. 따라서

$$pq=a+(a+2)+(a+4)+\cdots+(a+2n)=(n+1)(a+n)$$

라고 하면 $n+1=q$, $a+n=p$이므로

$$n=q-1,\ a=p-(q-1)$$

이다. $p-(q-1)$에서 시작하여 q개의 짝/홀수의 합을 구하면

$$\begin{aligned}&p-(q-1)+[p-(q-1)+2]+[p-(q-1)+4]+\cdots[p-(q-1)+2(q-1)]\\&=[p-(q-1)]q+2\times\frac{(q-1)q}{2}\\&=pq\end{aligned}$$

이다. 따라서 소수란 연속되는 짝수 또는 홀수의 합으로 표현되지 못하는 수라고 특징지을 수 있다.

❸ 연속된 정수의 합에 사용된 자연수의 개수

1 (1)

수	합의 표현	가장 많이 사용된 수의 개수
3	1+2	2
5	2+3	2
6	1+2+3	3
7	3+4	2
9	2+3+4	3
10	1+2+3+4	4
11	5+6	2
12	3+4+5	3
13	6+7	2
14	2+3+4+5	4
15	1+2+3+4+5	5
17	8+9	2
18	3+4+5+6	4
19	9+10	2
20	2+3+4+5+6	5

(2) 소수는 3개 이상의 연속된 양의 정수의 합으로 표현되지 못한다.

(3) i) 소수는 3개 이상의 연속된 양의 정수의 합으로 표현되지 않는다는 것의 증명.

이것을 증명하기 위해서 정수 m이 3개 이상의 연속된 양의 정수의 합으로 표현된다고 하면 m이 소수가 아님을 보이면 된다. 이제

$$m = a+(a+1)+(a+2)+(a+3)+ \cdots +(a+n),\ (n \geq 2)$$

라고 하면

$$\begin{aligned} m &= a+(a+1)+(a+2)+(a+3)+ \cdots +(a+n) \\ &= (a+a+ \cdots +a)+(1+2+3+ \cdots +n) \\ &= a(n+1)+\frac{n(n+1)}{2} \\ &= (n+1)\left(\frac{2a+n}{2}\right) \end{aligned}$$

이제 $2m=(n+1)(2a+n)$ (여기서 $n \geq 2$) 에서 m는 소수가 아님을 보이자. 먼저 $n \geq 2$이므로 $m \neq 2$는 자명하므로 m을 2가 아닌 소수라 하자. 만약 $n+1$이 짝수이면 $n+1 \geq 4$이므로 $n+1=2k$라고 하면 $2m=2k(2a+n)$, $k \geq 2$ 이고 $m=k(2a+n)$으로 모순이 생긴다. 한편, $n+1$이 홀수이면 $2a+n$은 짝수이고 $2a+n \geq 4$이므로 같은 방법으로 모순을 찾을 수 있다. 따라서 m은 소수이다.

ii) 3개 이상의 연속된 양의 정수의 합으로 표현되지 않는 수는 소수임의 증명은 생략

2 n이 $2k$개의 연속된 자연수의 합이라고 하자. 그러면 이 자연수들의 평균은 $a+\frac{1}{2}$이고

$$n=(a+1-k)+ \cdots +a+(a+1) \cdots +(a+k)=2k\left(a+\frac{1}{2}\right)=k(2a+1)$$

이다. n의 홀수인 약수를 $d=2a+1$, $\frac{n}{d}=d'=k$라고 하면,

$$a-k \geq 0,\ (2a+1)-2k>0,\ d>2d',\ d>\frac{2n}{d},\ d^2>2n$$

이다. 거꾸로, d ($d^2>2n$)를 n의 홀수인 약수, $\frac{n}{d}=d'$ 이라고 하면

$$d>2d'$$

이고 만약 $2a+1=d,\ k=d'$ 이라고 하면

$$n=(a+1-k)+ \cdots +a+(a+1) \cdots +(a+k)$$

은 n을 짝수개의 연속된 자연수의 합으로 표현한 것이다.

105-3

자연수의 분할

Keywords 수열, 생성함수, 패러스 다이어그램, 공액분할

1 자연수의 분할 7)

1. 자연수를 분할하는 경우의 수

합이 5가 되는 덧셈을 만들어보자.

한 개의 수를 이용하면 5
두 개의 수를 이용하면 4+1, 1+4, 3+2, 2+3
세 개의 수를 이용하면 3+1+1, 1+1+3, 1+3+1, 2+2+1,
2+1+2, 1+2+2
네 개의 수를 이용하면 2+1+1+1, 1+2+1+1, 1+2+1+1,
1+1+1+2
다섯 개의 수를 이용하면 1+1+1+1+1

위의 15가지 경우에서 순서를 무시하면

한 개의 수를 이용하면 5
두 개의 수를 이용하면 4+1, 3+2
세 개의 수를 이용하면 3+1+1, 2+2+1
네 개의 수를 이용하면 2+1+1+1
다섯 개의 수를 이용하면 1+1+1+1+1

로 7가지 경우만 남게 된다. 이와 같이 어떤 자연수를 한 개 또는 두 개 이상의 자연수의 합으로 나타내는 것을 '분할'이라고 한다. 즉, 자연수 n에 대한 분할이란 n을 한 개 또는 두 개 이상의 자연수의 합으로 나타내는 것으로 수

7) O. A. Ivanov, *Easy as π? An Introduction to Higher Mathematics*, Springer, (1999)

의 중복은 허락하고 순서를 무시한다. 편의상 분할을 표현할 때는 큰 수에서 작은 수의 순서로 합으로 써가도록 하자. 예를 들면, 자연수 5에 대한 분할은

$$\{5,\ 4+1,\ 3+2,\ 3+1+1,\ 2+2+1,\ 2+1+1+1,\ 1+1+1+1+1\}$$

로 7가지이다. 자연수 n에 대한 분할의 경우의 수를 $p(n)$이라 하면 $p(5)=7$이다.

1 자연수 1, 2, 3, 4, 5에 대한 분할의 경우의 수 $p(1)$, $p(2)$, $p(3)$, $p(4)$, $p(5)$를 구하여라.

자연수 6을 분할하는 경우의 수는 11이다. 즉, $p(6)=11$. 이것은 다음과 같이 분류하여 구해보면 쉽게 구할 수 있다.

1개의 합 : 6
2개의 합 : 5+1, 4+2, 3+3
3개의 합 : 4+1+1, 3+2+1, 2+2+2
4개의 합 : 3+1+1+1, 2+2+1+1
5개의 합 : 2+1+1+1+1
6개의 합 : 1+1+1+1+1+1

2 $p(6)$을 구한 방법을 이용하여 $p(7)$을 구하여라.

$p(6)$을 구한 방법과 같은 방법을 이용하면,

$$p(8)=22,\ p(9)=30,\ p(10)=42,\ p(11)=56,\ p(12)=77$$

을 얻을 수 있다. 편의상 $p(0)=1$이라 하고 위에서 구한 값 $p(0)$, $p(1)$, ⋯, $p(6)$의 관계를 살펴보면

$$p(1)=p(0)=1$$
$$p(2)=2=1+1=p(1)+p(0)$$
$$p(3)=3=2+1=p(2)+p(1)$$
$$p(4)=5=3+2=p(3)+p(2)$$
$$p(5)=7=5+3-1=p(4)+p(3)-p(0)$$
$$p(6)=11=7+5-1=p(5)+p(4)-p(1)$$

을 얻는다.

3 자연수 7부터 12까지의 수에 대하여 위와 같은 관계식을 구하여라.

$p(7) = 15 =$

$p(8) = 22 =$

$p(9) = 30 =$

$p(10) = 42 =$

$p(11) = 56 =$

$p(12) = 77 =$

2. 분할의 두 가지 경우

위의 방법을 통하면 이론적으로는 모든 자연수를 분할하는 경우의 수를 구할 수 있지만 구하고자 하는 자연수가 커지면 매우 더딘 작업이 될 수밖에 없다. 다음에서 $p(n)$은 $p(i)$ $(i < n)$와 어떤 관계가 있는지 알아보자.

자연수 n을 한 개 또는 두 개 이상의 홀수의 합으로 분할하는 경우의 수를 $l(n)$, 그리고 자연수 n을 한 개 또는 두 개 이상의 서로 다른 자연수의 합으로 분할하는 경우의 수를 $d(n)$이라 하자.

4 다음 빈칸을 채워라.

n	홀수의 합	$l(n)$	서로 다른 수의 합	$d(n)$
1	1	1	1	1
2	1+1	1	2	1
3	3, 1+1+1	2	3, 2+1	2
4				
5				
6				
7				

5 위에서 얻은 $l(n)$과 $d(n)$의 값을 살펴보고 어떤 가설을 세울 수 있는지 말하여라.

2 페레르의 다이어그램과 공액분할

자연수 n에 대한 한 분할을

$$n = n_1 + n_2 + \cdots + n_k \ (n_1 \geq n_2 \geq \cdots \geq n_k \geq 0)$$

이라 하자. 이 분할에 사용된 숫자 n_1, n_2, $\cdots$, n_k을 격자에 그림으로 나타내어보자. 사용된 숫자의 개수만큼 점을 표시하되 왼쪽에서 시작한다. 이와 같이 1행에 n_1개의 점, 2행에 n_2개의 점, …, k행에 n_k개의 점을 일정한 간격으로 늘어놓은 k개의 열을 페레르(Ferrer)의 다이어그램이라 한다. 이 때 행과 열을 바꾸어놓은 다이어그램에서 얻은 n에 대한 또 다른 분할을 공액(conjugate) 분할이라 한다.
자연수 10=4+2+2+1+1에 대한 페레르의 다이어그램과 공액분할은 다음과 같다.

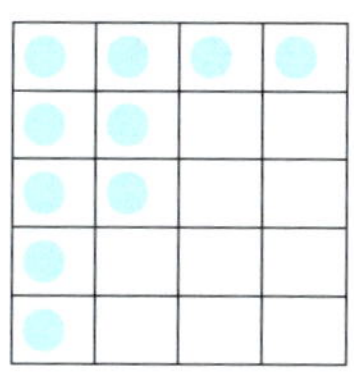

10에 대한 페레르의 다이어그램

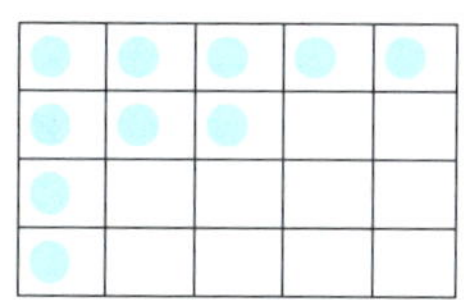

공액분할 : 10=5＋3＋1＋1

이 페레르의 다이어그램으로부터 자연수 10의 또 다른 분할을 얻을 수 있다. 아래 그림과 같이 ㄱ자를 거꾸로 놓은 모양 위에 있는 점의 수로 얻는 분할이다. 즉, 1열과 1행에 있는 파란 점의 개수의 합은 8이고, 1열과 1행을 제외한 2열과 2행에 있는 파란 점의 개수의 합은 2이다. 이로써 10의 또다른 분할 10=8+2를 얻는다. 공액분할에 이 방법을 적용하면 똑같은 분할을 얻는다.

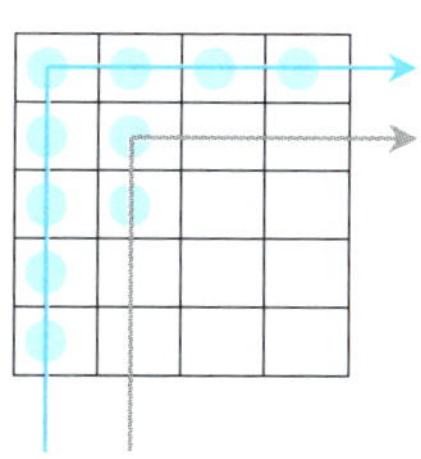

1 자연수 29=8+6+6+4+3+2에 대한 페레르의 다이어그램과 공액분할을 구하고 이로부터 새로운 분할을 하나 더 구하여라.

2 자연수 n의 한 분할 $n = n_1 + n_2 + \cdots + n_k$ $(n_1 \geq n_2 \geq \cdots \geq n_k \geq 0)$에서 $n_1 = k$이면 이를 자체 공액분할이라고 한다. 이는 행으로 본 분할과 열로 본 분할이 같은 분할을 말한다. 다음 물음에 답하여라.

(1) 자연수 12에 대한 자체 공액분할을 모두 구하여라.

(2) 이 자체 공액분할과 연관시켜 자연수 12에 대한 또 다른 페레르의 다이어그램 세 가지를 구하여라.

3 자연수 n을 m부분으로 나눈 분할의 개수는 분할의 최대 구성 성분의 크기가 m인 분할의 수와 같다. 이를 자연수 8에 대한 페레르의 다이어그램으로 설명하여라.

서로 다른 홀수의 합이 n인 분할의 개수에 대하여 알아보자.
자연수 8에 대한 자체 공액분할은 두 가지

8=3+3+2, 8=4+2+1+1

이다. 이로부터 다음을 얻는다.

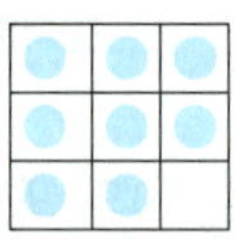
3+3+2 ⇒
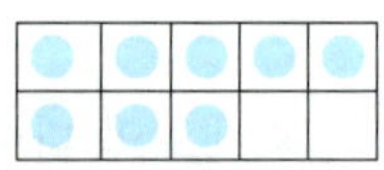
5+3

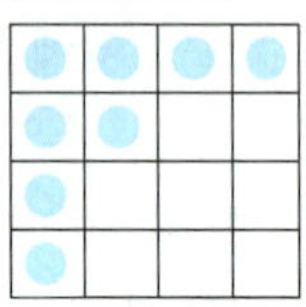
4+2+1+1 ⇒
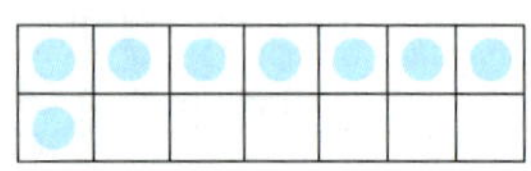
7+1

따라서 서로 다른 홀수의 합이 n인 분할의 개수는 자체 공액분할의 개수와 같다.

4 자연수 15에 대한 자체 공액분할의 개수를 구하여라.

끝으로 자연수의 분할을 이용하여 마방진에 대한 정보를 알아내는 내용을 알아보자.

5 9개의 정사각형으로 만들어진 3×3 격자사각형을 생각해보자. 1에서 9까지 자연수를 각각의 사각형 안에 넣어서 각 행, 각 열, 각 대각선에 있는 수들의 합을 같게 하면 반드시 한가운데 수는 5이고 네 귀퉁이 수는 2, 4, 6, 8임을 보여라.

자연수의 분할

❶ 자연수의 분할

1 $p(1)=1$: {1}
$p(2)=2$: {2, 1+1}
$p(3)=3$: {3, 2+1, 1+1+1}
$p(4)=5$: {4, 3+1, 2+2, 2+1+1, 1+1+1+1}
$p(5)=7$: {5, 4+1, 3+2, 3+1+1, 2+2+1, 2+1+1+1, 1+1+1+1+1}

2 $p(7)=15$

3 $p(7)=15=11+7-2-1=p(6)+p(5)-p(2)-p(0)$
$p(8)=22=15+11-3-1=p(7)+p(6)-p(3)-p(1)$
$p(9)=30=22+15-5-2=p(8)+p(7)-p(4)-p(2)$
$p(10)=42=30+22-7-3=p(9)+p(8)-p(5)-p(3)$
$p(11)=56=42+30-11-5=p(10)+p(9)-p(6)-p(4)$
$p(12)=77=56+42-15-7=p(11)+p(10)-p(7)-p(5)+P(0)$

4

n	홀수의 합	$l(n)$	서로 다른 수의 합	$d(n)$
1	1	1	1	1
2	1+1	1	2	1
3	3, 1+1+1	2	3, 2+1	2
4	3+1, 1+1+1+1	2	4, 3+1	2
5	5, 3+1+1, 1+1+1+1+1	3	5, 4+1, 3+2	3
6	5+1, 3+3, 3+1+1+1, 1+1+1+1+1+1	4	6, 5+1, 4+2, 3+2+1	4
7	7, 5+1+1, 3+3+1, 3+1+1+1+1, 1+1+1+1+1+1+1	5	7, 6+1, 5+2, 4+3, 4+2+1	5

5 모든 자연수 n에 대하여 $l(n)=d(n)$

❷ 페레르의 다이어그램과 공액분할

1 페레르 분할 29=8+6+6+4+3+2
공액분할 29=6+6+5+4+3+3+1+1
또 다른 분할 29=13+9+6+1

2 (1) $12=6+2+1+1+1+1$, $12=5+3+2+1+1$, $12=4+4+2+2$

(2) $11+1$, $9+3$, $7+5$

3 $6+1+1$, $5+2+1$, $4+3+1$, $4+2+2$, $3+3+2$

8의 분할 중 3으로 시작되는 분할은 다섯 가지가 존재한다.

$3+1+1+1+1+1$ $\quad$ $3+2+1+1+1$ $\quad$ $3+2+2+1$ $\quad$ $3+3+1+1$ $\quad$ $3+3+2$

일반적으로 자연수 n을 m부분으로 나눈 분할의 개수는 분할의 최대 구성성분의 크기가 m인 분할의 수와 같다.

4 $15=11+3+1=9+5+1=7+5+3$이므로 자연수 15에 대한 자체 공액분할은 세 가지가 존재한다.

5 각 행에 있는 수들의 공통 합을 S라 하자. 각 행의 수들을 모두 더하면 각각의 사각형 안의 수를 꼭 한 번씩만 더한 것이므로 1에서 9까지 자연수를 모두 더한 값이 된다. 또한 세 개의 행이 있기 때문에 공통 합 S는 세 번 나온다. 따라서

$$3S=1+2+3+4+5+6+7+8+9=\frac{9\times 10}{2}=45$$

이고 S에 관하여 풀면 $S=15$이다. 1에서 9까지 자연수로 서로 다른 세 수의 합으로 15를 표현할 수 있는 모든 가능한 분할을 써보면 다음과 같은 여덟 가지 방법이 있다.

$9+5+1$, $9+4+2$, $8+6+1$, $8+5+2$,

$8+4+3$, $7+6+2$, $7+5+3$, $6+5+4$

따라서 격자사각형 한가운데 수는 분할 4개(가로, 세로, 양 대각선)에 포함되므로 위 분할에서 네 번 나타나는 수 5이어야 한다. 각 귀퉁이 수는 분할 3개(가로, 세로, 대각선)에 포함되므로 위 분할에서 세 번 나타나는 수 2, 4, 6, 8이다.

105-4

분할의 생성함수

Keywords 수열, 생성함수, 피보나치 수열, 점화식, 멱급수

지금까지는 작은 자연수의 분할을 직접 나열하여 $p(n)$을 계산하였다. 그러나 큰 n에 대하여 $p(n)$을 구하는 문제에는 고려해야 할 어려움이 있다.

예를 들면, 자연수 100을 분할하는 경우의 수가 $p(100)=190569292$임을 구하기 위해서 100의 분할을 일일이 생각하는 것은 불가능하다. 이것을 해결하는 방법은 $p(n)$에 관한 점화식[8)]을 구하는 것이다.

우리는 이 점화식을 통하여 몇 개의 초기값을 이용하여 $p(n)$을 계속적으로 구해 나갈 수 있다. 따라서 컴퓨터를 이용하여 큰 자연수의 분할의 경우의 수를 쉽게 얻을 수 있다.

먼저 점화식의 대표적인 예인 피보나치 수열[9)]을 예로 들어보자.

1 이탈리아 수학자 피보나치의 '토끼 문제'라고 불리는 수학 문제이다.

> 1월 초에 한 쌍의 토끼가 태어났다고 하자. 이 토끼는 출생한 지 두 달 후인 3월 초부터 한달에 한 번, 한 쌍의 새끼를 매달 낳는다고 한다. 이 후에 태어난 토끼들도 마찬가지로 출생한지 두 달 후부터 한 쌍의 토끼를 매달 낳고 어떤 토끼도 죽지 않는다고 가정해보자.
>
> 피보나치가 제시한 조건에 맞는 토끼 쌍의 수에서 발견되는 점화식을 구하여라.

무한수열 $h_0,\ h_1,\ h_2,\ \cdots,\ h_n,\ \cdots$의 생성함수[10)], 간단히 h_n의 생성함수란

8) 자연수를 정의역으로 가진 함수 f를 수열(sequence)이라 하고, $f(n)$을 수열의 n번째 항이라 한다. $f(n)$이 $f(i)$ $(1 \le i < n)$들의 관계식으로 주어질 때, 그 관계식을 $f(n)$의 점화식(recurrence relation)이라 부른다.

9) [104-1 피보나치 수열] 참고

10) 지수생성함수와 구별, [112-3 생성함수 1] 참고

형식적 멱급수

$$H(x) = \sum_{n=0}^{\infty} h_n x^n = h_0 + h_1 x + h_2 x^2 + \cdots + h_n x^n + \cdots$$

를 말한다. 여기서 형식적이라 부르는 이유는 x^n은 단순히 h_n이 쓰일 위치만을 나타내고, 무한급수의 수렴, 발산은 무시하기 때문이다.

2 수열 1, 1, 2, 3, 5, 8, 13, 21, … 즉

$$a_1 = a_2 = 1,\ a_n = a_{n-1} + a_{n-2}\ (n \geq 3)$$

으로 주어진 피보나치 수열의 일반항 a_n의 생성함수를 $\phi(x)$라 할 때, 다음을 보여라.

$$\phi(x) = \frac{1}{1-x-x^2},\quad a_n = \frac{1}{\sqrt{5}}\left(\left(\frac{1+\sqrt{5}}{2}\right)^{n+1} - \left(\frac{1-\sqrt{5}}{2}\right)^{n+1}\right)$$

피보나치 수열의 일반항 a_n의 생성함수를 $\phi(x)$라 할 때, 방정식

$$\phi(x) = \frac{1}{1-x-x^2}$$

은 의미가 있는가? 예를 들어, $x=1$에 대해서 좌변은

$$\phi(1) = \sum_{n=0}^{\infty} a_n = 1+1+2+3+5+8+13+21+\cdots = \infty$$

이고 우변은 −1이기 때문에 의미가 없는 것처럼 보인다. 이런 부분을 명확하게 설명하기 위해서 형식적 멱급수 환(ring)[11)]

$$R[[x]] = \left\{\sum_{n=0}^{\infty} a_n x^n \mid a_n \in R\right\},\quad R = \text{실수의 집합},$$

을 생각한다. 여기서 형식적 멱급수의 덧셈과 곱셈은

$$\sum_{n=0}^{\infty} a_n x^n + \sum_{n=0}^{\infty} b_n x^n = \sum_{n=0}^{\infty} (a_n + b_n) x^n$$

11) 환에 대해서는 [205-1 권] 참고

$$\left(\sum_{n=0}^{\infty} a_n x^n\right)\left(\sum_{n=0}^{\infty} b_n x^n\right)=\sum_{n=0}^{\infty}\left(\sum_{i=0}^{n} a_i b_{n-i}\right)x^n$$

으로 주어진다. 이 환의 곱셈의 항등원은 급수 1+0+0+⋯이다. 이것을 우리는 $1 \in R$이라 쓴다. 따라서 방정식

$$\phi(x)=\frac{1}{1-x-x^2}$$

은 형식적 멱급수 환 $R[[x]]$에서

$$\phi(x)(1-x-x^2)=1$$

을 의미한다. 즉 $\phi(x)$는 $(1-x-x^2)$의 역수이다. 마찬가지로 형식적 멱급수 환 $R[[x]]$에서

$$\sum_{n=0}^{\infty}\frac{x^n}{\alpha^{n+1}}=\frac{1}{\alpha-x}$$

이다.

이제 자연수 n에 대한 분할을 다음과 같이 나타내어보자.

$$n=1a_1+2a_2+\cdots+na_n$$

여기서 $a_1,\ a_2,\ \cdots,\ a_n$는 음이 아닌 정수로서 분할에서 1, 2, ⋯, n이 각각 나타나는 횟수이다.

예를 들면,

$$5=5^1=5\times 1$$
$$5=4+1=4^1 1^1=4\times 1+1\times 1$$
$$5=3+2=3^1 2^1=3\times 1+2\times 1$$
$$5=3+1+1=3^1 1^2=3\times 1+1\times 2$$
$$5=2+2+1=2^2 1^1=2\times 2+1\times 1$$
$$5=2+1+1+1=2^1 1^3=2\times 1+1\times 3$$
$$5=1+1+1+1+1=1^5=1\times 5$$

따라서 자연수 n에 대한 분할의 경우의 수 $p(n)$은 방정식

$$1a_1+2a_2+\cdots+na_n=n\ \ (a_1,\ a_2,\ \cdots,\ a_n\text{는 음이 아닌 정수})$$

의 해 $(a_1, a_2, \cdots, a_n)$의 개수와 같다.
형식적 멱급수 환 $R[[x]]$에서 무한 곱

$$(1+x+x^2+\cdots)(1+x^2+x^4+\cdots)\cdots(1+x^n+x^{2n}+\cdots)\cdots$$

을 생각하자. 이 무한 곱은 끝까지 전개할 수는 없으나 특별한 항 x^n의 계수는 유한번의 연산을 통해 계산할 수 있다. 즉 첫 번째 괄호에서 선택한 하나의 항을 x^{a_1}, 두 번째 괄호에서 선택한 하나의 항을 x^{2a_2}, $\cdots$, n 번째 괄호에서 선택한 하나의 항을 x^{na_n}라 하면

$$x^{a_1}x^{2a_2}\cdots x^{na_n}=x^{a_1+2a_2+\cdots+na_n}=x^n$$

여기서

$$n=a_1+2a_2+\cdots+na_n\ (a_1, \cdots, a_n\text{은 음이 아닌 정수})$$

은 자연수 n에 대한 분할표현이다. 이 말은 음이 아닌 정수들의 유한 열 $(a_1, a_2, \cdots, a_k)$이 자연수 n의 모든 분할을 준다는 것이다. 그리고 $p(n)$ (여기서 $p(0)=1$로 정의)은 무한 곱에서 x^n의 계수이다. 즉

$$\begin{aligned}\sum_{n=0}^{\infty}p(n)x^n &= (1+x+x^2+\cdots)(1+x^2+x^4+\cdots)\cdots(1+x^n+x^{2n}+\cdots)\cdots\\ &= \frac{1}{(1-x)(1-x^2)\cdots(1-x^n)\cdots}\end{aligned}$$

앞에서 언급했듯이 형식적 멱급수 환 $R[[x]]$에서 $p(n)$의 생성함수 $P(x)=\sum_{n=0}^{\infty}p(n)x^n$는 무한 곱 $(1-x)(1-x^2)\cdots(1-x^n)\cdots$의 역수를 의미한다.

3 $(1-x)(1-x^2)(1-x^3)(1-x^4)(1-x^5)$을 x^{10}까지 계산하여라.

위 문제의 계산에서 마지막 식 오른쪽에 $1-x^k\ (k\geq 6)$를 곱해도 처음 4번째 항까지 $1-x-x^2+x^5$은 영향을 받지 않고 나타난다. 이와 같이 영향을 받지 않고 나타나는 처음 11번째 항까지 구해보면

$$1-x-x^2+x^5+x^7-x^{12}-x^{15}+x^{22}+x^{26}-x^{35}-x^{40}+\cdots$$

을 얻는다. 오일러가 얻은 결과는

$$\prod_{n=1}^{\infty}(1-x^n)=\sum_{q=-\infty}^{\infty}(-1)^q x^{(3q^2+q)/2}$$

이다. 이 증명은 생략한다.

4 오일러가 얻은 위의 결과를 $P(x)=\sum_{n=0}^{\infty}p(n)x^n$에 이용하여 $p(n)$에 대한 점화식을 구하여라.

마찬가지로 $l(n)$과 $d(n)$의 생성함수도 각각 다음으로 주어진다.

$$\sum_{n=0}^{\infty}l(n)x^n=\frac{1}{(1-x)(1-x^3)(1-x^5)\cdots}$$

$$\sum_{n=0}^{\infty}d(n)x^n=(1+x)(1+x^2)(1+x^3)\cdots.$$

5 모든 자연수 n에 대하여 $l(n)=d(n)$임을 보여라.

이로써 자연수 n을 한 개 또는 두 개 이상의 홀수의 합으로 분할하는 경우의 수 $l(n)$과 자연수 n을 한 개 또는 두 개 이상의 서로 다른 자연수의 합으로 분할하는 경우의 수 $d(n)$은 같음을 증명하였다.

분할의 생성함수

1 $a_1 = a_2 = 1,\ a_n = a_{n-1} + a_{n-2}\,(n \ge 3).$

2 피보나치 수열의 일반항 a_n의 생성함수를 $\phi(x) = \sum_{n=0}^{\infty} a_n x^n$ 이라 하면

$$\begin{aligned}(1-x-x^2)\phi(x) &= (1-x-x^2)\sum_{n=0}^{\infty} a_n x^n \\ &= (1-x-x^2)(a_0 + a_1 x + a_2 x^2 + \cdots) \\ &= a_0 + (a_1 - a_0)x + (a_2 - a_1 - a_0)x^2 + \cdots \\ &= 1\end{aligned}$$

이다. 즉,

$$\phi(x) = \frac{1}{1-x-x^2}$$

한편, $1-x-x^2 = -(\alpha_1 - x)(\alpha_2 - x)$에서

$$\alpha_1 = -\frac{1-\sqrt{5}}{2},\ \alpha_2 = -\frac{1+\sqrt{5}}{2},\ \frac{1}{\alpha - x} = \frac{1/\alpha}{1 - x/\alpha} = \frac{1}{\alpha}\sum_{n=0}^{\infty}\left(\frac{x}{\alpha}\right)^n = \sum_{n=0}^{\infty}\frac{x^n}{\alpha^{n+1}}$$

이므로

$$\begin{aligned}\sum_{n=0}^{\infty} a_n x^n &= \frac{1}{1-x-x^2} = -\frac{1}{(\alpha_1 - x)(\alpha_2 - x)} \\ &= \frac{1}{(\alpha_1 - \alpha_2)}\left(\frac{1}{\alpha_1 - x} - \frac{1}{\alpha_2 - x}\right) = \frac{1}{(\alpha_1 - \alpha_2)}\sum_{n=0}^{\infty}\left(\frac{x^k}{\alpha_1^{n+1}} - \frac{x^k}{\alpha_2^{n+1}}\right) \\ &= \frac{1}{\sqrt{5}}\sum_{n=0}^{\infty}((-\alpha_2)^{n+1} - (-\alpha_1)^{n+1})x^n \\ &= \sum_{n=0}^{\infty}\frac{1}{\sqrt{5}}\left(\left(\frac{1+\sqrt{5}}{2}\right)^{n+1} - \left(\frac{1-\sqrt{5}}{2}\right)^{n+1}\right)x^n\end{aligned}$$

이다. 다시 말하면, 생성함수를 통하여 피보나치 수열의 일반항

$$a_n = \frac{1}{\sqrt{5}}\left(\left(\frac{1+\sqrt{5}}{2}\right)^{n+1} - \left(\frac{1-\sqrt{5}}{2}\right)^{n+1}\right)$$

을 구하였다.

3 $(1-x)(1-x^2) = 1 - x - x^2 + x^3$

$(1-x-x^2+x^3)(1-x^3) = 1 - x - x^2 + x^4 + x^5 - x^6$

$$(1-x-x^2+x^4+x^5-x^6)(1-x^4)=1-x-x^2+2x^5-x^8-x^9+x^{10}$$

$$(1-x-x^2+2x^5-x^8-x^9+x^{10})(1-x^5)$$
$$=1-x-x^2+x^5+x^6+x^7-x^8-x^9-x^{10}-\cdots$$

4 $1=P(x)(1-x)(1-x^2)(1-x^3)\cdots$

$$=\sum_{n=0}^{\infty}p(n)x^n\cdot(1-x-x^2+x^5+x^7-\cdots)$$

$$=1+\sum_{n=1}^{\infty}p(n)x^n-\sum_{n=1}^{\infty}p(n-1)x^n-\sum_{n=2}^{\infty}p(n-2)x^n+\sum_{n=5}^{\infty}p(n-5)x^n\pm\cdots$$

을 얻는다. 등식의 양쪽을 비교하면 각 자연수 $n\geq 1$에 대하여

$$x^n(p(n)-p(n-1)-p(n-2)+p(n-5)+p(n-7)-\cdots)=0$$

을 얻어 다음 점화식을 얻는다.

$$p(n)=p(n-1)+p(n-2)-p(n-5)-p(n-7)+p(n-12)+\cdots.$$

5 $l(n)$과 $d(n)$의 생성함수를 각각 $L(x)$와 $D(x)$라 하면

$$D(x)=\sum_{n=0}^{\infty}d(n)x^n=(1+x)(1+x^2)\cdots$$
$$=\frac{(1-x^2)}{(1-x)}\frac{(1-x^4)}{(1-x^2)}\frac{(1-x^6)}{(1-x^3)}\cdots=\frac{1}{(1-x)(1-x^3)\cdots}$$
$$=L(x)=\sum_{n=0}^{\infty}l(n)x^n$$

즉, 모든 자연수 n에 대하여 $l(n)=d(n)$이다.

105-5

베르누이 수

Keywords 자연대수함수, 지수함수, 베르누이 수, 베루누이 다항식, 베르누이 공식

n이 자연수일 때, 우리는 다음과 같은 유형의 합에 친숙하다.

$$1+2+\cdots+n=\frac{1}{2}(n^2+n)=\frac{1}{2}n(n+1)$$

$$1^2+2^2+\cdots+n^2=\frac{1}{6}(2n^3+3n^2+n)=\frac{1}{6}n(n+1)(2n+1)$$

$$1^3+2^3+\cdots+n^3=\frac{1}{4}(n^4+2n^3+n^2)=\frac{1}{4}n^2(n+1)^2$$

그러나

$$1^4+2^4+\cdots+n^4,\ 1^5+2^5+\cdots+n^5,\ \cdots,\ 1^{10}+2^{10}+\cdots+n^{10},\ \cdots$$

와 같은 합에는 친숙하지 않다. 그러나 이러한 유형의 합에서 만들어진 베르누이 수는 정수론(소수와의 관계, 페르마 문제와의 관계 등), 해석학(삼각함수의 급수 전개와의 관계 등), 물리학(양자론의 운동에 나타나는 감마함수와의 관계 등)에 대단히 중요한 것이다.

베르누이(Bernoulli) 집안에서는 17세기 말부터 1세기 동안에 8명의 유명한 수학자를 배출하였다. 그 중 한 사람인 야콥(Jakob Bernoulli, 1654-1705)는 주어진 자연수 n과 p에 대해서 연속된 자연수들의 멱의 합

$$\sum_{k=1}^{n} k^p = 1^p+2^p+\cdots+n^p$$

을 구하는 방법을 발견하였다. 그 방법은 그가 죽은 후 1713년에 발표된 확률에 관한 논문 《Ars conjectandi》에 수록되어 있다. 그는 베르누이 수(Bernoulli number)를 정의하여 이 문제를 해결하였다.

여기에서는 $\sum_{k=1}^{n} k^p = 1^p+2^p+\cdots+n^p$ 을 구하는 공식과 관련하여 오일러에

의한 해석적 방법을 소개하려고 한다.

1 자연대수함수와 지수함수

일반적으로 log는 상용로그, ln은 자연로그를 뜻한다.

x가 양의 실수일 때, 아래와 같이 정의한 함수

$$\ln x = \int_1^x \frac{1}{t}dt \in \mathbb{R}$$

를 자연대수함수라 한다. 자연대수함수의 그래프는 아래와 같다.

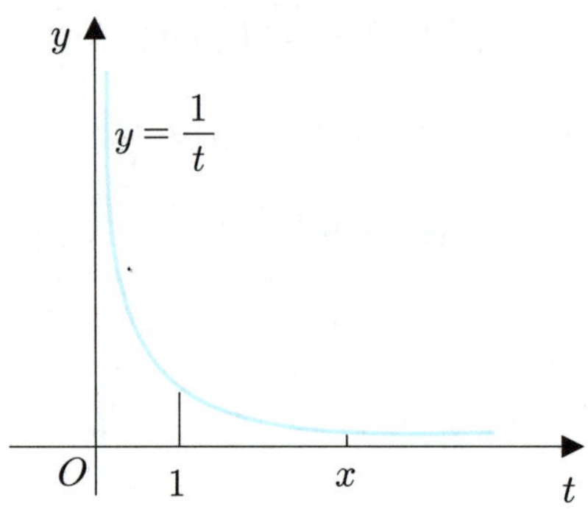

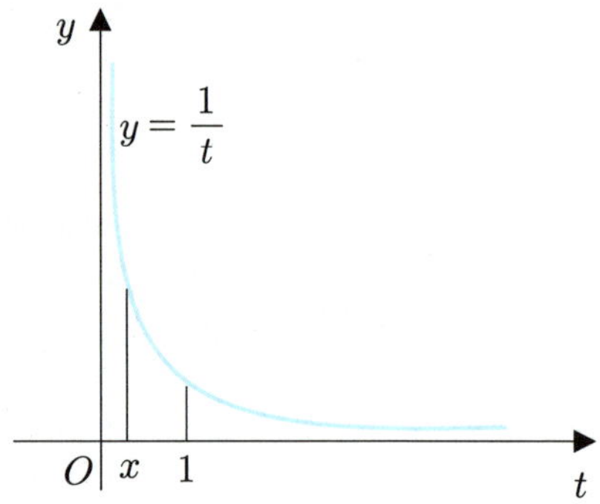

$$\ln x = \int_1^x \frac{1}{t}dt > 0 \qquad \ln x = \int_1^x \frac{1}{t}dt = -\int_x^1 \frac{1}{t}dt < 0$$

자연대수함수에 대하여 몇 가지 알아보면

$$\ln 1 = 0, \quad \frac{d}{dx}\ln x = \frac{1}{x}, \quad \lim_{x\to\infty}\ln x = \infty, \quad \lim_{x\to 0+}\ln x = -\infty$$

이다.

1 x, y는 양의 실수, r은 유리수일 때, 다음을 $\ln x$, $\ln y$로 나타내어라.

(1) $\ln xy$ (2) $\ln \frac{1}{x}$

(3) $\ln \frac{x}{y}$ (4) $\ln x^r$

모든 $x>0$에 대하여 $\frac{1}{x}>0$이므로 $\ln x$는 모든 $x>0$에 대하여 연속인 증가

함수이므로 곡선 $y = \ln x$는 직선 $y = 1$과 정확하게 한번 만나게 된다. 따라서

$$\ln e = 1$$

인 수 e가 유일한 실수로 정의된다. 또한, $\ln x$는 모든 수 x에 대하여 정의되는 역함수를 가지게 된다. 이 역함수를

$$e^x$$

라 하고 지수함수라 한다. 즉

$$\ln e^x = x \quad (\text{모든 } x)\ ;\ e^{\ln x} = x \quad (\text{모든 양수 } x)$$

따라서

$$y = e^x \Leftrightarrow x = \ln y$$

이다.

지수함수 $y = e^x$에 대하여 증명없이 다음을 소개하겠다.

- 정의역이 $\mathbb{R}$이고 치역이 $\mathbb{R}^+$(양의 실수의 집합)인 일대일 대응, 증가함수이다.

(1) $e^0 = 1$

(2) $\frac{d}{dx}e^x = e^x$

(3) $\lim_{x \to \infty} e^x = \infty$

(4) $\lim_{x \to -\infty} e^x = 0$

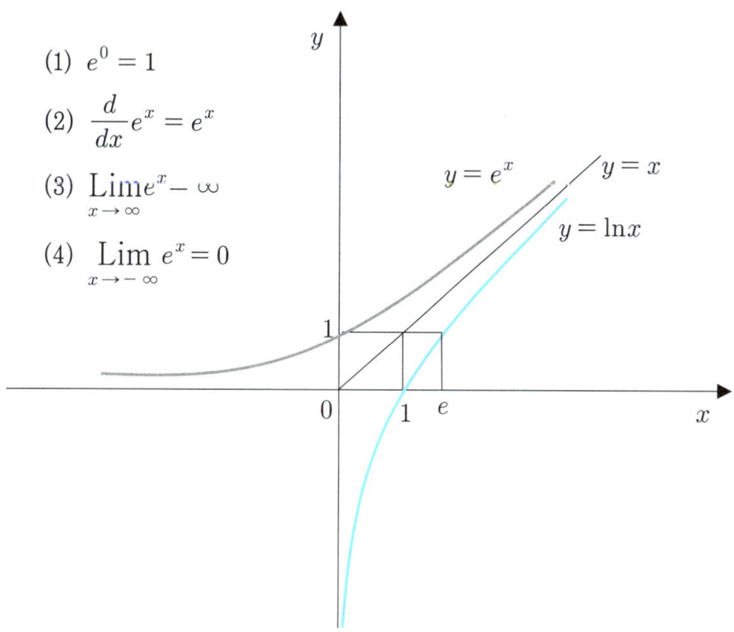

- $e^x e^y = e^{x+y}$, $e^{-x} = \frac{1}{e^x}$, $(e^x)^r = e^{rx}$ (r은 유리수), $e^x = \lim_{n\to\infty}(1+\frac{x}{n})^n$
- $x=0$에서 다음과 같은 테일러 급수 표현을 갖는다.

$$e^x = 1 + \frac{1}{1!}x + \frac{1}{2!}x^2 + \frac{1}{3!}x^3 + \cdots + \frac{1}{n!}x^n + \cdots$$

2 베르누이 수

수열 $B_0, B_1, \cdots, B_n, \cdots$ 의 지수생성함수[12)]를 $G(t) = \frac{t}{e^t - 1}$라 하자. 즉,

$$G(t) = \sum_{n=0}^{\infty} B_n \frac{t^n}{n!} = B_0 + \frac{B_1}{1!}t + \frac{B_2}{2!}t^2 + \frac{B_3}{3!}t^3 + \cdots + \frac{B_n}{n!}t^n + \cdots$$

라 하자. 여기서 계수 B_n을 n차 베르누이 수라 부른다.

위 식의 양변을 t에 대하여 1회, 2회, ⋯, n회 미분하고 $t=0$을 대입해보자.

$$G(t) = B_0 + \frac{B_1}{1!}t + \frac{B_2}{2!}t^2 + \cdots + \frac{B_n}{n!}t^n + \cdots \ : \ G(0) = B_0$$

$$G'(t) = \frac{B_1}{1!}(1) + \frac{B_2}{2!}(2)t + \cdots + \frac{B_n}{n!}(n)t^{n-1} + \cdots \ : \ G'(0) = B_1$$

$$G''(t) = \frac{B_2}{2!}(2) + \frac{B_3}{3!}(3)(2)t + \cdots + \frac{B_n}{n!}(n)(n-1)t^{n-2} + \cdots : G''(0) = B_2$$

$$G'''(t) = \frac{B_3}{3!}(3)(2)(1) + \cdots + \frac{B_n}{n!}(n)(n-1)(n-2)t^{n-3} + \cdots \ : G'''(0) = B_3$$

$\cdots$

일반적으로, k차 베르누이 수 B_k는 다음으로 주어진다.

$$B_k = G^{(k)}(0) = \frac{d^k}{dt^k}G(t)\bigg|_{t=0} \quad (k \geq 0), \text{ 단 } G^{(0)} = G$$

이번에는 $G(t) = \frac{t}{e^t - 1}$ 혹은 $G(t)(e^t - 1) = t$의 양변을 t에 대하여 1회, 2회, ⋯, n회 미분하여 $t=0$을 대입해보자.

12) [112-3 생성함수 1], [112-4 생성함수 2] 참고

$$G'(t)(e^t-1)+G(t)e^t=1 \Rightarrow G(0)=B_0=1$$

$$G''(t)(e^t-1)+2G'(t)e^t+G(t)e^t=0$$

$$\Rightarrow 2G'(0)+G(0)=2B_1+B_0=\binom{2}{1}B_1+\binom{2}{2}B_0=0$$

$$\Rightarrow B_1=-\frac{1}{2}$$

$$G'''(t)(e^t-1)+3G''(t)e^t+3G'(t)e^t+G(t)e^t=0$$

$$\Rightarrow 3G''(0)+3G'(0)+G(0)=3B_2+3B_1+B_0$$

$$=\binom{3}{1}B_2+\binom{3}{2}B_1+\binom{3}{3}B_0=0$$

$\cdots$

일반적으로, 식

$$B_0=1,\ B_1=-\frac{1}{2},\ \binom{n}{1}B_{n-1}+\binom{n}{2}B_{n-2}+\cdots+\binom{n}{n}B_0=0\ \ (n\ge 2)$$

을 얻는다. 여기서 $\binom{n}{k}=\dfrac{n!}{k!(n-k)!}$ 이다.

위 식의 양변에 B_n을 더하면

$$B_0=1,\ B_1=-\frac{1}{2},\ \binom{n}{0}B_n+\binom{n}{1}B_{n-1}+\cdots+\binom{n}{n}B_0=B_n\ \ (n\ge 2)$$

이고, 왼쪽 식에 있는 베르누이 수의 밑 첨자를 형식적으로 지수로 본다면

$$B_0=1,\ B_1=-\frac{1}{2},\ \binom{n}{0}B^n+\binom{n}{1}B^{n-1}+\cdots+\binom{n}{n}B^0=B_n\ \ (n\ge 2)$$

이 되어 왼쪽 식은 우리가 잘 아는 이항전개식이 된다. 여기서 L을 B^i의 지수 i를 B_i의 첨자로 내리는 연산이라 하면 위 식은 간단히

$$B_0=1,\ B_1=-\frac{1}{2},\ L(B+1)^n=B_n\quad (n\ge 2)$$

으로 나타낼 수 있다.

2 식 $B_0=1,\ B_1=-\dfrac{1}{2},\ L(B+1)^n=B_n\ (n\ge 2)$을 사용하여 $B_n\ (n=2,\cdots,12)$을 구하여라.

3 $G(t)+\dfrac{t}{2}$ 는 우함수임을 보여라.

$G(t)+\dfrac{t}{2}$ 가 우함수라는 사실을 이용하면, 즉 등식 $G(-t)-\dfrac{t}{2}=G(t)+\dfrac{t}{2}$ 으로부터

$$\begin{aligned} t &= G(-t)-G(t) \\ &= \left(B_0-\frac{B_1}{1!}t+\frac{B_2}{2!}t^2-\frac{B_3}{3!}t^3+\cdots+(-1)^n\frac{B_n}{n!}t^n+\cdots\right) \\ &\qquad -\left(B_0+\frac{B_1}{1!}t+\frac{B_2}{2!}t^2+\frac{B_3}{3!}t^3+\cdots+\frac{B_n}{n!}t^n+\cdots\right) \\ &= \frac{(-2B_1)}{1!}t+\frac{(-2B_3)}{3!}t^3+\frac{(-2B_5)}{5!}t^5+\cdots \end{aligned}$$

을 얻는다. 양변의 계수를 비교하면

$$B_1=-\frac{1}{2},\quad B_3=B_5=B_7=\cdots=B_{2k+1}=\cdots=0$$

이다. 따라서

$$B_{2k+1}=0\quad (k=1,2,3,\cdots)$$

을 얻는다.

두 수열 $\{a_0,a_1,\cdots,a_n,\cdots\}$과 $\{b_0,b_1,\cdots,b_n,\cdots\}$의 생성함수를 각각 $f(x)$와 $g(x)$라 할 때, 즉,

$$f(x)=\sum_{n=0}^{\infty}a_nx^n\ ;\ g(x)=\sum_{n=0}^{\infty}b_nx^n$$

일 때, 두 생성함수의 곱에 대한 표현

$$\begin{aligned} f(x)g(x) &= \left(\sum_{n=0}^{\infty}a_nx^n\right)\left(\sum_{n=0}^{\infty}b_nx^n\right) \\ &= \left(a_0+a_1x+a_2x^2+\cdots+a_nx^n+\cdots\right)\left(b_0+b_1x+b_2x^2+\cdots+b_nx^n+\cdots\right) \\ &= a_0b_0+(a_1b_0+a_0b_1)x+(a_2b_0+a_1b_1+a_0b_2)x^2 \\ &\qquad +\cdots+(a_kb_0+a_{k-1}b_1+\cdots+a_0b_k)x^k+\cdots \\ &= \sum_{n=0}^{\infty}\left(\sum_{k=0}^{n}a_kb_{n-k}\right)x^n \end{aligned}$$

을 얻는다. 이 표현식을 이용하면

$$1 = G(t)\frac{e^t - 1}{t} = \left(\sum_{n=0}^{\infty} \frac{B_n}{n!} t^n\right)\left(\sum_{n=0}^{\infty} \frac{1}{(n+1)!} t^n\right)$$
$$= \sum_{n=0}^{\infty} \left(\sum_{k=0}^{n} \frac{B_k}{k!} \frac{1}{(n-k+1)!}\right) t^n$$

을 얻는다. 따라서

$$1 = \sum_{k=0}^{0} \frac{B_k}{k!} \frac{1}{(0-k+1)!} = \frac{B_0}{0!} \frac{1}{1!} = B_0$$

이고 모든 $n > 0$에 대하여

$$0 = \sum_{k=0}^{n} \frac{B_k}{k!} \frac{1}{(n-k+1)!} = \sum_{k=0}^{n-1} \frac{B_k}{k!} \frac{1}{(n-k+1)!} + \frac{B_n}{n!} \frac{1}{1!}$$

이 성립한다. 양변에 $n!$을 곱하면 점화식

$$B_n = -\sum_{k=0}^{n-1} \frac{n!}{k!(n-k+1)!} B_k \ (n > 0)$$

을 얻을 수 있다. 즉, $B_0, B_1, \cdots, B_{n-1}$이 주어지면 B_n을 구하는 것이 가능하다. 그리고 베르누이 수들은 유리수임을 알 수 있다. 또한, 위 점화식으로부터 베르누이 수 몇 개를 써보면 다음과 같이 주어진다.

$B_0 = 1$ $\quad B_1 = -1/2$

$B_2 = 1/6$ $\quad B_4 = -1/30$

$B_6 = 1/42$ $\quad B_8 = -1/30$

$B_{10} = 5/30$ $\quad B_{12} = -691/2730$

$B_{14} = 7/6$ $\quad B_{16} = -3617/510$

$B_{18} = 43867/798$ $\quad B_{20} = -174611/330$

$B_{22} = 854513/138$ $\quad B_{24} = -236364091/2730$

$B_{26} = 8553103/6$ $\quad B_{28} = -23749461029/870$

$B_{30} = 8615841276005/14322, \cdots$

3 베르누이 다항식, 베르누이 공식

또 다른 변수를 x라 하고 수열 $B_0(x), B_1(x), \cdots, B_n(x), \cdots$ 의 지수생성함수를 $F(t,x) = \dfrac{te^{tx}}{e^t - 1}$ 라 하자. 즉,

$$F(t,x) = \frac{te^{tx}}{e^t - 1} = \sum_{n=0}^{\infty} \frac{B_n(x)}{n!} t^n$$

이라 하자. 여기서 계수 $B_n(x)$을 n차 베르누이 다항식(Bernoulli polynomial)이라 부른다.

베르누이 다항식과 베르누이 수와의 관계를 알아보자. 아래 식

$$\begin{aligned}\sum_{n=0}^{\infty} \frac{B_n(x)}{n!} t^n = F(t,x) &= \frac{te^{tx}}{e^t - 1} = \left(\frac{t}{e^t - 1}\right) e^{tx} \\ &= G(t)e^{tx} = \left(\sum_{n=0}^{\infty} \frac{B_n}{n!} t^n\right)\left(\sum_{n=0}^{\infty} \frac{x^n}{n!} t^n\right) \\ &= \sum_{n=0}^{\infty} \left(\sum_{k=0}^{n} \frac{B_k}{k!} \frac{1}{(n-k)!} x^{n-k}\right) t^n\end{aligned}$$

으로부터 베르누이 다항식은 베르누이 수와 다음과 같은 관계를 갖는다.

$$B_n(x) = \sum_{k=0}^{n} \binom{n}{k} B_k\, x^{n-k}, \quad B_n(0) = B_n$$

t에 대한 n차 다항식 $P(t) = \sum_{k=0}^{n} c_k t^k$에 대해

$$(\text{기호적으로})\ P(B) = \sum_{k=0}^{n} c_k B_k$$

로 정의하자. 예를 들면, $P(t) = (3+t)^2$이면

$$P(B) = (3+B)^2 = 9 + 6B + B^2 = 9 + 6B_1 + B_2$$

이고, 위의 기호적인 정의를 사용하면

$$B_n(x) = (x+B)^n$$

으로 간단히 표현할 수 있다.

4 $(1+B)^{n+1} - B^{n+1} = 0 \ (n>0)$을 보여라.

표현 $B_n(x) = (x+B)^n$을 사용하여 베르누이 다항식 몇 개를 구해보면 다음과 같다.

$$B_0(x) = 1$$

$$B_1(x) = (x+B)^1 = x + B_1 = x - \frac{1}{2}$$

$$B_2(x) = (x+B)^2 = x^2 + 2B_1 x + B_2 = x^2 - x + \frac{1}{6}$$

$$B_3(x) = (x+B)^3 = x^3 + 3x^2 B_1 + 3xB_2 + B_3 = x^3 - \frac{3}{2}x^2 + \frac{1}{2}x$$

$$B_4(x) = (x+B)^4 = x^4 + 4x^3 B_1 + 6x^2 B_2 + 4xB_3 + B_4 = x^4 - 2x^3 + x^2 - \frac{1}{30}$$

$$B_5(x) = (x+B)^5 = x^5 + 5x^4 B_1 + 10x^3 B_2 + 10x^2 B_3 + 5xB_4 + B_5$$
$$= x^5 - \frac{5}{2}x^4 + \frac{5}{3}x^3 - \frac{1}{6}x$$

$$B_6(x) = x^6 - 3x^5 + \frac{5}{2}x^4 - \frac{1}{2}x^2 + \frac{1}{42}$$

$$B_7(x) = x^7 - \frac{7}{2}x^6 + \frac{7}{2}x^5 - \frac{7}{6}x^3 + \frac{1}{6}x$$

$$B_8(x) = x^8 - 4x^7 + \frac{14}{3}x^6 - \frac{7}{3}x^4 + \frac{2}{3}x^2 - \frac{1}{30}$$

$$B_9(x) = x^9 - \frac{9}{2}x^8 + 6x^7 - \frac{21}{5}x^5 + 2x^3 - \frac{3}{10}x$$

$$B_{10}(x) = x^{10} - 5x^9 + \frac{15}{2}x^8 - 7x^6 + 5x^4 - \frac{3}{2}x^2 - \frac{5}{66}$$

5 등식 $\dfrac{e^{(n+1)t}-1}{t}\dfrac{t}{e^t-1} = \displaystyle\sum_{k=0}^{\infty}\left(\sum_{r=0}^{n}\frac{r^k}{k!}\right)t^k$을 보여라.

6 등식 $\dfrac{e^{(n+1)t}-1}{t}\dfrac{t}{e^t-1} = \displaystyle\sum_{k=0}^{\infty}\frac{B_{k+1}(n+1)-B_{k+1}}{(k+1)!}t^k$을 보여라.

위 **5**와 **6**으로부터 등식

$$\sum_{k=0}^{\infty}\left(\sum_{r=0}^{n}\frac{r^k}{k!}\right)t^k = \frac{e^{(n+1)t}-1}{t}\frac{t}{e^t-1} = \sum_{k=0}^{\infty}\frac{B_{k+1}(n+1)-B_{k+1}}{(k+1)!}t^k$$

이 성립하므로 양변의 계수를 비교하면

$$\sum_{r=0}^{n} \frac{r^k}{k!} = \frac{1}{(k+1)!}\left(B_{k+1}(n+1) - B_{k+1}\right)$$

을 얻는다. 따라서 $k \geq 1$이면

$$\sum_{r=1}^{n} r^k = \frac{1}{k+1}\left(B_{k+1}(n+1) - B_{k+1}(0)\right)$$

을 얻는다. 이 공식을 베르누이 공식(Bernoulli formula)이라 부른다.

기호 $B_n(x) = (x+B)^n$와 베르누이 공식을 이용하여 다음을 계산할 수 있다.

$$\begin{aligned}1+2+\cdots+n &= \frac{1}{2}\left(B_2(n+1) - B_2(0)\right) = \frac{1}{2}\left((n+1+B)^2 - (0+B)^2\right)\\ &= \frac{1}{2}\left((n+1)^2 + 2(n+1)B_1\right) = \frac{1}{2}n(n+1)\end{aligned}$$

$$\begin{aligned}1^2+2^2+3^2+\cdots+n^2 &= \frac{1}{3}\left(B_3(n+1) - B_3(0)\right) = \frac{1}{3}\left((n+1+B)^3 - (0+B)^3\right)\\ &= \frac{1}{3}\left((n+1)^3 + 3(n+1)^2B_1 + 3(n+1)B_2\right)\\ &= \frac{1}{3}\left((n+1)^3 - \frac{3}{2}(n+1)^2 + \frac{1}{2}(n+1)\right) = \frac{1}{6}n(n+1)(2n+1)\end{aligned}$$

$$\begin{aligned}1^3+2^3+3^3+\cdots+n^3 &= \frac{1}{4}\left(B_4(n+1) - B_4(0)\right) = \frac{1}{4}\left((n+1+B)^4 - (0+B)^4\right)\\ &= \frac{1}{4}\left((n+1)^4 + 4(n+1)^3B_1 + 6(n+1)^2B_2 + 4(n+1)B_3\right)\\ &= \frac{1}{4}\left((n+1)^4 - 2(n+1)^3 + (n+1)^2\right) = \left(\frac{n(n+1)}{2}\right)^2\end{aligned}$$

$$\begin{aligned}1^4+2^4+\cdots+n^4 &= \frac{1}{30}(6n^5+15n^4+10n^3-n)\\ &= \frac{1}{30}n(n+1)(2n+1)(3n^2+3n-1)\end{aligned}$$

$$\begin{aligned}1^5+2^5+\cdots+n^5 &= \frac{1}{12}(2n^6+6n^5+5n^4-n^2)\\ &= \frac{1}{12}n^2(n+1)^2(2n^2+2n-1)\end{aligned}$$

$$\begin{aligned}1^6+2^6+\cdots+n^6 &= \frac{1}{42}(6n^7+21n^6+21n^5-7n^3+n)\\ &= \frac{1}{42}n(n+1)(2n+1)(3n^4+6n^3-3n+1)\end{aligned}$$

$$
\begin{aligned}
1^7+2^7+\cdots+n^7 &= \frac{1}{24}(3n^8+12n^7+14n^6-7n^4+2n^2)\\
&= \frac{1}{24}n^2(n+1)^2(3n^4+6n^3-n^2-4n+2)
\end{aligned}
$$

$$
\begin{aligned}
1^8+2^8+\cdots+n^8 &= \frac{1}{90}(10n^9+45n^8+60n^7-42n^5+20n^3-3n)\\
&= \frac{1}{90}n(n+1)(2n+1)(5n^6+15n^5+5n^4-15n^3-n^2+9n-3)
\end{aligned}
$$

$$
\begin{aligned}
1^9+2^9+\cdots+n^9 &= \frac{1}{20}(2n^{10}+10n^9+15n^8-14n^6+10n^4-3n^2)\\
&= \frac{1}{20}n^2(n+1)^2(n^2+n-1)(2n^4+4n^3-n^2-3n+3)
\end{aligned}
$$

베르누이 수

1 (1) $\ln x+\ln y$ (2) $-\ln x$ (3) $\ln x-\ln y$ (4) $r\ln x$

2

$$B_2=\frac{1}{6},\ B_3=0,\ B_4=-\frac{1}{30},\ B_5=0,\ B_6=\frac{1}{42},\ B_7=0,$$

$$B_8=-\frac{1}{30},\ B_9=0,\ B_{10}=\frac{5}{66},\ B_{11}=0,\ B_{12}=-\frac{691}{2730}$$

3

$$\begin{aligned}G(-t)+\frac{1}{2}(-t)&=\frac{-t}{e^{-t}-1}-\frac{1}{2}t=\frac{-te^t}{1-e^t}-\frac{t}{2}\\&=\frac{-2te^t-t+te^t}{2(1-e^t)}=\frac{te^t+t}{2(e^t-1)}=\frac{t}{e^t-1}+\frac{t}{2}=G(t)+\frac{t}{2}\end{aligned}$$

4

$$1=G(t)\frac{e^t-1}{t}=\left(\sum_{n=0}^{\infty}\frac{B_n}{n!}t^n\right)\left(\sum_{n=0}^{\infty}\frac{1}{(n+1)!}t^n\right)=\sum_{n=0}^{\infty}\left(\sum_{k=0}^{n}\frac{B_k}{k!}\frac{1}{(n-k+1)!}\right)t^n$$

이므로 $1=\sum_{k=0}^{0}\frac{B_k}{k!}\frac{1}{(0-k+1)!}=\frac{B_0}{0!}\frac{1}{1!}=B_0$ 을 얻는다. 그리고 모든 $n>0$에 대하여

$0=\sum_{k=0}^{n}\frac{B_k}{k!}\frac{1}{(n-k+1)!}$ 이 성립한다. 양변에 $(n+1)!$을 곱하면

$$\begin{aligned}0&=\sum_{k=0}^{n}\frac{(n+1)!}{k!(n-k+1)!}B_k=\sum_{k=0}^{n}\binom{n+1}{k}B_k\\&=\sum_{k=0}^{n+1}\binom{n+1}{k}B_k-B_{n+1}=(1+B)^{n+1}-B^{n+1}\end{aligned}$$

5

$$\frac{e^{(n+1)t}-1}{t}\frac{t}{e^t-1}=\frac{e^{(n+1)t}-1}{e^t-1}=\sum_{r=0}^{n}e^{rt}=\sum_{r=0}^{n}\left(\sum_{k=0}^{\infty}\frac{r^kt^k}{k!}\right)=\sum_{k=0}^{\infty}\left(\sum_{r=0}^{n}\frac{r^k}{k!}\right)t^k$$

6

$$\begin{aligned}&\frac{e^{(n+1)t}-1}{t}\frac{t}{e^t-1}\\&=\frac{te^{(n+1)t}-t}{t(e^t-1)}=\frac{1}{t}\left(\frac{te^{(n+1)t}}{e^t-1}-\frac{t}{e^t-1}\right)=\frac{1}{t}(F(t,n+1)-G(t))\\&=\frac{1}{t}\left(\sum_{k=0}^{\infty}\frac{B_k(n+1)}{k!}t^k-\sum_{k=0}^{\infty}\frac{B_k}{k!}t^k\right)=\frac{1}{t}\sum_{k=0}^{\infty}\left(\frac{B_k(n+1)}{k!}-\frac{B_k}{k!}\right)t^k\\&=\sum_{k=0}^{\infty}\frac{B_{k+1}(n+1)-B_{k+1}}{(k+1)!}t^k\end{aligned}$$

106

순환소수

• **교육과정**

중 2 _ 수와 연산, 순환소수

주제 1	순환소수의 순환마디의 길이
Keywords	순환소수, 순환마디, 순환마디의 길이
주제 2	순환마디의 길이와 몇 가지 규칙
Keywords	순환소수, 순환마디, 순환마디의 길이, 오일러 함수, 합동식, 원시근, 주기소수
주제 3	순환마디에서의 규칙
Keywords	순환소수, 순환마디, 주기소수, 미디(Midy) 정리
주제 4	왼쪽으로 가는 순환수
Keywords	순환소수, 순환수, 합동식

모든 유리수 $\frac{m}{n}$(n, m은 정수, $n \neq 0$)은 소수로 표현할 수 있는데, 유리수를 소수로 나타내면 유한소수 또는 순환소수가 된다. 중 2 단계에서 다루는 내용은 유리수를 소수로 나타내지 않고 유한소수인지 판단하는 방법, 유한소수가 아닌 유리수는 모두 순환소수로 표현된다는 내용, 순환소수를 유리수로 나타내는 내용 등이다. 그러면 어떤 분수꼴의 유리수를 보고 소수로 표현하지 않고 순환마디의 길이를 알 수 있을까? 순환소수에 대해서 다음과 같은 의문을 품는 것은 당연할 것이다.

- 유한소수 $\frac{m}{n}$은 소수점 아래 몇 자리수인가?
- 순환소수 $\frac{m}{n}$의 순환마디의 길이는 얼마인가?
- 순환소수 $\frac{m}{n}$에서 순환마디가 시작되는 위치는 어디인가?
- 순환소수 $\frac{m}{n}$의 순환마디의 길이기 최대가 될 조건은 무엇인가?
- 순환소수 $\frac{m}{n}$의 순환마디를 구성하는 수 사이의 관계는 무엇인가?

이 장은 위와 같은 의문에 대한 답을 구하기 위한 것이다.

주제 1, 2는 순환마디의 길이, 시작하는 위치에 대한 것이다. 유리수를 소수로 고치지 않고도 순환마디의 길이나 순환마디가 시작하는 위치를 알 수 있다는 것은 놀라운 일이다. 대부분의 학생이 이 내용을 소화할 수 있을 것이다.

주제 3은 주제 1, 2와 연관되기는 하지만 순환마디를 구성하는 숫자들 사이의 패턴에 관한 내용이므로 주제 1, 2와 관계없이 독립적으로 학습하는 것이 가능하다.

주제 4는 교육 과정에서는 다루지 않는 왼쪽으로 가는 순환수에 관한 것이다. 우리가 사용하는 수는 소수점 아래 오른쪽으로 가면서 순환규칙이 나타나는데, 주제 4에서 소개하는 수는 일, 십, 백, … 등 왼쪽으로 가면서 순환마디가 나타나는 새로운 순환수이다. 그 의미는 물론 순환소수에 기초하여 해석할 수 있는데, 수 해석에 관한 새로운 눈을 뜨게 해줄 것으로 기대한다.

106-1 순환소수의 순환마디의 길이

Keywords 순환소수, 순환마디, 순환마디의 길이

수는 그 소수 표현에 의하여 다음과 같이 세 가지 유형으로 나눌 수 있다.

- 유한소수(finite decimal) : 소수점 이하에 0 이외의 수가 유한개 있는 수
  $\Rightarrow \frac{1}{2}=0.5$.
- 순환소수(repeating decimal) : 소수점 아래의 어떤 자리부터 같은 수 또는 몇 개의 수들이 계속 반복되는 무한소수
  $\Rightarrow \frac{2}{11}=0.181818\cdots=0.\overline{18}$; 순환마디는 18 ; 순환마디의 길이는 2
- 무리수(irrational) : 순환하지 않는 무한소수 $\Rightarrow \pi=3.14159\cdots$

일반적으로 소수점 이하 n자리인 유한소수 r은 다음과 같은 십진 전개 표현을 갖는다.

$$r=0.a_1a_2\cdots a_n=\frac{a_1}{10}+\frac{a_2}{10^2}+\cdots+\frac{a_n}{10^n}=\frac{a_1 10^{n-1}+a_2 10^{n-2}+\cdots+a_n}{2^n\cdot 5^n}$$

다시 말하면, 만약 실수 r이 유한소수이면, $r=\frac{p}{2^\alpha\cdot 5^\beta}$ (단, p는 2와 5로 나누어 떨어지지 않는다)와 같은 형태의 유리수이고, 이때 소수점 이하의 자릿수는 α와 β 중에 큰 수로 결정된다. 다시 말하면, 분모에 2와 5가 아닌 다른 소인수가 있는 분수는 유한소수로 나타낼 수 없다.

유한소수로 나타낼 수 없는 유리수는 모두 순환소수이다. 그 이유는 비둘기집의 원리를 이용하여 설명할 수 있다. 예를 들어, 분자 3을 분모 7로 나눌 때, 나누어 떨어지지 않으면 나머지는 7보다 작은 수 1, 2, 3, 4, 5, 6 중의 하나가 되며, 6번의 나눗셈을 시행하는 동안에 분자 3이 다시 나오게 된다. 이후의 나눗셈은 다시 분자 3이 나올 때까지 앞의 나눗셈과 같고, 이 같은 과정이

계속 반복되므로 $\frac{3}{7}$은 순환소수가 된다. 여기서 순환소수에서 순환마디의 길이는 (분모 -1) 이하라는 것은 쉽게 알 수 있다.
그러면 어떤 순환소수의 순환마디의 길이를 알기 위해서는 반드시 그 수를 소수로 나타내어야 할까? 십진 표현의 원리를 알면 소수로 나타내지 않고도 순환마디의 길이를 구할 수 있다. 여기에서 그 원리를 알아보자.

1 순환마디의 길이와 분자 사이의 관계

순환소수 표현

순환소수 $0.234234\cdots$는 $0.\dot{2}3\dot{4}$ 또는 $0.\overline{234}$와 같이 나타낸다. 여기에서는 순환마디를 강조하는 의미에서 $0.\overline{234}$와 같은 표현 방법을 택하였다.

유한소수가 아닌 유리수 $\frac{m}{n}$은 모두 순환소수임을 알았다. 예를 들어,

$$\frac{5}{6}=0.83333\cdots=0.8\overline{3},\quad \frac{2}{11}=0.181818\cdots=0.\overline{18}.$$

순환소수 $\frac{m}{n}$의 순환마디의 길이를 $l\left(\frac{m}{n}\right)$으로 표시하자. 즉 $l\left(\frac{5}{6}\right)=1$, $l\left(\frac{2}{11}\right)=2$.

1 순환소수 $\frac{m}{n}$의 순환마디의 길이는 분자 m과는 무관하다. 즉, $l\left(\frac{m_1}{n}\right)=l\left(\frac{m_2}{n}\right)$임을 예를 통해 확인하여라.

실제로 순환소수 $\frac{m}{n}$의 순환마디의 길이는 분자 m과는 관계가 없다. 이것은 다음과 같이 생각할 수 있다.

$$\frac{1}{7}=0.\overline{142857} \text{ 로부터 } \frac{142857}{10^6}<\frac{1}{7} \text{ 이므로}$$

$$3\times\frac{142857}{10^6}<3\times\frac{1}{7}<1$$

$$3\times142857<10^6$$

이다. 이제 0부터 9까지의 정수 중 적당히 a_i를 택하면

$$3\times142857=a_1\,a_2\,a_3\,a_4\,a_5\,a_6$$

이 되어 아래와 같이 $\frac{3}{7}$의 순환마디의 길이는 $\frac{1}{7}$의 순환마디의 길이와 같음을 알 수 있다.

$$\begin{aligned}\frac{3}{7} &= 3\times\frac{1}{7}\\ &= 3\times 0.142857142857\cdots\\ &= 0.a_1a_2a_3a_4a_5a_6\ a_1a_2a_3a_4a_5a_6\cdots\\ &= 0.\overline{a_1a_2a_3a_4a_5a_6}\end{aligned}$$

물론 이 과정은 유리수 $\frac{m}{n}$(m, n은 서로소인 정수, $m < n$)에 대하여 그대로 적용할 수 있다.
따라서 순환소수 $\frac{m}{n}$의 순환마디의 길이는 분자 m과는 관계없으므로 앞으로는 분자를 1로 하여 순환마디의 길이에 대하여 알아보기로 하자.

2 순환마디의 길이

우리는 이미 $\frac{1}{n}$의 순환마디의 길이는 $n-1$ 이하임을 알고 있다. 여기서 한 발 더 나아가 $\frac{1}{p}$(p는 10과 서로소인 소수[1])의 순환마디의 길이 $l\left(\frac{1}{p}\right)$과 $p-1$ 사이의 관계를 알아보기 위하여 $\frac{1}{p}$의 십진 전개를 알아보자. 인내심이 뛰어난 사람이 아니라면 계산기를 이용하는 것이 나을 것이다.[2]

1) 분모의 소인수가 2나 5뿐인 경우는 유한소수가 되므로 이 글에서 소수에서 2, 5를 제외하기 위하여 '10과 서로소인 소수 p'라는 표현을 사용하겠다. [103 소수] 참고
2) 컴퓨터의 계산기(공학용)에서는 소수점 아래 34자리까지의 계산 결과를 볼 수 있으므로 47보다 작은 소수 p에 대하여 $1/p$의 순환마디를 볼 수 있다. 좀더 긴 순환마디를 갖는 계산 결과를 보기 위해서는 메이플(Maple)을 사용할 수 있다. 아래 화면은 메이플에서 $\frac{1}{47}$을 소수로 표현 해 본 것으로 02127⋯이 뒤쪽에서 반복되기 시작하여 순환마디의 길이가 46임을 알 수 있다. 화면에서 '50'은 소수점 아래 50번째 자리까지 계산하라는 옵션이고 계산 결과에서 마지막 숫자 8은 반올림된 것이다.

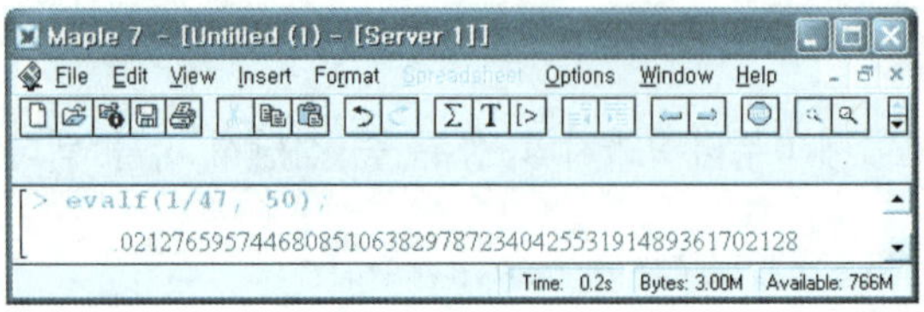

활동 1 계산기를 이용하여 단위 분수[3] $\frac{1}{n}$의 십진 전개를 구하고 순환마디의 길이 $l\left(\frac{1}{n}\right)$을 구하여라.

유리수 $\frac{1}{n}$	십진 전개	$l\left(\frac{1}{n}\right)$
$\frac{1}{3}$	$0.\dot{3}$	1
$\frac{1}{6}$	$0.1\dot{6}$	1
$\frac{1}{7}$	$0.\overline{142857}$	6
$\frac{1}{9}$		
$\frac{1}{11}$		
$\frac{1}{12}$		

유리수 $\frac{1}{n}$	십진 전개	$l\left(\frac{1}{n}\right)$
$\frac{1}{13}$	$0.\overline{142857}$	
$\frac{1}{14}$		
$\frac{1}{15}$		
$\frac{1}{17}$	$0.\overline{0588235294117647}$	
$\frac{1}{18}$		
$\frac{1}{19}$	$0.\overline{052631578947368421}$	

활동 2 활동 1에서 단위 분수 $\frac{1}{n}$의 순환마디의 길이 $l\left(\frac{1}{n}\right)$에 대하여 발견한 법칙이 있으면 말해보아라.

3 순환소수 $\frac{1}{p}$의 순환마디의 길이

합동식(Congruence)

정수 a, b와 자연수 n에 대하여, $a-b$가 n으로 나누어 떨어질 때, '정수 a와 b는 모듈(mod) n에 관해 합동'이라 말하고 이를 합동식 $a\equiv b\pmod n$로 표현한다. 예를 들면,

$$22\equiv 2\pmod 5$$
$$22\equiv 1\pmod 7$$
$$14\equiv 0\pmod 7$$
$$-3\equiv 7\pmod 5$$
$$14\equiv -1\pmod 5$$
$$-3\equiv 11\pmod 7$$

또한 a를 n으로 나누었을 때, 몫을 q, 나머지를 r이라 하면, 즉 $a=nq+r\ (0\le r\le n-1)$일 때, $a\equiv r\pmod n$이다.

유리수 $\frac{1}{p}$의 순환마디의 길이를 알아보기 위하여 먼저 다음 식을 보자.

$$0.\overline{1217}=\frac{1217}{9999}$$

위의 식은 순환소수를 분수꼴로 고친 것으로 중학교 2학년에서 소개되고 있는 내용이다. 이를 일반적으로 생각하면, $\frac{1}{p}=0.\overline{a_1a_2\cdots a_k}$ 는

$$\frac{1}{p}=\frac{a_1a_2\cdots a_k}{10^k-1}$$

3) [10. 단위분수와 안전수] 참고

로 나타냄을 알 수 있다. 위 식 $p\times(a_1 a_2\cdots a_k)=10^k-1$에서 p가 10과 서로소인 소수이므로 p는 10^k-1을 나누어야 한다. 따라서 p가 10과 서로소인 소수일 때, $10^{l\left(\frac{1}{p}\right)}-1$은 p로 나누면 떨어진다. 즉, $l\left(\dfrac{1}{p}\right)$은 합동식[4] $10^{l\left(\frac{1}{p}\right)}\equiv 1 \pmod{p}$를 만족하는 가장 작은 수이다.

> p가 10과 서로소인 소수일 때, $l\left(\dfrac{1}{p}\right)$은 합동식 $10^{l\left(\frac{1}{p}\right)}\equiv 1\ (\mathrm{mod}\,p)$를 만족하는 가장 작은 수이다.

따라서 10과 서로소인 소수에 대해서 $\dfrac{1}{p}$의 순환마디의 길이를 알려면 다음과 같이 10^k-1을 인수분해한 표가 있으면 충분하다. 인수분해는 그래픽 계산기, 메이플에서 할 수 있다.

1 위의 결과에 의하여 10^k-1 $(k=1,\ 2,\ 3,\ \cdots)$의 값을 인수분해하면 이를 이용하여 유리수 $\dfrac{1}{p}$의 순환마디의 길이를 구할 수 있다. 아래 표를 채워라.[5]

표 10^n-1**의 인수분해**

$10^1-1=3^2$	$10^{12}-1=$
$10^2-1=3^2\cdot 11$	$10^{13}-1=$
$10^3-1=$	$10^{14}-1=$
$10^4-1=$	$10^{15}-1=$
$10^5-1=$	$10^{16}-1=$
$10^6-1=3^3\cdot 7\cdot 11\cdot 13\cdot 37$	$10^{17}-1=$
$10^7-1=$	$10^{18}-1=$
$10^8-1=$	$10^{19}-1=3^2\cdot 1111111111111111111$
$10^9-1=$	$10^{20}-1=$
$10^{10}-1=$	$10^{21}-1=$
$10^{11}-1=$	$10^{22}-1=3^2\cdot 11^2\cdot 23\cdot 4093\cdot 8779\cdot 21649\cdot 513239$

4) 합동식에 대해서는 [108-2 부정방정식] 참고

5) 그래픽 계산기(TI-92 기준)에서는 F_2의 factor를 누른 후 인수분해할 식을 입력하고, 메이플에서는 ifactor라는 명령어를 이용하면 된다. 만약, 그래픽 계산기도 없고 메이플도 없다면 아래의 표를 믿고 사용하는 수밖에 없다.

```
■ factor(10^4-1)        101·11·3^2
```
⇦ 그래픽 계산기

```
> ifactor(10^4-1);
        (3)^2 (11) (101)
```
⇦ 메이플

고대 그리스의 천문학자나 수학자들이 사인표를 몸에 지니고 다녔듯이 이제 우리도 지갑 속에 넣어 다닐 만한 표를 하나 갖게 된 것이다. 위의 표만 갖고 다닌다면 $\frac{1}{13}$, $\frac{1}{47}$, … 의 순환마디가 몇 개냐는 질문에 번개같이 빨리 대답할 수 있는 것이다. 예를 들어, $\frac{1}{13}$의 순환마디의 길이를 알기 위해서는 위의 표에서 인수분해된 결과에 13이 처음 등장하는 10^k-1를 찾으면 된다. $10^6-1=3^3\cdot 7\cdot 11\cdot 13\cdot 37$에서 13이 처음 등장하므로 $\frac{1}{13}$의 순환마디의 길이는 6이다. 그 원리는

$$10^{l\left(\frac{1}{13}\right)}-1=10^6-1\equiv 0 \pmod{13}\text{이므로 } l\left(\frac{1}{13}\right)=6$$

이다.

2 위의 표를 이용하여 다음 유리수의 순환마디의 길이를 구하여라.

유리수 $\frac{1}{p}$	$\frac{1}{13}$	$\frac{1}{17}$	$\frac{1}{19}$	$\frac{1}{23}$	$\frac{1}{29}$	$\frac{1}{31}$
$l\left(\frac{1}{p}\right)$					28	

유리수 $\frac{1}{p}$	$\frac{1}{37}$	$\frac{1}{47}$	$\frac{1}{53}$	$\frac{1}{4649}$	$\frac{1}{9091}$	$\frac{1}{27961}$
$l\left(\frac{1}{p}\right)$		46				

순환소수의 순환마디의 길이

❶ 순환마디의 길이와 분자 사이의 관계

1 $\frac{1}{7}=0.\overline{142857},\ \frac{2}{7}=0.\overline{285714},\ \cdots\cdots,\ \frac{6}{7}=0.\overline{857142}$ 이므로 $l\left(\frac{1}{7}\right)=l\left(\frac{2}{7}\right)=\cdots=l\left(\frac{6}{7}\right)$

❷ 순환마디의 길이

1

유리수 $\frac{1}{n}$	십진 전개	$l\left(\frac{1}{n}\right)$
$\frac{1}{3}$	$0.\overline{3}$	1
$\frac{1}{6}$	$0.1\overline{6}$	1
$\frac{1}{7}$	$0.\overline{142857}$	6
$\frac{1}{9}$	$0.\overline{1}$	1
$\frac{1}{11}$	$0.\overline{09}$	2
$\frac{1}{12}$	$0.08\overline{3}$	1

유리수 $\frac{1}{n}$	십진 전개	$l\left(\frac{1}{n}\right)$
$\frac{1}{13}$	$0.\overline{142857}$	6
$\frac{1}{14}$	$0.0\overline{714285}$	6
$\frac{1}{15}$	$0.0\overline{6}$	1
$\frac{1}{17}$	$0.\overline{0588235294117647}$	16
$\frac{1}{18}$	$0.0\overline{5}$	1
$\frac{1}{19}$	$0.\overline{052631578947368421}$	18

2 $l\left(\frac{1}{n}\right)\le n-1$, $n=p$ (p는 10과 서로소인 소수)일 때, $\frac{1}{p}$의 주기는 $(p-1)$의 약수

❸ 순환소수 $\frac{1}{p}$의 순환마디의 길이

1

$10^1-1=3^2$	$10^{12}-1=3^3\cdot7\cdot11\cdot13\cdot37\cdot101\cdot9901$
$10^2-1=3^2\cdot11$	$10^{13}-1=3^2\cdot53\cdot79\cdot265371653$
$10^3-1=3^3\cdot37$	$10^{14}-1=3^2\cdot11\cdot239\cdot4649\cdot909091$
$10^4-1=3^2\cdot11\cdot101$	$10^{15}-1=3^3\cdot31\cdot37\cdot41\cdot271\cdot2906161$
$10^5-1=3^2\cdot41\cdot271$	$10^{16}-1=3^2\cdot11\cdot17\cdot73\cdot101\cdot137\cdot5882353$
$10^6-1=3^3\cdot7\cdot11\cdot13\cdot37$	$10^{17}-1=3^2\cdot5363222357\cdot2071723$
$10^7-1=3^2\cdot239\cdot4649$	$10^{18}-1=3^4\cdot7\cdot11\cdot13\cdot19\cdot333667\cdot52579$

$10^8-1=3^2\cdot11\cdot73\cdot101\cdot137$ $10^9-1=3^4\cdot37\cdot333667$ $10^{10}-1=3^2\cdot11\cdot41\cdot271\cdot9091$ $10^{11}-1=3^2\cdot21649\cdot513239$	$10^{19}-1=3^2\cdot1111111111111111111$ $10^{20}-1=3^2\cdot11\cdot41\cdot101\cdot271\cdot3541\cdot9091\cdot27961$ $10^{21}-1=3^3\cdot37\cdot43\cdot239\cdot1933\cdot4649\cdot10838689$ $10^{22}-1=3^2\cdot11^2\cdot23\cdot4093\cdot8779\cdot21649\cdot513239$

2

유리수 $\frac{1}{p}$	$\frac{1}{13}$	$\frac{1}{17}$	$\frac{1}{19}$	$\frac{1}{23}$	$\frac{1}{29}$	$\frac{1}{31}$
$l\left(\frac{1}{p}\right)$	6	16	18	22	28	15

유리수 $\frac{1}{p}$	$\frac{1}{37}$	$\frac{1}{47}$	$\frac{1}{53}$	$\frac{1}{4649}$	$\frac{1}{9091}$	$\frac{1}{27961}$
$l\left(\frac{1}{p}\right)$	3	46	13	7	10	20

106-2 순환마디의 길이와 몇 가지 규칙

Keywords 순환소수, 순환마디, 순환마디의 길이, 오일러 함수, 합동식, 원시근, 주기소수

앞에서는 순환소수 $\frac{1}{p}$ (p는 10과 서로소인 소수)의 순환마디의 길이는 10^k-1을 p로 나누었을 때 떨어지는 가장 작은 k라는 사실을 알아보았다. 즉, $l\left(\frac{1}{p}\right)$은 합동식

$$10^{l\left(\frac{1}{p}\right)} \equiv 1 \pmod p$$

를 만족하는 가장 작은 수이다. 이러한 유리수 $\frac{1}{p}$은 소수점 아래 첫째 자리부터 순환마디가 시작된다. 그런데 $\frac{1}{54}=0.0\overline{185}$, $\frac{1}{84}=0.01\overline{190476}$과 같이 소수점 아래 둘째, 셋째 자리에서 순환마디가 시작되는 유리수도 있다.
일반적으로 소수점 아래 몇째 자리에서 순환마디가 시작되는지 알아보자. 물론 우리는 순환소수 $\frac{1}{n}$을 십진 전개를 하지 않고 소수점 이하 몇 자리 다음부터 순환마디가 시작되는지 알아보려는 것이다.

1 순환마디가 시작되는 위치와 순환마디의 길이

유리수 $\frac{1}{n}$의 순환마디의 길이에 대하여 알아보기 위하여 순환소수를 분수꼴로 고친 다음 식을 보자.

$$0.01\overline{190476}=\frac{1190476-1}{99999900}$$

위의 식을 일반적으로 생각하면, 순환소수 $\frac{1}{n}$의 소수 표현

$$\frac{1}{n} = 0.b_1 \cdots b_s \overline{a_1 \cdots a_t} \quad (s \geq 0,\ t \geq 1)$$

가 주어지면, 누구나 쉽게 순환마디는 소수점 아래 $(s+1)$번째 자리에서 시작되고, 주기는 t임을 알 수 있다. $\frac{1}{n} = 0.b_1 \cdots b_s \overline{a_1 \cdots a_t}$에서 간단한 계산을 통하여

$$\frac{1}{n} = \frac{b_1 b_2 \cdots b_s a_1 a_2 \cdots a_t - b_1 b_2 \cdots b_s}{10^s (10^t - 1)}$$

로 나타남을 알 수 있다. 위 식으로부터

$$10^{s+t} - 10^s = 10^s(10^t - 1) = n \times (\text{정수})$$

를 얻을 수 있다. 즉, s와 t는 합동식

$$10^s \equiv 10^{s+t} \pmod{n} \text{ 또는 } 10^s(10^t - 1) \equiv 0 \pmod{n}$$

을 만족하는 가장 작은 수이다. 분모 n을

$$n = n_0 \times 2^\alpha \times 5^\beta \quad (\alpha,\ \beta \geq 0,\ n_0\text{는 10과 서로소인 정수})$$

와 같이 쓰면, 반드시 n_0는 $10^t - 1 = 99 \cdots 9$(t개의 곱)를 나누어야 하고 $2^\alpha \times 5^\beta$는 10^s을 나누어야 한다. 이제까지의 논의를 정리하면 순환소수 $\frac{1}{n}$의 순환마디의 길이, 순환마디가 시작되는 위치는 분모 n에 의해 다음과 같이 결정된다.

> 순환소수 $\frac{1}{n}$의 분모가 $n = n_0 \times 2^\alpha \times 5^\beta$ ($\alpha,\ \beta \geq 0,\ n_0$는 10과 서로소인 정수) 일 때,
>
> • 순환마디는 소수점 아래 (α, β 중의 큰 수)+1번째 자리에서 시작된다.
>
> • 순환마디의 길이 $l\left(\frac{1}{n}\right)$은 $10^{l\left(\frac{1}{n}\right)} \equiv 1 \pmod{n_0}$을 만족시키는 가장 작은 수이다.

예를 들어, $\dfrac{1}{6600}$의 순환마디에 대하여 알아보면, $6600 = 3 \cdot 11 \cdot 2^3 \cdot 5^2$과 같이 인수분해되므로 소수점 아래 네 번째 자리부터 순환마디가 시작된다. 또, $10^t \equiv 1 \pmod{3 \cdot 11}$을 만족하는 가장 작은 t의 값이 2이므로 순환마디의 길이는 2이다.

1 순환소수 $\dfrac{1}{42}$, $\dfrac{1}{11500}$는 소수점 아래 몇째 자리부터 순환마디가 시작되는지, 순환마디의 길이는 얼마인지 구하여라. 197쪽의 [표 $10^n - 1$의 인수분해]를 이용하여라.

2 자연수 n에 대하여 $\dfrac{1}{n} + \dfrac{1}{n+1} + \dfrac{1}{n+2}$을 소수로 나타내면 이 소수는 소수점 아래에 순환마디가 아닌 부분이 있다. 이를 증명하여라.

2 순환마디의 길이와 오일러 함수와의 관계

오일러 함수 $\phi(n)$

자연수 n에 대하여 n 이하인 자연수 중에서 n과 서로소인 자연수의 개수를 $\phi(n)$으로 나타내고, 오일러 함수라 한다.

앞에서는 순환소수 $\dfrac{1}{n}$의 순환마디의 길이를 합동식을 이용하여 알아보았다. 순환마디의 길이 $l\left(\dfrac{1}{n}\right)$은 합동식뿐만 아니라 오일러 함수 $\phi(n)$와도 깊은 관계를 맺고 있다. 특별히, p가 소수일 때, $\phi(p) = p - 1$[6]이 성립하는데, 우선 순환소수 $\dfrac{1}{p}$(p는 10과 서로소인 소수)의 순환마디의 길이 $l\left(\dfrac{1}{p}\right)$과 오일러 함수[7] $\phi(p) = p - 1$ 사이의 관계를 추측하여보자.

1 다음 표를 완성하여라.

$$\phi(n) = |\{k \mid 1 \le k \le n,\ k와\ n은\ 서로소\}|$$

6) 여기서 사용한 오일러 함수의 몇 가지 성질에 대한 증명은 생략하기로 한다.
L. K. Hua, *Introduction to Number Theory*, Springer-Verlag, Berlin, 1982.

7) [111-2 암호에 필요한 중요한 수학이론] 참고

유리수 $\frac{1}{n}$	$l\left(\frac{1}{n}\right)$	$\phi(n)$
$\frac{1}{3}$	1	
$\frac{1}{6}$	1	
$\frac{1}{7}$	6	
$\frac{1}{9}$	1	
$\frac{1}{11}$	2	
$\frac{1}{12}$	1	

유리수 $\frac{1}{n}$	$l\left(\frac{1}{n}\right)$	$\phi(n)$
$\frac{1}{13}$	6	
$\frac{1}{14}$	6	
$\frac{1}{15}$	1	
$\frac{1}{17}$	16	
$\frac{1}{18}$	1	
$\frac{1}{19}$	18	

2 순환소수 $\frac{1}{p}$(p는 10과 서로소인 소수)의 순환마디의 길이 $l\left(\frac{1}{p}\right)$과 오일러 함수 $\phi(p)=p-1$ 사이의 관계를 추측하여라.

3 순환소수 $\frac{1}{p}$(p는 10과 서로소인 소수)의 순환마디의 길이 $l\left(\frac{1}{p}\right)$가 최대의 길이가 되는 즉, 순환마디의 길이가 $\phi(p)=p-1$가 되는 조건을 추측하여라.

한편, 위의 표에서 특정한 소수 $p=\frac{1}{7}, \frac{1}{17}, \frac{1}{19}$에 대해서는 $l\left(\frac{1}{p}\right)=\phi(p)=p-1$이 됨을 알 수 있다. 그리면 어떤 조건의 p에 대하여 $\frac{1}{p}$의 순환마디의 길이가 최대인 $l\left(\frac{1}{p}\right)=\phi(p)=p-1$이 될 것인가? 소수 p에 대해서 p가 합동식

$$10^{\phi(p)}=10^{p-1}=1 \pmod{p}$$

을 만족하는 가장 작은 수일 때, $l\left(\frac{1}{p}\right)=\phi(p)=p-1$이다. 그러나 여전히 어떤 조건의 p에 대하여 $l\left(\frac{1}{p}\right)=\phi(p)=p-1$이 성립하는지는 말하지 않았다. 이것에 대한 논의는 뒤로 넘기고 여기에서는 원시근에 대하여 잠깐 언급하고자 한다. 정수론에서 접한 원시근이 중고등학교 수학에서 빛을 발할 때가 바로 지금이다. 어떤 수 g가 다음 합동식

$$g^{p-1}\equiv 1,\ g^k n \not\equiv 1\ (1\le k<p-1) \pmod{p}$$

원시근

어떤 수 g가 $\bmod p$에 대하여 $g^{p-1} \equiv 1$이고 $1 \le k < p-1$인 k에 대해서는 $g^k \not\equiv 1$일 때 g를 $\bmod p$에 대한 원시근이라고 한다.

을 만족시키면 g를 $\bmod p$에 대한 원시근(primitive root)이라고 한다. 예를 들어, 아래 표에 의하면 2, 3은 mod5에 대한 원시근이고, 3, 5는 mod7에 대한 원시근이다.[8)]

$p=5$	$p=7$
$1^1 \equiv 1 \pmod 5$	$1^1 \equiv 1 \pmod 7$
$2^4 \equiv 1 \pmod 5$	$2^3 \equiv 1 \pmod 7$
$3^4 \equiv 1 \pmod 5$	$3^6 \equiv 1 \pmod 7$
$4^2 \equiv 1 \pmod 5$	$4^3 \equiv 1 \pmod 7$
	$5^6 \equiv 1 \pmod 7$
	$6^2 \equiv 1 \pmod 7$

따라서 위에서 소수 p에 대해서 p가 합동식

$$10^{\phi(p)} = 10^{p-1} \equiv 1 \pmod p$$

을 만족하는 가장 작은 수일 때 소수 7, 17, 19에 대하여 $\frac{1}{7}$, $\frac{1}{17}$, $\frac{1}{19}$의 순환마디의 길이가 최대가 된다는 것은 바꾸어 말하면 10이 mod7, mod17, mod19의 원시근일 때 각각 $\frac{1}{7}$, $\frac{1}{17}$, $\frac{1}{19}$의 순환마디의 길이가 최대가 된다고 할 수 있다.

유리수 $\frac{1}{p}$의 순환마디의 길이가 최대인 $\phi(p) = p-1$일 때, 소수 p를 주기 소수(Full Reptend Prime)[9)]라고 한다. 즉, 10이 p(p는 10과 서로소인 소수)의 원시근일 때 소수 p는 주기 소수가 된다. 한편, $\frac{1}{7}$의 순환마디 142857에 1, 2, 3, 4, 5, 6을 곱하면 각각

142857, 285714, 428571, 571428, 714285, 857142

로 순서는 바뀌지만 같은 숫자들이 나열됨을 볼 수 있다. 이와 같이 자리수가 $(n-1)$인 수에 1, 2, 3, …, $n-1$의 정수를 곱했을 때, 같은 숫자가 반복되는 수(순서는 바뀌어도 됨)를 주기수(cyclic number)라고 하는데, 주기수는 주기 소수에 의해서 생성된다. 즉, 주기 소수 p에 의해서 생성된 주기수의 주기는 순환소수 $\frac{1}{p}$의 순환마디의 길이와 같다. 따라서 이제는 순환마디의 길이와 주기를 혼용하여 쓰도록 하겠다. 앞에서 주기가 $p-1$인 순환소수 $\frac{1}{p}$를

8) L. K. Hua, *Introduction to Number Theory*, Springer-Verlag, Berlin, 1982.
9) http://mathworld.wolfram.com/FullReptendPrime.html

구했으므로 우리는 이미 주기가 $p-1$인 주기 소수를 몇 개 알고 있다. 1000 이하의 주기 소수는 다음과 같다.

아틴(Emil Artin)

7, 17, 19, 23, 29, 47, 59, 61, 97, 109, 113, 131, 149, 167, 179, 181, 193, 223, 229, 233, 257, 263, 269, 313, 337, 367, 379, 383, 389, 419, 433, 461, 487, 491, 499, 503, 509, 541, 571, 577, 593, 619, 647, 659, 701, 709, 727, 743, 811, 821, 823, 857, 863, 887, 937, 941[10]

이제 어떤 소수가 주기 소수인가라는 물음에 답할 수 있다. 앞에서는 어떤 소수 p가 주기 소수가 되려면 10이 p(p는 10과 서로소인 소수)의 원시근이어야 한다는 것까지 알아보았다. 그러나 아쉽게도 어떤 소수가 주기 소수인지 판단하는 일반적인 방법은 아직 알려지지 않았다. 단지 아틴(Emil Artin, 독일, 1898-1962)은 소수에 대한 주기 소수의 비가 0.3739558136…이라는 가설을 내놓았고, 이 수를 아틴 상수(Artin's constant)라고 한다.[11]

표 소수 순서에 따른 주기

소수	주기
3	1
7	6
11	2
13	6
17	16
19	18
23	22
29	28
31	15
37	3
41	5
43	21
47	46
53	13
59	58
61	60
67	33
71	35
73	8
79	13
83	41
89	44
97	96
101	4

이제 소수에 대한 주기 소수의 비를 몇 가지 경우에 대하여 구하여보자. 10^2, 10^3, 10^4, 10^8(1백, 1천, 1만, 1억) 이하의 주기 소수의 개수는 각각 9, 60, 467, 2165288 이고 소수의 개수는 각각 25, 168, 1229, 5761455이므로 소수와 주기 소수의 비는

$$10^2 \text{ 이하의 수 : } \frac{9}{25}=0.36$$

$$10^3 \text{ 이하의 수 : } \frac{60}{168}=0.357142857\cdots$$

$$10^4 \text{ 이하의 수 : } \frac{467}{1229}=0.379983726\cdots$$

$$10^8 \text{ 이하의 수 : } \frac{2165288}{5761455}=0.375823121\cdots$$

이다. 이를 그래프로 나타내면 다음과 같다.

10) http://www.research.att.com/cgi-bin/access.cgi/as/njas/sequences/eisA.cgi?Anum=A001913
11) http://mathworld.wolfram.com/CyclicNumber.html

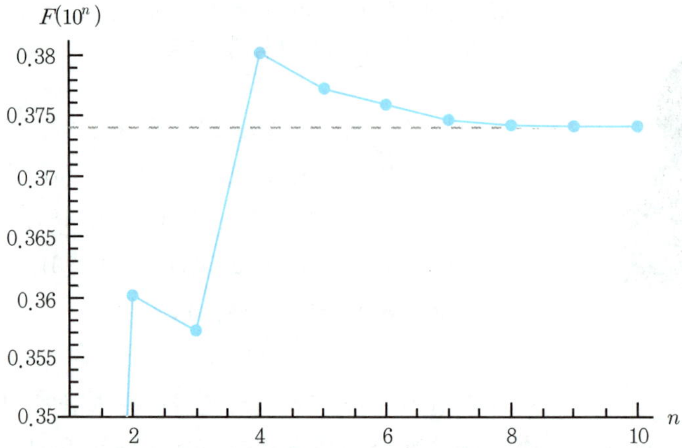

10^n 이하의 소수와 주기 소수의 비

순환마디에 대한 지금까지의 논의는 십진법이 아닌 다른 진법의 경우에도 적용되는데 수학자들은 기저(base)가 10이 아닌 일반적인 경우에 대하여도 연구하였다. 커닝햄(E. Cunningham, 영국, 1881-1977)은 1922년 2, 3, 5, 6, 7, 10, 11, 12진법으로 25409 이하의 소수의 주기를 발표하였고, 레머(D. Lehmer)는 다른 진법의 경우에 대해서 아틴의 가설을 확장하였다.

순환마디의 길이와 몇 가지 규칙

❶ 순환마디가 시작되는 위치와 순환마디의 길이

1 소수점 아래 둘째자리, 순환마디의 길이는 6

소수점 이하 넷째자리, 순환마디의 길이는 22

2 모든 자연수 n에 대하여 $\frac{1}{n}+\frac{1}{n+1}+\frac{1}{n+2}=\frac{3n^2+6n+2}{n(n+1)(n+2)}$이다.

$\frac{3n^2+6n+2}{n(n+1)(n+2)}$를 약분한 형태를 $\frac{a}{b}$라고 쓰기로 하자. 이때, $\frac{a}{b}$는 다음과 같은 성질을 갖는다.

첫째, 분모 b는 3으로 나누어 떨어진다. $3n^2+6n+2=3(n^2+2n)+2$는 3으로 나누어 떨어지지 않는 반면에 분모는 연속된 3개의 자연수의 곱이므로 분모 b는 3으로 나누어 떨어진다.

둘째, 분모 b는 2로 나누어 떨어진다. 만약 n이 홀수이면 분자 a는 홀수이고 분모 b는 짝수이다. 만약 n이 짝수이면 분자는 4로 나누어 떨어지지 않지만 n과 $n+2$가 모두 짝수이므로 분모는 4로 나누어 떨어진다. 따라서 분모 b는 2로 나누어 떨어진다.

첫 번째 성질에 의하여 $\frac{a}{b}$는 무한소수이다. 이제 $\frac{a}{b}$를 소수로 표현하였을 때, 순환마디의 길이가 L이고 소수점 아래에 순환마디가 아닌 부분이 없다고 가정하자.

그러면

$$\frac{a}{b}=\frac{a_1}{10}+\frac{a_2}{10^2}+\cdots+\frac{a_L}{10^L}+\frac{a}{10^L b}$$

이므로 b는 $10^L a-a=a(10^L-1)$을 나눈다. 이때, a와 b는 서로소이므로 b는 10^L-1을 나누어야 한다. 그런데 두 번째 성질에 의하면 b는 짝수이므로 홀수인 10^L-1을 나눌 수 없어 모순이다.

따라서 $\frac{1}{n}+\frac{1}{n+1}+\frac{1}{n+2}$를 소수로 나타내면 소수점 아래에 순환마디가 아닌 부분이 있다.

❷ 순환마디의 길이와 오일러 함수와의 관계

1

유리수 $\frac{1}{n}$	$l\left(\frac{1}{n}\right)$	$\phi(n)$
$\frac{1}{3}$	1	2
$\frac{1}{6}$	1	2
$\frac{1}{7}$	6	6
$\frac{1}{9}$	1	6
$\frac{1}{11}$	2	10
$\frac{1}{12}$	1	4

유리수 $\frac{1}{n}$	$l\left(\frac{1}{n}\right)$	$\phi(n)$
$\frac{1}{13}$	6	12
$\frac{1}{14}$	6	6
$\frac{1}{15}$	1	8
$\frac{1}{17}$	16	16
$\frac{1}{18}$	1	6
$\frac{1}{19}$	18	18

2

10과 p가 서로소이므로 오일러-페르마 정리[12]에 의해 $10^{\phi(p)}=10^{p-1}\equiv 1 \pmod p$을 만족한다. 주기 $l\left(\frac{1}{p}\right)$는 $10^{l\left(\frac{1}{p}\right)}\equiv 1 \pmod p$을 만족하는 가장 작은 수이므로 $l\left(\frac{1}{p}\right)$은 $\phi(p)=p-1$의 약수가 된다.

3

$n=p$ (홀수인 소수)이고 $l\left(\frac{1}{p}\right)$가 $10^{l\left(\frac{1}{p}\right)}\equiv 1 \pmod p$을 만족하는 가장 작은 수

12) 이 단계에서 오일러-페르마 정리와 작은 페르마 정리를 살펴보는 것은 매우 의미 있는 일이다. 두 정리를 증명 없이 소개하면 다음과 같다.
오일러-페르마 정리 : 정수 a와 자연수 n이 서로소일 때, 즉 $(a,\ n)=1$이면

$$a^{\phi(n)}\equiv 1 \pmod n.$$

작은 페르마 정리 : 모든 정수 a와 모든 소수 p에 대하여 $a^p\equiv a \pmod p$.

106-3

순환마디에서의 규칙

Keywords 순환소수, 순환마디, 주기소수, 미디(Midy) 정리

이제까지 순환마디의 길이가 분모와 어떤 관계를 가지는지 알아보았다. 여기에서는 두 유리수의 곱의 순환마디가 원래의 수의 순환마디와 어떤 관계를 가지는지 그리고 순환마디를 이루는 수들 사이에는 어떤 관계가 있는지 알아보고자 한다. 이 내용을 포함한 그동안의 논의는 십진법 체계가 아닌 다른 진법에서도 그대로 확장할 수 있다.

1 특별한 형태의 유리수 $\frac{1}{n\times m}$(n, m은 서로소)의 주기

7의 주기는 6, 17의 주기는 16이므로 $\frac{1}{7}$의 순환마디의 길이는 6, $\frac{1}{17}$의 순환마디의 길이는 16이다. 그러면 $\frac{1}{7\times 17}$의 순환마디의 길이는 $\frac{1}{7}$, $\frac{1}{17}$의 순환마디의 길이와 어떤 관계를 가질까? 이에 대하여 알아보자.

1 a, b가 서로소일 때, $\frac{1}{ab}$의 순환마디의 길이는 $\frac{1}{a}$, $\frac{1}{b}$의 순환마디의 길이와 특정한 관계를 가진다. 여러 개의 예를 통하여 이 관계를 추측해보아라.

주기(순환마디의 길이)는 10과 서로소인 분모에 의해서 결정되므로 n, m을 모두 10과 서로소라고 해도 일반성을 잃지 않는다. 이제 두 순환소수 $\frac{1}{n}$, $\frac{1}{m}$의 주기를 각각 A, B라 하면, A, B는 합동식

$$10^A \equiv 1 \pmod{n},\ 10^B \equiv 1 \pmod{m}$$

을 만족하는 가장 작은 수이다. 우리의 목적은

$$10^A \equiv 1 \pmod{n},\ 10^B \equiv 1 \pmod{m}\text{일 때,}$$
$$10^C \equiv 1 \pmod{n \times m}$$

을 만족하는 가장 작은 수 C를 구하는 것이다.

G와 L를 A, B의 최대공약수와 최소공배수라 하면, $A=aG$, $B=bG$, $L=aB=bA$(a, b는 서로소)로 나타낼 수 있다. n과 m은 각각 10^A-1과 10^B-1을 나누기 때문에 등식

$$\begin{aligned}10^L-1 &= 10^{aB}-1=(10^B-1)(10^{B(a-1)}+10^{B(a-2)}+\cdots+1)\\ &= 10^{bA}-1=(10^A-1)(10^{A(b-1)}+10^{A(b-2)}+\cdots+1)\end{aligned}$$

으로부터 n과 m은 10^L-1을 나눈다. 따라서 $n\times m$도 10^L-1을 나눈다. 즉, $10^L \equiv 1 \pmod{n\times m}$이다. 따라서 n, m이 서로소이면 $\frac{1}{n\times m}$의 주기는 $\frac{1}{n}$, $\frac{1}{m}$의 주기의 최소공배수이다.

이로부터 $\frac{1}{7\times 17}$의 주기는 $\frac{1}{7}$의 주기 6과 $\frac{1}{17}$의 주기 16의 최소공배수 48임을 알 수 있다.

2 다음 수의 순환마디의 길이를 구하여라.

(1) $\frac{1}{21}$　　　(2) $\frac{1}{253}$

한편, $\frac{1}{p^a q^b}$ (단, 10, p, q는 서로소, p, q는 소수)의 주기에 대한 정보를 알려면 오일러 함수의 성질을 이용하면 된다. 오일러 함수의 성질 중 다음 두 가지를 증명없이 소개하겠다.

- p가 소수일 때, $\phi(p^\alpha)=p^\alpha-p^{\alpha-1}$
- m, n이 서로소일 때, $\phi(m\times n)=\phi(m)\phi(n)$

이를 이용하면

$$\phi(p^aq^b)=\phi(p^a)\phi(q^b)=(p^a-p^{a-1})(q^b-q^{b-1})=p^{a-1}(p-1)q^{b-1}(q-1)$$

이 되어 $l\left(\frac{1}{p^aq^b}\right)$은 $p^{a-1}(p-1)q^{b-1}(q-1)$의 약수이다.

2 순환마디의 부분 사이의 관계

1836년 프랑스의 수학자 미디(E. Midy)는 유리수의 소수 표현에서 재미있는 결과를 얻었다. 분모가 소수인 기약분수를 소수로 표현하였을 때 순환마디의 길이가 $2k$이면 처음 k개의 수와 나중 k개의 수를 더한 값이 항상 일정한 형태를 갖는다는 것이다. 예를 들어, $\frac{3}{7}$을 소수로 나타내면

$$\frac{3}{7}=0.\overline{428571}$$

이고 이때, $428+571=999=10^3-1$로 3개의 9로 나타낸 수 999이다. 이를 미디의 정리라고 한다.

미디의 정리

p가 10과 서로소인 소수이고 m은 p와 서로소$(m<p)$라 하자. 만약 $\frac{m}{p}$의 순환마디의 길이가 $2k$(k는 양의 정수)일 때, 순환마디의 처음 k 자리를 A, 그 다음 k 자리를 B라고 하면 $A+B=10^k-1$이다.

위 정리는 다음과 같이 증명할 수 있다.

$\frac{m}{p}$의 순환마디의 길이를 $2k$라고 하였으므로

$$\frac{m}{p}=\frac{10^kA+B}{10^{2k}-1}=\frac{10^kA+B}{(10^k-1)(10^k+1)}$$

즉,

$$(10^kA+B)p=m(10^k-1)(10^k+1)$$

이다. p가 소수이므로 위의 식에서 p는 m, 10^k-1, 10^k+1 중에서 적어도 한 수를 나누어야 한다. 그런데 가정에 의해 m은 나눌 수 없다. 만약 p가 10^k-1을 나눈다면 $\frac{m}{p}$의 순환마디의 길이가 $2k$가 아니라 k가 되므로 p는 10^k-1을 나눌 수 없다. 따라서 p는 10^k+1을 나눈다. 따라서 다시 표현하면

$$(*) \qquad \frac{m(10^k+1)}{p} = \frac{10^kA+B}{10^k-1} = \frac{A(10^k-1)+A+B}{10^k-1} = A + \frac{A+B}{10^k-1}.$$

$10^k - 1 = 99\cdots 9$ (k개)이므로 A, $B \le 10^k - 1$이다. 따라서

$$A + B \le 2(10^k - 1).$$

이제 등식 $A+B=2(10^k-1)$이 성립한다고 가정하자. 그러면 $A=B=10^k-1$이 되어

$$10^kA + B = 10^k(10^k-1) + 10^k - 1 = 10^{2k} - 1 = 99\cdots 9 \ (2k\text{개})$$

를 의미한다. 따라서 $\frac{m}{p}=1$이 되어 모순이다. 따라서

$$A + B < 2(10^k - 1)$$

이다. 그런데 식 (*)에서 p가 10^k+1를 나누므로 $\frac{m(10^k+1)}{p}$은 자연수이어야 하는데 A가 자연수이므로 $\frac{A+B}{10^k-1}$도 반드시 자연수이어야 한다. 따라서 $A+B=10^k-1$이다.

한편, 긴스버그(Brian D. Ginsberg)는 2004년 순환마디의 길이가 $3k$인 경우로 이것을 일반화하였다.[13] 이를 다음에서 알아보자.

1 10과 서로소인 소수 p에 대하여 유리수 $\frac{1}{p}$의 순환마디의 길이가 $3k$ (k는 양의 정수)일 때, 순환마디에서 성립하는 규칙을 찾아보아라.

3 $\frac{1}{p}$(p는 주기 소수)의 순환마디를 구성하는 수 사이의 관계

주기 소수 p에 대해서, $\frac{1}{p}$의 주기가 $p-1$임을 알았다. 이때, 순환마디를 이루는 $p-1$개의 구성원들 사이의 관계는 무엇인가? 이 질문의 답은 두 가지로

13) Brian D. Ginsberg, *Midy's (Nealy) Secret Theorem – An Extension After 165 Years*, The College Mathematics Journal, Vol. 35, No. 1, January 2004.

주어진다.

첫째, $p \equiv 3 \pmod 4$를 만족하는 주기 소수 p에 대하여, $\frac{1}{p} = 0.\overline{a_1 a_2 \cdots a_{p-1}}$ 일 때,

(*) $\quad a_1 + a_3 + \cdots + a_{p-2} < a_2 + a_4 + \cdots + a_{p-1}$

가 성립하고 양변의 차는 11의 배수이다.

둘째, $p \equiv 1 \pmod 4$를 만족하는 주기 소수 p에 대하여, $\frac{1}{p} = 0.\overline{a_1 a_2 \cdots a_{p-1}}$ 일 때,

(**) $\quad a_1 + a_3 + \cdots + a_{p-2} = a_2 + a_4 + \cdots + a_{p-1} = 9 \times \frac{p-1}{4}$

첫 번째 성질의 예를 들면, $p = 47$이라고 하면,

$\frac{1}{47} = 0.\overline{0212765957446808510638297872340425531914893617}$, $l\left(\frac{1}{47}\right) = 46$

에서 $a_1 + a_3 + \cdots + a_{45} = 76 < a_2 + a_4 + \cdots + a_{46} = 131$이고 그 차는 $131 - 76 = 5 \times 11$이다. 두 번째 성질의 예를 들면, $p = 17$인 경우, $\frac{1}{17} = 0.\overline{0588235294117647}0$이고

$$a_1 + a_3 + \cdots + a_{15} = a_2 + a_4 + \cdots + a_{16} = 36 = 9 \times \frac{17-1}{4}$$ [14)]

순환마디를 구성하는 수 사이의 관계에 대한 두 가지 내용을 증명하기 위해서는 두 가지 고급 수학용어가 필요하다. 하나는 르장드르 기호이고 또 다른 하나는 판별식 d를 갖는 원시형식으로 구성된 유한개의 집합들의 개수 $h(d)$이다. 다음은 위의 두 가지 정리에 대한 증명이다.

먼저 르장드르 기호에 대하여 살펴보자 : 르장드르 기호는 p와 k가 서로소일 때,

$$\left(\frac{k}{p}\right) = \begin{cases} 1 & k \equiv j^2 \pmod p \text{인 정수 } j\text{가 존재할 때} \\ -1 & \text{그렇지 않을 때} \end{cases}$$

14) Kurt Girstmair, A "*Popular*" *Class Number Formula*, The Mathematical Monthly, Vol. 101. Number 10 / December 1994.

를 말한다. 르장드르 기호는 다음과 같은 성질[15)]을 갖는다.

(a) g가 p의 원시근일 때, $\left(\frac{g}{p}\right)=-1$.

(b) $k\equiv j \pmod{p}$이면 $\left(\frac{k}{p}\right)=\left(\frac{j}{p}\right)$.

(c) p로 나누어지지 않는 k와 j에 대해서 $\left(\frac{kj}{p}\right)=\left(\frac{k}{p}\right)\left(\frac{j}{p}\right)$.

이번에는 판별식 d를 갖는 원시형식으로 구성된 유한개의 집합들의 개수 $h(d)$에 대하여 알아보자 : 고정된 정수 a, b, c에 대해서

$$F=F(x,y)=ax^2+bxy+cy^2 \text{ 혹은 } F=a,b,c$$

를 동차이차형식, 혹은 간단히 형식이라 하고

$$d=b^2-4ac$$

를 판별식이라 한다. 특히, a, b, c의 최대공약수가 1일 때, F를 원시형식이라 부른다. 한편 변환

$$x=rX+sY,\ y=tX+uY\ (r,\ s,\ t,\ u : \text{정수},\ ru-st=1)$$

에 의해 형식 $F(x,\ y)$가 형식 $G(X,\ Y)$로 변형되었을 때, 두 형식 F와 G를 동형이라 하고 $F\sim G$로 나타낸다. 주목할 점은 동형인 형식들의 판별식은 같다는 것이다. 따라서 판별식 d를 갖는 형식들의 집합은 유한개의 집합로 분할된다. 각 집합 안에 있는 형식들은 동형이지만 서로 다른 두 집합에서 취한 두 형식은 동형이 아니다.

판별식 d를 갖는 원시형식으로 구성된 유한개의 집합들의 개수를 $h=h(d)$로 표시한다.

집합들의 개수 h에 관해 디리클레 식[16)]

$$h=-\sum_{k=1}^{p-1}\left(\frac{k}{p}\right)\frac{k}{p},\ \text{여기서 } p\geq 7,\ p\equiv 3 \pmod{4}$$

이 유명하다.

두 정리를 증명해 보자. p는 주기 소수, 즉 10은 p의 원시근이다. 따라서 르장드르 기호 성질(a)에 의해 $\left(\frac{10^k}{p}\right)=\left(\frac{10}{p}\right)^k=(-1)^k$이다. $k=0,\ 1,\ 2,\ \cdots$에 대해 $x_k\in\{0,\ 1,\ \cdots,\ p-1\}$를 $x_k\equiv 10^k \pmod{p}$로 정의하자. 그러면 다음을 얻는다.

15) L. K. Hua, *Introduction to Number Theory*, Springer-Verlag, Berlin, 1982.
16) L. K. Hua, *Introduction to Number Theory*, Springer-Verlag, Berlin, 1982, p. 300.

$$h=-\sum_{k=1}^{p-1}\left(\frac{k}{p}\right)\frac{k}{p}=-\sum_{k=1}^{p-1}\left(\frac{10^k}{p}\right)\frac{x_k}{p}=\sum_{k=1}^{p-1}(-1)^{k+1}\frac{x_k}{p}.$$

이를 이용하면

$$\begin{aligned}11h=(10+1)h&=\sum_{k=1}^{p-1}(-1)^{k+1}\frac{10x_k}{p}-\sum_{k=1}^{p-1}(-1)^k\frac{x_k}{p}\\&=\sum_{k=1}^{p-1}(-1)^k\,\frac{10x_{k-1}-x_k}{p}\end{aligned}$$

$b_k=\dfrac{10x_{k-1}-x_k}{p}$ $(k\geq 1)$라 놓으면, $10x_{k-1}\equiv 10^k\equiv x_k(\mathrm{mod}p)$이기 때문에 b_k는 정수이다. 또한 $b_k\in\{0,\ 1,\ 2,\ \cdots,\ 9\}$. 왜냐하면, 한편으로 $\dfrac{x_{k-1}}{p}<1$이면 $b_k<10$이고, 다른 한편으로 $-\dfrac{x_k}{p}>-1$이면 $b_k>-1$이기 때문이다. 마지막으로

$$\begin{aligned}0.\overline{b_1b_2\cdots b_{p-1}}&=\sum_{k=1}^{\infty}\frac{b_k}{10^k}=\frac{1}{p}\left(\sum_{k=1}^{\infty}\frac{x_{k-1}}{10^{k-1}}-\sum_{k=1}^{\infty}\frac{x_k}{10^k}\right)\\&=\frac{1}{p}\left(x_0-\frac{1}{10}x_1\right)+\left(\frac{1}{10}x_1-\frac{1}{10^2}x_2\right)+\cdots\\&=\frac{1}{p}x_0=\frac{1}{p}\end{aligned}$$

즉 $b_k=a_k$(순환마디의 구성원)이다. 따라서

$$\sum_{k=1}^{p-1}(-1)^k a_k=(a_2+a_4+\cdots+a_{p-1})-(a_1+a_3+\cdots+a_{p-2})=11h>0.$$

첫 번째 내용이 증명되었다.

위의 증명에서 보듯이 등식

$$a_k=\frac{10x_{k-1}-x_k}{p}\quad(k\geq 1)$$

는 $p\equiv 1$ (mod4)인 p에 대해서도 성립한다. $n=\dfrac{p-1}{2}$이라 놓으면

$$10^n\equiv -1\ \ (\mathrm{mod}p).$$

왜냐하면 $1\equiv 10^{p-1}=(10^n)^2$ (mod$p$)이고 p가 주기 소수이므로 $10^n n\equiv 1$ (mod$p$). 따라서 $x_{n+k}\equiv -x_k(\mathrm{mod}p)$, 즉 $x_{n+k}=p-x_k(k\geq 0)$이다. 이로부터 모든 $k\geq 1$에 대하여

$$a_{n+k}=\frac{10x_{n+k-1}-x_{n+k}}{p}=\frac{10(p-x_{k-1})-(p-x_k)}{p}$$
$$=10-1-\frac{10x_{k-1}-x_k}{p}=9-a_k$$

즉 $a_{n+k}+a_k=9$를 얻는다. $p\equiv 1 \pmod 4$이기 때문에 n은 짝수이고

$$\begin{aligned}a_1+a_3+\cdots+a_{p-2}&=a_1+a_3+\cdots+a_{n-1}+a_{n+1}+\cdots+a_{2n-1}\\&=(a_1+a_{n+1})+(a_3+a_{n+3})+\cdots+(a_{n-1}+a_{2n-1})\\&=9\times\frac{n}{2}=9\times\frac{p-1}{4}\end{aligned}$$

를 얻는다. 마찬가지로,

$$\begin{aligned}a_2+a_4+\cdots+a_{p-1}&=a_2+a_4+\cdots+a_{n-2}+a_n+a_{n+2}+\cdots+a_{2n}\\&=(a_2+a_{n+2})+(a_4+a_{n+4})+\cdots+(a_n+a_{2n})\\&=9\times\frac{n}{2}=9\times\frac{p-1}{4}\end{aligned}$$

를 얻는다. 따라서 두 번째 내용이 증명되었다.

※ 위의 두 정리는 기저 10을 기저 g (단, $2\le g$는 p의 원시근)로 확장된다.[17)]

17) Kurt Girstmair, A "*Popular*" *Class Number Formula*, The Mathematical Monthly, Vol. 101. Number 10 / December, 1994.

순환마디에서의 규칙

❶ 특별한 형태의 유리수 $\frac{1}{n\times m}$(n, m은 서로소)의 주기

1 (1) $1\times6=6$ (2) $22\times2=44$

❷ 순환마디의 부분 사이의 관계

1 순환마디를 순서대로 k 자리씩 각각 A, B, C라고 하면 $A+B+C=10^k-1$이다.

106-4 왼쪽으로 가는 순환수

Keywords 순환소수, 순환수, 합동식

순환소수 $0.\bar{9} = 0.9999\cdots$ 에서는 9가 오른쪽으로 무한히 이어진다. 그러면 왼쪽으로 무한히 이어지는 순환수는 어떤 수일까? 즉, $\cdots\ 9999 = \tilde{9}$ 란 무엇인지 생각해보자[18].

1 순환소수 $\dot{9}$를 분수로 고치는 방법대로 $\cdots\ 9999 = \tilde{9}$를 분수로 나타내어 보자.

위와 다른 계산방법을 사용해보자. 예를 들면, $\tilde{9}$의 값을 구하기 위하여 다음 두 경우를 생각해보자.

$y = \tilde{9}$ 이라고 놓으면 $3y = 3(\cdots 9999) = (\cdots 9997) = (\cdots 9999) - 2 = y - 2$ 이므로 $y = -1$을 얻는다. 한편 $y + 1 = (\cdots 9999) + 1 = (\cdots 0000) = 0$ 이므로 $y = -1$을 얻는다.

그러면 우리는 $\cdots\ 9999 = \tilde{9} = -1$을 어떻게 인식해야 하는가?

그 의미는 자동차의 계기판에서 찾을 수 있다. 계기판에서 999999 다음의 주행거리는 0이다. 즉,

$$999999 + 1 = 0$$
$$999999 = -1$$

이다.

18) Paul Fjelstad, *The repeating integer paradox*, The College Mathematics Journal, 1995. Vol 26, No. 1, p. 11~15

1 합동식에서의 유리수 표현

계산을 편리하게 하기 위하여 10을 0으로 보는 mod 10 계산에 대하여 알아보자. 이는 10개의 원소로 이루어진 수체계로 등호는 $\equiv_{10}$을 사용하자.

정 의 $a \equiv_{10} b \Leftrightarrow a-b=10k$ (여기서 k는 적당한 정수)

$p \Rightarrow q$, $p \Leftrightarrow q$

'$p \Rightarrow q$'는 p이면 q이다. 라는 명제가 참임을 나타내는 기호이다. '$p \Leftrightarrow q$'는 $p \Rightarrow q$와 $q \Rightarrow p$가 모두 참임을 나타낸다.

예를 들어

$$14 \equiv_{10} 4,\ 28 \equiv_{10} 8,\ -19 \equiv_{10} 1,\ 10 \equiv_{10} 0$$

처럼 두 수 a, b의 차이가 10의 배수이면 $a \equiv_{10} b$로 나타내자. 따라서 모든 수는 mod 10 계산에 의하여

$$0,\ 1,\ 2,\ \cdots,\ 8,\ 9$$

이다.

한편, $3 \times 7 = 21 \equiv_{10} 1$이므로 이를 분수로 표현하면 $3 \equiv_{10} \frac{1}{7}$이다. 이때, 5처럼 10과 서로소가 아닌 수의 역원은 존재하지 않으며 3과 같이 10과 서로소인 수만 역원을 갖는다. 그 이유를 설명해보자.

> p, q가 10과 서로소일 때,
>
> $$\frac{l}{p} \equiv_{10} \frac{m}{q} \Leftrightarrow lq \equiv_{10} mp$$

예를 들어, $4=\frac{4}{1}$를 유리수로 나타내면 다음과 같다.

$$\frac{4}{11},\ 9\frac{5}{7},\ 1\frac{1}{7},\ -\frac{2}{7}$$

1 $4=\frac{4}{1}$을 나타내는 다른 유리수 표현을 4개 찾아보아라.

이제 앞에서 사용한 10을 일반적인 거듭제곱 10^n에 대하여 생각해보자.

mod 10^n 계산에 쓰이는 숫자는 모두 10^n개로 $\{0, 1, 2, \ldots, 10^n-2, 10^n-1\}$이다. 이 때, 1, 3, 7, 9 처럼 10^n과 서로소인 수는 곱에 관한 역원을 가지며 이를 분모로 하는 분수를 앞에서 한 것처럼 정의할 수 있다. 즉,

$$\frac{l}{p} \equiv_{10^n} \frac{m}{q} \quad \Leftrightarrow \quad lq \equiv_{10^n} mp \quad \Leftrightarrow \quad lq-mp\text{는 } 10^n\text{의 배수}$$

아래의 계산에 의해서 mod 10^6 계산에서 4를 $333337\frac{1}{3}$, $142861\frac{1}{7}$로 나타낼 수 있다.

$$333337\frac{1}{3} = \frac{1000012}{3} \equiv_{10^6} \frac{4}{1}$$
$$142861\frac{1}{7} = \frac{1000028}{7} \equiv_{10^6} \frac{4}{1}$$

2 mod 10^6 계산에서 $4=\frac{4}{1}$를 나타내는 다른 유리수 표현을 2개 찾아보아라.

2 왼쪽으로 가는 순환수의 값

왼쪽으로 가는 순환수의 값을 구하기 위하여 먼저 다음과 같이 6개의 숫자로 이루어진 수를 mod 10^6 계산을 이용하여 그 값을 나타내어보자.

$${}^{6}\overleftarrow{27} = 272727, \quad {}^{6}\overleftarrow{1234567} = 234567$$[19]

■ ${}^{6}\overleftarrow{27} = 272727$일 때,

$$10^2 \times {}^{6}\overleftarrow{27} = 27272700 \equiv_{10^6} 272700 = {}^{6}\overleftarrow{27} - 27$$

따라서

$${}^{6}\overleftarrow{27}\,(10^2-1) \equiv_{10^6} -27,$$

19) 이 표현은 순환수에서 오른쪽부터 6개의 수만을 택한 수이다.

$$^{6}\overleftarrow{27} \equiv_{10^6} \frac{-27}{10^2-1}$$

이다.

■ $^{6}\overleftarrow{1234567} = 234567$일 때,

$$10^7 \times {}^{6}\overleftarrow{1234567} = 2345670000000 \equiv_{10^6} 0 \equiv_{10^6} -1000000$$
$$= {}^{6}\overleftarrow{1234567} - 1234567$$

따라서

$$^{6}\overleftarrow{1234567}\,(10^7-1) \equiv_{10^6} -1234567,$$
$$^{6}\overleftarrow{1234567} \equiv_{10^6} \frac{-1234567}{10^7-1}$$

이제 순환수의 값을 구하는 일반적인 식을 구현해보고 오른쪽으로 가는 순환소수[20])를 분수로 표현했던 방법과 비교해보자.

$13579 = a_4 a_3 a_2 a_1 a_0$ 로 일의 자리부터 $a_0 = 9$로 출발하여 표시하자. 이때 자리수가 5자리이므로 이를 $13579 = a_4 a_3 a_2 a_1 a_0 = a(5)$로 표시하면 편리하다. 따라서 다음 식을 얻는다.

$$^{n}\overleftarrow{a(k)} \equiv_{10^n} \frac{-a(k)}{10^k-1}$$

위 식에서 오른쪽은 $n(=6)$과 관계가 없음을 위의 두 예에서 알 수 있다. 따라서 다음과 같은 새로운 정의를 내리자.

$$\overleftarrow{a(k)} = \frac{-a(k)}{10^k-1}$$

이때,

$$\overleftarrow{9} = -\frac{9}{9} = -1,$$

20) [206-1 순환소수와 순환마디의 길이] 참고

$$\overleftarrow{27} = \frac{-27}{10^2-1} = -\frac{3}{11},$$

$$\overleftarrow{12345} = \frac{-12345}{10^5-1} = -\frac{4115}{33333}$$

물론 이 계산은 $n=6$일 때, mod 10^6 계산과 동일하다. 즉,

$${}^{6}\overleftarrow{9} = 999999 \equiv_{10^6} -1$$

$${}^{6}\overleftarrow{27} = 272727 \equiv_{10^6} -\frac{3}{11} \quad (\text{여기서 } 272727 \times 11 + 3 = 3000000)$$

$${}^{6}\overleftarrow{12345} = 512345 \equiv_{10^6} -\frac{4115}{33333}$$

$$(\text{여기서 } 512345 \times 33333 + 4115 = 17078000000)$$

1 다음 왼쪽으로 가는 순환수들의 값을 구하여라.

(1) $\overleftarrow{2717}$

(2) $\overleftarrow{211}$

(3) $\overleftarrow{1211}$

(4) $\overleftarrow{1121}$

(5) $\overleftarrow{31121}$

3 모듈 10 유리수

앞 절에서 순환마디의 길이가 k인 순환수의 값을 다음과 같이 정의하였다.

$$\overleftarrow{a(k)} = \frac{-a(k)}{10^k-1}$$

이 값을 모듈 10 유리수라 부르자. 이 값은 구간 $[-1,0]$에 놓여 있다. 그러나 구간 $[-1,0]$ 밖에 있는 모듈 10 유리수도 순환수로 표현할 수 있다. 예를 들면,

$$1\frac{7}{11} = 1+\frac{7}{11} = 2-\left(1-\frac{7}{11}\right) = 2-\frac{4}{11} = 2-\frac{36}{99} = 2-\overleftarrow{36} = 2-\overleftarrow{6}36 = \overleftarrow{6}38$$

과 같다. 실제 구간 $[-1,0]$ 밖에 있는 모듈 10 유리수를 순환수로 표현하는

방법은 여러 가지가 있다. 예를 들어, 다음 값들은 모두 같다.

$$1\frac{7}{11},\ \overleftarrow{638},\ -\overleftarrow{362},\ 274\frac{11}{4},\ -\overleftarrow{271}\frac{1}{11},\ \overleftarrow{6971}\frac{1}{3},\ \overleftarrow{3506495}\frac{1}{7}$$

1 위 수들이 모두 같음을 확인하여라.

기하급수

$\sum_{k=0}^{\infty} ar^n$ 과 같이 등비수열의 합으로 주어지는 무한급수

발산

무한급수의 합이 수렴(특정한 유한값을 가짐)하지 않는 경우

지금까지 논의한 형식적인 계산에 의하면, 발산하는 기하급수

$$\sum_{k=0}^{\infty} 9 \cdot 10^k = 9 + 9 \cdot 10 + 9 \cdot 10^2 + \cdots = \cdots 999 = \widetilde{9}$$

는 $\overleftarrow{9} = -\frac{9}{9} = -1$(모듈 10 유리수)이다. 그리고 모든 n에 대하여 이 급수의 n번째 항까지의 부분합 $^{n}\overleftarrow{9}$ 은 모듈 10 유리수 -1과 $\mathrm{mod}\,10^n$ 으로 합동이다. 즉, $-1 \equiv_{10^n} {}^{n}\overleftarrow{9}$이다. 마찬가지로 발산하는 기하급수

$$\sum_{k=0}^{\infty} 36 \cdot 10^{2k} = 36 + 36 \cdot 10^2 + 36 \cdot 10^4 + \cdots = \cdots 363636 = \widetilde{36}$$

은 $\overleftarrow{36} = -\frac{36}{99} = -\frac{4}{11}$(모듈 10 유리수)이고 모든 n에 대하여 이 급수의 n번째 항까지의 부분합 $^{n}\overleftarrow{36}$은 모듈 10 유리수 $-\frac{4}{11}$와 $\mathrm{mod}\ 10^n$ 으로 합동이다. 즉, $-\frac{4}{11} \equiv_{10^n} {}^{n}\overleftarrow{36}$이다. 이 단계에서 우리는 다음과 같이 이야기할 수도 있다.

"발산하는 기하급수는 모듈 10 유리수와 $\mathrm{mod}\ 10^{\infty}$ 으로 합동이다."

모듈 10 유리수의 개념과 유사한 다른 개념이 있다. 그것은 거리 측정의 도구를 절대값 함수 $|\ |$를 사용하는 것이 아니라 10진-절대값 함수 $|\ |_{10}$를 사용하는 것이다. 10진-절대값 함수 $|\ |_{10}$의 정의는 다음과 같다.

정수 k에 대하여, $10^n | k$, $10^{n+1} \nmid k$ (k를 나누는 가장 큰 10의 멱이 10^n)일 때 $|k|_{10} = 10^{-n}$

이 정의를 사용하면

$$|{}^{n}\overleftarrow{9} - (-1)|_{10} = |10^n|_{10} = 10^{-n} \to 0 \ \ (n \to \infty)$$

즉, 거리를 10진-절대값 함수 $|\ |_{10}$을 사용하여 측정하면 n 부분 합 $^{n}\overleftarrow{9}$은 $^{n}\overleftarrow{9}=-1$로 수렴한다. 일반적으로, 거리를 절대값 함수 $|\ |$를 사용하여 측정하면

$$|^{n}\overleftarrow{a(k)}-\overleftarrow{a(k)}|\to\infty\ (n\to\infty)$$

가 되어 기하급수는 발산하지만 거리를 10진-절대값 함수 $|\ |_{10}$ 을 사용하여 측정하면

$$|^{n}\overleftarrow{a(k)}-\overleftarrow{a(k)}|_{10}\to 0\,(n\to\infty)$$

가 되어 기하급수는 수렴한다.

이 시점에서 모듈 10 유리수 개념은 소수 p에 대하여 '모듈 p 유리수' 개념과 'p-진 절대값 함수 $|\ |_{p}$' 개념으로 확장 가능성을 감지할 수 있다. 참고로 p-진 수 이론은 그 자체로도 중요한 이론이지만 특히 디오판토스 방정식에 매우 중요한 역할을 한다.

왼쪽으로 가는 순환수

1 $y=\tilde{9}$라고 하면 $10y=\tilde{9}0=\tilde{9}-9=y-9$, $y=-1$

❶ 합동식에서의 유리수 표현

1 $\frac{4}{11}$, $9\frac{5}{7}$, $1\frac{1}{7}$, $-\frac{2}{7}$

2 $333337\frac{1}{3}=\frac{1000012}{3}\equiv_{10^6}\frac{4}{1}$, $142861\frac{1}{7}=\frac{1000028}{7}\equiv_{10^6}\frac{4}{1}$

❷ 왼쪽으로 가는 순환수의 값

1 (1) $\overleftarrow{2717}=-\frac{2717}{10^4-1}=-\frac{247}{909}$

(2) $\overleftarrow{211}=-\frac{211}{10^3-1}=-\frac{211}{999}$

(3) $\overleftarrow{31121}=-\frac{31121}{10^5-1}=-\frac{31121}{99999}$

107

몫과 나머지

• **교육과정**
중 1_ 수와 연산, 자연수
중 2_ 문자와 식, 식의 계산
고 1_ 문자와 식

주제 1	몫과 나머지
Keywords	자연수, 짝수, 홀수, 소수, 합성수, 거듭제곱수
주제 2	연분수
Keywords	자연수, 짝수, 홀수, 소수, 합성수, 거듭제곱수
주제 3	도미노
Keywords	자연수, 도미노, 피보나치 수, π

우리가 흔히 사용하는 엘리베이터, 자동판매기, 컴퓨터 프로그램 등에는 알고리즘이 있다. 알고리즘이란 이름은 십진 계산법을 고안한 아라비아의 수학자 알콰리즈미(Alkharizmi, 780-850)의 이름에서 유래한 것으로 주어진 문제를 해결하는 유한 절차를 말한다.

만약 어떤 문제가 있을 때, 그 문제를 해결하는 알고리즘을 만들어낸다면 대부분의 경우 문제는 이미 해결된 것이나 마찬가지라고 볼 수 있다.

수학에서 가장 많이 쓰이는 알고리즘은 고대 그리스 시대에 만들어진 주어진 두 정수의 최대공약수를 구하는 유클리드 알고리즘(Euclidean algorithm, 몫과 나머지)이다. 여기에서는 유클리드 알고리즘을 이용한 여러 가지 응용을 다룬다.

주제 1에서는 약수, 배수, 소수, 최대공약수, 최소공배수 등의 개념을 알아보고, 두 정수의 최대공약수를 구하는 유클리드 알고리즘의 내용과 그 응용을 다룬다.

주제 2에서는 유클리드 알고리즘을 이용하여 유리수, 무리수를 연분수로 나타내어보고 유리수와 무리수의 차이점을 파악하려고 한다. 실제로 연분수는 어떤 수가 유리수인지 무리수인지 판단하는 리트머스지가 될 수 있다.

주제 3에서는 도미노와 타일을 이용하여 연분수의 특징을 탐구하여 이 장에서의 학습 내용을 통일적으로 이해할 수 있는 기회를 마련하였다.

107-1

몫과 나머지

Keywords 자연수, 짝수, 홀수, 소수, 합성수, 거듭제곱수

몫과 나머지라는 말은 나눗셈을 할 때 흔히 사용하는 용어이다. 20을 3으로 나누면 몫은 6, 나머지는 1이다. 이와 같이 우리는 몫과 나머지를 서로 분리된 용어로 사용하는데, 이것을 하나의 용어로 생각하면 수학에서 가장 널리 알려진 알고리즘인 유클리드 알고리즘[1)]을 말하게 된다. 즉, 나눗셈을 거듭하는 과정을 몫과 나머지라고 하면 그것은 최대공약수를 구하는 알고리즘인 유클리드 알고리즘을 뜻한다.

여기에서는 약수, 배수, 소수, 최대공약수, 최소공배수 등의 개념을 알아보고, 두 정수의 최대공약수를 구하는 유클리드 알고리즘의 내용과 그 응용을 알아보자. 특별한 언급이 없는 한 여기서 사용하는 모든 문자는 정수로 간주한다.

1 정수의 나눗셈

$a=bq$ $(b \neq 0)$일 때, 혹은 a가 b로 나누어떨어질 때, a는 b의 배수(multiple), b는 a의 약수(divisor)라 한다. a가 b로 나누어떨어지는 것을 기호 $b|a$로 표시한다. 다시 말하면,

$$b\text{는 } a\text{의 약수} \Leftrightarrow b|a \Leftrightarrow a\text{는 } b\text{의 배수}$$

1 2의 배수 2, 4, -12의 일차결합 $2\times3+4\times(-7)+(-12)\times9$은 다시 2의 배수이다. 일반적으로, 다음이 성립함을 보여라.

$$b|a_1,\ a_2,\ \cdots,\ a_n \Rightarrow b|a_1x_1+a_2x_2+\cdots+a_nx_n$$

일차결합

$a_1x_1+\cdots+a_nx_n$을 x_1, x_2, $\cdots$, x_n의 일차결합이라고 한다. (단, a_i는 상수)

1) 유클리드 호제법이라고도 한다.

2 정수 a의 배수는 무수히 많다. 그러나 a의 약수는 유한개이다. 그 이유를 설명하여라.

정수의 나눗셈에서 정수의 부호는 생각할 필요가 없기 때문에 여기에서 사용하는 문자는 모두 양의 정수로 간주한다.
정수는 약수의 개수에 따라 다음 네 종류로 분류된다.

0 : 0이 아닌 정수로 나누어떨어지므로, 무한개의 약수를 갖는다.
1 : 1 이외의 약수는 갖지 않는다. 즉, 하나의 약수를 갖는다.
소수 : 자기 자신과 1만을 약수로 갖는 수이다. 즉, 두 개의 약수를 갖는다.
합성수 : 세 개 이상의 약수를 갖는다.

3 합성수 n에 대해서 다음을 보여라.

(1) n의 약수에 대하여 1이 아닌 약수 중에서 최소의 약수는 항상 소수이다.

(2) n의 약수에 대하여 1이 아닌 약수 중에서 최소의 약수를 a라 하면 $a^2 \leq n$이다.

0이 아닌 정수 n은 유한개의 서로 다른 소수 $p_1,\ p_2,\ \cdots,\ p_r$의 거듭제곱의 곱으로 표현된다. 즉, 모든 정수는 유일한 소인수분해를 갖는다.

$$n = p_1^{e_1} p_2^{e_2} \cdots\ p_r^{e_r}\ (e_1,\ e_2,\ \cdots,\ e_r\ :\ \text{자연수})$$

4 다음 수를 소인수분해하여라.

121=

12321=

1234321=

123454321=

12345654321=

5 약수에 대하여 다음 물음에 답하여라.

(1) 360을 소인수분해한 후, 360의 약수의 개수 $T(360)$과 360의 약수의 총합 $S(360)$을 구하여라.

(2) 일반적으로, $n = p_1^{e_1} p_2^{e_2} \cdots p_r^{e_r}$ ($e_1,\ e_2,\ \cdots,\ e_r$: 자연수)일 때, $T(n)$과 $S(n)$을 구하는 식을 만들어라.

6 $6=2\cdot3$ 이므로 $T(6)=(1+1)(1+1)=4$, 즉 6의 약수는 4개(1, 2, 3, 6)이다. 이 약수들의 곱은 $1\cdot2\cdot3\cdot6=36=6^2=6^{T(6)/2}$으로 주어진다. 위 5 에 주어진 360의 약수들의 곱은 얼마인가? 일반적으로 자연수 n의 모든 약수들의 곱은 어떻게 주어지는가?

2 유클리드 알고리즘과 최대공약수

양의 정수 a, b에 대하여, a를 b로 나누었을 때를

$$a=qb+r,\ 0\le r<b$$

로 표시한다. 이때, q를 몫, r을 나머지라 부른다. 즉, 정수 a, $b(b\neq0)$에 대하여

$$a=qb+r,\ 0\le r<|b|$$

를 만족하는 정수 q, r이 유일하게 존재한다.
두 정수 3654, 1365에 몫과 나머지를 연속하여 적용해보자.

$$\begin{aligned}3654 &= 1365\times2+924\\ 1365 &= 924\times1+441\\ 924 &= 441\times2+42\\ 441 &= 42\times10+21\\ 42 &= 21\times2+0\end{aligned}$$

이와 같이 몫과 나머지를 연속하여 적용하는 것이 궁극적으로 무엇을 말하는지

매우 큰 두 수의 최대공약수는 어떻게 구하는가?
나눗셈의 횟수는 대략 얼마인가?

라는 관점에서 알아보자.
두 개 이상의 정수 a, b, c, $\cdots$의 공통인 배수를 공배수(common multiple)라 부른다. 공배수 0을 제외하면, 공배수 중에서 가장 작은 공배수가 존재한다. 이 공배수를 최소공배수(least common multiple)라 부른다. 특히, 두 정수 a, b가 공약수를 갖지 않을 때, 즉 $(a, b)=1$일 때, a, b를 서로소(relatively prime)라 한다.

두 정수 a, $b(a \neq 0)$에 대해서

$$a \mid b \Leftrightarrow b\text{는 } a\text{의 배수}$$
$$\Leftrightarrow a\text{는 } b\text{의 약수}$$
$$\Leftrightarrow ax = b\text{를 만족하는 정수해 } x\text{가 존재한다.}$$

두 정수 a, b의 최대공약수를 $(a,\ b)$로 나타내자. 만약

$$a = qb + c \ (q \text{ 정수, } 0 \le c < |b|)$$

이면 a와 b의 최대공약수는 a와 b를 모두 나누고 $c = a - qb$이므로 a와 b의 최대공약수는 c도 나눈다. 즉, a와 b의 최대공약수는 b와 c의 공약수이다. 공약수는 최대공약수의 약수이므로 a와 b의 최대공약수는 b와 c의 약수이다. 즉,

$$(a,\ b) \mid (b,\ c)$$

이다. 또한 b와 c의 최대공약수는 b와 c를 모두 나누고 $a = qb + c$이므로 b와 c의 최대공약수는 a도 나눈다. 즉, b와 c의 최대공약수는 a와 b의 공약수이므로 b와 c의 최대공약수는 a와 b의 약수이다. 즉,

$$(b,\ c) \mid (a,\ b)$$

이다. 따라서 다음과 같은 결론을 얻는다.

$$a = qb + c \ (q \text{ 정수, } 0 \le c < b)\text{이면 } (a,\ b) = (b,\ c)$$

다시 b를 c로 나누었을 때 나머지를 d라 하면, $(b,\ c) = (c,\ d)$이다. 이와 같이 계속해 나가면

$$a > b > c > d > \cdots$$

이기 때문에 결국에 나머지는 0이 된다. 만약 c가 d로 나누어떨어진다고 하면

$$(a,\ b) = (b,\ c) = (c,\ d) = (d,\ 0) = d$$

이다. 이 과정을 유클리드 알고리즘, 즉 a와 b의 최대공약수 $(a,\ b)$를 구하는 알고리즘이라 부른다. 예를 들어, 3654와 1365의 최대공약수를 구할 때에는 두 수에 몫과 나머지를 연속하며 적용하여

$$(3654,\ 1365) = (1365,\ 924) = (924,\ 441) = (441,\ 42) = (42,\ 21) = 21$$

을 얻는다.

이 과정은 수가 크면 클수록 시간이 오래 걸릴 것이다. 그러나 유클리드 알고리즘에 의하면 모든 수에 대해서 유한 단계를 거쳐 최대공약수를 구할 수 있다.

1 유클리드 알고리즘을 사용하여 다음 수들의 최대공약수를 구하여라.

(1) $(5^{20}+8,\ 5^{20}+3)$

(2) $(629,\ 391,\ 255)$

(3) $(12345654321,\ 1234321)$

유클리드 알고리즘을 거꾸로 쓰면 두 정수의 최대공약수를 두 정수에 관한 일차식으로 나타낼 수 있다. 예를 들어, 3654와 1365의 유클리드 알고리즘을 거꾸로 써나가면 다음과 같다.

$$
\begin{aligned}
21 &= 441-(42\times 10)\\
&= 441-(924-(441\times 2))\times 10 = 441\times 21+924\times(-10)\\
&= (1365-924)\times 21+924\times(-10) = 1365\times 21+924\times(-31)\\
&= 1365\times 21+(3654-1365\times 2)\times(-31)\\
&= 3654\times(-31)+1365\times 83
\end{aligned}
$$

이때, 거꾸로 올라간 과정은 두 정수 3654, 1365의 최대공약수 21을 두 정수에 관한 일차결합

$$21 = 3654\times(-31)+1365\times 83$$

으로 표현됨을 의미한다.

2 두 정수 a, b의 최대공약수 d를 구하고 $d=ax+by$의 형태로 표현하여라.

(1) $a=11391,\ b=5673$

(2) $a=6003722857,\ b=77695236973$

앞에서 알아본 대로 최소정사각형 분할[2]과 몫과 나머지는 같은 개념이다. 두 정수 $a>b$에 대하여 이를 정리하면 다음과 같다.

• a, b에 적용한 거듭된 몫과 나머지가 다음과 같다.

2) [104-3 피보나치 수와 최소정사각형 분할] 참고

$a = r_0$, $b = r_1$이라 하면

$r_0 = r_1 q_1 + r_2 \qquad 0 \le r_2 < r_1$

$r_1 = r_2 q_2 + r_3 \qquad 0 \le r_3 < r_2$

$\cdots$

$r_{n-2} = r_{n-1} q_{n-1} + r_n \qquad 0 \le r_n < r_{n-1}$

$r_{n-1} = r_n q_n$

- 직사각형 $b \times a$의 최소정사각형 분할은

  한 변이 $r_1 = b$인 정사각형의 개수가 q_1

  한 변이 r_2인 정사각형의 개수가 q_2

  $\cdots$

  한 변의 길이가 r_n인 정사각형의 개수가 q_n

이다.

3 몫과 나머지를 이용하여 18×60 직사각형의 최소정사각형 분할을 설명하여라.

몫과 나머지

❶ 정수의 나눗셈

4

$121 = 11^2$
$12321 = 3^2 \times 37^2$
$1234321 = 11^2 \times 101^2$
$123454321 = 41^2 \times 271^2$
$12345654321 = 3^2 \times 7^2 \times 11^2 \times 13^2 \times 37^2$

5

(1) $360 = 2^3 \times 3^2 \times 5$, $T(360) = (3+1)(2+1)(1+1) = 24$

$S(360) = (1+2+2^2+2^3)(1+3+3^3)(1+5)$

(2) $T(n) = (e_1+1)(e_2+1)\cdots(e_r+1)$

$$S(n) = S(p^{e_1})\,S(p^{e_2})\cdots\,S(p^{e_n})$$
$$= (1+p_1+p_1^2+\cdots p_1^{e_1})(1+p_2+p_2^2+\cdots p_2^{e_2})\cdots(1+p_n+p_n^2+\cdots p_n^{e_n})$$

6

$$n^{\frac{T(n)}{2}}$$

❷ 유클리드 알고리즘과 최대공약수

1

(1) $(5^{20}+8, 5^{20}+3) = (5^{20}+3, 5) = (5,3) = (3,2) = (2,1) = 1$

(2) $(629,391,255) = (119,-119,255) = (119,17) = 17$

(3) $(12345654321,1234321) = (111111^2,1111^2) = (3^2 7^2 11^2 13^2 37^2, 11^2 101^2) = 11^2 = 121$

107-2

연분수

Keywords 자연수, 짝수, 홀수, 소수, 합성수, 거듭제곱수

유리수는 $\frac{p}{q}$(p, q는 정수이고 $q \neq 0$)인 분수로 나타낼 수 있는 수이다. 이 유리수는 그러나 막상 어떤 수가 분모, 분자가 정수인 분수꼴로 쓰여지는지 알아보는 일은 쉽지 않다. 이 절에서는 연분수를 통하여 유리수와 무리수, 즉 실수가 어떻게 표현되는가를 알아보고 유리수와 무리수의 차이점을 공부하려고 한다.

1 유리수의 연분수

1. 연분수

두 정수 37, 16에 몫과 나머지를 거듭 시행하면

$$37 = 2 \times 16 + 5$$
$$16 = 3 \times 5 + 1$$

이다. 따라서 거듭 시행한 몫과 나머지를 분수 형태로 바꾸면

$$\frac{37}{16} = \frac{2 \times 16 + 5}{16} = 2 + \frac{5}{16} = 2 + \frac{1}{\frac{16}{5}} = 2 + \frac{1}{\frac{3 \times 5 + 1}{5}} = 2 + \frac{1}{3 + \frac{1}{5}}$$

이다. 다른 예로 연속된 몫과 나머지

$$35 = 1 \times 27 + 8$$
$$27 = 3 \times 8 + 3$$
$$8 = 2 + 3 + 2$$

$$3 = 1 + 2 + 1$$

을 분수 형태로 바꾸면

$$\frac{35}{27} = 1 + \frac{8}{27} = 1 + \cfrac{1}{\cfrac{27}{8}} = 1 + \cfrac{1}{3 + \cfrac{3}{8}} = 1 + \cfrac{1}{3 + \cfrac{1}{\cfrac{8}{3}}} = 1 + \cfrac{1}{3 + \cfrac{1}{2 + \cfrac{2}{3}}}$$

$$= 1 + \cfrac{1}{3 + \cfrac{1}{2 + \cfrac{1}{\cfrac{3}{2}}}} = 1 + \cfrac{1}{3 + \cfrac{1}{2 + \cfrac{1}{1 + \cfrac{1}{2}}}}$$

이다. 이와 같이 다음과 같은 분수

$$a_0 + \cfrac{1}{a_1 + \cfrac{1}{a_2 + \cfrac{1}{a_3 + \cfrac{1}{a_4 + \cdots}}}} \quad (a_0\text{는 정수, } a_1, a_2, a_3, \cdots\text{는 자연수})$$

를 단순 연분수(simple continued fraction), 혹은 간단히 연분수라 한다. 편의상 위 연분수를 간단히 $[a_0,\ a_1,\ a_2,\ a_3,\ \cdots]$으로 표기하자. 유리수 $\frac{18}{13}$을 연분수로 나타내면 [1, 2, 1, 1, 2], $\frac{332}{87}$를 연분수로 나타내면 [3, 1, 4, 2, 3, 2]이다.

1 다음을 연분수로 나타내어라.

(1) $\frac{17}{11}$

(2) $\frac{432}{53}$

2. 유한연분수를 유리수로 고치기

앞에서 우리는 유리수를 연분수로 고치는 과정을 알아보았다. 역으로 유한 연분수

$$[a_0,\ a_1,\ a_2,\ \cdots,\ a_n]$$

가 유리수로 고쳐지는 방법을 알아보자. 먼저 변수 $x_0,\ x_1,\ x_2,\ \cdots$가 다음과

같은 관계식

$$x_0 = a_0 x_1 + x_2$$
$$x_1 = a_1 x_2 + x_3$$
$$x_2 = a_2 x_3 + x_4$$
$$\cdots$$
$$x_{n-1} = a_{n-1} x_n + x_{n+1}$$
$$\cdots$$

을 만족한다고 하자. x_1, x_2, $\cdots$, x_{n-1}을 첫 번째 식에 대입하면

$$\begin{aligned} x_0 &= a_0(a_1 x_2 + x_3) + x_2 \\ &= (a_0 a_1 + 1)x_2 + a_0 x_3 \\ &= (a_0 a_1 + 1)(a_2 x_3 + x_4) + a_0 x_3 \\ &= (a_0 a_1 a_2 + a_0 + a_2)x_3 + (a_0 a_1 + 1)x_4 \\ &\cdots \end{aligned}$$

이다. 계수의 변화를 살펴보면 x_n의 계수는 a_0, $\cdots$, a_{n-1}에 관한 식으로 나타나고 x_{n+1}의 계수는 a_0, $\cdots$, a_{n-2}의 식으로 나타나므로 x_n을 다음과 같이 나타낼 수 있다.

$$x_0 = \langle a_0,\ \cdots,\ a_{n-1} \rangle x_n + \langle a_0,\ \cdots,\ a_{n-2} \rangle x_{n+1}$$

마찬가지로 x_2, x_3, $\cdots$, x_{n-1}을 두 번째 식에 대입하면

$$\begin{aligned} x_1 &= a_1(a_2 x_3 + x_4) + x_3 \\ &= (a_1 a_2 + 1)x_3 + a_1 x_4 \\ &= (a_1 a_2 + 1)(a_3 x_4 + x_5) + a_1 x_4 = (a_1 a_2 a_3 + a_1 + a_3)x_4 + (a_1 a_2 + 1)x_5 \\ &\cdots \\ &= \langle a_1, \cdots, a_{n-1} \rangle x_n + \langle a_1, \cdots, a_{n-2} \rangle x_{n+1} \end{aligned}$$

을 얻는다. 또한 x_3, $\cdots$, x_{n-1}을 세 번째 식에 대입하면

$$\begin{aligned} x_2 &= a_2(a_3 x_4 + x_5) + x_4 \\ &= (a_2 a_3 + 1)x_4 + a_2 x_5 \\ &= (a_2 a_3 + 1)(a_4 x_5 + x_6) + a_2 x_5 = (a_2 a_3 a_4 + a_2 + a_4)x_5 + (a_2 a_3 + 1)x_6 \end{aligned}$$

$$\cdots$$
$$= \langle a_2, \cdots, a_{n-1} \rangle x_n + \langle a_2, \cdots, a_{n-2} \rangle x_{n+1}$$

을 얻는다. 이상을 정리하면

$$x_0 = \langle a_0,\ \cdots,\ a_{n-1} \rangle x_n + \langle a_0,\ \cdots,\ a_{n-2} \rangle x_{n+1}$$
$$x_1 = \langle a_1,\ \cdots,\ a_{n-1} \rangle x_n + \langle a_1,\ \cdots,\ a_{n-2} \rangle x_{n+1}$$
$$x_2 = \langle a_2,\ \cdots,\ a_{n-1} \rangle x_n + \langle a_2,\ \cdots,\ a_{n-2} \rangle x_{n+1}$$

이다. 위의 세 식을 $x_0 = a_0 x_1 + x_2$에 대입하면

$$\begin{aligned} &\langle a_0,\ \cdots,\ a_{n-1} \rangle x_n + \langle a_0,\ \cdots,\ a_{n-2} \rangle x_{n+1} \\ &= \{a_0 \langle a_1,\ \cdots,\ a_{n-1} \rangle + \langle a_2,\ \cdots,\ a_{n-1} \rangle x_n\} \\ &\quad + \{a_0 \langle a_1,\ \cdots,\ a_{n-2} \rangle + \langle a_2,\ \cdots,\ a_{n-2} \rangle x_{n+1}\} \end{aligned}$$

을 얻는다. 계수를 비교하면,

$$\langle a_0,\ \cdots,\ a_{n-1} \rangle = a_0 \langle a_1,\ \cdots,\ a_{n-1} \rangle + \langle a_2,\ \cdots,\ a_{n-1} \rangle$$

이다. 여기서, 정수 a, b에 대하여 $\langle a \rangle = a$, $\langle\ \rangle = 1$이므로 $\langle a,\ b \rangle = ab + 1 = \langle b,\ a \rangle$이다. 예를 들어, $\langle 3 \rangle = 3$, $\langle 2,\ 3 \rangle = 2 \cdot 3 + 1 = 7$이다.

2 다음을 차례대로 구하여라.

$\langle 3 \rangle$

$\langle 2, 3 \rangle$

$\langle 4, 2, 3 \rangle$

$\langle 1, 4, 2, 3 \rangle$

$\langle 3, 1, 4, 2, 3 \rangle$

따라서

$$\frac{\langle a_0, \cdots, a_n \rangle}{\langle a_1, \cdots, a_n \rangle} = \frac{a_0 \langle a_1, \cdots, a_n \rangle + \langle a_2, \cdots, a_n \rangle}{\langle a_1, \cdots, a_n \rangle}$$
$$= a_0 + \cfrac{1}{\cfrac{\langle a_1, \cdots, a_n \rangle}{\langle a_2, \cdots, a_n \rangle}}$$

$$= a_0 + \cfrac{1}{a_1 + \cfrac{\langle a_2, \cdots, a_n \rangle}{\langle a_3, \cdots, a_n \rangle}}$$

$$= \cdots \ \cdots$$

$$= [a_0,\ a_1, \cdots, a_n]$$

을 얻는다. 즉

$$[a_0,\ a_1, \cdots, a_n] = \frac{\langle a_0, \cdots, a_n \rangle}{\langle a_1, \cdots, a_n \rangle} = \frac{\langle a_n, \cdots, a_0 \rangle}{\langle a_n, \cdots, a_1 \rangle}$$

이제 유한연분수를 $\langle \cdot, \cdots, \cdot \rangle$식을 이용하여 계산할 수 있다. 예를 들어,

$$[3,2] = 3 + \frac{1}{2} = \frac{7}{2} = \frac{\langle 2,3 \rangle}{\langle 2 \rangle} = \frac{2 \cdot 3 + 1}{2}$$

이다.

3 다음 연분수를 유리수로 나타내어라.

(1) [3, 2, 5]

(2) [3, 2, 5, 4]

4 연분수 [4, 2, 1, 4, 1, 1, 3, 4]를 유리수로 나타내어라.

5 위의 계산을 통해 유추할 수 있는 사실은 무엇인가?

2 무리수의 연분수

1. 무리수와 연분수

무리수[3)]를 연분수로 표현해 보자. 먼저

$$(\sqrt{2} - 1)(\sqrt{2} + 1) = (\sqrt{2})^2 + \sqrt{2} - \sqrt{2} - 1 = 1$$

즉

3) [110-1 무리수] 참고

$$\sqrt{2}-1=\frac{1}{\sqrt{2}+1}$$

이 사실을 이용하여 무리수 $\sqrt{2}$를 연분수로 표현해보자.

$$\begin{aligned}\sqrt{2}&=1+(\sqrt{2}-1)\\&=1+\frac{1}{\sqrt{2}+1}\\&=1+\frac{1}{2+(\sqrt{2}-1)}\\&=1+\cfrac{1}{2+\cfrac{1}{\sqrt{2}+1}}\\&=1+\cfrac{1}{2+\cfrac{1}{2+(\sqrt{2}-1)}}\\&=1+\cfrac{1}{2+\cfrac{1}{2+\cfrac{1}{\sqrt{2}+1}}}\\&=1+\cfrac{1}{2+\cfrac{1}{2+\cfrac{1}{2+\cdots}}}\end{aligned}$$

따라서

$$\sqrt{2}=[1,\ 2,\ 2,\ 2,\ \cdots]$$

이다.

1 황금비 $\phi=\dfrac{1+\sqrt{5}}{2}=1.618\cdots$를 연분수로 나타내어라.

무리수 0.12345678…를 연분수로 나타내면

$$0.123\cdots=\frac{123\cdots}{1000\cdots}=\cfrac{1}{\cfrac{1000\cdots}{123\cdots}}=\frac{1}{8+0.130\cdots}$$

이다. 이와 같은 방법으로 무리수 π, $\phi=\dfrac{1+\sqrt{5}}{2}$, e의 연분수도 각각 구할 수 있다.

$$\pi=3+0.14159\cdots=3+\cfrac{1}{7.062513\cdots}=3+\cfrac{1}{7+\cfrac{1}{15.996594\cdots}}$$

$$=3+\cfrac{1}{7+\cfrac{1}{15+\cfrac{1}{1.003417\cdots}}}=3+\cfrac{1}{7+\cfrac{1}{15+\cfrac{1}{1+\cfrac{1}{292+0.654\cdots}}}}$$

따라서

$$\pi=[3,7,15,1,292,1,1,1,2,1,3,1,14,2,1,1,2,2,2,2,1,84,\cdots]$$

이다.

2 오일러 수 $e=2.718\cdots$를 연분수로 나타내어라.

일반적으로 무리수의 연분수를 구하는 방법을 알아보자. 먼저, 실수 x를 넘지 않는 최대정수를 $\lfloor x \rfloor$라 하자. 이것은 x의 정수 부분이다. 예를 들면,

$$\left\lfloor \frac{34}{37} \right\rfloor=1,\quad \left\lfloor -\frac{34}{27} \right\rfloor=-2$$

위 과정을 일반화하면 주어진 무리수 x에 대해서

$$x=a_0+\cfrac{1}{a_1+\cfrac{1}{a_2+\cfrac{1}{\cdots+\cfrac{1}{a_n+\cdots}}}}=[a_0,a_1,a_2,\cdots,a_n,\cdots]$$

로 표현할 때,

$$x_0=x,\ a_0=\lfloor x_0 \rfloor,\ x_n=\frac{1}{x_{n-1}-a_{n-1}},\ a_n=\lfloor x_n \rfloor$$

이다. 유리수를 연분수로 나타내면 그 과정이 유한번으로 끝나 유한연분수로 나타내어지는 것과는 달리 무리수는 무한연분수로 나타난다.

3 무리수 $\sqrt{3}$을 연분수로 나타내어라.

참고로

$$[1,\ 2,\ 2,\ 2,\ 2,\ 2,\ 2,\ 2] = \frac{577}{408}$$

는 분모가 408인 유리수 중에서 $\sqrt{2}$에 가장 가까운 수를 의미하는데 결론적으로 유리화는 근사값을 제공해준다. 한편 $\frac{577}{408}$을 유리화 입장에서 보자. 먼저 식

$$X^2 - NY^2 = m \quad (m \neq 0)$$

을 만족하는 해[4]를 $(x,\ y)$라 하자. 이 때,

$$\frac{x}{y} - \sqrt{N} = \frac{1}{y}\,\frac{(x - y\sqrt{N})(x + y\sqrt{N})}{x + y\sqrt{N}} = \frac{1}{y}\,\frac{x^2 - Ny^2}{x + y\sqrt{N}} = \frac{1}{y}\,\frac{m}{x + y\sqrt{N}}$$

이다. 따라서 $x,\ y$가 m 보다 충분히 크면 클수록 $\frac{x}{y}$는 $\sqrt{N}$의 좋은 근사값이 된다. 예를 들면

$$577^2 - 2 \times 408^2 = 1$$

이므로 577과 408은 상대적으로 1보다 크므로 $\frac{577}{408}$은 $\sqrt{2}$의 좋은 근사값이다.

2. 다항식의 몫과 나머지

$\sqrt{2}$를 연분수로 표현하는데 $\frac{1}{\sqrt{2}+1}$의 유리화가 사용되었다. 무리수 $\frac{1}{\sqrt{2}+1}$을 유리화하라는 문제는 흔히 아래와 같이 계산한다.

$$\frac{1}{\sqrt{2}+1} \times \frac{\sqrt{2}-1}{\sqrt{2}-1} = \frac{\sqrt{2}-1}{2-1} = \sqrt{2}-1$$

4) J.H. Silverman, *A friendly introduction to number theory*, 2nd. ed., Prentice Hall, New York, 2001(Chapter 28, 29, 30, 31 참고)

이다. 이는 다항식의 몫과 나머지에서 온 것이다. 우리는 앞에서 두 정수의 몫과 나머지를 활용하고 있는데 다항식에서의 몫과 나머지의 본질은 유리화에 있다. 이를 자세히 살펴보자.
위의 계산에서 필요한 $\sqrt{2}-1$은 어떻게 나온 것일까? 이것은 다항식의 몫과 나머지에서 출발한다.

다항식 $p(x)=x^2-2$는 $\mathbb{Q}$ 위에서 기약다항식[5]이므로 x^2-2로 생성된 단항이데알(principal ideal) $\langle x^2-2\rangle$는 극대이데알(maximal ideal)이다.[6] 따라서 환(factor ring)

$$\mathbb{Q}[x]/\langle x^2-2\rangle \simeq \{a_0+a_1t \mid a_i\in\mathbb{Q},\ t^2=2\}$$
$$a_0+a_1x+\langle x^2-2\rangle \ \leftrightarrow\ a_0+a_1t$$

는 체(field)이다. 한편, 두 다항식 x^2-2, $x+1$에 몫과 나머지를 적용하면

$$x^2-2=(x+1)(x-1)-1$$

인데 $\mathbb{Q}[x]/\langle x^2-2\rangle$에서 $t^2-2=0$이므로

$$(t+1)(t-1)=1$$

이다. 즉,

$$(t+1)^{-1}=t-1$$

결국 $\dfrac{1}{\sqrt{2}+1}=\sqrt{2}-1$이다. 이 경우에는 몫과 나머지를 한번만 사용하였다. 여러 번 몫과 나머지를 사용하는 경우를 예로 들어보자. 다소 복잡한 모양인 $\dfrac{1}{1+\sqrt[5]{2}+\sqrt[5]{8}}$을 유리화해보자. 이는 두 다항식 x^5-2와 x^3+x+1에 연속된 몫과 나머지를 적용하는 것이다. 즉, 다항식 $p(x)=x^5-2$는 $\mathbb{Q}$ 상에서 기약다항식(irreducible polynomial)이므로 x^5-2로 생성된 단항이데알$\langle x^5-2\rangle$은 극대이데알이다. 따라서 환

5) 기약다항식에 대해서는 [205-1 군] 참고
6) $p(x)=x^5-2$가 속하는 극대이데알을 M이라 하자. 다항식환 $\mathbb{Q}[x]$는 PID 이므로 $M=\langle q(x)\rangle$이다. 한편, $p(x)=x^5-2\in M$이므로 $f(x)\in\mathbb{Q}[x]$가 존재하여 $p(x)=f(x)q(x)$이다. 그러나 $p(x)$가 기약다항식이므로 정의1.6(i)에 의하여 $f(x)$는 단원이다. 따라서 $\langle x^5-2\rangle=M$ 즉, $\langle x^5-2\rangle$는 극대이데알이다.

$$\frac{\mathbb{Q}[x]}{\langle x^5-2\rangle} \simeq \{a_0+a_1t+a_2t^2+a_3t^3+a_4t^4 \mid a_i \in \mathbb{Q},\ t^5=2\}$$

는 체가 된다. 예를 들어, 곱셈을 하나 확인하면

$$t^4(t^3+1)=t^7+t^4=t^2t^5+t^4=2t^2+t^4$$

이다. 이제 $1+t+t^3$의 역원 $(1+t+t^3)^{-1}$을 구해보자. 먼저 x^5-2와 $1+x+x^3$에 몫과 나머지를 거듭 사용해보자.

$$\begin{aligned}&x^5-2=(x^3+x+1)(x^2-1)-(x^2-x+1)\\&x^3+x+1=(x^2-x+1)(x+1)+x\\&x^2-x+1=x(x-1)+1\end{aligned}$$

따라서 거꾸로 올라가면

$$(x^3+x+1)(x^4-x^2-x+1)-(x^5-2)x^2=1$$

이다. 이 식을 체 $\mathbb{Q}[x]/\langle x^5-2\rangle$로 옮겨보면

$$(t^3+t+1)^{-1}=t^4-t^2-t+1$$

이다. 즉, 유리화

$$\frac{1}{1+\sqrt[5]{2}+\sqrt[5]{8}}=\sqrt[5]{16}-\sqrt[5]{4}-\sqrt[5]{2}+1$$

을 얻는다.
실제 위 예는 $1+\sqrt[5]{2}+\sqrt[5]{8}$의 역원을 $\mathbb{Q}[\sqrt[5]{2}]$에서 구한 것이다.

다음 네 개의 문장은 본질적으로 같다.

- $\sqrt{2}$의 연분수 표현
- $\dfrac{1}{\sqrt{2}+1}$의 유리화
- 두 다항식 x^2-2, $x+1$의 몫과 나머지
- $\sqrt{2}+1$의 역원을 $\mathbb{Q}[\sqrt{2}]=\{a+b\sqrt{2} \mid a, b\text{는 유리수}\}$에서 구함

연분수

❶ 유리수의 연분수

1 (1) [1, 1, 1, 1.5] (2) [8, 6, 1, 1, 1, 2]

3 (1) $\frac{38}{11}$ (2) $\frac{159}{46}$

4 $\frac{2051}{471}$

5 유리수의 연분수는 유한연분수이다.

❷ 무리수의 연분수

1 $\phi=\frac{1+\sqrt{5}}{2}=1.618\cdots=[1,1,1,1,1,\cdots]$

2 $e=2.718\cdots=[2,1,2,1,1,4,1,1,6,1,1,8,1,1,10,1,1,12,\cdots]$

3 $x_0=\sqrt{3}=1+(\sqrt{3}-1),\ a_0=1$

$$x_1=\frac{1}{x-a_0}=\frac{1}{\sqrt{3}-1}=\frac{\sqrt{3}+1}{2}=1+\frac{\sqrt{3}-1}{2},\ a_1=1$$

$$x_2=\frac{1}{x_1-a_1}=\frac{1}{\frac{\sqrt{3}+1}{2}\quad 1}=\frac{2}{\sqrt{3}-1}=\sqrt{3}+1=2+(\sqrt{3}-1),\ a_2=2$$

$$x_3=\frac{1}{x_2-a_2}=\frac{1}{\sqrt{3}-1}(=x_1)$$

$\sqrt{3}=[1,1,2,1,2,1,2,1,2,\cdots]$

107-3

도미노

Keywords 자연수, 도미노, 피보나치 수, π

1 타일과 도미노를 쌓는 경우의 수

정사각형 타일 ▬을 편의상 '타일', 두 개의 타일을 붙여놓은 ▩을 '도미노'라 부르고 다음과 같은 규칙의 타일 쌓기에 대하여 생각해보자. 타일을 쌓기 위한 판이 있고 판에는 왼쪽부터 0, 1, 2, …와 같이 번호를 붙인다. 그리고 이에 해당하는 각 방을 B_0, B_1, B_2, … 등으로 표시하자.

이제 다음 두 규칙을 생각해보자.

> **규칙 1**
> 각 방마다 최대 층수가 정해져 있다. 예를 들어, B_2의 최대 층수는 a_2로 표시한다.
>
> **규칙 2**
> 각 방은 타일이나 도미노로 채워야 하는데, 도미노는 1층에서만 사용하고 도미노 위에는 타일을 놓을 수 없다.

예를 들면, 방이 3개이고 각 방의 최대층이 각각 $a_0=2$, $a_1=3$, $a_2=5$인 경우를 생각해보자.
타일만 사용한다면 각 방에 적어도 하나의 타일을 놓는 방법은 모두 $2\times3\times5=30$가지이다. 반면에 도미노도 사용한다면

B_0, B_1에 도미노를 놓으면 B_2에 타일을 놓는 경우의 수가 5이므로 5가지
B_1, B_2에 도미노를 놓으면 B_0에 타일을 놓는 경우의 수가 2이므로 2가지

이다. 따라서 각 방의 최대층이 2, 3, 5일 때, 타일 또는 도미노를 채우는 방법은 총 37가지이다. 다음 그림은 37가지 중에서 두 개의 예이다.

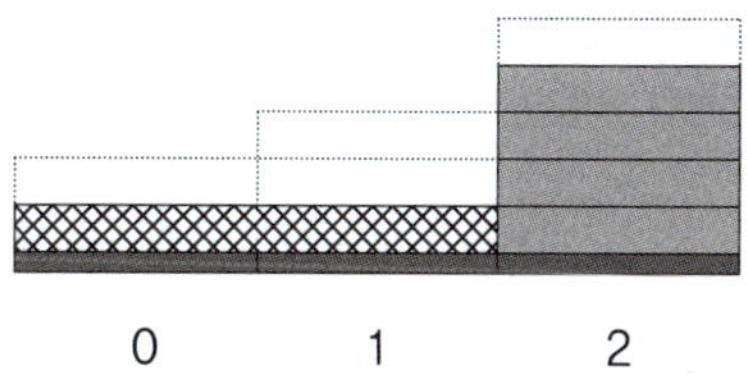

1개의 도미노와 4개의 타일

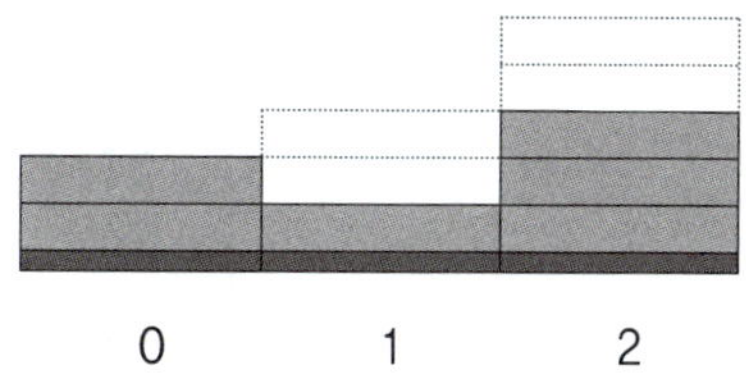

6개의 타일

위 예에서 기호

$$P(a_0,\ a_1,\ a_2) = P(2,\ 3,\ 5) = 37$$

을 사용하고

$$Q(a_0, a_1 . a_2) = P(a_1, a_2)$$

라 하자. 이때, $P(a_1, a_2) = P(3, 5) = 15 + 1 = 16$임을 쉽게 알 수 있다. 일반적으로
$P(a_0, a_1, a_2, \ldots, a_n)$과 $Q(a_0, a_1 . a_2, \ldots, a_n)$의 정의는 다음과 같다.

- $P(a_0, a_1, a_2, \ldots, a_n)$이란 각 방의 최대층수가 $a_0, a_1, \ldots, a_n$인 $(n+1)$개의 방에 [규칙1]과 [규칙2]에 따라 타일과 도미노를 사용하여 쌓는 가지수이다.
- $Q(a_0, a_1, a_2, \ldots, a_n) = P(a_1, a_2, \ldots, a_n)$로 정의한다.

2 앞에서 알아본 예에서 비율 $\dfrac{P(2,3,5)}{P(3,5)} = \dfrac{37}{16}$은 무엇인가?

먼저 두 정수 37, 16에 몫과 나머지를 거듭 시행하면

$$37 = 2\times16+5$$
$$16 = 3\times5+1$$
$$5 = 5\times1+0$$

이다. 위의 거듭 시행한 몫과 나머지를 다음 두 가지 서로 다른 방향에서 접근하여 보자.

첫 번째로 분수 형태로 접근해보자. 연속되는 분수 형태로 바꾸면

$$\begin{aligned}\frac{37}{16} &= \frac{2\times16+5}{16} = 2+\frac{5}{16}\\ &= 2+\cfrac{1}{\cfrac{16}{5}} = 2+\cfrac{1}{\cfrac{3\times5+1}{5}}\\ &= 2+\cfrac{1}{3+\cfrac{1}{5}}\end{aligned}$$

인 연분수 형태로 표시된다.

두 번째로 곱의 형태로 접근해보자. 연속되는 곱의 형태로 바꾸면

$$\begin{aligned}16\times37 &= 16\times(16+16+5)\\ &= (16\times16)+(16\times16)+16\times5\\ &= 2\times(16\times16)+(5+5+5+1)\times5\\ &= 2\times(16\times16)+3\times(5\times5)+1\times5\\ &= 2\times(16\times16)+3\times(5\times5)+5\times(1\times1)\end{aligned}$$

이다.

앞에서 알아본 연속된 분수에 순서대로 있는 2, 3, 5와 각 최대 층수를 나타낸 $a_0=2$, $a_1=3$, $a_2=5$와는 어떤 관련이 있는가?

연속된 분수

$$2+\cfrac{1}{3+\cfrac{1}{5}}$$

를 [2, 3, 5]로 간단히 표시하자. 계산에 의하여 $[2,\ 3,\ 5]=\frac{37}{16}$이고 분자 37과 분모 16은 2, 3, 5에 의하여 결판나므로 $37=P(2,3,5)$, $16=Q(2,3,5)$로 표시할 수 있다.

일반적으로 양의 정수 a_i에 연분수

$$[a_0, a_1, a_2, \ldots, a_n] = a_0 + \cfrac{1}{a_1 + \cfrac{1}{a_2 + \cdots \cfrac{1}{a_n}}}$$

에서 연속된 분수 계산의 결과를

$$[a_0, a_1, a_2, \ldots, a_n] = \frac{p(a_0, a_1, a_2, \ldots, a_n)}{q(a_0, a_1, a_2, \ldots, a_n)}$$

라 하면 다음을 얻는다.

$$\begin{aligned}
[a_0, a_1, a_2, \ldots, a_n] &= a_0 + \frac{1}{[a_1, a_2, \ldots, a_n]} \\
&= a_0 + \cfrac{1}{\cfrac{p(a_1, a_2, \ldots, a_n)}{q(a_1, a_2, \ldots, a_n)}} \\
&= a_0 + \frac{q(a_1, a_2, \ldots, a_n)}{p(a_1, a_2, \ldots, a_n)} \\
&= \frac{a_0 p(a_1, a_2, \ldots, a_n) + q(a_1, a_2, \ldots, a_n)}{p(a_1, a_2, \ldots, a_n)}
\end{aligned}$$

위의 식에 의하여

$$p(a_0, a_1, a_2, \ldots, a_n) = a_0\ p(a_1, a_2, \ldots, a_n) + q(a_1, a_2, \ldots, a_n)$$
$$q(a_0, a_1, a_2, \ldots, a_n) = p(a_1, a_2, \ldots, a_n)$$

앞에서 $P(a_0, a_1, a_2, \ldots, a_n)$이란 각 방에 최대 층수가 $a_0, a_1, \ldots, a_n$인 $(n+1)$개의 방에 규칙 1과 규칙 2에 따라 타일과 도미노를 사용하여 쌓는 가지수이고

$$Q(a_0, a_1, a_2, \ldots, a_n) = P(a_1, a_2, \ldots, a_n)$$

로 정의하였다. 첫 번째 방의 최대 층수는 a_0이다. $P(a_0, a_1, a_2, \ldots, a_n)$는 다음 두 가지를 포함한다.

(i) 첫 번째 방 B_0에 도미노가 없다
(ii) 첫 번째 방 B_0에 도미노가 있다

따라서
(i)은 $a_0 P(a_1, a_2, \ldots, a_n)$개의 쌓기를 결정하고 (ii)는 첫째 방과 둘째 방에

걸쳐 도미노가 있으므로 $P(a_2, a_3, \ldots, a_n)$개의 쌓기를 결정한다. 그러므로

$$\begin{aligned} P(a_0, a_1, a_2, \ldots, a_n) &= a_0 P(a_1, a_2, \ldots, a_n) + P(a_2, a_3, \ldots, a_n) \\ &= a_0 P(a_1, a_2, \ldots, a_n) + Q(a_1, a_2, \ldots, a_n) \end{aligned}$$

이 되어 앞에서 살펴본 p_n, P_n은 그 값이 같고 q_n, Q_n도 그 값이 같음을 알 수 있다. 즉, $p_n = P_n$, $q_n = Q_n$이다. 이제 다음을 얻는다.

> 양의 정수 $a_0, a_1, \ldots, a_n$[7]에 대하여 $[a_0, a_1, \ldots, a_n] = \frac{p_n}{q_n}$이라 하면
> p_n은 최대 층수가 $a_0, a_1, \ldots, a_n$인 $(n+1)$개의 방에 타일과 도미노를 쌓는 가지수이고
> q_n은 최대 층수가 $a_1, \ldots, a_n$인 n개의 방에 타일과 도미노를 쌓는 가지수이다.

지금까지의 과정을 보면 다음 세 내용은 본질적으로 같다는 것을 알 수 있다.

- 방이 3개이고 각 방의 최대층이 각각 $a_0 = 2$, $a_1 = 3$, $a_2 = 5$인 경우: $\frac{P(2,3,5)}{P(3,5)}$
- 연분수: $2 + \cfrac{1}{3 + \cfrac{1}{5}}$
- 크기와 관계 없는 최소정사각형 분할:

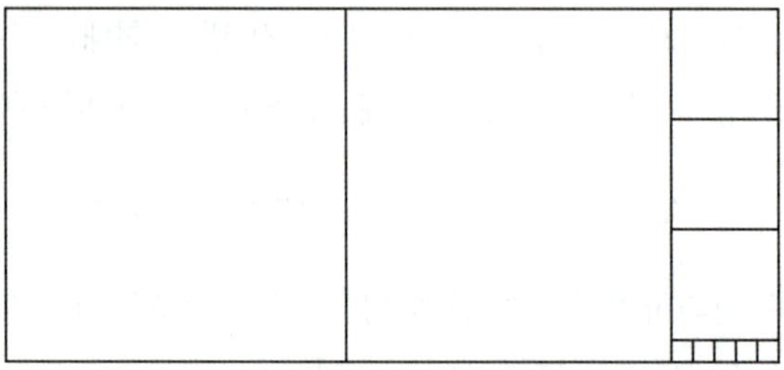

참고로 최소정사각형 분할에서 분수 $\frac{37}{16}$은 정사각형의 개수(2개, 3개, 5개)에만 의존하지 각 정사각형의 크기에는 의존하지 않는다.

7) a_0는 0이어도 관계없으나, 이때는 p_n과 q_n의 위치가 바뀌게 된다.

이번에는, [2, 3, 4] $= \dfrac{30}{13}$의 순서를 뒤집어보자. 즉 [4, 3, 2] $= \dfrac{30}{7}$를 타일과 도미노 쌓기와 관련지어 그 의미를 생각해보자.

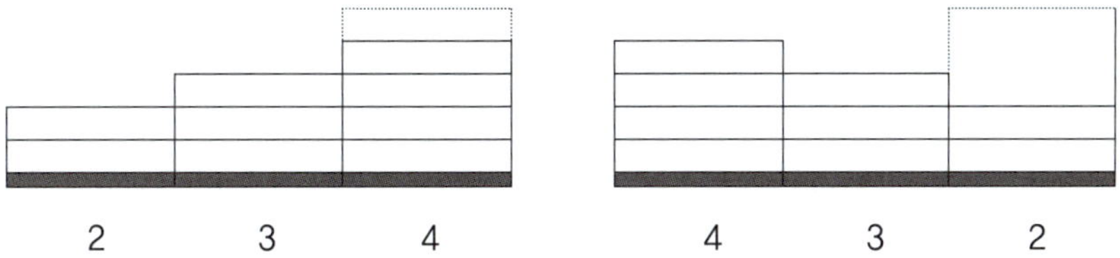

[2, 3, 4]에서 타일만 사용하는 경우는 2×3×4가지, 도미노도 사용하는 경우는 4+2가지이고 [4, 3, 2]에서는 타일만 사용하는 경우는 2×3×4가지, 도미노도 사용하는 경우는 2+4이다. 이 결과에서 두 연분수를 $\dfrac{p_n}{q_n}$이라할 때 분자는 모두 P_3로 같음을 알 수 있다. 이제 일반적으로 연분수 $[a_0, a_1, \dots, a_n] = \dfrac{p_n}{q_n}$의 순서를 뒤집어 얻은 연분수 $[a_n, a_{n-1}, \dots, a_1, a_0]$의 의미와 값을 구해보자.

$[a_n, a_{n-1}, \dots, a_1, a_0] = \dfrac{x}{y}$라면 x는 최대층수가 $a_n, a_{n-1}, \dots, a_1, a_0$인 $(n+1)$개의 방에 타일과 도미노를 쌓는 가지수이므로 $x = p_n$이다. 한편, y는 첫 번째 방을 제외한

$$Q(a_{n-1}, a_{n-2}, \dots, a_1, a_0)$$

이다. 따라서 $y = p_{n-1}$이다. 즉,

$$[a_n, a_{n-1}, \dots, a_1, a_0] = \frac{p_n}{p_{n-1}}$$

1 유리수 $\dfrac{210}{67}$을 연분수로 고치고 연분수에서 순서를 바꾸어 계산해보고 이를 도미노를 이용하여 확인해보아라.

2 연분수 [3, 7, 2, 4]의 순서를 바꾼 연분수 [4, 2, 7, 3]의 값을 도미노를 이용하여 알아보아라.

한편, 우리가 잘 알고 있는 원주율 π는

$$\pi = [3, 7, 15, 1, 292, 1, 1, 1, 2, 1, 3 1, 14, 2, 1, 1, 2, 2, 2, 2, 2, 1, 84, \ldots]$$

$$= 3 + \cfrac{1}{7 + \cfrac{1}{15 + \cfrac{1}{1 + \cfrac{1}{292} + \ldots}}}$$

이다. 이때, $U_n = [a_0, a_1, a_2, \ldots, a_n]$을 n차-근사분수라 부르며 몇 개를 살펴보면 다음과 같다.

$$U_0 = 3, \qquad U_1 = 3 + \frac{1}{7} = \frac{22}{7},$$

$$U_2 = \frac{333}{106}, \qquad U_3 = \frac{355}{113},$$

$$U_4 = \frac{103993}{33102}, \qquad U_5 = \frac{104348}{33215}.$$

특히, 근사분수 [3, 7, 15]는 각 방의 최대 층수가 3, 7, 15이고 이로부터 두 가지 사실을 알 수 있다.
첫번째로 도미노 없이 타일로 채우는 가지수 $3 \times 7 \times 15 = 315$

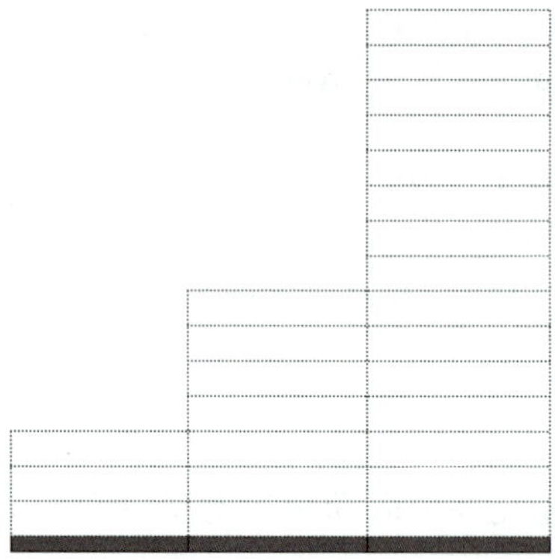

타일로 채우는 방법

두 번째로 도미노를 사용하여 채우는 가지수

① 도미노가 맨 왼쪽 (B_0, B_1)-방에 있을 때 = 15가지
② 도미노가 맨 오른쪽 (B_1, B_2)-방에 있을 때 = 3가지

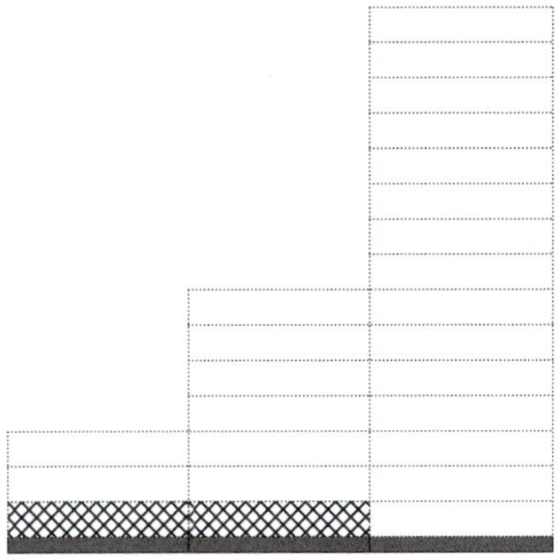

1개의 도미노와 타일

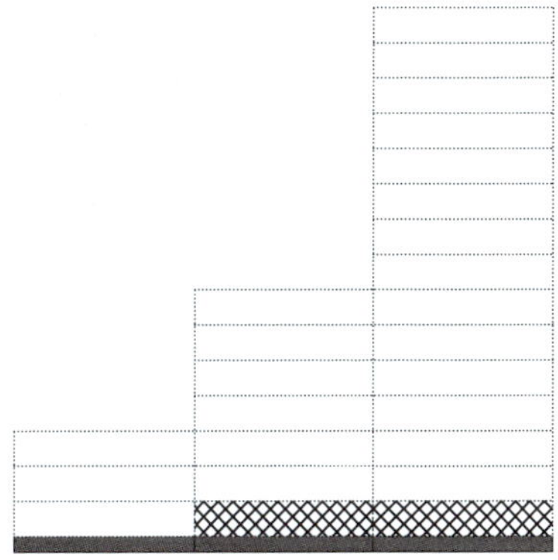

1개의 도미노와 타일

따라서 $315+15+3=333$이고, 같은 방법으로 최대 층수가 3을 제외한 7, 15로 이루어진 두 방을 채우는 가지수는 $7\times15+1=106$이므로 π의 근사값

$$[3,\ 7,\ 15]=\frac{333}{106}$$

을 얻는다.

마지막으로 e와 π의 연분수 표현에 대하여 간단히 살펴보자.

오일러(1744)는 무리수 e의 무한단순순연분수

$$e=[2,1,2,1,1,4,1,1,6,1,1,8,\ \ldots.]$$

$$e-1=1+\cfrac{2}{2+\cfrac{3}{3+\cfrac{4}{4+\cfrac{5}{5+\cfrac{6}{6+\cdots}}}}}$$

로 표현됨을 증명하였다. 물론 표현이 유일한 것은 아니다. 2003년에 콘(H. Cohn)은 맨 앞에 2 대신에 1, 0, 1로 다음과 같이 대치하였다.

$$e=[1,0,1,1,2,1,1,4,1,1,6,1,1,8,1,1,10,1\ldots.]$$

π의 경우 2003년 11월 9일에 바인슈타인(E.W. Weisstein)에 의하여 매스매티카를 사용하여 10^8개의 연속된 분수를 구하였다. 다음은 메이플을 사용하여 얻은 1000개로 이루어진 π의 연분수이다.

```
Maple 7 - [Untitled (1) - [Server 1]]
File  Edit  View  Insert  Format  Spreadsheet  Options  Window  Help

> with(numtheory):
Warning, the protected name order has been redefined and unprotected

> cfrac(Pi, 1000, 'quotients');
[3, 7, 15, 1, 292, 1, 1, 1, 2, 1, 3, 1, 14, 2, 1, 1, 2, 2, 2, 2, 1, 84, 2, 1, 1, 15, 3, 13, 1, 4, 2, 6,
  6, 99, 1, 2, 2, 6, 3, 5, 1, 1, 6, 8, 1, 7, 1, 2, 3, 7, 1, 2, 1, 1, 12, 1, 1, 1, 3, 1, 1, 8, 1, 1, 2, 1, 6,
  1, 1, 5, 2, 2, 3, 1, 2, 4, 4, 16, 1, 161, 45, 1, 22, 1, 2, 2, 1, 4, 1, 2, 24, 1, 2, 1, 3, 1, 2, 1, 1, 10,
  2, 5, 4, 1, 2, 2, 8, 1, 5, 2, 2, 26, 1, 4, 1, 1, 8, 2, 42, 2, 1, 7, 3, 3, 1, 1, 7, 2, 4, 9, 7, 2, 3, 1, 57,
  1, 18, 1, 9, 19, 1, 2, 18, 1, 3, 7, 30, 1, 1, 1, 3, 3, 3, 1, 2, 8, 1, 1, 2, 1, 15, 1, 2, 13, 1, 2, 1, 4,
  1, 12, 1, 1, 3, 3, 28, 1, 10, 3, 2, 20, 1, 1, 1, 1, 4, 1, 1, 1, 5, 3, 2, 1, 6, 1, 4, 1, 120, 2, 1, 1, 3,
  1, 23, 1, 15, 1, 3, 7, 1, 16, 1, 2, 1, 21, 2, 1, 1, 2, 9, 1, 6, 4, 127, 14, 5, 1, 3, 13, 7, 9, 1, 1, 1,
  1, 1, 5, 4, 1, 1, 3, 1, 1, 29, 3, 1, 1, 2, 2, 1, 3, 1, 1, 1, 3, 1, 1, 10, 3, 1, 3, 1, 2, 1, 12, 1, 4, 1, 1,
  1, 1, 7, 1, 1, 2, 1, 11, 3, 1, 7, 1, 4, 1, 48, 16, 1, 4, 5, 2, 1, 1, 4, 3, 1, 2, 3, 1, 2, 2, 1, 2, 5, 20,
  1, 1, 5, 4, 1, 436, 8, 1, 2, 2, 1, 1, 1, 1, 1, 5, 1, 2, 1, 3, 6, 11, 4, 3, 1, 1, 1, 2, 5, 4, 6, 9, 1, 5, 1,
  5, 15, 1, 11, 24, 4, 4, 5, 2, 1, 4, 1, 6, 1, 1, 1, 4, 3, 2, 2, 1, 1, 2, 1, 58, 5, 1, 2, 1, 2, 1, 1, 2, 2,
  7, 1, 15, 1, 4, 8, 1, 1, 4, 2, 1, 1, 1, 3, 1, 1, 1, 2, 1, 1, 1, 1, 1, 9, 1, 4, 3, 15, 1, 2, 1, 13, 1, 1, 1,
  3, 24, 1, 2, 4, 10, 5, 12, 3, 3, 21, 1, 2, 1, 34, 1, 1, 1, 4, 15, 1, 4, 44, 1, 4, 20776, 1, 1, 1, 1, 1,
  1, 1, 23, 1, 7, 2, 1, 94, 55, 1, 1, 2, 1, 1, 3, 1, 1, 32, 5, 1, 14, 1, 1, 1, 1, 1, 3, 50, 2, 16, 5, 1, 2,
  1, 4, 6, 3, 1, 3, 3, 1, 2, 2, 2, 5, 2, 2, 2, 28, 1, 1, 13, 1, 5, 43, 1, 4, 3, 5, 3, 1, 4, 1, 1, 2, 2, 1, 1,
  19, 2, 7, 1, 72, 3, 1, 2, 3, 7, 11, 1, 2, 1, 1, 2, 2, 1, 1, 2, 1, 1, 1, 1, 1, 33, 7, 19, 1, 19, 3, 1, 4,
  1, 1, 1, 1, 2, 3, 1, 3, 2, 2, 2, 2, 4, 1, 1, 1, 4, 2, 3, 1, 1, 1, 1, 11, 1, 1, 2, 1, 2, 1, 2, 2, 1, 7, 2,
  27, 1, 1, 6, 2, 1, 9, 6, 26, 1, 1, 3, 2, 1, 1, 1, 1, 1, 15, 1, 36, 4, 2, 2, 1, 22, 2, 1, 106, 2, 2, 1, 3,
  1, 12, 10, 7, 1, 2, 1, 1, 1, 1, 8, 2, 4, 5, 3, 2, 1, 4, 23, 1, 18, 2, 10, 3, 1, 6, 6, 13, 8, 6, 2, 2, 2,
  2, 1, 1, 1, 3, 1, 7, 17, 1, 1, 1, 2, 5, 5, 1, 1, 2, 11, 1, 6, 1, 6, 1, 29, 4, 29, 3, 5, 3, 1, 141, 1, 2,
  7, 7, 2, 2, 7, 1, 1, 7, 1, 7, 1, 2, 4, 1, 1, 1, 30, 1, 12, 4, 18, 10, 2, 8, 1, 2, 2, 2, 4, 13, 1, 5, 4, 1,
  6, 1, 1, 11, 2, 4, 2, 1, 1, 3, 3, 12, 1, 1, 39, 5, 1, 1, 16, 125, 1, 4, 1, 2, 1, 19, 1, 4, 1, 1, 2, 1, 4,
  1, 10, 1, 4, 2, 1, 1, 1, 5, 10, 4, 14, 1, 13, 41, 1, 4, 1, 8, 1, 1, 2, 1, 3, 1, 6, 1, 3, 2, 2, 2, 1, 4, 1,
  14, 1, 2, 8, 1, 8, 3, 3, 3, 1, 37, 4, 2, 4, 1, 3, 4, 25, 4, 27, 2, 7, 1, 1, 2, 6, 1, 1, 1, 12, 1, 2, 2, 2,
  13, 12, 1, 3, 1, 6, 1, 1, 33, 1, 5, 3, 1, 5, 15, 8, 8, 47, 1, 3, 2, 12, 2, 12, 1, 12, 1, 2, 5, 3, 1, 1,
  1, 1, 2, 3, 5, 4, 2, 1, 1, 5, 1, 9, 14, 1, 1, 3, 2, 1, 9, 3, 22, 13, 1, 1, 3, 20, 1, 1, 61, 1, 376, 2,
  107, 1, 10, 3, 2, 2, 31, 1, 2, 10, 2, 2, 62, 2, 2, 7, 4, 5, 6, 1, 1, 1, 1, 2, 8, 2, 73, 3, 5, 42, 1, 3,
  2, 1, 1, 59, 6, 1, 1, 1, 5, 1, 6, 1, 2, 6, 1, 1, 1, 1, 3, 2, 1, 3, 1, 8, 1, 4, 2, 5, 4, 7, 1, 4, 2, 2, 6, 1,
  1, 2, 2, 1, 1, 1, 1, 1, 2, 1, 2, 2, 5, 1, 2, 1, 1, 10, 1, 6, 1, 129, 1, 4, 65, 2, 4, 4, 3, 2, 3, 1, 1, 5,
  1, 1, 1, 1, 1, 2, 2, 1, 2, 1, 1, 2, 2, 1, 2, 3, 1, 2, 1, 2, 4, 2, 1, 2, 27, 6, 2, 1, ... ]

Time: 0.1s   Bytes: 3.00M   Available: 464M
```

참고로

$$\frac{\pi}{4} = 1 + \cfrac{1^2}{2 + \cfrac{3^2}{2 + \cfrac{5^2}{2 + \cfrac{7^2}{2 + \cdots}}}}$$

이다.

3 $\sqrt{2} = [1, 2, 2, 2, \ldots]$에서 근사분수 $[1, 2, 2, 2, 2, 2, 2, 2] = \dfrac{577}{408}$을 도미노를 사용하여 구해보자.

4 무한단순연분수 중에서

$[1,\ 2,\ 2,\ 2,\ 2,\ \cdots]$ 또는 $[1,\ 1,\ 2,\ 1,\ 2,\ 1,\ 2,\ \cdots]$

이처럼 반복되는 수에 대하여 어떤 결론을 내릴 수 있을까?

도미노

❷ 앞에서 알아본 예에서 비율 $\frac{P(2,3,5)}{P(3,5)} = \frac{37}{16}$은 무엇인가?

1 $\frac{210}{67} = [3,7,2,4] = \frac{P(3,7,2,4)}{P(7,2,4)}$

2 $P(3,7,2,4)$는 타일만 사용할 경우는 3×7×2×4=168가지, 도미노도 사용할 경우는 도미노를 한 개 사용하는 경우 2×4+3×4+3×7=41가지, 도미노를 두 개 사용하는 경우 1가지로 총 210가지이다.

$P(7,2,4)$는 타일만 사용할 경우는 7×2×4=56가지, 도미노도 사용할 경우는 4+7=11가지로 총 67가지이다.

연분수 [3, 7, 2, 4]의 순서를 바꾼 연분수 [4, 2, 7, 3]의 값을 도미노를 이용하여 알아보면 $[4,2,7,3] = \frac{P(4,2,7,3)}{P(2,7,3)} = \frac{210}{47}$이다.

3 순환단순연분수는 이차무리수이다(라그랑주 정리).

[108-2 부정방정식 참고]

108

방정식과 부등식

• **교육과정**

중 1 _ 수와 연산, 자연수

중 2 _ 문자와 식, 식의 계산

고 1 _ 문자와 식, 방정식과 부등식

수학 Ⅰ _ 행렬

주제 1	아르키메데스의 황소
Keywords	아르키메데스의 황소 문제, 부정방정식
주제 2	부정방정식
Keywords	유클리드 알고리즘, 최대공약수, 합동식
주제 3	산술평균, 기하평균, 조화평균
Keywords	제곱근, 산술평균, 기하평균, 조화평균
주제 4	여러 가지 평균
Keywords	산술평균, 기하평균, 조화평균, 헤론평균, 중심평균, 제곱근 평균, 비조화 평균, 로그평균, 멱평균

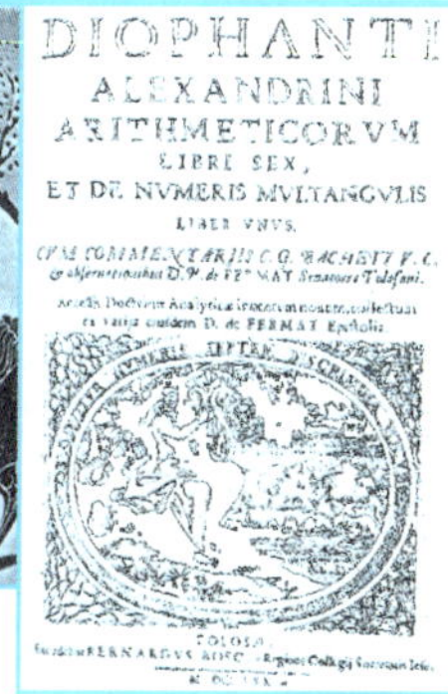

학교 수학에서 방정식은 중요하게 다루는 부분이다. 그러나 학교 수학에서 다루지 않는 방정식도 있는데, 부정방정식이 바로 그것이다. 부정방정식은 미지수의 개수보다 방정식의 개수가 적은 정수를 계수로 갖는 (연립)방정식이다. 이와 같은 부정방정식은 그대로는 풀기 어렵기 때문에 모든 해를 구하는 것이 아니라 유리수해 또는 정수해 또는 양의 정수해만을 구하라는 조건이 붙어 있는 것이 보통이다. 부정방정식 가운데 특히 정수해만을 구하는 것을 디오판토스 방정식이라고 한다. 예를 들면, $a_1x_1+a_2x_2+\cdots+a_nx_n=b$ (a_1, $\cdots$, a_n, b는 정수), $x^2+y^2=z^2$ 따위는 대표적인 디오판토스의 방정식이다. 이와 같은 방정식에는 해가 없거나 있어도 유한개이거나 무한개이다. 이로 인하여 부정방정식을 푸는 방법은 매우 다양하며 이 과정에서 여러 수학적 개념과 도구를 접할 수 있다. 디오판토스는 기호를 수학에 도입한 고대 그리스 수학자로 대수학의 아버지로 불린다.

주제 1에서는 7개의 방정식과 8개의 미지수를 가지는 아르키메데스의 황소 문제를 다룬다. 컴퓨터 없이는 정확한 답을 구할 수 없는 이 문제는 아르키메데스와 아폴로니우스 사이의 일화로 더욱 흥미를 끄는데, 아르키메데스의 위대함을 다시 한 번 엿볼 수 있다.

주제 2에서는 부정방정식의 문제를 다루는데 여기서는 수학적 창의력을 이용한 독특한 방법이 동원된다. 흔히 이용하는 방법으로는 유클리드 알고리즘, 합동식, 두 식의 곱으로 표현, 약수와 배수의 관계를 이용, 부등식을 이용하여 변수의 범위를 구하는 방법 등이 있다.

주제 3에서는 최대 최소 문제를 다루는데 먼저 조화평균, 기하평균, 산술평균의 기하적인 의미를 살펴보고, 특히 우리에게 친숙한 도형(삼각형, 육각형, 직육면체, 사다리꼴 등)과 연관된 최대 최소 문제를 부등식 (기하평균 $\le$ 산술평균)을 이용하여 해결하는 방법을 공부한다.

주제 4에서는 산술·기하·조화평균 이외의 다른 평균들을 소개하였다. '평균'에 대해서 다시 한 번 생각하는 기회가 될 것이다.

108-1 아르키메데스의 황소

Keywords 유클리드 알고리즘, 최대공약수, 합동식

아르키메데스(Archimedes, B.C. 287~212)의 황소 문제는 1773년 독일의 도서관에서 44줄의 시를 포함하는 그리스 문서가 발견한 이래로 수학자들의 흥미를 끌어왔다. 이 문제에는 네 가지 색깔의 황소와 암소가 있어 미지수가 8개이다. 그들 사이에 주어진 7개의 간단한 관계로부터 미지수 8개를 결정하여 소떼 전체의 마리 수를 구하는 문제이다. 아르키메데스가 이 문제를 만들어 당시 알렉산드리아의 수학자들에게 제시했던 이유는 그의 수학적 업적에 비판적이었던 아폴로니우스(Appolonius, B.C. 262~190)를 좌절시키기 위해서였다는 추측이 있다. 아르키메데스가 살던 시라쿠사는 아폴로니우스가 살고 있던 학문의 중심지인 알렉산드리아에 비해서 매우 구석진 곳이었다.

이 문제의 답은 바로 구해지지 않았다. 1880년에 독일 수학자 암토르(Amthor)에 의해서 소떼의 수가 776으로 시작하는 수라는 것과 206,545자리 수라는 것이 밝혀졌을 뿐, 답을 구하기 위해서는 컴퓨터가 등장할 때까지 기다려야 했다. 1965년 캐나다의 워털루 대학의 세 명의 수학자가 처음으로 완벽한 답을 구했다. 그들은 IBM 7040 컴퓨터를 이용하여 7시간 49분에 걸쳐 계산하였다. 두 번째로 이 문제의 답을 구한 것은 1981년인데 Cray-1 컴퓨터를 이용하여 10분만에 계산하였다. 이후, 가장 작은 답 이외에 백만자리수를 포함한 다섯 개의 답이 더 구해졌다.

이제 아르키메데스의 소에 관한 문제(The Cattle Problem)를 읽어보자. 고어 표현이 섞여 있어서 익숙하지 않을 수도 있지만 황소와 암수 사이의 관계를 파악하는 데 초점을 맞추면 된다.

If thou art diligent and wise, O stranger, compute the number of cattle of the Sun, who once upon a time grazed on the fields of the Thrinacian isle of Sicily, divided into four herds of different colours, one milk white, another a glossy black, a third yellow and the last dappled. In each herd were bulls, mighty in number according to these proportions: Understand, stranger, that the white bulls were equal to a half and a third of the black together with the whole of the yellow, while the black were equal to the fourth part of the dappled and a fifth, together with, once more, the whole of the yellow. Observe further that the remaining bulls, the dappled, were equal to a sixth part of the white and a seventh, together with all of the yellow. These were the proportions of the cows: The white were precisely equal to the third part and a fourth of the whole herd of the black; while the black were equal to the fourth part once more of the dappled and with it a fifth part, when all, including the bulls, went to pasture together. Now the dappled in four parts were equal in number to a fifth part and a sixth of the yellow herd. Finally the yellow were in number equal to a sixth part and a seventh of the white herd.

Πρόβλημα

ὅπερ Ἀρχιμήδης ἐν ἐπιγράμμασιν εὑρὼν τοῖς ἐν Ἀλεξανδρείᾳ περὶ ταῦτα πραγματευομένοις ζητεῖν ἀπέστειλεν ἐν τῇ πρὸς Ἐρατοσθένην τὸν Κυρηναῖον ἐπιστολῇ.

Πληθὺν Ἠελίοιο βοῶν, ὦ ξεῖνε, μέτρησον
φροντίδ' ἐπιστήσας, εἰ μετέχεις σοφίης,
πόσση ἄρ' ἐν πεδίοις Σικελῆς ποτ' ἐβόσκετο νήσου
Θρινακίης τετραχῆ στίφεα δασσαμένη
χροιὴν ἀλλάσσοντα· τὸ μὲν λευκοῖο γάλακτος,
κυανέῳ δ' ἕτερον χρώματι λαμπόμενον,
ἄλλο γε μὲν ξανθόν, τὸ δὲ ποικίλον. ἐν δὲ ἑκάστῳ
στίφει ἔσαν ταῦροι πλήθεσι βριθόμενοι
συμμετρίης τοιῆσδε τετευχότες· ἀργότριχας μὲν
κυανέων ταύρων ἡμίσει ἠδὲ τρίτῳ
καὶ ξανθοῖς σύμπασιν ἴσους, ὦ ξεῖνε, νόησον,
αὐτὰρ κυανέους τῷ τετράτῳ τε μέρει
μικτοχρόων καὶ πέμπτῳ, ἔτι ξανθοῖσί τε πᾶσιν.
τοὺς δ' ὑπολειπομένους ποικιλόχρωτας ἄθρει
ἀργεννῶν ταύρων ἕκτῳ μέρει ἑβδομάτῳ τε
καὶ ξανθοῖς αὐτοὺς πᾶσιν ἰσαζομένους.
θηλείαισι δὲ βουσὶ τάδ' ἔπλετο· λευκότριχες μὲν
ἦσαν συμπάσης κυανέης ἀγέλης
τῷ τριτάτῳ τε μέρει καὶ τετράτῳ ἀτρεκὲς ἶσαι·
αὐτὰρ κυάνεαι τῷ τετράτῳ τε πάλιν
μικτοχρόων καὶ πέμπτῳ ὁμοῦ μέρει ἰσάζοντο
σὺν ταύροις πάσαις εἰσ νομὸν ἐρχομέναις.
ξανθοτρίχων δ' ἀγέλης πέμπτῳ μέρει ἠδὲ καὶ ἕκτῳ
ποικίλαι ἰσάριθμον πλῆθος ἔχον τετραχῆ.
ξανθαὶ δ' ἠριθμεῦντο μέρους τρίτου ἡμίσει ἶσαι
ἀργεννῆς ἀγέλης ἑβδομάτῳ τε μέρει.
ξεῖνε, σὺ δ', Ἠελίοιο βόες πόσαι, ἀτρεκὲς εἰπών,
χωρὶς μὲν ταύρων ζατρεφέων ἀριθμόν,
χωρὶς δ' αὖ, θήλειαι ὅσαι κατὰ χροιὰν ἕκασται,
οὐκ ἄιδρις κε λέγοι' οὐδ' ἀριθμῶν ἀδαής,
οὐ μήν πώ γε σοφοῖς ἐναρίθμιος. ἀλλ' ἴθι φράζευ
καὶ τάδε πάντα βοῶν Ἠελίοιο πάθη.
ἀργότριχες ταῦροι μὲν ἐπεὶ μιξαίατο πληθὺν
κυανέοις, ἵσταντ' ἔμπεδον ἰσόμετροι
εἰς βάθος εἰς εὖρός τε, τὰ δ' αὖ περιμήκεα πάντη
πίμπλαντο πλήθους Θρινακίης πεδία.
ξανθοὶ δ' αὖτ' εἰς ἓν καὶ ποικίλοι ἀθροισθέντες
ἵσταντ' ἀμβολάδην ἐξ ἑνὸς ἀρχόμενοι
σχῆμα τελειοῦντες τὸ τρικράσπεδον οὔτε προσόντων
ἀλλοχρόων ταύρων οὔτ' ἐπιλειπομένων.
ταῦτα συνεξευρὼν καὶ ἐνὶ πραπίδεσσιν ἀθροίσας
καὶ πληθέων ἀποδούς, ξεῖνε, τὰ πάντα μέτρα
ἔρχεο κυδιόων νικηφόρος ἴσθι τε πάντως
κεκριμένος ταύτῃ γ' ὄμπνιος ἐν σοφίῃ.

If thou canst accurately tell, O stranger, the number of cattle of the Sun, giving separately the number of well-fed bulls and again the number of females according to each colour, thou wouldst not be called unskilled or ignorant of numbers, but not yet shalt thou be numbered among the wise.

But come, understand also all these conditions regarding the cattle of the Sun. When the white bulls mingled their number with the black,

they stood firm, equal in depth and breadth, and the plains of Thrinacia, stretching far in all ways, were filled with their multitude. Again, when the yellow and the dappled bulls were gathered into one herd they stood in such a manner that their number, beginning from one, grew slowly greater till it completed a triangular figure, there being no bulls of other colours in their midst nor none of them lacking. If thou art able, O stranger, to find out all these things and gather them together in your mind, giving all the relations, thou shalt depart crowned with glory and knowing that thou hast been adjudged perfect in this species of wisdom.[1)]

아르키메데스의 소 문제는 두 부분으로 나누어 풀 수 있다. 파란색으로 된 첫 번째 부분에서는 황소와 암소 색깔별로 그 마리 수의 비율을 알 수 있고, 파란색으로 된 두 번째 부분에서는 검은색과 흰색 황소의 수의 합이 제곱수이고 갈색 황소와 얼룩 황소의 수의 합이 삼각수임을 알 수 있다. 이제 문제를 두 부분으로 나누어 풀어보자.

1 첫 번째 부분에 대한 풀이 : 황소와 암소의 색깔별 비율 구하기

황소와 암소를 색깔별로 다음과 같이 문자로 나타내기로 하자.

	황소	암소
흰색(white)	W	w
검정색(black)	B	b
갈색(yellow, brown)	Y	y
얼룩무늬(spotted)	S	s

1 문제의 파란색으로 된 첫 번째 부분에서 황소와 암소의 마리 수 사이에 관계를 찾아 식을 세워라.

1) http://www.mcs.drexel.edu/~crorres/Archimedes/contents.html

2 방정식을 풀기 위하여 모든 문자를 W에 관한 식으로 나타내어보자. 예를 들면, $B=\frac{267}{371}W$이다.

3 W, B, Y, S, w, b, y, s의 분모에 있는 수들의 최소공배수를 구하여 이들 문자를 정수꼴로 나타내어라.

산 마리노의 우표
1982년 4월 21일 발행

2 두 번째 부분에 대한 풀이

문제의 하늘색 부분에서 다음 두 관계를 알 수 있다.

$W+B=$(제곱수)
$Y+S=$(삼각수)

삼각수는 양의 정수 m에 대하여 $1+2+3+4+5+\cdots+m=\frac{m(m+1)}{2}$꼴이므로 $Y+S=$(삼각수)가 되기 위해서는

$$4149387k+7358060k=\frac{m(m+1)}{2}$$

즉,

$$11507447k=\frac{m(m+1)}{2}$$

꼴로 표현되어야 한다. 이를 m에 관한 2차방정식으로 쓰면

$$m^2+m-2\cdot 11507447\ k=0$$

이다. m은 정수이므로

$$\sqrt{1+4(2\cdot 115074476\ k)}$$

는 반드시 정수이어야 한다. 즉 제곱근 속의 수

$$1+92059576\ k$$

는 제곱수이다. 이를 다음과 같이 표현하자.

$$x^2 = 1 + 92059576k$$

x를 구하기 위하여 이를 다른 방법으로 표현하면

$$x^2 \equiv 1 \pmod{92059576}$$

이다. 92059576을 인수분해하면

$$92059576 = 2^3 \times 7 \times 353 \times 4657$$

이므로 위의 합동방정식의 해를 구하기 위해서 다음 연립합동식2)을 풀면 된다.

$$\begin{cases} x^2 \equiv 1 & \pmod{8} \\ x^2 \equiv 1 & \pmod{7} \\ x^2 \equiv 1 & \pmod{353} \\ x^2 \equiv 1 & \pmod{4657} \end{cases}$$

컴퓨터 프로그램을 이용하여 위의 연립합동식을 풀면 1보다 큰 해는 다음과 같다.

3287843, 4303069, 7590911, 15423983, 18711825, 19727051, 23014893, 23014895, 26302737, 27317963, 30605805, 38438877, 41726719, 42741945, 46029787, 46029789, 49317631, 50332857, 53620699, 61453771, 64741613, 65756839, 69044681, 69044683, 72332525, 73347751, 76635593, 84468665, 87756507, 88771733, 92059575.

가장 작은 값인 3287843에 대하여 이에 대응하는 k값을 구해보면

$$k = \frac{3287843^2 - 1}{92059576} = 117423$$

이다.
이제 마지막으로 조건 $W + B =$(제곱수)을 풀어보자.

$$10366482k + 7460514k = 2^2 \times 3 \times 11 \times 29 \times 4657 \times k$$

가 제곱수가 되기 위해서는

2) [111-2 암호에 필요한 중요한 수학이론] 참고

$$k = 3 \times 11 \times 29 \times 4657 \times r^2 = 4456749r^2 \ (r\text{은 양의 정수})$$

이면 된다. 이것을 첫 번째 단계에서 구한 각각의 마리 수에 넣으면 다음과 같다.

	첫 번째 단계의 해	$k=4456749r^2$ 대입 결과
W	$10366482k$	$46200808287018r^2$
B	$7460514k$	$33249638308986r^2$
Y	$4149387k$	$18492776362863r^2$
S	$7358060k$	$32793026546940r^2$
w	$7206360k$	$32116937723640r^2$
b	$4893246k$	$21807969217254r^2$
y	$5439213k$	$24241207098537r^2$
s	$3515820k$	$15669127269180r^2$

앞에서 $Y+S=$(삼각수)는 삼각수이므로

$$Y+S=(18492776362863+32793026546940)r^2=51285802909803r^2$$

즉,

$$51285802909803r^2 = \frac{m(m+1)}{2}$$

이 성립해야 한다. 따라서

$$m^2+m-2\times 51285802909803r^2=0$$

을 풀어야 한다. 이 방정식은 $1+410286423278424r^2=a^2$라고 할 때, 해 $\frac{a-1}{2}$를 갖는다.

그런데 $410286423278424=2^2 3\cdot 7\cdot 11\cdot 29\cdot 353\cdot 4657^2$와 같이 소인수분해되므로 이 방정식은

$$1+2\cdot 3\cdot 7\cdot 11\cdot 29\cdot 353(2\cdot 4657r)^2=a^2$$

즉,

$$a^2-4729494b^2=1\text{, 단 } b=2\cdot 4657r$$

이다. 이러한 꼴의 방정식을 펠(Pell)의 방정식[3]이라고 한다. 이제 펠의 방정식을 풀기 위해서 양변을 b^2으로 나누어 정리해보자.

$$\frac{a^2}{b^2} - 472994 = \frac{1}{b^2}$$

$$(\frac{a}{b} - \sqrt{472994})(\frac{a}{b} + \sqrt{472994}) = \frac{1}{b^2}$$

$$\frac{a}{b} - \sqrt{472994} = \frac{1}{b^2}(\frac{b}{a + b\sqrt{472994}})$$

$$\frac{a}{b} - \sqrt{472994} = \frac{1}{b(a + b\sqrt{472994})}$$

이제 아르키메데스의 소떼의 수를 구하는 문제는 $\sqrt{472994}$를 연분수로 나타내어 $\frac{a}{b}$의 값을 알아내는 문제로 귀착되었다.

1998년 바르디(Vardi)는 《월간미국수학(The American Mathmetical Monthly)》에 다음과 같은 간단한 식으로 소떼 전체의 수를 구하였으며 또한 해를 생성하는 식을 발표하였다.

$$[\frac{25194541}{184119152}(109931986732829734979866232821433543901088049) + 50549485234315033074477819735540408986340\sqrt{4729494})^{4658}]$$

(단, $[x]$는 x 이상인 가장 작은 정수)

만약 일초에 한 글자씩 쓴다면 이 수를 모두 쓰는 데는 2일 8시간 15분 45초가 걸린다. 이 수의 처음과 끝의 50자리 수는 다음과 같다.

776,027,140,648,681,826,953,023,283,321,388,666,423,232,240,592,33⋯

⋯05,994,630,144,292,500,354,883,118,973,723,406,626,719,455,081,800

3) 펠 방정식에 대해서는 [108-2 부정방정식] 참고

아르키메데스의 황소

❶ 첫 번째 부분에 대한 풀이 : 황소와 암소의 색깔별 비율 구하기

1

$$W=\left(\frac{1}{2}+\frac{1}{3}\right)B+Y \qquad B=\left(\frac{1}{4}+\frac{1}{5}\right)S+Y$$

$$S=\left(\frac{1}{6}+\frac{1}{7}\right)W+Y \qquad w=\left(\frac{1}{3}+\frac{1}{4}\right)(B+b)$$

$$b=\left(\frac{1}{4}+\frac{1}{5}\right)(S+s) \qquad y=\left(\frac{1}{6}+\frac{1}{7}\right)(W+w)$$

$$s=\left(\frac{1}{5}+\frac{1}{6}\right)(Y+y)$$

2

$$B=\frac{267}{371}W,\ \ Y=\frac{297}{742}W,\ \ S=\frac{790}{1113}W,\ \ w=\frac{171580}{246821}W$$

$$b=\frac{815541}{1727747}W,\ \ y=\frac{1813071}{3455494}W,\ \ s=\frac{83710}{246821}W$$

3

	황소	암소
흰색(white)	10366482k	7206360k
검정색(black)	7460514k	4893246k
황색(yellow)	4149387k	5439213k
얼룩무늬(spotted)	7358060k	3515820k

108-2

부정방정식

Keywords 유클리드 알고리즘, 최대공약수, 합동식

부정방정식이란 2개의 미지수에 방정식이 하나만 있거나 5개의 미지수에 방정식이 3개만 있는 경우처럼 미지수의 개수보다 방정식의 개수가 적어서 그 해가 무수히 많을 수 있는 경우에, '유리수해' 또는 '정수해' 또는 '양의 정수해'만을 구하라는 조건으로 그 해를 제안하는 방정식을 말한다. 부정방정식 가운데 특히 정수해만을 구하는 것을 디오판토스[4] 방정식이라고 한다. 예를 들면,

$$a_1x_1 + a_2x_2 + \cdots + a_nx_n = b \ (a_1, \cdots, a_n, b\text{는 정수}),\ x^2 + y^2 = z^2$$

따위는 대표적인 디오판토스의 방정식이다. 이와 같은 방정식에는 해가 없거나, 있어도 유한개이거나 무한개이다. 이러한 부정방정식 문제에서는 문제마다 독특한 방법으로 풀어야 한다. 많이 이용하는 방법은 유클리드 알고리즘[5], 합동식, 두 식의 곱으로 표현, 약수와 배수의 관계를 이용, 부등식을 이용하여 변수의 범위를 구하는 등이다.

1 유클리드 알고리즘과 $ax+by=c$ 형태의 부정방정식

두 정수 a, b $(a \neq 0)$에 대해서

4) 디오판토스(Diopantos)는 3세기경 알렉산드리아의 수학자로 정수론과 대수학에 공헌이 크며, 근대 정수론의 아버지라고 불린다. 《산학(Arithmetica)》은 13권 중 6권이 현재까지 남아 있다. 주로 1차부터 3차까지의 정방정식과 부정방정식의 문제와 해법이 다루어져 있으며 특히, 해법의 부정해석은 디오판토스의 해석이라고 불린다. 그의 《산학》은 아라비아어로 번역되어 그곳 학자에게 영향을 끼쳤으며, 뒤에 라틴어로 번역되어 중세 말기에 유럽으로 전파되어 대수학 발달에 공헌했다. 저서 중 "주어진 제곱수를 2개의 제곱수로 나누어라"라는 문제는 뒤에 페르마에게 영향을 끼쳐, 페르마의 정리가 되었다고 한다.

5) [107-1 몫과 나머지] 참고

$$
\begin{aligned}
a \mid b &\Leftrightarrow b\text{는 } a\text{의 배수}\\
&\Leftrightarrow a\text{는 } b\text{의 약수}\\
&\Leftrightarrow ax=b\text{를 만족하는 정수해 } x\text{가 존재한다.}
\end{aligned}
$$

두 정수 a, b의 최대공약수를 (a, b)라 하자. 만약

$$a = qb + c \ (q \text{ 정수, } 0 \le c < |b|)$$

일 때, $(a, b) \mid a$, $(a, b) \mid b$, $c = a - qb$이므로 $(a, b) \mid c$이다. 즉 (a, b)는 b, c의 공약수이다. 공약수는 최대공약수의 약수이므로 $(a, b) \mid (b, c)$이다. 또한 $(b, c) \mid b$, $(b, c) \mid c$, $a = qb + c$이므로 $(b, c) \mid a$이다. 즉 (b, c)은 a, b의 공약수이므로 $(b, c) \mid (a, b)$이다. 따라서 다음과 같은 결론을 얻는다.

$$a = qb + c \ (q \text{ 정수, } 0 \le c < |b|)\text{일 때, } (a, b) = (b, c).$$

다시 b를 c로 나누었을 때 나머지를 d라 하면, $(b, c) = (c, d)$이다. 이와 같이 계속해 나가면

$$a > b > c > d > \cdots$$

이기 때문에 결국에 나머지는 0이 된다. 만약 c가 d로 나누어떨어진다고 하면

$$(a, b) = (b, c) = (c, d) = (d, 0) = d$$

이다. 이 과정을 유클리드 알고리즘, 즉 a와 b의 최대공약수 (a, b)를 구하는 알고리즘이라 부른다.

1 등식 $(3654, 1365) = d = 3654x + 1365y$을 만족하는 정수 d, x, y를 구하여라.

유클리드의 알고리즘에 의하면 정수 a, b $(a \ne 0)$에 대해서 $ax + by = d$를 만족하는 정수 x, y를 구할 수 있다. 이때, d는 두 정수 a, b의 최대공약수이다. 예를 들어, 18과 30의 최대공약수는 6이므로 $18x + 30y = 6$을 만족하는 x, y를

$$18 \times 2 + 30 \times (-1) = 6$$

와 같이 구할 수 있다.
다시 말하면, 유클리드의 알고리즘은 $(a, b) = d$일 때, 이원일차 부정방정식

$ax+by=d$는 적어도 하나의 정수해 x_0, y_0를 갖는다는 것을 보여주고 있다. 실제로 $(a, b)=d$일 때, 부정방정식 $ax+by=c$이 정수해를 가지기 위한 필요충분조건은 $d|c$인 것이다. 또, $d|c$일 때, 하나의 특수한 정수해를 x_0, y_0라 한다면 모든 정수해는 x_0, y_0로 나타낼 수 있다. 다른 정수해를 x_1, y_1이라고 하여 x_1, y_1이 x_0, y_0으로 어떻게 표현되는지 알아보자.

x_0, y_0와 x_1, y_1가 모두 방정식 $ax+by=d$의 해이므로

$$ax_0+by_0=d$$
$$ax_1+by_1=d$$

이 성립한다. 처음 식에 y_0을 곱하고 두 번째 식에 y_1을 곱하여 변끼리 빼면

$$a(x_0y_1-x_1y_0)=d(y_1-y_0)$$
$$y_1=y_0+\frac{a}{d}k \qquad \text{단, } k=x_0y_1-x_1y_0$$

마찬가지로 식 $ax_0+by_0=d$에 x_1을 곱하고 $ax_1+by_1=d$에 x_0을 곱하여 변끼리 빼면

$$b(x_1y_0-x_0y_1)=d(x_1-x_0)$$
$$x_1=x_0-\frac{b}{d}k \qquad \text{단, } k=x_0y_1-x_1y_0$$

이다. 따라서 방정식 $ax+by=d$가 특수한 정수해 x_0, y_0을 가지면 모든 정수해는

$$x=x_0-\frac{b}{d}t,\ y=y_0+\frac{a}{d}t \qquad \text{단, } t\text{는 정수}$$

와 같이 나타난다.

2 다음을 구하여라.

(1) 부정방정식 $5x+7y=1$의 정수해를 구하여라.

(2) 부정방정식 $3654x+1365y=42$의 정수해를 구하여라.

이상을 종합하면 부정방정식 $ax+by=c$ (a, b, c 정수, $(a, b)|c$)의 정수해(혹은 양의 정수해)를 구하는 과정은 다음과 같다.

① 유클리드 알고리즘을 이용하여 $(a,b) = d = as + bt$을 만족하는 정수 d, s, t를 구한다.

② $c(=dk) = a(sk) + b(tk)$로부터 특수한 정수해 $x_0 = sk$, $y_0 = tk$를 구한다.

③ 모든 정수해는 $x = x_0 - \frac{b}{d}t$, $y = y_0 + \frac{a}{d}t$ (t 정수)이다.

④ 양의 정수해를 구하는 문제는 $x_0 - \frac{b}{d}t > 0$, $y_0 + \frac{a}{d}t > 0$에서 정수 t의 범위를 구하여 해결한다.

예 3 양의 정수해를 구하는 예를 들어보자.

(1) 해가 유한개인 경우 : $3x + 5y = 28$

(2) 해가 무한개인 경우 : $6x - 5y = 13$

(3) 해가 없는 경우 : $710x + 68y = 6$

2 $ax + by + cz = d$ 형태의 부정방정식

세 개의 미지수를 갖는 부정방정식 $ax + by + cz = d$를 푸는 방법은 앞에서 설명한 두 개의 미지수를 갖는 부정방정식 $ax + by = c$를 푸는 연장선 위에 있다. 풀이 순서는 다음과 같다.

① $ax + by = t$, $t + cz = d$ (t는 정수)로 놓고,

② $ax + by = 1$의 특수해를 구하고,

③ $ax + by = t$의 모든 정수해를 구하고,

④ $t + cz = d$의 모든 정수해를 구한다.

⑤ 위 ③, ④에서 구한 해를 조합하면 부정방정식 $ax + by + cz = d$의 모든 정수해를 구할 수 있다.

예 1 다음 부정방정식의 정수해를 구하여라.

(1) $32x + 57y - 68z = 1$

(2) $2x + 3y + 7z = 34$

(3) $25x + 13y + 7z = 4$

3 합동식과 부정방정식

정수 a, b와 자연수 n에 대하여, $n|(a-b)$, 즉 $(a-b)$가 n으로 나누어떨어질 때,

정수 a와 b는 모듈(mod) n에 관해 합동

이라 말하고 이를 합동식

$$a \equiv b \pmod{n}$$

로 표현한다. 예를 들면,

$$22 \equiv 2 \pmod{5},\ 14 \equiv -1 \pmod{5},\ -3 \equiv 7 \pmod{5},$$
$$22 \equiv 1 \pmod{7},\ 14 \equiv 0 \pmod{7},\ -3 \equiv 11 \pmod{7}.$$

특히, a를 b로 나누었을 때, 몫을 q (정수), 나머지를 c라 하면, 즉

$$a = qb + c\ (0 \le c < |b|)$$

일 때, $a \equiv c \pmod{b}$이다.
합동식은 다음과 같은 기본 성질을 갖는다. 증명은 정의로부터 쉽게 얻을 수 있다. 특히 (5), (7), (9)는 자주 이용하는 공식이다.

(1) $a \equiv a \pmod{n}$
(2) $a \equiv b \pmod{n} \Rightarrow b \equiv a \pmod{n}$
(3) $a \equiv b \pmod{n},\ b \equiv c \pmod{n} \Rightarrow a \equiv c \pmod{n}$
(4) $a \equiv b \pmod{n},\ c \equiv d \pmod{n}$라 할 때,

(4-1) $(a+c) \equiv (b+d) \pmod{n}$
(4-2) $(a-c) \equiv (b-d) \pmod{n}$
(4-3) $ac \equiv bd \pmod{n}$

(5) $ac \equiv bc \pmod{n},\ (c,\ n) = 1 \Rightarrow a \equiv b \pmod{n}$
(6) $t \ge 2,\ a \equiv b \pmod{n_1},\ a \equiv b \pmod{n_2},\ \cdots,\ a \equiv b \pmod{n_t}$
$\Rightarrow a \equiv b \pmod{N}$, 여기서 N은 $n_1,\ n_2,\ \cdots,\ n_t$의 최소공배수.
(7) $a \equiv b \pmod{n} \Rightarrow a^m \equiv b^m \pmod{n}$ ($m > 0$ 정수)
(8) $a \equiv b \pmod{n} \Rightarrow a \equiv b + kn \pmod{n}$

(9) $ac \equiv bc \pmod{n}$, $(c,\ n) = d > 1 \Rightarrow a \equiv b \ (\mathrm{mod}\, \frac{n}{d})$

위의 성질을 이용하여 mod 8에 관해 55^{2004}와 합동인 값, mod 17에 관해 19^{2004}와 합동인 값을 구해보자.

$55 = 7 \times 8 - 1$이므로 $55^{2004} \equiv (-1)^{2004} = 1 \pmod{8}$이고 $19 = 1 \times 17 + 2$이므로 $19^{2004} \equiv 2^{2004} = 16^{501} \equiv (-1)^{501} = -1 \equiv 16 \pmod{17}$이다.

예제 1 다음과 합동인 값을 구하여라.

(1) $3^{2n} \pmod{8}$

(2) $10^{10^{10}} \pmod{7}$

예제 2 자연수 n의 십진 전개를

$$n = a_k a_{k-1} \cdots a_1 a_0 = a_0 + 10a_1 + 10^2 a_2 + \cdots + 10^k a_k$$

이라 했을 때, 합동식을 이용하여, 8, 9, 3으로 나누어떨어질 조건을 구하여라.

일차부정방정식은 일차합동식으로 생각할 수 있다. 그 역도 성립한다. 즉

$$\text{일차부정방정식 } ax + by = c \Leftrightarrow \text{일차합동식 } ax \equiv c \pmod{b}.$$

예제 3 다음을 구하여라.

(1) 일차합동식을 이용하여 일차부정방정식 $55x + 6y = 8$의 정수해

(2) 일차부정방정식을 이용하여 일차합동식 $15x \equiv 1 \pmod{44}$의 해

(3) 일차부정방정식을 이용하여 일차합동식 $45x \equiv 21 \pmod{132}$의 해

이번에는 연립일차합동식 $\begin{cases} x \equiv 2 \pmod{3} \\ x \equiv 3 \pmod{5} \\ x \equiv 5 \pmod{7} \end{cases}$의 해를 구하기 위하여 세 번째 합동식 $x \equiv 5 \pmod{7}$에서 $x = 7k + 5$를 얻고 두 번째 합동식으로부터 $7k + 5 \equiv 3 \pmod{5}$ 또는 $2k \equiv 3 \pmod{5}$ 또는 $k \equiv 4 \pmod{5}$를 얻는다. 즉 $k = 5m + 4$ (m 정수)이다. 따라서

$$x = 7k + 5 = 7(5m + 4) + 5 = 35m + 33 \equiv 2 \pmod{3}$$

에서 $2m \equiv 2 \pmod{3}$ 또는 $m \equiv 1 \pmod{3}$, 즉 $m = 3t + 1$ (t 정수)이 되

어 $x=35m+33=35(3t+1)+33=105t+68$, $x \equiv 68 \pmod{105}$이다.

4 일차연립합동식 $\begin{cases} x \equiv 1 \pmod{7} \\ 3x \equiv 4 \pmod{5} \\ 8x \equiv 4 \pmod{9} \end{cases}$의 해를 구하여라.

4 $ax+by=c$ 형태가 아닌 부정방정식

$ax+by=c$, $(a, b)|c$ 형태의 부정방정식이 아닌 부정방정식 문제에서는 수학적 창의력을 이용한 독특한 방법으로 풀어야 한다. 많이 이용하는 방법은 두 식의 곱으로 표현, 약수와 배수의 관계를 이용, 부등식을 이용하여 변수의 범위를 구하는 등등 여러 가지 방법이 있을 수 있다.

1. $AB=k$ 형태

부정방정식 $xy+6x-y=18$의 양의 정수해를 구해보자. 공통인수로 묶어 $AB=k$ 형태로 바꾸면

$$x(y+6)-y=18 \Rightarrow x(y+6)-(y+6)+6=18 \Rightarrow (x-1)(y+6)=12$$

가 된다. 따라서 $y+6$은 12의 약수, 즉 $y+6=1, 2, 3, 4, 6, 12$이다. 이 중에서 양수인 y는 $y=6$이다. $y=6$을 주어진 식에 대입하면 $x=2$를 얻는다. 따라서 양의 정수의 순서쌍은 $(x, y)=(2, 6)$이다.

또 다른 예를 들어보자. 자연수 a, b, c, d에 대하여

$$a^5=b^4,\ c^3=d^2,\ c-a=19 \text{일 때, } d-b \text{의 값}$$

을 구해보자. 5와 4의 최소공배수는 20이고 3과 2의 최소공배수는 6이므로 자연수 m, n에 대해 $a^5=b^4=m^{20}$, $c^3=d^2=n^6$이라 하면 $a=m^4$, $b=m^5$, $c=n^2$, $d=n^3$이다. 따라서 $c-a=n^2-m^4=(n+m^2)(n-m^2)=19$로부터 $n+m^2=19$, $n-m^2=1$, 즉 $n=10, m=3$이다. 따라서 $d-b=10^3-3^5=757$이다.

다음 방정식을 두 식의 곱의 꼴로 바꾸어 풀어보자.

1 다음을 구하여라.

(1) $2xy-4x+y=12$: 양의 정수해

(2) $xy-3x^2=12$: 양의 정수해

(3) $\frac{1}{x}-\frac{1}{y}=\frac{1}{4}$: 양의 정수해

2. 완전제곱식이나 이차방정식의 판별식을 이용

부정방정식 $\frac{x+y}{x^2-xy+y^2}=\frac{3}{7}$의 정수해를 구해보자. 주어진 식은 $3x^2+(-3y-7)x+3y^2-7y=0$으로 변형되고 실수 x에 대한 이차방정식으로 볼 때 실수 근을 가져야 하므로 판별식≥ 0, 즉

$$D=(-3y-7)^2-12(3y^2-7y)=-27y^2+126y+49\geq 0$$

이다. 이를 만족하는 y의 범위는 $\frac{21-14\sqrt{3}}{9}\leq y\leq\frac{21+14\sqrt{3}}{9}$이므로 정수인 y는 $y=0,1,2,3,4,5$이다. 이들을 주어진 식에 하나하나 대입하여 만족하는 정수 x값을 구하면 구하는 정수해는 $(x,y)=(4,5),(5,4)$이다.

2 다음을 구하여라.

(1) $14x^2-24xy+21y^2+4x-12y-18=0$: 정수해

(2) $4x^2y=y^4+2x^4+1$: 정수해

3. 정수의 표현을 이용하는 형태

부정방정식 $y^3=x^2+x$을 만족하는 정수해를 구해보자. $y^3=x(x+1)$ 꼴로 생각하면 우변이 0이 되는 경우에는 $y=0$ 이면 된다. 즉, $x=0, y=0$과 $x=-1, y=0$이 해가 된다. 그러나 x가 0도 아니고 -1도 아닐 경우에는 해가 없다. 왜냐하면 $y^3=x(x+1)$에서 x와 $x+1$은 y^3의 약수, 즉 y의 약수이다. 그런데 x와 $x+1$은 서로소이므로 두 수가 동시에 y의 약수가 될 수는 없기 때문이다.

정수의 표현을 이용하여 아래 부정방정식을 풀어보자.

3 다음을 구하여라.

(1) $x=yz$ (y, z은 소수)일 때, $\frac{1}{x}+\frac{1}{y}=\frac{3}{z}$을 만족하는 양의 정수해

(2) $x^2+1-3y^n=0$ (n은 자연수)을 만족하는 정수해

(3) $x^2-11y=4$의 정수해

4. 부등식을 이용하는 형태

부정방정식 $\frac{1}{x}+\frac{1}{x+1}+\frac{1}{x+2}=\frac{13}{12}$을 만족하는 정수해를 구해보자.

분모에서 $x<x+1<x+2$이므로 우변의 세 항에서 $\frac{1}{x}>\frac{1}{x+1}>\frac{1}{x+2}$인 관계를 얻는다. 식을 $\frac{13}{12}=\frac{1}{x}+\frac{1}{x+1}+\frac{1}{x+2}<\frac{3}{x}$와 $\frac{13}{12}=\frac{1}{x}+\frac{1}{x+1}+\frac{1}{x+2}>\frac{3}{x+2}$로 생각하면 이로부터 $\frac{10}{13}<x<\frac{36}{13}$ 즉 $x=1,2$이다. 그런데 $x=2$만 주어진 식을 만족한다.

위와 같이 부등식을 이용하여 다음 부정방정식을 풀어보자.

4 다음을 구하여라.

(1) $x+y+z=xyz$: 양의 정수해

(2) 삼각형 $\triangle ABC$에서 $\overline{AB}=33$, $\overline{AC}=21$, $\overline{BC}=m$ (정수)이다. 변 AB, AC 위의 임의의 점을 D, E라 놓자. $\overline{AD}=\overline{DE}=\overline{EC}=n$ (정수)일 때, m의 값

(3) $\frac{1}{a}+\frac{1}{b}+\frac{1}{c}=1$을 만족하는 양의 정수 a, b, c

5 펠 방정식

무리수 $\sqrt{3}$ 의 근사값을 아르키메데스가 계산할 때, 방정식 $X^2-3Y^2=1$, $X^2-3Y^2=-2$를 이용6)하였고 아르키메데스의 황소 문제를 풀 때, 방정식 $a^2-4729494b^2=1$을 이용7)하였다. 여기서 $x^2-Dy^2=k$ (k 는 정수) 꼴의 부정방정식이 아주 오래전부터 인류의 관심을 끌어왔다는 것을 알 수 있다. 이런 형태의 방정식에 대해서 알아보기 위하여 먼저 연분수로 이야기를 시작하자.

1. 순환 단순연분수8)

무한 단순연분수 $[a_0,a_1,\cdots,a_n,\cdots]$에서 맨 처음 $t(\geq 0)$개의 항 $a_0,a_1,\cdots,a_{t-1}$에 이어 그 다음부터 $r(\geq 1)$개의 항 $a_t,a_{t+1},\cdots,a_{t+r-1}$이 이 순서대로 되풀이될 때, 이 연분수를 순환 단순연분수라 하고 이것을

$$[a_0,a_1,\cdots,a_{t-1},\overline{a_t,a_{t+1},\cdots,a_{t+r-1}}]$$

로 나타낸다. 특히, $t=0$인 경우에

$$[\overline{a_0,a_1,\cdots,a_{r-1}}]$$

을 순수순환 단순연분수라고 한다. 여기서 t와 r을 가능한 한 작은 정수로 택하였을 때 $a_t,a_{t+1},\cdots,a_{t+r-1}$을 순환마디라 하고 r를 이 순환마디의 길이라고 한다. 예를 들어,

$$x=[1,\overline{1,2}]=[1,1,2,1,2,\cdots]=1+\cfrac{1}{1+\cfrac{1}{2+\cfrac{1}{1+\cfrac{1}{2+\cdots}}}}=1+\cfrac{1}{1+\cfrac{1}{1+x}}$$

에서 $x^2-3=0$ $(x>0)$이다. 따라서 $x=\sqrt{3}=[1,\overline{1,2}]$이다.

1 순환 단순연분수 $[\overline{2,1}]$의 값은 무엇인가?

6) [110-2 무리수의 근사 값] 참고
7) [108-1 아르키메데스의 황소] 참고
8) [107-2 연분수] 참고

2. 이차무리수

정수를 계수로 가지는 이차방정식 $ax^2+bx+c=0$의 판별식 $D=b^2-4ac$가 완전제곱수가 아닐 때 $ax^2+bx+c=0$의 근을 이차무리수라고 한다. 이 방정식의 두 개의 근은 $\alpha=\dfrac{-b+\sqrt{D}}{2a}$, $\beta=\dfrac{-b-\sqrt{D}}{2a}$이고 이들은 서로 공액인 이차무리수이다. $D<0$일 때는 이것들은 서로 공액인 복소수이다.

역으로 α를 이차무리수라 하면 α는 정수를 계수로 갖는 이차방정식을 만족한다. 그 방정식의 계수의 공약수로 약분한 이차방정식을 $ax^2+bx+c=0$이라 할 때, 이 방정식의 판별식 D를 α의 판별식 혹은 α를 판별식 D의 이차무리수라고 부른다. 즉, 이차무리수는

$$ax^2+bx+c=0 \ (a,b,c \text{ 는 정수}, a>0, (a,b,c)=1)$$

와 같은 유일한 이차방정식의 근이다. 예를 들어, 이차무리수 $\sqrt{2}$는 이차방정식 $x^2=2$의 근이며 $\sqrt{2}$의 판별식은 8이다.

특히, 정수 D가 이차무리수의 판별식이 될 필요충분조건은

(i) D는 완전제곱수가 아닌 양의 정수

(ii) $D\equiv 0 \pmod 4$ 또는 $D\equiv 1 \pmod 4$

임이 잘 알려져 있다.

2 이차무리수 $\sqrt{3}, \dfrac{1-\sqrt{3}}{2}, \sqrt{5}, \dfrac{1+\sqrt{5}}{2}$의 판별식을 각각 구하여라.

특히, 이차무리수 α와 그의 공액인 β 사이에

$$\alpha>1, \ -1<\beta<0$$

가 성립할 때 α를 순수이차무리수라 부르자.

3. 순환단순연분수와 이차무리수 사이의 관계

이차무리수와 순환단순연분수 사이의 관계는 라그랑주 정리로 잘 알려져 있다.

라그랑주 정리 1
순환 단순연분수의 값은 이차무리수이다.

실제로 $\alpha=[a_0,a_1,\cdots,a_{t-1},\overline{a_t,a_{t+1},\cdots,a_{t+r-1}}]$일 때,
$\beta=[\overline{a_t,a_{t+1},\cdots,a_{t+r-1}}]$ 이라고 하면 $\alpha=[a_0,a_1,\cdots,a_{t-1},\beta]$,
$\beta=[a_t,a_{t+1},\cdots,a_{t+r-1},\beta]$이고 또 α와 β는 이차무리수이다.

라그랑주 정리 1에 맞추어 순환 단순연분수 $[2,\overline{3,4}]$의 값을 구하면 다음과 같다.
$\alpha=[2,\overline{3,4}]$, $\beta=[\overline{3,4}]$라 하면 $\beta=[3,4,\beta]=3+\cfrac{1}{4+\cfrac{1}{\beta}}=\dfrac{13\beta+3}{4\beta+1}$에서

$4\beta^2-12\beta-3=0\ (\beta>0)$이다. 따라서 $\beta=\dfrac{3+2\sqrt{3}}{2}$이고 $\alpha=[2,\beta]$
$=2+\dfrac{1}{\beta}=2+\dfrac{2}{3+2\sqrt{3}}=\dfrac{4\sqrt{3}}{3}$이다.

라그랑주 정리 2
이차무리수는 순환 단순연분수로 나타낼 수 있다.

실제로, 이차무리수 α는 적당한 정수 m_0와 완전제곱수가 아닌 양의 정수 d와 $q_0|(d-m_0^2)$인 정수 $q_0(\neq 0)$에 대하여 $\alpha=\dfrac{m_0+\sqrt{d}}{q_0}$의 꼴로 나타낼 수 있고, 이때

$$\alpha_0=\alpha,\ a_0=\lfloor \alpha_0 \rfloor$$
$$m_i=a_{i-1}q_{i-1}-m_{i-1},\ q_i=\frac{d-m_i^2}{q_{i-1}},\ (i\geq 1)$$

$$\alpha_i = \frac{m_i + \sqrt{d}}{q_i},\ a_i = \lfloor \alpha_i \rfloor,\ (i \geq 1)$$

이라고 하면, $\alpha = [a_0, a_1, \cdots, a_n, \cdots]$은 순환 단순연분수이다. 특히, $\alpha > 1$, $-1 < \overline{\alpha} < 0$이 성립할 때만 $\alpha = [a_0, a_1, \cdots, a_n, \cdots]$은 순수 순환 단순연분수이다.

3 라그랑주 정리 2에 맞추어 이차무리수 $\alpha = \dfrac{3+\sqrt{7}}{2}$을 순환 단순연분수로 나타내어라.

한편, 양의 정수 d가 완전제곱수가 아닐 때, $\sqrt{d}$의 연분수 전개는

$$\sqrt{d} = [a_0, \overline{a_1, a_2, \cdots, a_{r-1}, 2a_0}],\ a_0 = \lfloor \sqrt{d} \rfloor$$

으로 주어지고, 양의 정수 d가 완전제곱수가 아니고 $d \equiv 1 \pmod 4$일 때, $\dfrac{1+\sqrt{d}}{2}$의 연분수 전개는 다음으로 주어진다.

$$\frac{1+\sqrt{d}}{2} = [a_0, \overline{a_1, a_2, \cdots, a_{r-1}, 2a_0 - 1}],\ a_0 = \left\lfloor \frac{1+\sqrt{d}}{2} \right\rfloor$$

예를 들어, $\sqrt{2} = [1, \overline{2}]$, $\dfrac{1+\sqrt{13}}{2} = [2, \overline{3}]$이다.

4 $\sqrt{3}$, $\sqrt{13}$, $\sqrt{19}$의 연분수 전개를 구하여라.

5 $\dfrac{1+\sqrt{33}}{2}$, $\dfrac{1+\sqrt{53}}{2}$, $\dfrac{1+\sqrt{57}}{2}$의 연분수 전개를 구하여라.

4. 이차무리수의 자기변환과 펠 방정식

실수 x를 연분수 전개할 때, 그 전개식의 마지막 항을 y라 한다면 x와 y는 다음과 같은 관계를 갖는다.

$$x = \frac{ay+b}{cy+d}\ (a, b, c, d\text{는 정수},\ ad - bc = \pm 1)$$

이와 같은 일차변환을 모듈러(modular) 변환이라 한다. 이때 x와 y는 모듈러

변환 $\begin{pmatrix} a & b \\ c & d \end{pmatrix}$에 의해 동치(equivalent)라고 부른다. 예를 들면,

$$x=[1,2,3,y]=1+\cfrac{1}{2+\cfrac{1}{3+\cfrac{1}{y}}}=\frac{10y+3}{7y+2}$$

이므로 x와 y는 모듈러 변환 $\begin{pmatrix} 10 & 3 \\ 7 & 2 \end{pmatrix}$에 의해 동치이다. 특히

$$x=\frac{ax+b}{cx+d}\ (a,b,c,d\text{은 정수, } ad-bc=\pm 1)$$

을 x의 자기변환이라 한다.

이차무리수 x의 판별식을 D라 하자. 즉

$$ax^2+bx+c=0,\ x=\frac{-b+\sqrt{D}}{2a}$$

〔$a>0$, b, c는 정수, $(a,\ b,\ c)=1$, $D=b^2-4ac$는 완전제곱수가 아님〕

이다. 또, $x=\dfrac{px+q}{rx+s}$ $(p,q,r,s$는 정수, $ps-qr=\pm 1)$을 x의 자기변환이라 하자. 그러면

$$rx^2+(s-p)x-q=0$$

을 얻는다. 그리고

$$\frac{r}{a}=\frac{s-p}{b}=\frac{-q}{c}=u$$

라 놓으면 u는 정수이다. 또한 $s+p=t$라 놓으면

$$p=\frac{t-bu}{2},\ q=-cu,\ r=au,\ s=\frac{t+bu}{2}$$

을 얻는다. 따라서 $x=\dfrac{ax+b}{cx+d}$로부터

$$ps-qr=\frac{t^2-b^2u^2}{4}+acu^2=\frac{t^2-b^2u^2+4acu^2}{4}=\frac{t^2-Du^2}{4}=\pm 1$$

즉, t와 u는 방정식 $t^2-Du^2=\pm 4$의 정수해이다. 이를 종합하여 다시 말하면 아래와 같다.

> 이차무리수 x의 자기변환을 $\begin{pmatrix} p & q \\ r & s \end{pmatrix}$라 하면 $\begin{pmatrix} p & q \\ r & s \end{pmatrix} = \begin{pmatrix} \frac{t-bu}{2} & -cu \\ au & \frac{t+bu}{2} \end{pmatrix}$이다.
>
> 단, t와 u는 방정식 $t^2 - Du^2 = \pm 4$의 임의의 정수해이다.

고전적으로 방정식 $t^2 - Du^2 = \pm 4$를 펠(Pell) 방정식이라 부른다. 펠 방정식은

$$\frac{t+u\sqrt{D}}{2} \cdot \frac{t-u\sqrt{D}}{2} = \pm 1$$

로 쓸 수 있다. 지금

$$(*) \qquad \begin{cases} E = \dfrac{t+u\sqrt{D}}{2}, \quad E' = \dfrac{t-u\sqrt{D}}{2} \\ EE' = \pm 1 \end{cases}$$

로 놓으면 펠 방정식 $t^2 - Du^2 = \pm 4$의 정수해를 구하는 것은 식 (*)에서 E를 구하면 충분하다.

6 $t = 0$일 때와 $u = 0$일 때 펠 방정식의 정수해를 각각 구하여라.

항등변환을 고려하지 않는다면, 즉 $t \neq 0, u \neq 0$이 되는 정수해만을 생각한다면

$$t, u, \quad t, -u, \quad -t, -u, \quad -t, u$$

가 펠 방정식의 정수해이다. 이들 중에는 두 수 모두가 양이 되는 것이 있다. 그것을 t, u라 하면 이것에 대응하는 $E = \dfrac{t+u\sqrt{D}}{2}$는 1보다 크지만 $t, -u$에는

$$E' = \frac{t-u\sqrt{D}}{2} = \pm \frac{1}{E}$$

가 대응하고 $|E'| < 1$이다. 또 $-t, -u$에는 $-E$가 대응하고 $-t, u$에는 $-E'$이 대응한다. 다시 말하면 펠 방정식 $t^2 - Du^2 = \pm 4$의 양의 정수해를 구하는 것은 식 (*)에서 $E(>1)$를 구하면 충분하다.

한편, 펠 방정식 $t^2 - Du^2 = \pm 4$에 대하여

$$D \equiv 0 \pmod{4} \text{이면 } t \equiv 0 \pmod{2}$$
$$D \equiv 1 \pmod{4} \text{이면 } t \equiv u \pmod{2}$$

가 성립한다. 왜냐하면 $D=4k$ (k는 정수)라 하면 $t^2=4(ku^2 \pm 1)$, 즉 $t^2 \equiv 0 \pmod{4}$이므로 t는 짝수이기 때문이다. 또, $D=4k+1$ (k는 정수)라 하면 $t^2-u^2=4(ku^2 \pm 1)$, 즉 $t^2 \equiv u^2 \pmod{4}$이므로 $t \equiv u \pmod{2}$이다.

7 펠 방정식의 양의 정수해를 구하여라.

(1) $t^2-12u^2=4$　　(2) $t^2-5u^2=-4$

8 조건

"$D \equiv 0 \pmod{4}$이면 $x \equiv 0 \pmod{2}$이고 $D \equiv 1 \pmod{4}$이면 $x \equiv y \pmod{2}$"를 만족하는 이차무리수를 $\dfrac{x+y\sqrt{D}}{2}$라 하면 이와 같은 수들은 덧셈, 뺄셈 및 곱셈에 닫혀 있음을 보여라.

9 이차무리수 x의 자기변환

$$x=\frac{px+q}{rx+s} \quad (p, q, r, s\text{는 정수, } ps-qr=\pm 1)$$

에서 분모는 E와 같다. 즉 $E=rx+s$이다.

$D>0$일 때 $t^2-Du^2=4$는 무수히 많은 정수해를 갖는다. $t^2-Du^2=-4$은 D의 값에 따라서는 해를 갖지 않는 경우도 있지만 만약 해가 있다면 무수히 많은 해가 존재한다. 모든 정수해에 대한 정리를 증명 없이 서술하자.

> 펠 방정식 $t^2-Du^2=\pm 4$의 최소의 양의 정수해를 T, U라 하자. 이에 대응하는 E를 $E=\dfrac{T+U\sqrt{D}}{2}$으로 놓으면 펠 방정식의 모든 양의 정수해는
>
> $$E^n=\frac{t_n+u_n\sqrt{D}}{2} \quad (n=1,2,3,\cdots)$$
>
> 을 만족하는 t_n, u_n이다.

판별식 $D(>0)$의 이차무리수를 x라 하고

$$x=[a_0,a_1,\cdots,a_{n-1},x]=\frac{px+p'}{qx+q'}$$

을 x의 1순환마디 연분수 전개라 한다면 자기변환 $\begin{pmatrix} p\ p' \\ q\ q' \end{pmatrix}$이 $E=qx+q'$ (위 식의 E)를 준다. 만약 k순환마디 연분수 전개를 취하면 자기변환

$$\begin{pmatrix} p\ p' \\ q\ q' \end{pmatrix}^k=\begin{pmatrix} p\ p' \\ q\ q' \end{pmatrix}\begin{pmatrix} p\ p' \\ q\ q' \end{pmatrix}\cdots\begin{pmatrix} p\ p' \\ q\ q' \end{pmatrix}\ (k\text{번의 행렬의 곱})$$

이 E^k를 준다. 즉, 펠 방정식의 모든 양의 정수해가 x의 연분수 전개로부터 얻을 수 있다.

예를 들어보자. 앞에서 공부한 사실

$D\equiv 1\ (\text{mod}4)$일 때

$\dfrac{1+\sqrt{D}}{2}=[a_0,\overline{a_1,a_2,\cdots,a_{r-1},2a_0-1}]$, $a_0=\left\lfloor \dfrac{1+\sqrt{D}}{2} \right\rfloor$를 이용하면

$D=5$, $x=\dfrac{1+\sqrt{5}}{2}=[1,\bar{1}]=1+\dfrac{1}{x}=\dfrac{x+1}{x}$이므로 $E=x=\dfrac{1+\sqrt{5}}{2}$이므로 펠 방정식 $t^2-5u^2=\pm 4$의 최소 양의 정수해는 $T=1, U=1$이다. 모든 양의 정수해는 $\pm\left(\dfrac{1+\sqrt{5}}{2}\right)^n$으로부터 얻어진다. n이 홀수일 때, 펠 방정식의 우변은 -4이고, n이 짝수일 때 펠 방정식의 우변은 4이다. 예를 들면,

$$\left(\frac{1+\sqrt{5}}{2}\right)^2=\frac{3+\sqrt{5}}{2},\ t=3, u=1$$

$$\left(\frac{1+\sqrt{5}}{2}\right)^3=\frac{4+2\sqrt{5}}{2},\ t=4, u=2$$

$n=3$일 때 t,u가 모두 짝수이지만 $t'=2, u'=1$은 $t'^2-5u'^2=\pm 1$의 최소 양의 정수해이다.

이번에는 $1+\sqrt{3}$의 연분수 전개를 이용하여 펠 방정식 $t^2-12u^2=4$의 최소 양의 정수해를 구하여보자.

$\alpha=1+\sqrt{3}=\dfrac{2+2\sqrt{3}}{2}=\dfrac{2+\sqrt{12}}{2}$라고 하면, 즉 $m_0=2, d=12$, $q_0=2\mid 8=(d-m_0^2)$ $\alpha_0=\alpha$, $\alpha_0=\lfloor \alpha_0 \rfloor=2$이 되어

$$m_1=a_0q_0-m_0=2\cdot 2-2=2,\ q_1=\frac{d-m_1^2}{q_0}=\frac{12-4}{2}=4$$

$$\alpha_1 = \frac{m_1 + \sqrt{d}}{q_1} = \frac{2 + \sqrt{12}}{4},\ a_1 = \lfloor \alpha_1 \rfloor = 1$$

$$m_2 = a_1 q_1 - m_1 = 1 \cdot 4 - 2 = 2,\ q_2 = \frac{d - m_2^2}{q_1} = \frac{12 - 4}{4} = 2$$

$$\alpha_2 = \frac{m_2 + \sqrt{d}}{q_2} = \frac{2 + \sqrt{12}}{2},\ a_2 = \lfloor \alpha_2 \rfloor = \lfloor \alpha_0 \rfloor = 2$$

따라서 $1 + \sqrt{3} = [2,1,2,1,2,1,2,1,\cdots] = [\overline{2,1}] = 2 + \frac{1}{1+x} = \frac{3x+2}{x+1}$ 이다.

$E = x + 1 = 2 + \sqrt{3} = \frac{4 + \sqrt{12}}{2}$ 이므로 최소 양의 정수해는 $T = 4,\ U = 1$ 이다.

10 다음을 구하여라.

(1) $\frac{7 + \sqrt{73}}{2}$ 의 연분수 전개를 이용하여 펠 방정식 $t^2 - 73u^2 = -4$의 최소 양의 정수해를 구하여라.

(2) $5 + \sqrt{34}$ 의 연분수 전개를 이용하여 펠 방정식 $t^2 - 136u^2 = 4$의 최소 양의 정수해를 구하여라.

부정방정식

❶ 유클리드 알고리즘과 $ax+by=c$ 형태의 부정방정식

2 (1) $(5,7)=1=(3)5+(-2)7$이므로 일차부정방정식 $5x+7y=1$의 모든 정수해는

$$x=3-7t,\ y=-2+5t \qquad \text{단, } t\text{는 정수}$$

(2) $(3654,1365)=21=3654\times(-31)+1365\times(83)$이므로

$$42=2\times21=3654\times(-62)+1365\times(166)$$

이고 따라서 일차부정방정식 $3654x+1365y=42$의 모든 정수해는

$$x=-62-\frac{1365}{21}t=-62-65t,\ y=166+\frac{3654}{21}t=166+174t \quad \text{단, } t\text{는 정수}$$

3 (1) $(3,5)=1=3(2)+5(-1)$에서 $28=3(56)+5(-28)$ 이므로 모든 정수해는

$$x=56-5t,\ y=-28+3t \qquad \text{단, } t\text{는 정수}$$

이다. 그러므로 양의 정수해는 $x=56-5t>0,\ y=-28+3t>0$ 으로부터 $t=10,11$이다.

따라서 구하는 양의 정수해는 $(x,y)=(6,2),(1,5)$이다.

(2) $(6,-5)=1=6(1)-5(1)$에서 $13=6(13)-5(13)$ 이므로 모든 정수해는 $x=13+5t,\ \ y=13+6t\ \ (t\ \ 정수)$이다. 따라서 양의 정수해는 $x=13+5t>0$, $y=13+6t>0$으로부터 $t\geq-2$인 경우로 $(x,y)=(3,1),\ (8,7),\ (13,13),\ (18,19),\ (23,25),\cdots$로 무한개이다.

(3) $710=68(10)+30$에서 $6=710(-27)+68(282)$이다. 즉 일차부정방정식 $710x+68y=6$의 모든 정수해는 $x=-27-34t,\ y=282+355t$ 단, t는 정수

그런데 $x=-27-34t>0,\ y=282+355t>0$을 만족하는 정수 t가 없으므로 양의 정수해는 존재하지 않는다.

❷ $ax+by+cz=d$ 형태의 부정방정식

1 (1) $(32,57,-68)=1$이 1을 나누므로 정수해를 갖는다. 먼저 $32x+57y=t,\ t-68z=1$ (t는 정수)로 놓고 유클리드 알고리즘에 의해 $(32,57)=1=(-16)32+(9)57$을 얻는다. 따라서 $32x+57y=1$의 특수해 $(-16,9)$를 얻어 $32x+57y=t$의 모든 정수해는 $x=-16t-57s,\ y=9t+32s$ (s는 정수)이다. 이제 $(1,-68)=1=(69)1+(1)(-68)$에 의해 $t-68z=1$의 모든 정수해는 $t=69+68k,\ z=1+k$ (k는 정수)이다. 마지막으

로 구한 해를 조합하면 주어진 부정방정식의 모든 정수해는

$$x=-16t-57s=(-16)(69)+(-16)(68)k-57s=-1104-1088k-57s$$
$$y=9t+32s=(9)(69)+(9)(68)k+32s=621+612k+32s$$
$$z=1+k$$

으로 주어진다.

$57=32\times2-7$, $68=32\times2+4$이므로 $32x+(32\times2-7)y-(32\times2+4)z=1$

32의 배수를 정리하면 $32s-7y-4z=1$, $s=x+2y-2z$, s는 임의의 정수인데

$32=4\times8$, $7=4\times2-1$이므로 $(4\times8)s-(4\times2-1)y-4z=1$에서

$4t+y=1$, $t=8s-2y-z$ (t는 임의의 정수)을 얻는다. 따라서 구하는 해는

$$y=1-4t$$
$$z=8s-2y-t=8s-2(1-4t)-t=8s+7t-2$$
$$x=s-2y+2z=s-2(1-4t)+2(8s+7t-2)=17s+22t-6$$

(2) $2x+3y+7z=34$: $x=1-7s+3t$, $y=7s-2t-1$, $z=5-s$

(3) $25x+13y+7z=4$: $x=13t-7s+3$, $y=14s-25t-6$, $z=1-s$

❸ 합동식과 부정방정식

1 (1) $3^{2n}=9^n\equiv1^n=1\pmod 8$

(2) $10^{10}\equiv3^{10}=9^5\equiv2^5=32\equiv4\pmod 7$

2 $10\equiv1$, $10^2\equiv1$, $\cdots$, $10^k\equiv1$(mod 9 또는 3)이기 때문에

$$n=a_0+a_1 10+\cdots+a_k 10^k\equiv a_0+a_1+a_2+\cdots+a_k(\text{mod } 9 \text{ 또는 } 3)$$

이므로 각 자리수의 합이 9 또는 3으로 나누어떨이지면 n도 9 또는 3으로 나누어떨어진다.

$n=10(a_k 10^{(k-1)}+\cdots+a_1))+a_0$, $n\equiv a_0\pmod 2$이므로 a_0가 2로 나누어떨어지면 n도 2로 나누어떨어진다. $n=10^2(a_k 10^{(k-2)}+\cdots+a_2)+4\times2a_1+2a_1+a_0$, $n\equiv2a_1+a_0\pmod 4$으로 a_0+2a_1이 4로 나누어떨어지면 n도 4로 나누어떨어진다.

$n=10^3(a_k 10^{(k-3)}+\cdots+a_3)+8(12a_2+a_1)+a_0+2a_1+4a_2$, $n\equiv(a_0+2a_1+4a_2)\pmod 8$에서 $a_0+2a_1+4a_2$가 8로 나누어떨어지면 n도 8로 나누어떨어진다.

3 (1) $55x\equiv8\equiv2\pmod 6$, $55\equiv1\pmod 6$이므로 $x\equiv1\cdot2=2\pmod 6$이다. 따라서 모든 정수해는 $x=2+6n, y=\dfrac{8-55(2+6n)}{6}=-17-55n$이다.

(2) 일차합동식 $15x\equiv1\pmod{44}$은 일차부정방정식 $15x-44y=1$으로 표현된다. $15(3)-44(1)=1$이므로 모든 정수해는 $x=3+44t$ (t 정수), 즉 $x\equiv3\pmod{44}$

(3) 일차합동식 $45x \equiv 21 \pmod{132}$은 일차부정방정식 $45x-132y=21 \Leftrightarrow 15x-44y=7$으로 표현되고, $1=15(3)-44(1)$, $7=15(21)-44(7)$이므로 모든 정수해는 $x=21+44t$, 즉 $x \equiv 21 \pmod{44}$이다.

4 $x \equiv 113 \pmod{315}$

❹ $ax+by=c$ 형태가 아닌 부정방정식

1 (1) $(2x+1)(y-2)=10$에서 $(x,y)=(2,4)$

(2) $(x,y)=(1,15),(2,12),(3,13),(4,15),(6,20),(12,37)$

(3) $(x,y)=(2,4),(3,12)$

2 (1) $2(x-3y+1)^2+3(2x-y)^2=20$에서 $\begin{cases}x-3y+1=2\\2x-y=2\end{cases}$으로부터 정수해 $(x,y)=(1,0)$을 얻는다.

(2) $(y^2-1)^2+2(x^2-y)^2=0$에서 $y^2=1$, $x^2=y$이므로 구하는 정수해는 $(x,y)=(1,1)$, $(-1,1)$

3 (1) $\frac{1}{yz}+\frac{1}{y}=\frac{3}{z}$, $\frac{1+z}{yz}=\frac{3}{z}$, $3y=z+1$이므로 $z=3k+2$ 꼴이고 $y=k+1$ 꼴이다. $k>1$인 홀수일 때, $y>2$인 짝수(소수가 아님)이므로 $k=1$이다. 따라서 $y=2$, $z=5$, $x=10$이다.

(2) 자연수 n에 대하여 방정식 $x^2+1-3y^n=0$은 정수해를 갖지 않는다. 정수 x를 $x=3k$, $3k+1$, $3k+2$로 표현하여 각각 모순을 이끌어 낼 수 있다.

(3) $x=11k+r$ $(r=0,1,2,\cdots,10;k$는 임의의 정수)으로 놓으면

$$11y=x^2-4=(11k+r)^2-4=11^2k^2+22rk+r^2-4,\ y=11k^2+2rk+\frac{r^2-4}{11}$$

에서 y가 정수이므로 $r=2$, 9를 얻는다. 따라서

$x=11k+2$, $y=k(11k+4)$; $x=11k+9$, $y=(k+1)(11k+7)$ 이다. 그러나 자연수 n에 대하여 방정식 $x^2+1-3y^n=0$은 정수해를 갖지 않는다. 정수 x를 $x=3k$, $3k+1$, $3k+2$로 표현하면 각각 모순을 이끌어 낼 수 있다.

4 (1) 만약 $1 \le x \le y \le z$라 가정하면 $1 \le xyz=x+y+z \le z+z+z=3z$이다. 따라서 $1 \le xy \le 3$이다.

$xy=1$일 때, $x=1$, $y=1$, $2+z=z$ 성립하지 않는다.

$xy=2$일 때, $x=1$, $y=2$, $3+z=2z$, $z=3$ 성립한다.

$xy=3$일 때, $x=1$, $y=3$, $4=z=3z$, $z=2$ 성립하지 않는다.

(2) 코사인 제2법칙을 이용하면

$$\cos A = \frac{AB^2 + AC^2 - BC^2}{2AB \cdot AC} = \frac{1530 - m^2}{2 \times 33 \times 21}$$
$$\cos A = \frac{n^2 + (21-n)^2 - n^2}{2n \times (21-n)} = \frac{21-n}{2n}$$

을 얻는다. 따라서 $n(2223 - m^2) = 3^3 \times 7^2 \times 11$을 얻고, $AD + DE > AE$, 즉 $2n > 21 - n$, $21 > n > 7$을 얻고 $n = 9$ 혹은 11이다. 따라서 $m = 30$이다.

(3) 편의상 $1 \le a \le b \le c$라 하면 $1 \ge \frac{1}{a} \ge \frac{1}{b} \ge \frac{1}{c} > 0$이다. 따라서

$$1 = \frac{1}{a} + \frac{1}{b} + \frac{1}{c} \le \frac{3}{a},\ \text{즉}\ 1 \le a \le 3$$

구하는 해는 $a=2$, $b=3$, $c=6$; $a=2$, $b=4$, $c=4$; $a=3$, $b=3$, $c=3$

⑤ 펠 방정식

1 $x = [\overline{2,1}] = [2,1,2,1,\cdots] = 2 + \cfrac{1}{1 + \cfrac{1}{2 + \cfrac{1}{1+\cdots}}} = 2 + \cfrac{1}{1 + \cfrac{1}{x}}$에서

$x^2 - 2x - 2 = 0$ $(x > 0)$이다. 따라서 $x = 1 + \sqrt{3}$이다.

2 12, 12, 20, 5

3 $\alpha = \frac{3+\sqrt{7}}{2} = \frac{6+\sqrt{28}}{4}$, 즉 $m_0 = 6, d = 28, q_0 = 4 \mid (-8) = (d - m_0^2)$라 하면

$\alpha_0 = \alpha,\ \alpha_0 = \lfloor \alpha_0 \rfloor = 2$

$m_1 = a_0 q_0 - m_0 = 2 \cdot 4 - 6 = 2,\ q_1 = \frac{d - m_1^2}{q_0} = \frac{28-4}{4} = 6,$

$\alpha_1 = \frac{m_1 + \sqrt{d}}{q_1} = \frac{2+\sqrt{28}}{6},\ a_1 = \lfloor \alpha_1 \rfloor = 1$

$m_2 = a_1 q_1 - m_1 = 1 \cdot 6 - 2 = 4,\ q_2 = \frac{d - m_2^2}{q_1} = \frac{28-16}{6} = 2$

$\alpha_2 = \frac{m_2 + \sqrt{d}}{q_2} = \frac{4+\sqrt{28}}{2},\ a_2 = \lfloor \alpha_2 \rfloor = 4$

$m_3 = a_2 q_2 - m_2 = 4 \cdot 2 - 4 = 4,\ q_3 = \frac{d - m_3^2}{q_2} = \frac{28-16}{2} = 6$

$\alpha_3 = \frac{m_3 + \sqrt{d}}{q_3} = \frac{4+\sqrt{28}}{6},\ a_3 = \lfloor \alpha_3 \rfloor = 1$

$$m_4 = a_3q_3 - m_3 = 1 \cdot 6 - 4 = 2,\ q_4 = \frac{d - m_4^2}{q_3} = \frac{28-4}{6} = 4$$

$$\alpha_4 = \frac{m_4 + \sqrt{d}}{q_4} = \frac{2 + \sqrt{28}}{4},\ a_4 = \lfloor \alpha_4 \rfloor = 1$$

$$m_5 = a_4q_4 - m_4 = 1 \cdot 4 - 2 = 2,\ q_5 = \frac{d - m_5^2}{q_4} = \frac{28-4}{4} = 6$$

$$\alpha_5 = \frac{m_5 + \sqrt{d}}{q_5} = \frac{2 + \sqrt{28}}{6},\ a_5 = \lfloor \alpha_5 \rfloor = \lfloor \alpha_1 \rfloor = 1$$

따라서 $\frac{3+\sqrt{7}}{2} = [2,1,4,1,1,1,4,1,1,\cdots] = [2,\overline{1,4,1,1}]$이다.

4 $\sqrt{3} = [1,\overline{1,2}]$, $\sqrt{13} = [3,\overline{1,1,1,1,6}]$, $\sqrt{19} = [4,\overline{2,1,3,1,2,8}]$

5 $\frac{1+\sqrt{33}}{2} = [3,\overline{2,1,2,5}]$, $\frac{1+\sqrt{53}}{2} = [4,\overline{7}]$, $\frac{1+\sqrt{57}}{2} = [4,\overline{3,1,1,1,3,7}]$

6 $\sqrt{D}$가 무리수이므로 $t=0$이 되는 정수해는 없다. $t=\pm 2$, $u=0$은 펠 방정식의 정수해이고, 이때 $E=E'=\pm 1$, $\begin{pmatrix} p & q \\ r & s \end{pmatrix} = \begin{pmatrix} \pm 1 & 0 \\ 0 & \pm \end{pmatrix}$이 되어 자기변환 (2)는 항등변환이 된다.

7 (1) $t=4, u=1, E=\frac{4+\sqrt{12}}{2} = 2+\sqrt{3}$ (2) $t=1, u=1, E=\frac{1+\sqrt{5}}{2}$

8 덧셈과 뺄셈은 자명하다. 곱셈에 대하여 $\frac{x+y\sqrt{D}}{2} \cdot \frac{x'+y'\sqrt{D}}{2} = \frac{x''+y''\sqrt{D}}{2}$라 놓으면 $x'' = \frac{xx'+yy'D}{2}$, $y'' = \frac{xy'+x'y}{2}$이므로 $D \equiv 0 \pmod 4$일 때 $x'' \equiv 0 \pmod 2$와 $D \equiv 1 \pmod 4$일 때 $x'' \equiv y'' \pmod 2$임을 보일 수 있다.

9 이차무리수 x의 자기변환을 $\begin{pmatrix} p & q \\ r & s \end{pmatrix}$라 하면

$\begin{pmatrix} p & q \\ r & s \end{pmatrix} = \begin{pmatrix} \frac{t-bu}{2} & -cu \\ au & \frac{t+bu}{2} \end{pmatrix}$, 단 t와 u는 방정식 $t^2 - Du^2 = \pm 4$의 임의의 정수해이다.

따라서 $rx + s = aux + \frac{t+bu}{2} = au\frac{-b+\sqrt{D}}{2a} + \frac{t+bu}{2} = \frac{t+u\sqrt{D}}{2} = E$ 이다.

10 (1) $T=2136, U=250$ (2) $T=70, U=6$

108-3 산술평균, 기하평균, 조화평균

Keywords 제곱근, 기하평균, 산술평균, 조화평균

1 조화평균, 기하평균, 산술평균

양수 a, b에 대하여,

$$H(a,\ b)=\frac{2}{\frac{1}{a}+\frac{1}{b}},\quad G(a,\ b)=\sqrt{ab},\quad A(a,\ b)=\frac{a+b}{2}$$

을 각각 a, b의 조화평균, 기하평균, 산술평균이라 한다. 두 양수 a, b에 대하여 세 가지 평균의 대소 관계를 알아보자.

1 두 수 a, b에 대하여

(1) $(\sqrt{a}-\sqrt{b})^2 \geq 0$ 임을 이용하여 $\sqrt{ab} \leq \dfrac{a+b}{2}$를 증명하여라.

(2) $(\dfrac{1}{\sqrt{a}}-\dfrac{1}{\sqrt{b}})^2 \geq 0$임을 이용하여 $\dfrac{2ab}{a+b} \leq \sqrt{ab}$를 증명하여라.

2 두 양 수 a, b에 대하여 $\overline{AB}=a$, $\overline{BC}=b$이고 중심이 O인 원을 생각하자.

(1) 점 B에서 지름에 수직인 선과 원의 교점을 R이라 할 때, $\overline{BR}=\sqrt{ab}$ 임을 보여라(유클리드, B.C. 300).

(2) 점 B에서 선분 RO에 내린 수선의 발을 S라고 할 때, $\overline{RS}$가 a, b의 조화평균임을 보여라.

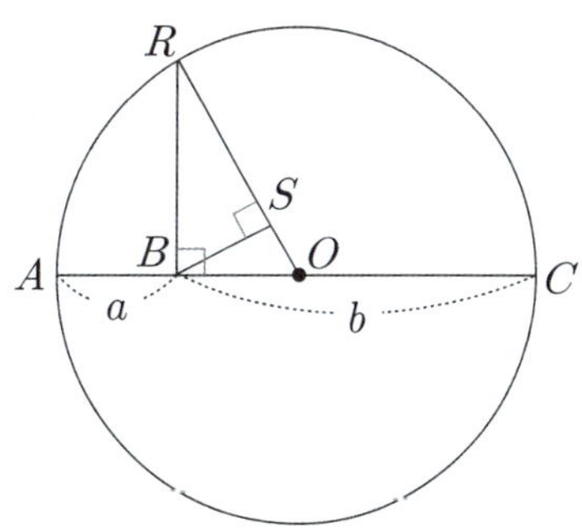

(3) 그림에서 $\dfrac{2ab}{a+b} \le \sqrt{ab} \le \dfrac{a+b}{2}$ 임을 설명하여라.

두 양수 a, b에 대하여 성립하는 관계

$$\frac{2}{\frac{1}{a}+\frac{1}{b}} \le \sqrt{ab} \le \frac{a+b}{2} \quad \text{(단, 등호는 } a=b\text{일 때, 성립한다.)}$$

는 일반화가 가능하다. 다음에서 알아보자.

3 위 식을 이용하여 양의 정수 a, b, c, d에 대해서도 다음과 같은 식이 성립함을 증명하여라.

$$\left(\frac{4}{\frac{1}{a}+\frac{1}{b}+\frac{1}{c}+\frac{1}{d}}\right) \le (abcd)^{\frac{1}{4}} \le \left(\frac{a+b+c+d}{4}\right)$$

(단, 등호는 $a=b=c=d$일 때 성립한다.)

4 위 **3**에서 $d=\dfrac{a+b+c}{3}(>0)$라 놓고 다음 식이 성립함을 증명하여라.

$$\left(\frac{3}{\frac{1}{a}+\frac{1}{b}+\frac{1}{c}}\right) \le (abc)^{\frac{1}{3}} \le \left(\frac{a+b+c}{3}\right)$$

(단, 등호는 $a=b=c$일 때, 성립한다.)

세 평균 사이의 대소 관계 '조화평균 ≤ 기하평균 ≤ 산술평균'을 일반화하면 n개의 양수 a_1, a_2, $\cdots$, a_n에 대해서

$$\frac{n}{\frac{1}{a_1}+\frac{1}{a_2}+\cdots+\frac{1}{a_n}} \le (a_1 a_2 \cdots a_n)^{\frac{1}{n}} \le \frac{a_1+a_2+\cdots+a_n}{n}.$$

이 성립함이 알려져 있다. 여기서 등호는 $a_1=a_2=\cdots=a_n$일 때, 성립한다. 이 부등식을 이용하면 특별한 경우의 최대값, 최소값 등을 구할 수 있다. 예를 들어 양수 a, b, c, d, e에 대하여 $a+b+c+d+e=10$을 만족하는 $abcde$의 최대값은 $abcde \le \left(\dfrac{a+b+c+d+e}{5}\right)^5 = \left(\dfrac{10}{5}\right)^5 = 2^5 = 32$이므로 32이다.

5 위의 부등식을 이용하여 다음을 구하여라.

(1) 양수 a, b, c에 대하여 $\frac{1}{a}+\frac{1}{b}+\frac{1}{c}=10$을 만족하는 abc의 최소값

(2) 양수 a, b, c에 대하여 $3a+4b+2c=10$을 만족하는 $a^3b^4c^2$의 최대값

(3) 양수 x에 대해서 $ax^2+\frac{2b}{x}$ (a, b는 고정된 양수)의 최소값

6 세 양수 a, b, c에 대하여 부등식 $\frac{a}{b+c}+\frac{b}{a+c}+\frac{c}{a+b}\geq\frac{3}{2}$이 항상 성립함을 보여라.

2 평균의 기하적인 의미

앞에서 두 양수 a, b에 대하여 지름의 길이가 $a+b$인 반원에서 산술평균, 기하평균, 조화평균이 각각 어떤 길이를 나타내는지 살펴보았다. 여기서는 평균의 기하적인 의미를 좀더 다양하게 살펴보고자 한다.9)

먼저 길이가 a, b, c인 세 선분이 그림과 같이 삼각형을 이루고 있다고 하자. 삼각형의 넓이 관계에 의하여

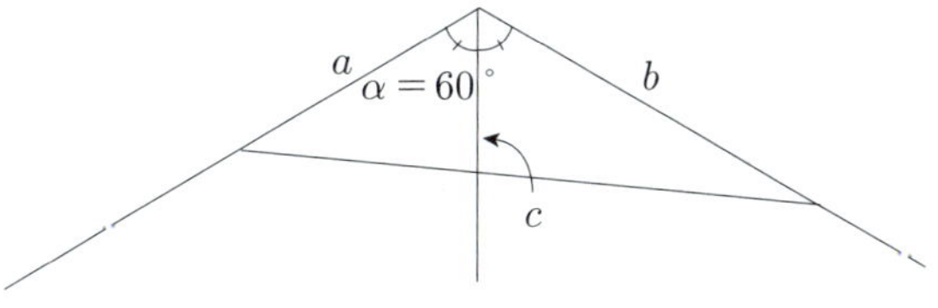

$$\frac{1}{2}ac\sin 60^\circ+\frac{1}{2}bc\sin 60^\circ=\frac{1}{2}ab\sin 120^\circ$$

가 되어

$$ac+bc=ab$$

$$c=\frac{ab}{a+b}$$

이 성립한다. 즉, $c=\frac{1}{2}H(a,b)$로 c는 두 수 a, b의 조화평균이다.

---

9) Howard W. Eves, *Means Appearing in Geometric Figures*, Mathematics Magazine, Vol. 76 (2003), p. 292-294

이번에는 오른쪽 그림에서 길이가 c와 a, b 사이의 관계를 알아보자. 길이가 a, b, c인 세 선분은 모두 변 AB와 수직이다.

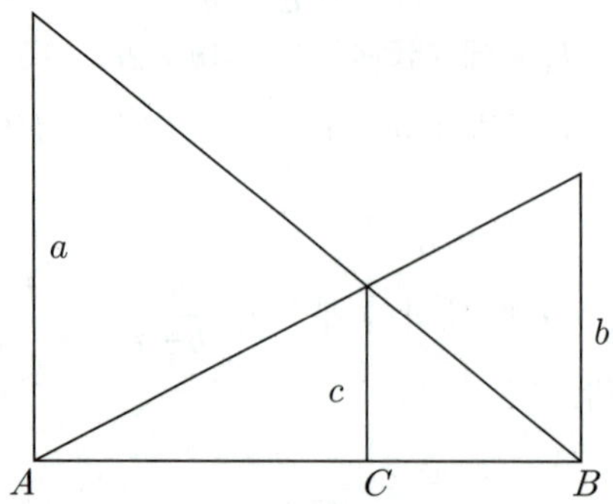

그림에서 $\overline{AC}=x$, $\overline{CB}=y$라고 하면

$$bx=c(x+y),\ ay=c(x+y)$$

가 성립한다. 두 식에서 y를 소거하면

$$(b-c)x=\frac{c^2}{a-c}x$$

를 얻어

$$b-c=\frac{c^2}{a-c}$$

이 성립한다. 식을 정리하면 $c=\dfrac{ab}{a+b}$를 얻어 이 그림에서도 c는 두 수 a, b의 조화평균이다.

1 아래 그림에서 c와 a, b 사이의 관계를 알아보아라.

(1)

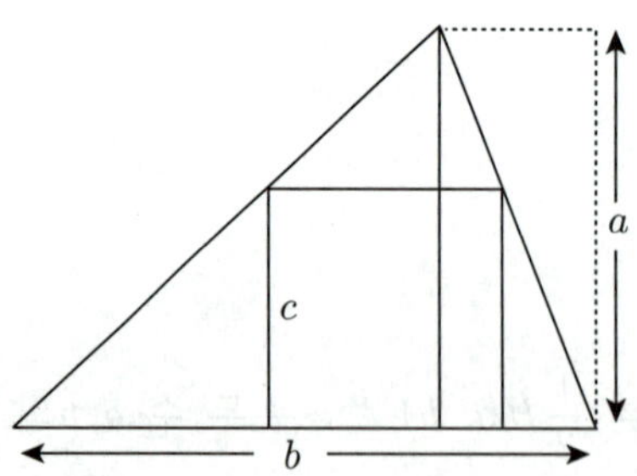

(2) $\overline{AB}=a$, $\overline{AD}=b$, $\overline{AC}=c$

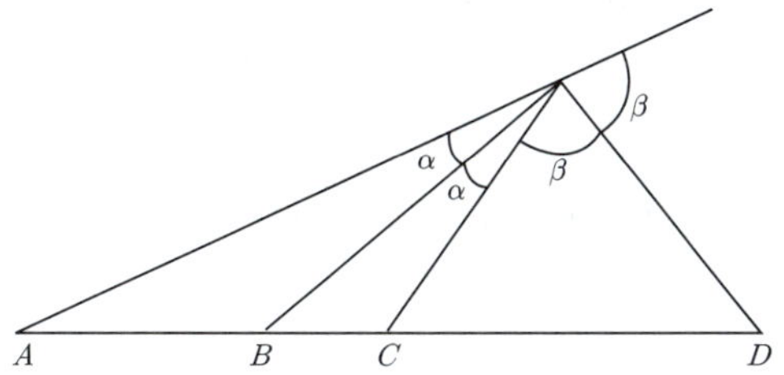

(3) $\overline{AB}=a$, $\overline{AD}=b$, $\overline{AC}=c$

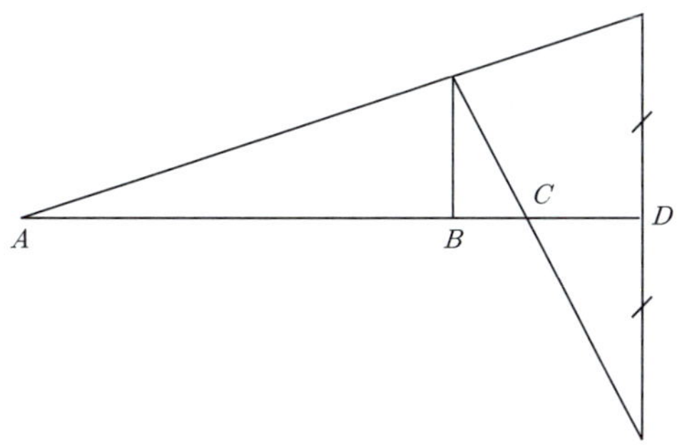

(4) $\overline{AB}=a$, $\overline{AD}=b$, $\overline{AC}=c$

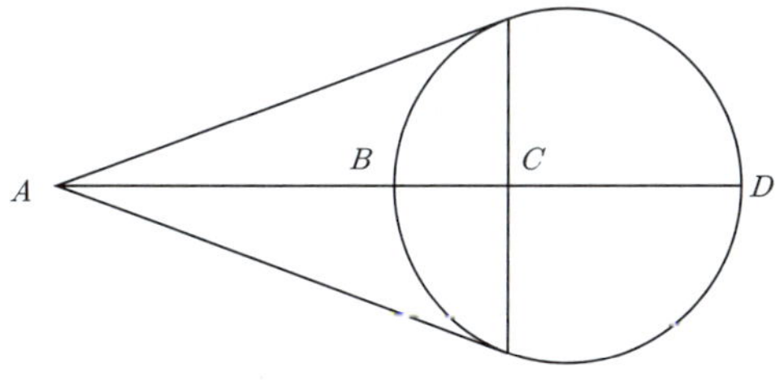

조화평균, 기하평균, 산술평균의 대소 관계의 기하적인 의미를 알아보자.

2 윗변의 길이가 a, 아랫변의 길이가 b, 높이가 1인 사다리꼴 ABCD가 있다. 변 AD에 평행인 선분 EF의 길이를 x라고 할 때, 다음을 구하여라.

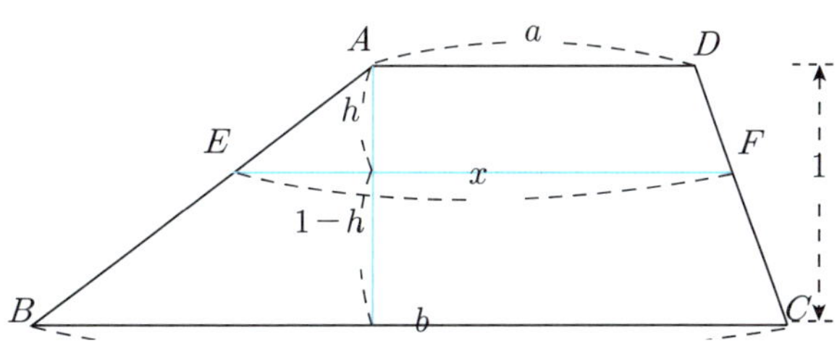

(1) 그림에서 $h:(1-h)=1:1$을 만족할 때, 즉 길이가 x인 평행한 선분이 사다리꼴의 높이를 이등분할 때, 선분의 길이 x를 구하여라.

(2) 그림에서 $h:(1-h)=\sqrt{a}:\sqrt{b}$을 만족할 때, 선분의 길이 x를 구하여라.

(3) 그림에서 길이가 x인 평행한 선분이 사다리꼴의 두 대각선의 교점을 지날 때, 선분의 길이 x를 구하여라.

3 기하평균 ≤ 산술평균의 응용

기하평균≤산술평균을 이용하면 유용한 몇 가지 부등식을 유도(증명)할 수 있다.

• $|\frac{b}{a}+\frac{a}{b}|\ge 2\sqrt{\frac{b}{a}\frac{a}{b}}=2$이므로 $|\frac{b}{a}+\frac{a}{b}|\ge 2$이 성립한다.

• $a,b\ge 0$에 대하여

$$(\sqrt{a}+\sqrt{b})^2-(a+b)=2\sqrt{ab}\ge 0,$$
$$\sqrt{a}+\sqrt{b}=\sqrt{(a+b)+2\sqrt{ab}}\le\sqrt{(a+b)+(a+b)}=\sqrt{2(a+b)}$$

이므로 다음이 성립한다.

$$\sqrt{a+b}\le\sqrt{a}+\sqrt{b}\le\sqrt{2(a+b)}\ (\text{단 등호는 } a=b\text{일 때, 성립})$$

• 양수 $a_1,\cdots,a_n$에 대하여 $a_1a_2\cdots a_n=1$일 때,

$$(1+a_1)(1+a_2)\cdots(1+a_n)$$
$$\ge(2\sqrt{a_1})(2\sqrt{a_2})\cdots(2\sqrt{a_n})=2^n\sqrt{a_1a_2\cdots a_n}=2^n$$
$$=2^n\sqrt{a_1a_2\cdots a_n}=2^n$$
$$=2^n$$

이므로 다음이 성립한다.

$$(1+a_1)(1+a_2)\cdots(1+a_n)\ge 2^n$$

1 다음 부등식을 보여라.

(1) $|x+\dfrac{a}{x}| \geq 2\sqrt{a}\ (a \geq 0)$

(2) $(a+b)(b+c)(c+a) \geq 8abc,\ a,b,c>0$

(3) 자연수 n에 대해 $n! \leq \left(\dfrac{n+1}{2}\right)^n$

이번에는 우리에게 친숙한 삼각형, 사각형 등 다각형에 기하평균≤산술평균을 응용해보자.

한 변의 길이가 1인 정사각형을 그림과 같이 선분 두 개를 변에 평행하게 그어 네 개의 직사각형으로 분할할 때, 색칠된 두 직사각형의 넓이의 곱의 최대값을 구하려면 기하평균≤산술평균을 이용하면 된다.

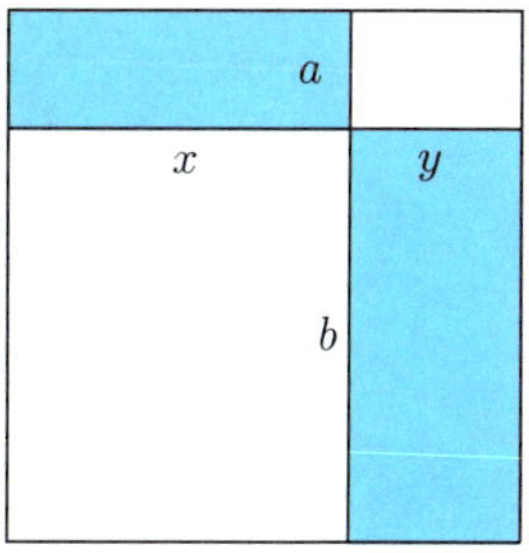

색칠된 두 직사각형의 넓이의 곱 $axby = abxy$는

$$abxy \leq \left(\frac{a+b}{2}\right)^2\left(\frac{x+y}{2}\right)^2 = \left(\frac{1}{2}\right)^2\left(\frac{1}{2}\right)^2 = \frac{1}{16}$$

이다. 따라서 두 직사각형의 넓이의 곱의 최대값은 $\dfrac{1}{16}$이다.

이번에는 삼각형의 둘레의 길이가 일정할 때, 내접원의 반지름의 최대값을 구하여보자. 그림에서 삼각형의 세 변의 길이를 a, b, c 반지름의 길이를 r이라 하자.

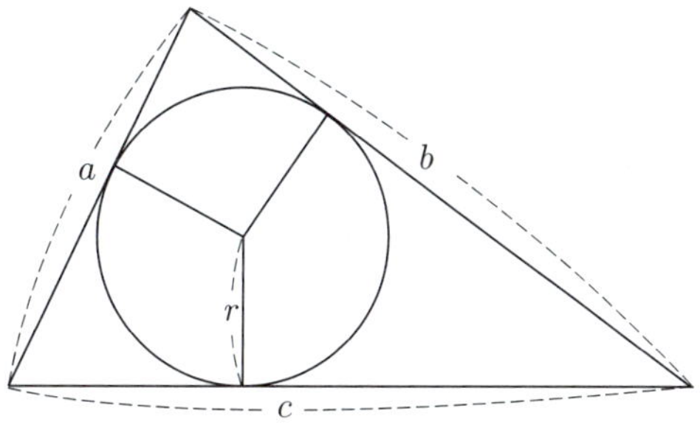

$$x = a+b-c,\ y = b+c-a,\ z = c+a-b$$

라 놓으면, $x,\ y,\ z > 0$이고

$$a=\frac{x+z}{2},\ b=\frac{x+y}{2},\ c=\frac{y+z}{2}$$

이므로 다음이 성립한다.

$$abc \geq (a+b-c)(b+c-a)(c+a-b) \Leftrightarrow (x+z)(x+y)(y+z) \geq 8xyz$$

헤론의 공식

삼각형의 세 변의 길이를 알면 그 넓이 A는 다음과 같다.

$A=\sqrt{s(s-a)(s-b)(s-c)}$

단, $s=\frac{a+b+c}{2}$

한편, 둘레의 길이가 일정할 때, 삼각형의 면적을 A라 하면 헤론의 공식에 의하여

$$A=\frac{1}{4}\sqrt{(a+b+c)(b+c-a)(a+cb-)(a+b-c)}$$

가 되어 삼각형의 내접원의 반지름 r의 최대값은 다음으로 주어진다.

$$r=\frac{2A}{a+b+c}=\frac{1}{2}\frac{\sqrt{(a+b-c)(b+c-a)(c+a-b)}}{a+b+c}$$
$$\leq \frac{1}{2}\sqrt{\frac{abc}{a+b+c}} \leq \frac{1}{2}\sqrt{\frac{(a+b+c)^2}{27}}=\frac{\sqrt{3}}{18}(a+b+c)$$

2 변의 길이가 1인 정육각형에 그림과 같이 하나의 직선을 그어 두 부분으로 나누어 각각의 넓이를 S_1, S_2라 할 때, S_1S_2의 최대값을 구하여라.

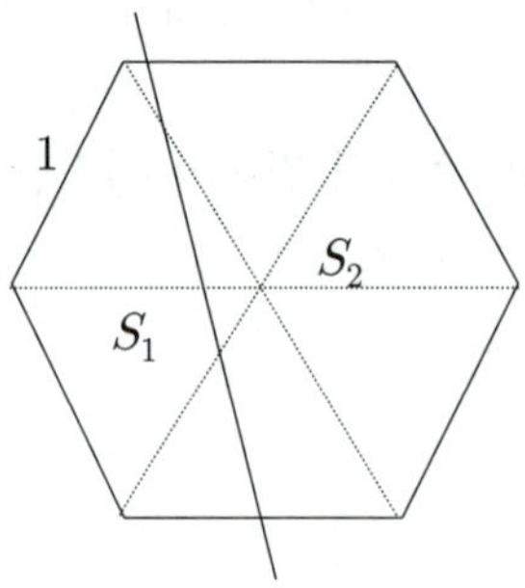

3 길이가 a인 정사각형 마분지의 네 모퉁이에서 길이가 x인 정사각형을 잘라 내어 뚜껑이 없는 상자를 만들 때, 그 상자의 최대 부피를 구하여라.

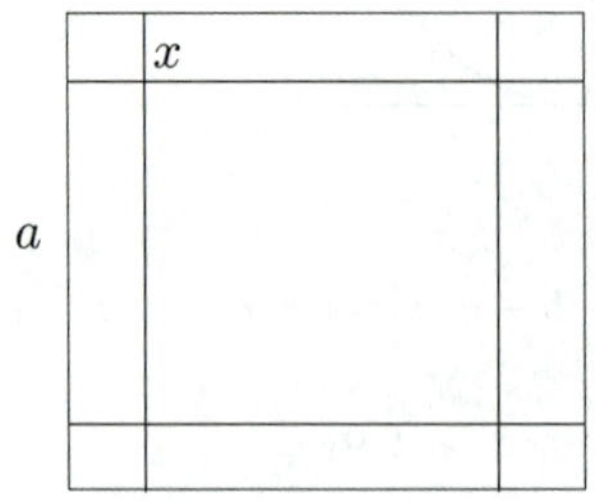

4 부피가 1인 직육면체의 세 변의 길이를 a, b, c라 하자. 어떤 꼭지 점에서 출발하여 표면 위를 걸어서 반대쪽 꼭지점까지 가는 길의 길이를 가장 작게 만드는 직육면체의 세 변의 길이 a, b, c를 구하여라. (힌트: 직육면체의 전개도를 생각한다.)

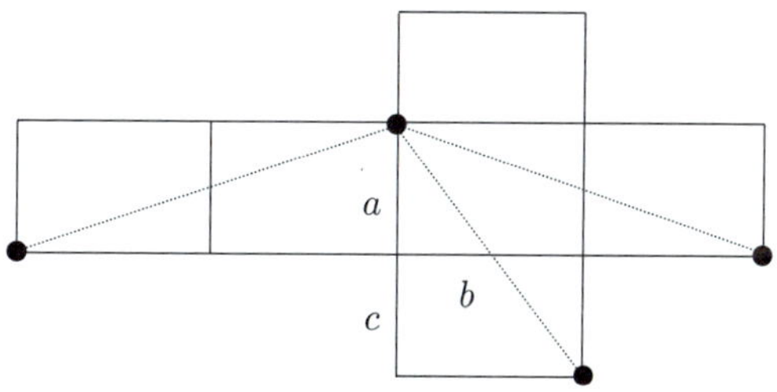

6 다음 그림을 보고 아래 물음에 답하여라.

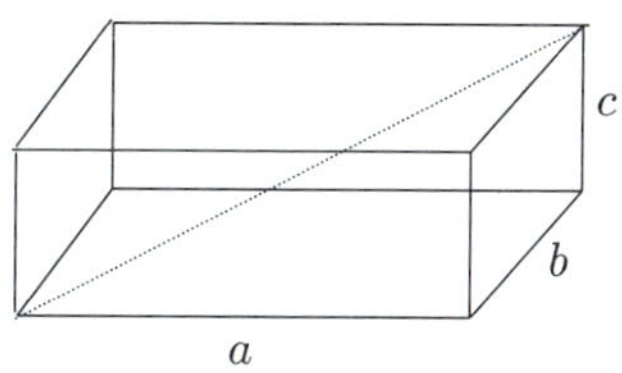

(a) 양수 a, b, c에 대하여 $a^2+b^2+c^2 \geq ab+bc+ca$을 보여라.

(b) 부피가 1인 직육면체의 표면적의 최소값을 구하여라.

(c) 대각선(점선)의 길이가 1인 직육면체 중에서 표면적이 최대인 직육면체의 변의 길이를 구하여라.

(d) 표면적이 1인 직육면체 중에서 대각선(점선)의 길이가 최소인 직육면체의 변의 길이를 구하여라.

산술평균, 기하평균, 조화평균

❶ 조화평균, 기하평균, 산술평균

2 (1) $\overline{BR}=g$라고 하면 직각삼각형 ARB, BRC에서 $\frac{g}{a}=\frac{b}{g}$이므로 $g=\sqrt{ab}$이다.

(2) $\overline{RS}=h$라고 하면 $\frac{h}{g}+\frac{g}{\frac{a+b}{2}}$, $h\frac{a+b}{2}=g^2$이므로 $h=g^2=\frac{2ab}{a+b}$로 a, b의 조화평균이다.

(3) $\triangle ORB$에서 $\overline{BR}<\overline{OR}$, $\triangle BRS$에서 $\overline{RS}<\overline{BR}$

3

$$(abcd)^{\frac{1}{4}}=(ab)^{\frac{1}{2}}(cd)^{\frac{1}{2}}\le\left(\left(\frac{a+b}{2}\cdot\frac{c+d}{2}\right)^{\frac{1}{2}}\right)$$

$$\le\left(\frac{\frac{a+b}{2}+\frac{c+d}{2}}{2}\right)=\left(\frac{a+b+c+d}{4}\right)$$

한편,

$$\frac{\frac{1}{a}+\frac{1}{b}+\frac{1}{c}+\frac{1}{d}}{4}=\frac{1}{2}\left(\frac{\frac{1}{a}+\frac{1}{b}}{2}+\frac{\frac{1}{c}+\frac{1}{d}}{2}\right)$$

$$\ge\frac{1}{2}\left(\frac{1}{\sqrt{ab}}+\frac{1}{\sqrt{cd}}\right)$$

$$\ge\left(\sqrt{\frac{1}{\sqrt{abcd}}}=\frac{1}{\sqrt{\sqrt{abcd}}}=\frac{1}{(abcd)^{\frac{1}{4}}}\right)$$

에서

$$\left(\frac{4}{\frac{1}{a}+\frac{1}{b}+\frac{1}{c}+\frac{1}{d}}\right)\le(abcd)^{\frac{1}{4}}\le\left(\frac{a+b+c+d}{4}\right)$$

이다. 여기서 등호는 $a=b=c=d$일 때 성립한다.

4 $(abcd)^{\frac{1}{4}}\le\frac{a+b+c+d}{4}=\left(\frac{3d+d}{4}=d\right)$에서 $abcd\le(d^4)$, $(abc)^{\frac{1}{3}}\le\left(\frac{a+b+c}{3}\right)$

$d=\dfrac{3}{\dfrac{1}{a}+\dfrac{1}{b}+\dfrac{1}{c}}(>0)$라 놓으면 $\dfrac{3}{\dfrac{1}{a}+\dfrac{1}{b}+\dfrac{1}{c}}=d=\dfrac{4}{\dfrac{3}{d}+\dfrac{1}{d}}=\dfrac{4}{\dfrac{1}{a}+\dfrac{1}{b}+\dfrac{1}{c}+\dfrac{1}{d}}$

이고 $\dfrac{4}{\dfrac{1}{a}+\dfrac{1}{b}+\dfrac{1}{c}+\dfrac{1}{d}} \le (abcd)^{\frac{1}{4}}=\left(\left(\dfrac{3abc}{\dfrac{1}{a}+\dfrac{1}{b}+\dfrac{1}{c}}\right)^{\frac{1}{4}}\right)$

$$=\left(\left(\dfrac{a^2b^2c^2}{\dfrac{bc+ac+ab}{3}}\right)^{\frac{1}{4}}\right)\le\left(\left(\dfrac{a^2b^2c^2}{(abc)^{\frac{2}{3}}}\right)^{\frac{1}{4}}\right)=(abc)^{\frac{1}{3}}$$

을 얻는다. 따라서 $\left(\dfrac{3}{\dfrac{1}{a}+\dfrac{1}{b}+\dfrac{1}{c}}\right)\le (abc)^{\frac{1}{3}} \le \left(\dfrac{a+b+c}{3}\right).$

여기서 등호는 $a=b=c$일 때, 성립한다.

5 (1) $abc \ge \left(\dfrac{3}{\dfrac{1}{a}+\dfrac{1}{b}+\dfrac{1}{c}}\right)^3=\left(\dfrac{3}{10}\right)^3=\dfrac{27}{10^3}=0.027$이므로 abc의 최소값은 0.027이다.

(2) $a^3b^4c^2=aaabbbbcc\le\left(\dfrac{3a+4b+2c}{9}\right)^9=\left(\dfrac{10}{9}\right)^9$이므로 $a^3b^4c^2$의 최대값은 $\left(\dfrac{10}{9}\right)^9$이다.

(3) $ax^2+\dfrac{2b}{x}=ax^2+\dfrac{b}{x}+\dfrac{b}{x}\ge 3\left(ax^2\dfrac{b}{x}\dfrac{b}{x}\right)^{\frac{1}{3}}=3(ab^2)^{\frac{1}{3}}$이므로 $ax^2+\dfrac{2b}{x}$ (a,b는 고정된 양수)의 최소값은 $3(ab^2)^{\frac{1}{3}}$이다.

6 양수 a,b,c에 대하여 $x=b+c$, $y=a+c$, $z=a+b$라 놓으면

$$a=\dfrac{y+z-x}{2},\quad b=\dfrac{x+z-y}{2},\quad c=\dfrac{x+y-z}{2}$$

따라서

$$\dfrac{a}{b+c}+\dfrac{b}{a+c}+\dfrac{c}{a+b}\ge\dfrac{3}{2}$$

$$\dfrac{y+z-x}{2x}+\dfrac{x+z-y}{2y}+\dfrac{x+y-z}{2z}\ge\dfrac{3}{2}$$

$$\left(\dfrac{y}{x}+\dfrac{x}{y}\right)+\left(\dfrac{z}{x}+\dfrac{x}{z}\right)+\left(\dfrac{z}{y}+\dfrac{y}{z}\right)\ge 6$$

이므로 부등식 $\dfrac{a}{b+c}+\dfrac{b}{a+c}+\dfrac{c}{a+b}\ge\dfrac{3}{2}$이 항상 성립한다.

❷ 평균의 기하적인 의미

1 (1) $c=\frac{1}{2}H(a, b)$

(2), (3), (4) $c=H(a, b)$

2 (1) $x=\frac{a}{2}+\frac{b}{2}=\frac{a+b}{2}$ (산술평균)

(2) $a+b=(a+x)h+(b+x)(1-h)$, $x=a+(b-a)h$

한편, $\frac{b}{a}=\frac{(1-h)^2}{h^2}$, $\frac{1-h}{h}=\sqrt{\frac{b}{a}}$, $h=\frac{\sqrt{ab}-a}{b-a}$ 에서

$x=a+(b-a)h=a+(b-a)\frac{\sqrt{ab}-a}{b-a}=\sqrt{ab}$ (기하평균)

(3) $a:h=b:(1-h)$, $bh=a(1-h)$, $h=\frac{a}{a+b}$

분할된 두 사다리꼴의 넓이의 합은 주어진 사다리꼴의 넓이와 같으므로

$$a+b=(a+x)h+(b+x)(1-h)$$

$$x=a(1-h)+bh=2bh=\frac{2ab}{a+b}$$

따라서 $x=\frac{2}{\frac{1}{a}+\frac{1}{b}}$ (조화평균)

❸ 기하평균 ≤ 산술평균의 응용

1 (1) $|x+\frac{a}{x}|\geq 2\sqrt{x\frac{a}{x}}=2\sqrt{a}$

(2) $(a+b)(b+c)(c+a)\geq(2\sqrt{ab})(2\sqrt{bc})(2\sqrt{ca})=8\sqrt{a^2b^2c^2}=8abc$.

(3) $n\neq n(n-1)\cdots 1\leq\left(\frac{n+(n-1)+\cdots+1}{n}\right)^n=\left(\frac{n+1}{2}\right)^n$.

2 $S_1+S_2=$(정육각형의 넓이)$=\frac{\sqrt{3}}{4}=\frac{3\sqrt{3}}{2}$ 이고

$S_1S_2\leq\left(\frac{S_1+S_2}{2}\right)^2=\left(\frac{3\sqrt{3}}{4}\right)^2=\frac{27}{16}$ 이므로 분할된 두 넓이의 곱의 최대값은 $\frac{27}{16}$ 이다.

3 $V=x(a-2x)^2=\frac{1}{4}(4x)(a-2x)(a-2x)\leq\frac{1}{4}\left(\frac{4x+a-2x+a-2x}{3}\right)^3=\frac{2a^3}{27}$

4 전개도에서 한 꼭지 점에서 표면 위를 걸어서 반대쪽 꼭지 점까지 가는 가장 짧은 길의 길이는

$$d_1 = \sqrt{a^2+(b+c)^2},\ d_2 = \sqrt{b^2+(c+a)^2},\ d_3 = \sqrt{c^2+(b+a)^2}$$

중 하나로 주어진다. $abc=1$이므로

$$\begin{aligned} a^2+(b+c)^2 &= \frac{1}{b^2c^2}+(b+c)^2 \geq \frac{1}{b^2c^2}+4bc = \frac{1}{b^2c^2}+2bc+2bc \\ &\geq 3\left(\frac{1}{b^2c^2}(2bc)^2\right)^{\frac{1}{3}} = 3(4)^{\frac{1}{3}} = 3\times 2^{\frac{2}{3}} \end{aligned}$$

등호는 $b=c=\left(\frac{1}{2}\right)^{\frac{1}{6}}$, $a=2^{\frac{1}{3}}$일 때, 성립한다.

5 (a) $a^2+b^2+c^2-ab-bc-ca=\frac{1}{2}\{(a-b)^2+(b-c)^2+(c-a)^2\}$이므로

$a^2+b^2+c^2 \geq ab+bc+ca$. 단 등호는 $a=b=c$일 때, 성립한다.

(b) $abc=1$이면, (겉넓이)$=2(ab+bc+ca) \geq 2\cdot 3(a^2b^2c^2)^{\frac{1}{3}}=6$이므로 겉넓이의 최소값은 6이다.

(c) (대각선의 길이)$=\sqrt{a^2+b^2+c^2}=1$인 직육면체 중에서

(겉넓이)$=2(ab+bc+ca) \leq 2(a^2+b^2+c^2)=2$

이 최대일 때는 $a=b=c$일 때, 생긴다. 따라서 $3a^2=1$에서 $a=b=c=\frac{1}{\sqrt{3}}$일 때, 표면적은 최대이다.

(d) (겉넓이)$=2(ab+bc+ca)=1$인 직육면체 중에서

(대각선(점선)의 길이)$=\sqrt{a^2+b^2+c^2} \geq \sqrt{ab+bc+ca}=\sqrt{\frac{1}{2}}$

가 최소일 때는 $a=b=c$일 때, 생긴다. 따라서 $3a^2=\frac{1}{2}$에서 $a=b=c=\frac{1}{\sqrt{6}}$일 때, 대각선의 길이가 최소이다.

108-4

여러 가지 평균

Keywords 산술평균, 기하평균, 조화평균, 역평균

1 도형에서 바라본 평균

우리는 주어진 두 양수 a와 b에 대해 산술평균과 기하평균에 매우 친숙하다. 그러나 주어진 두 양수 a와 b에 대해 다른 많은 평균들이 알려져 있다. 먼저 앞에서 산술평균, 기하평균, 조화평균의 대소 관계를 알아보았던 그림에서 또 하나의 평균을 도입해보자.

아래 그림의 반원 O에서 산술평균 $A(a,b)=\overline{OP}=\frac{a+b}{2}$, 기하평균 $G(a,b)=\overline{AD}=\sqrt{ab}$ 이다. 점 B가 변 AD의 삼등분점을 지나는 수평선과 $\overline{OA}$의 교점일 때, $\overline{AB}+\overline{BC}$의 값을 두 수 a,b의 헤론평균이라고 하는데, 그림에서 두 수 a,b에 대한 헤론평균은 $N(a,b)=\frac{a+\sqrt{ab}+b}{3}$ 이다. 이 세 평균 사이의 대소 관계도 그림에서 쉽게 알 수 있다.

$$G(a,b)<N(a,b)<A(a,b)$$

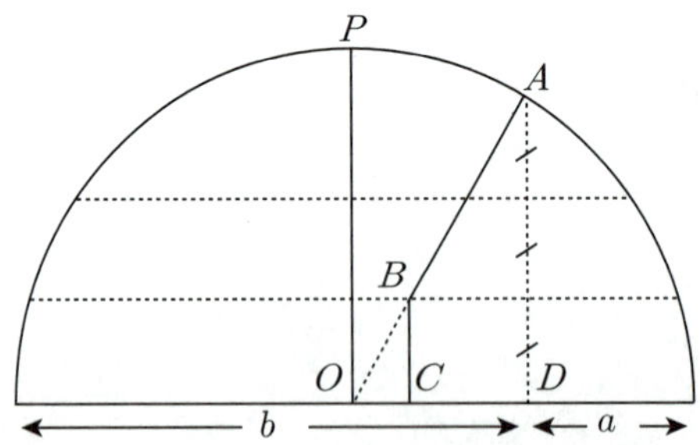

이번에는 사다리꼴에서 평균을 알아보자. 앞에서 우리는 사다리꼴에서 산술평균, 기하평균, 조화평균이 어떤 경우에 나타나는지 알아보았다. 아래 그림

은 앞에서와 마찬가지로 길이가 a, b인 평행한 변으로 만들어진 사다리꼴이고 l_i $(i=1, 2, \cdots, 7)$은 길이가 a, b인 변과 평행이다. 이 그림에서 l_4는 사다리꼴의 높이를 이등분하는 선분, l_5는 사다리꼴을 두 개의 닮은 사다리꼴로 나누는 선분, l_7는 대각선의 교점을 지나는 선분이다. 우리는 l_4의 길이는 a, b의 산술평균, l_5의 길이는 a, b의 기하평균, l_7의 길이는 a, b의 조화평균임을 알고 있다.

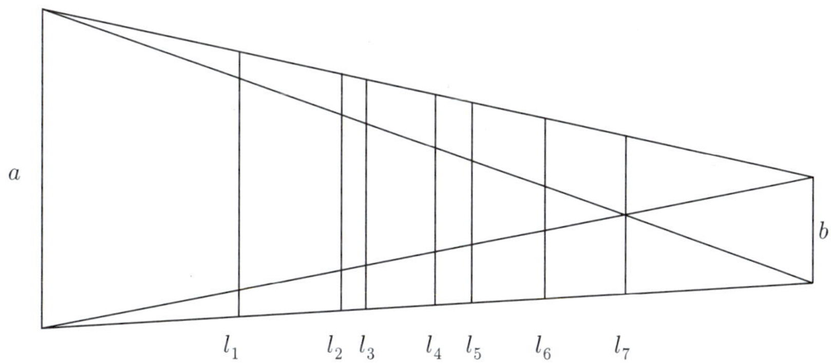

위 그림에서 각 선분의 위치는 다음과 같이 정해진 것이다. 각 선분의 길이는 두 수 a, b의 평균인데, 각 경우마다 그 이름은 다음과 같이 정해진다.[10)]

- 헤론평균 : 산술평균에서 기하평균으로 $\frac{1}{3}$에 위치한 선분 l_5의 길이
- 중심평균 : 사다리꼴의 중심을 통과하는 선분 l_3의 길이
- 제곱근평균 : 사다리꼴의 넓이를 이등분하는 선분 l_2의 길이
- 비조화평균 : 산술평균에서 왼쪽으로 가장 멀리 있는 선분 l_1의 길이

조화평균이 산술평균에서 오른쪽으로 가장 멀리 있는 것에 반해 선분 l_1은 산술평균에서 반대쪽으로 가장 멀리 있어 비조화평균이라는 이름이 붙었을 것이다.

1 위 그림에서 두 수 a, b의 헤론평균, 중심평균, 제곱근평균, 비조화평균을 a와 b로 표현하여라.

10) Howard W. Eves, *Means Appearing in Geometric Figures*, Mathematics Magazine, Vol. 76 (2003), p. 292-294

2 적분에 의해 만들어지는 평균

지금까지 일곱 종류의 평균에 대하여 알아보았다. 그 외에도 몇 가지 평균이 더 있는데, 먼저 로그를 이용한 평균이 있다. 두 수 a, b의 로그평균을 $L(a,b)$로 나타내면

$$L(a,b) = \frac{b-a}{\ln(\mathrm{b}) - \ln(\mathrm{a})}$$

이다. 이야기 전개를 편하게 하기 위하여 앞에서 살펴본 평균 중 헤론평균을 $N(a,b)$, 중심평균을 $C(a,b)$라고 하자. 이제 적분을 통해 위에서 열거한 여러 가지 평균들을 알아보자.[11)]

함수 $f(t) = \dfrac{\int_a^b x^{t+1}dx}{\int_a^b x^t dx}$를 생각하자. 즉

$$f(t) = \frac{\int_a^b x^{t+1}dx}{\int_a^b x^t dx} = \frac{\frac{1}{t+2}\left[x^{t+2}\right]^b_a}{\frac{1}{t+1}\left[x^{t+1}\right]^b_a} = \frac{t+1}{t+2}\frac{(b^{t+2}-a^{t+2})}{(b^{t+1}-a^{t+1})}$$

이다. 예를 들면,

$$f(-3) = \frac{-3+1}{-3+2}\frac{(b^{-3+2}-a^{-3+2})}{(b^{-3+1}-a^{-3+1})} = 2\frac{\frac{1}{b}-\frac{1}{a}}{\frac{1}{b^2}-\frac{1}{a^2}} = 2\frac{\frac{a-b}{ab}}{\frac{a^2-b^2}{a^2b^2}} = \frac{2ab}{a+b} = H(a,b)$$

이다. 마찬가지 방법으로 하면 다음을 얻는다.

$$f(0) = A(a,b),\ f\left(-\frac{3}{2}\right) = G(a,b),\ f(-1) = L(a,b)$$

1 다음을 확인하여라.

$$f\left(-\frac{1}{2}\right) = N(a,b), \quad f(1) = T(a,b)$$

11) Hongwei Chen, Means Generated by an Integral, Mathematics Magazine, Vol. 78 (2005), p. 397-399

우리는 산술평균, 기하평균, 조화평균 사이의 대소 관계를 알고 있다. 위에서 소개된 여섯 종류의 평균들의 대소 관계를 알기 위해서 함수 $f(t)$의 값을 이용해보자.

2 미분공식

$$\frac{d}{dt}\frac{g(t)}{h(t)}=\frac{g'(t)h(t)-g(t)h'(t)}{(h(t))^2}$$

$$\frac{d}{dt}(x^t)=\frac{d}{dt}e^{t\ln(\mathrm{x})}=e^{t\ln(\mathrm{x})}\frac{d}{dt}(t\ln(x))=x^t\ln(\mathrm{x})$$

을 이용하여 $f(t)$가 증가함수임을 보여라.

3 위 **2**를 이용하여 산술평균, 기하평균, 조화평균, 헤론평균, 중심평균, 로그평균의 대소 관계를 구하여라.

4 부등식 $H(a,b)\le\frac{G^2(a,b)}{L(a,b)}\le G(a,b)$을 보여라.

더 많은 결과들은 멱평균(Power mean)

$$M_p(a,b)=\left(\frac{a^p+b^p}{2}\right)^{\frac{1}{p}}$$

에 의해서 구해진다. 다음은 쉽게 얻을 수 있다.

$$M_{\frac{1}{2}}(a,b)=\left(\frac{a^{\frac{1}{2}}+b^{\frac{1}{2}}}{2}\right)^2=\frac{a+b+2\sqrt{ab}}{4}=\frac{\frac{a+b}{2}+\sqrt{ab}}{2}=\frac{A(a,b)+G(a,b)}{2}$$

$$N(a,b)=\frac{a+\sqrt{ab}+b}{3}=\frac{1}{3}\left(2\left(\frac{a+b}{2}\right)+\sqrt{ab}\right)=\frac{1}{3}(2A(a,b)+G(a,b))$$

그러나 아래 부등식의 증명은 쉽지 않다.

$$L(a,b)<M_{\frac{1}{3}}(a,b)<\frac{1}{3}(2G(a,b)+A(a,b))<M_{\frac{1}{2}}(a,b)<N(a,b)<M_{\frac{2}{3}}(a,b)$$

지금까지 열거한 사실들을 공리(axiom)화할 수 있다.

$a,b>0$에 대하여 함수 $F(a,b)$가

1. $F(a,b)$는 각 변수에 대하여 연속함수
2. $F(a,b)$는 각 변수에 대하여 증가함수
3. $F(a,b)=F(b,a)$
4. $t>0$에 대해서 $F(ta,tb)=tF(a,b)$
5. $0<a<b$에 대해서 $a<F(a,b)<b$

을 만족할 때 "함수 $F(a,b)$는 평균을 정의한다."라고 말한다. 이는 다시 다음과 같이 말할 수도 있다.

> "$0<a\le b$에 대해서 함수 $F(a,b)$가 평균을 정의할 필요충분조건은 $F(a,b)=bf\left(\frac{a}{b}\right)$이다. 여기서 $f(s)$는 $(0,1]$에서 양수, 연속, 증가함수이고, 에서 $s<f(s)\le 1$을 만족한다."

특히, ϕ가 $(0,1]$에서 양수이고, 연속함수이고

$$f(s)=f_{\phi}(s)=\frac{\displaystyle\int_s^1 x\,\phi(x)dx}{\displaystyle\int_s^1 \phi(x)dx}$$

라 할 때, f는 $(0,1]$에서 증가함수이고, $(0,1)$에서 $s<f(s)\le 1$을 만족한다. 따라서 함수

$$F(a,b)=bf\left(\frac{a}{b}\right)=\frac{\displaystyle\int_a^b x\phi\left(\frac{x}{b}\right)dx}{\displaystyle\int_a^b \phi\left(\frac{x}{b}\right)dx}$$

는 평균을 정의한다.

여러 가지 평균

❶ 도형에서 바라본 평균

1 헤론평균 $\dfrac{a+\sqrt{ab}+b}{3}$, 중심평균 $\dfrac{2(a^2+ab+b^2)}{3(a+b)}$, 비조화평균 $\dfrac{a^2+b^2}{a+b}$,
제곱근평균 $\sqrt{\dfrac{a^2+b^2}{2}}$

❷ 적분에 의해 만들어지는 평균

2 $0<a<b$에 대하여 $f'(t)>0$임을 보이자. 먼저

$$f'(t)=\frac{\int_a^b x^{t+1}\ln(x)dx\int_a^b x^t dx-\int_a^b x^{t+1}dx\int_a^b x^t\ln(x)dx}{\left(\int_a^b x^t dx\right)^2}$$

이다. 분자를 관찰하면 분자는 아래와 같이 두 가지 표현을 갖는다.

$$\int_a^b x^{t+1}\ln(x)dx\int_a^b y^t dy-\int_a^b y^{t+1}dy\int_a^b x^t\ln(x)dx=\int_a^b\int_a^b x^t y^t\ln(x)(x-y)dxdy$$

$$\int_a^b y^{t+1}\ln(y)dy\int_a^b x^t dx-\int_a^b x^{t+1}dx\int_a^b y^t\ln(y)dy=\int_a^b\int_a^b x^t y^t\ln(y)(y-x)dxdy$$

이들을 변끼리 더하면

$$\text{분자}=\frac{1}{2}\int_a^b\int_a^b x^t y^t(x-y)(\ln(x)-\ln(y))dxdy>0$$

이다. 따라서 $f'(t)>0$이다.

3 $H(a,b)\le G(a,b)\le L(a,b)\le N(a,b)\le A(a,b)\le T(a,b)$
단, 등호는 $a=b$일 때 성립한다.

4 $-3<-2<-\dfrac{3}{2}$ 이므로

$$f(-3)=H(a,b)\le f(-2)=\frac{ab(\ln(b)-\ln(a))}{b-a}=\frac{G^2(a,b)}{L(a,b)}\le G(a,b)=f\left(-\frac{3}{2}\right)$$

109 원주율

• 교육과정
중 1_ 도형
고 1_ 원

주제 1	원주율의 역사
Keywords	자연수, 짝수, 홀수, 소수, 합성수, 거듭제곱수
주제 2	아르키메데스가 바라본 π의 값
Keywords	다각형, 아르키메데스, π
주제 3	파이의 날
Keywords	π, 확률
주제 4	피라미드 탐구
Keywords	π, 피라미드, 황금비
주제 5	원의 넓이
Keywords	π, 원의 넓이

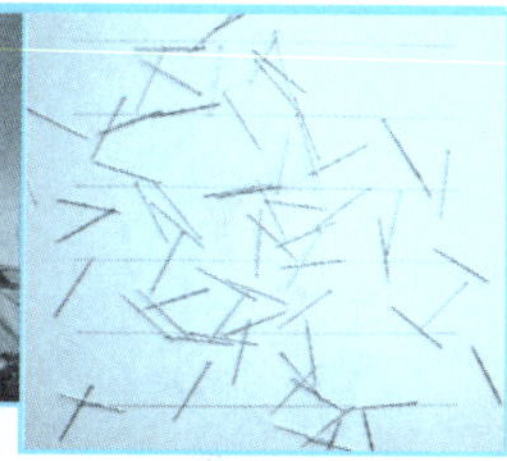

모든 원에서 $\frac{\text{원주}}{\text{지름의 길이}}$의 비는 일정하며, 이 비를 원주율 또는 파이(π)라고 부른다. 그 값은

3.141592653589793238462643383279502884197169399375105⋯

이다. 학교 수학에서 다루는 원주율은 원주율의 정의와 원주율을 이용한 여러 가지 계산이 대부분이다. 그러나 원주율 그 자체에 대한 연구는 인간의 역사와 같다고 할 정도로 오래된 역사를 갖고 있으며, 역사 시대 이후 원주율에 대한 끊임없는 인간의 연구는 대부분이 전해져 내려오고 있다. 여기에서는 그 중의 고대 이집트인, 아르키메데스의 탐구를 중심으로 소개하였는데, 원주율에 대한 탐구, 즉 원주율의 값에 다가가는 알고리즘에 대해 깊이 이해하도록 해보자.

주제 1은 고대의 원주율 역사에 대한 것이다. 고대 이집트인이 모래밭에서 원주율을 측정한 방법, 린드 파피루스가 전하는 원주율, 성경을 근거로 하여 그보다 몇백 년 뒤에 쓰인 원주율을 소개하였다.

주제 2는 원주율에 대한 가장 놀라운 기록인 아르키메데스가 원주율을 계산한 방법에 대한 소개이다. 아르키메데스의 원주율 계산 알고리즘은 미적분이 개발될 때까지(중국의 조충지의 알고리즘 등과 함께) 가장 훌륭한 알고리즘으로 알려져 있다.

주제 3은 실험을 통해서 원주율의 값을 구하는 몇 가지 방법에 대한 내용이다. 실험 방법과 함께 그 원리를 탐구하는 것은 매우 즐거운 일이 될 것이다.

주제 4는 피라미드에 관련된 원주율에 대한 내용이다. 피라미드를 지을 때, 거리를 재는 도구로 수레가 쓰였기 때문에 피라미드에 원주율이 숨어 있다는 매우 개연성 있는 추측에 기대어 피라미드의 여러 길이에서 원주율을 찾아내었다.

주제 5는 원의 넓이에 대한 내용을 모은 것이다. 피라미드, 고대 이집트, 아르키메데스에 대한 기록에 근거한 원의 넓이, 원주율에 대한 내용이다.

주제 1에 대한 증명은 주제 5에서 알 수 있으며, 주제 5는 주제 1, 4와 연관되어 있다. 주제 3은 독립적인 내용이다.

109-1

원주율의 역사

Keywords 자연수, 짝수, 홀수, 소수, 합성수, 거듭제곱수

1 고대 이집트인이 바라본 π의 값

기원전 3천 년경 건설되었던 고대 오리엔트 문명은 π의 값에 대한 여러 가지 기록을 남기고 있다. 지금의 이라크 지역에 건설되었던 쐐기 문자와 60진법으로 잘 알려져 있는 메소포타미아 문명과 고대 문자 중 가장 먼저 해독된 덕에 많이 언급되고 있는 이집트 문명의 기록에서는 π의 값으로 3, $3\frac{1}{7}$, $3\frac{1}{8}$ 등이 많이 발견된다. 당시 그들이 왜 π의 값으로 그러한 수를 사용하였는지는 문헌 기록이 없어서 정확히는 알 수 없지만 여기에서는 그 이유에 대한 타당한 추정을 소개하려고 한다.

1. 모래밭에서 측정한 π

π의 값을 추측하는 가장 쉬운 방법은 원을 택하여 지름과 원둘레의 길이를 직접 측정하는 것이다. 아마도 당시 이집트인들도 이 방법을 외면하지는 못했을 것이다. 지금은 깡통이나 접시 등 주변에 흔하게 있는 원형의 물건을 택하여 측정해볼 수 있지만 그들은 지름과 원둘레의 길이를 측정하기 위하여 나일 강변의 평평한 모래밭에 직접 원을 그렸을 것이다. 다음 순서에 따라 모래밭에 원을 그리면서 당시 이집트 인들이 π의 값을 구한 과정을 따라가보자. 물론 이것은 당시 π의 값으로 3, $3\frac{1}{7}$, $3\frac{1}{8}$ 등을 사용하였다는 기록에 따른 추정이다.[1)]

1) P. Beckmann, *A history of* π, St. Martin's Press, New York, 1971. (《파이의 역사》, 경문사, 2002.)

① 양쪽에 막대기를 연결한 줄을 준비한다.

② 막대기 한 개를 모래밭에 박고 다른 쪽 막대기로 원을 그린다.

③ 길이가 원의 지름 AB 만큼인 줄을 준비한다.

④ 위 ③의 줄을 A에서부터 원을 따라 놓으면서 차례로 C, D, E를 표시한다.

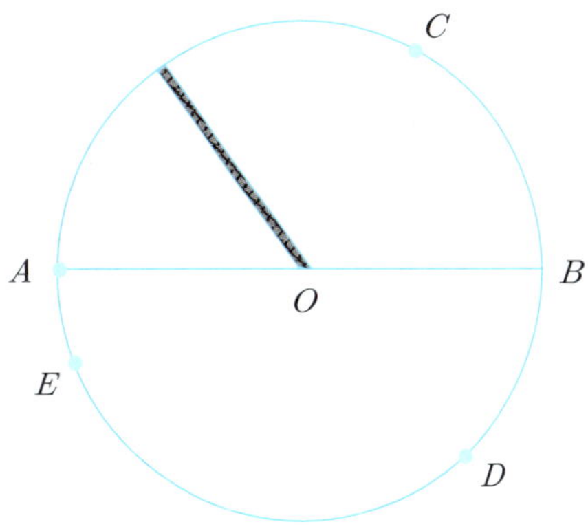

여기까지 하면 원둘레의 길이가 지름보다 약 3배 길므로 π의 값을 3이라고 사용할 수 있다. 좀더 정교한 π의 값을 구하기 위하여 남은 부분의 길이 EA와 지름의 길이의 비를 알아보자.

⑤ 길이가 EA인 줄을 준비하여 A에서부터 지름 AB 를 따라 놓으면서 차례로 E_1, E_2, …를 정해보자.

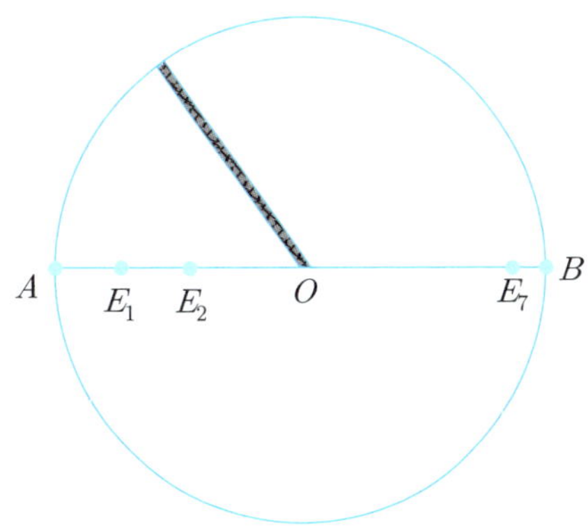

1 위에서 알 수 있는 π의 값의 범위를 구하여라.

2. 린드 파피루스가 말하는 π

여기에서는 고대 이집트인들이 원의 넓이를 어떤 방법으로 구했는지 알아보자. 먼저 린드 파피루스를 보자. 다음은 린드 파피루스의 일부로 50번 문제가 나와 있는 부분이다.

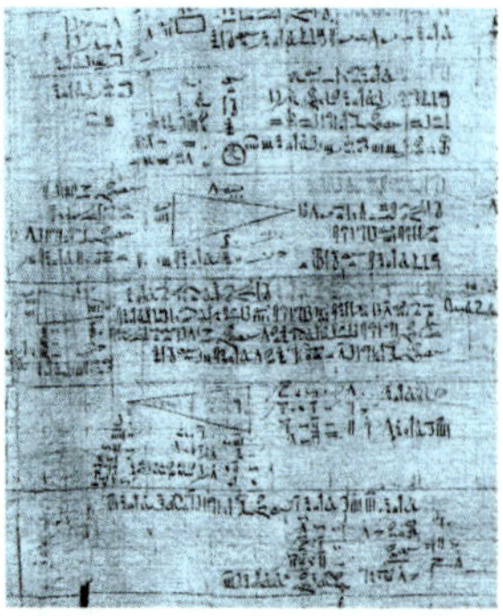

린드 파피루스

판 71	문제 49
판 72	문제 50
판 73	문제 51
판 74	문제 52
판 75 문제 53	판 76 문제 54
판 77	문제 55

린드 파피루스의 문제 위치

이중에서 판(plate) 72의 문제 50은 다음과 같다.

문제 50 지름의 길이가 9 *khet*.인 원의 넓이는?

지름의 길이의 1/9만큼, 즉 1을 빼면 8이 남는다. 8 곱하기 8을 하면 64이다. 따라서 64 *setat* 이다.

계산 과정을 보면

1	9
1/9	1

8이 남고

1	8
2	16
4	32
8	64

원의 넓이는 64 *setat* 이다.[2)]

린드 파피루스의 계산에 의하면 고대 이집트인들은 원의 넓이를 다음과 같이 구했다는 것을 알 수 있다.

> 주어진 원의 지름을 $\frac{1}{9}$만큼 줄인 후 이를 한 변의 길이로 하는 정사각형의 넓이를 구한다.

2) 계산 방법은 [104-3 피보나치 수열과 최소정사각형 분할] 참고

2 위의 방법대로 원의 넓이를 구하여 고대 이집트인들이 원주율을 얼마로 사용했는지 알아보자.

(1) 지름이 아래와 같이 주어졌을 때, 고대 이집트인들의 방법대로 원의 넓이를 구하여라.

지름의 길이	고대 이집트인의 원의 넓이 공식	원의 넓이
9	$\left(9-\frac{9}{9}\right)^2$	64
12		
15		
18		

(2) 지름이 9인 경우를 이용하여 고대 이집트인이 원주율을 얼마로 사용했는가?

(3) 넓이 공식으로부터 이집트인이 사용한 원주율의 값을 구하여라.

2 성경에서 바라본 π의 값

1. 성경에서의 π값의 해석

성경에는 다음과 같은 π에 대한 구절이 있다.[3)]

또 바다를 부어 만들었으니 그 직경이 십 큐빗이요 그 모양이 둥글며 그 고는 다섯 큐빗이요 주의는 삼십 큐빗 줄을 두를 만하여
-〈열왕기 상〉 7장 23절

I Kings 7:23

ויעש את־הים מוצק עשר באמה משפתו עד־שפתו עגל סביב
וחמש באמה קומתו וקוה שלשים באמה יסב אתו סביב :

II Chronicles 4:2

ויעש את־הים מוצק עשר באמה משפתו אל־שפתו עגול סביב
וחמש באמה קומתו וקו שלשים באמה יסב אתו סביב :

(And he made a molten sea, ten cubits from the one brim to the other: it was round all about, and the height was five cubits: and a line of thirty cubits did compass it about.-1 Kings 7, 23)

3) J. Katz, *Pi in the Bible* (http://www.yfiles.com/pi.html),
Shlomo Edward G. Belaga, *On the rabbinical exegesis of an enhanced biblical value of* π (http://www.math.ubc.ca/people/faculty/israel/bpi/bpi.html)

위 구절에서 큐빗(cubit)[4]은 45.4~55.5cm 정도이고 지름의 길이가 10, 원둘레의 길이가 30이므로

$$2\pi\frac{10}{2}=30$$

에서 $\pi=3$을 얻는다. 위의 글에서 처음 "he"는 솔로몬(B.C. 1000)이고 〈열왕기 상〉이 쓰여진 시기는 기원전 550년경으로 볼 수 있다. 따라서 위의 계산에 의하면 당시의 사람들은 그보다 약 500년 전인 고대 이집트인이나 메소포타미아 인들이 사용한 원주율 $\frac{25}{8}=3.125$, $\sqrt{10}=3.162$보다 부정확한 원주율을 사용한 셈이다. 솔로몬 시대의 사람들은 과연 앞선 시기보다 더 부정확한 원주율을 사용하였을까? 이제 좀더 세밀하게 들여다보자.

성경에서의 "molten sea"는 "바다를 부어" 가 아니라 교과서에 나와 있는 대로 그 당시 성직자들이 예배를 주관하기 전에 손과 발을 씻는 "대형 물동이(tank)"를 말한다. 즉, 10큐빗, 30큐빗 등 위의 수치는 물동이의 지름과 둘레의 길이를 말하는 것이다. 교과서에서는 놋바다라고 지칭한 대형 물동이의 크기에서 원주율의 값을 추론해내는 것을 다음과 같이 세 가지로 해석해보자.

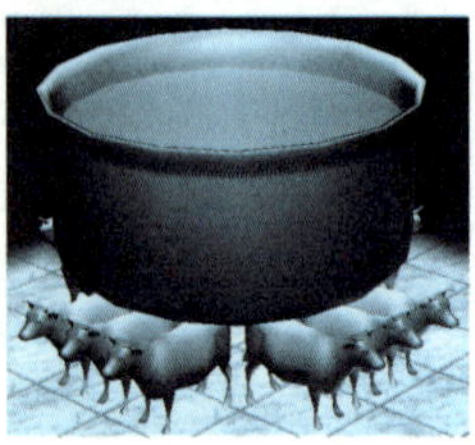

대형 물동이

http://www3.telus.net/publickstam/ 이 사이트에서 대형 물동이뿐만 아니라 솔로몬 왕의 궁전을 3D로 볼 수 있다.

(해석 1) 성경은 건축물의 구체적 수치를 주는 것에 관심이 없다.
이 경우라면 솔로몬 시대에 그보다 앞선 시대에 사용된 원주율보다 더 부정확한 값이 사용되었다는 결론을 유보할 수 있으므로 별 문제 없다.

(해석 2) 음역한 단어 'line'를 고려하면 원주율을 $3\times\frac{111}{106}$로 해석할 수 있다.
성경 구절에서 사용한 줄(line)의 해석에 주의를 기울여보자. 고대 그리스나 유대인들은 문자로 숫자를 표시하였다. 1부터 9까지는 처음 9개의 문자로 나타내고, 다음 9개의 문자는 10, 20, … ,90을 그리고 그 다음 문자로는 100, 200 등을 표시하였다. 히브루 성경에서 음역(transliteration)한 특수한 단어(peculiarities spelling)로 볼 수 있는 'line'은 'qwh'로 'qw'로 읽는다. 그렇다면 왜 'h'가 추가되었을까? 히브루에서 'q'는 100, 'w'는 6, 그리고 'h'는 5이다. 따라서 'line'으로 번역된 단어 'qwh'는 111이고 읽을 때는 'qw'로 106이다.

4) 1큐빗은 팔을 구부렸을 때, 팔꿈치의 모서리에서 가운뎃손가락 끝까지의 길이로 정의되며 대략 45.4cm에서 55.5cm이다. 고대 이집트의 피라미드 건설에 사용된 큐빗을 뉴턴이 52.4cm와 46.4cm의 두 종류가 있다는 것을 알아냈다. 실제 〈신명기〉 3장 11절에 "…… 그의 침상은 철 침상이라 지금 오히려 암몬 족속의 랍바에 있지 아니하냐 그것을 사람의 보통 큐빗으로 재면 ……" 등에서 보면 보통 큐빗과 신들이 사용하는 큐빗이 다르다는 것을 알 수 있다.

‘a line of thirty cubits’에서 특수한 단어 ‘line’에 위 사항을 고려하면 성경에서의 원주율은 $3\times\frac{111}{106}$으로 3.141509가 되어 π와의 차이는 0.0000832 정도이고 당연히 그 앞선 시대의 값보다 정확하다.

(해석 3) 대형 물동이에서 물동이의 두께를 고려할 때, 10큐빗은 바깥쪽 지름의 길이이고 둘레 30큐빗은 물동이 안쪽의 둘레의 길이로 해석할 수 있다.

대형 물동이의 두께는 〈열왕기 상〉 7장 26절에 “한 손 넓이만 하고……”로 나와 있다. 이는 한 손의 폭(a hand breadth)으로 번역하는 것이 자연스러운데 이를 $\frac{16}{71}$큐빗(대략 11cm)으로 보자.

1 한 손의 폭(a hand breadth)을 $\frac{16}{71}$큐빗(대략 11cm) 으로 하여 (해석 3)에 근거하여 π의 값을 구해보아라.

2. 교과서 다시 보기

6-나 수학 익힘책(74쪽)으로 가보자. 원주율의 역사란 제목에 다음과 같은 설명이 있다.

원주율(π)의 역사

고대 오리엔트에서는 원주율로 3을 사용하였고, 이집트에서는 3.1604…를 사용하였습니다.

고대 솔로몬 시대에 구리를 녹여서 거대한 물통을 만들었습니다. 사발 모양의 이 물통은 바다같이 많은 물을 담는다는 뜻에서 ‘놋바다’라고 불렀습니다. 이 놋바다의 벽 두께는 손바닥 너비인 8 cm 정도였고, 이 두께를 뺀 놋바다 자체의 지름만도 4.5 m나 되고, 외벽의 둘레는 13.5 m, 높이는 2.3 m였습니다.

‘놋바다’를 가지고 원주율을 구하면, 약 얼마입니까?

2 교과서 내용을 따라 π의 값을 구해보아라. 그리고 무엇이 잘못되었는지 토론해보자.

원주율의 역사

❶ 고대 이집트인이 바라본 π의 값

1 $3\frac{1}{8} < \pi < 3\frac{1}{7}$

2 (1)

지름의 길이	고대 이집트인의 원의 넓이 공식	원의 넓이
9	$\left(9-\frac{9}{9}\right)^2$	64
12	$\left(12-\frac{12}{9}\right)^2$	$\left(\frac{96}{9}\right)^2$
15	$\left(15-\frac{15}{9}\right)^2$	$\left(\frac{40}{3}\right)^2=\left(\frac{120}{9}\right)^2$
18	$\left(18-\frac{18}{9}\right)^2$	$(16)^2=\left(\frac{144}{9}\right)^2$

(2) $\pi\times 9^2=64$, $\pi \fallingdotseq 3.160493827$

(3) $\pi r^2=\left(2r-\frac{2r}{9}\right)^2$, $\pi r^2=\left(\frac{16r}{9}\right)^2$이므로 $\pi \fallingdotseq \left(\frac{16}{9}\right)^2 \fallingdotseq 3.160493827$

❷ 성경에서 바라본 π의 값

1 $\dfrac{10-\frac{30}{\pi}}{2}=\dfrac{16}{71}$, $\pi=\dfrac{30\times 71}{678}=\dfrac{355}{113}$

2 교과서 내용을 따라 그림을 그리고 원주율의 값을 구해보면 외벽의 지름은 466cm, 외벽의 둘레는 1350cm이므로

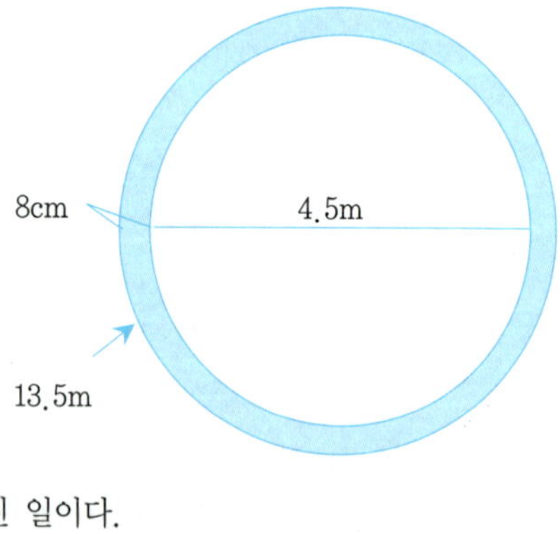

$$466\pi=1350,\ \pi \fallingdotseq 2.89699$$

이다. 그런 앞에서 살펴본 대로 성경에서는 원주율을 2.89라고 하지는 않았다. 이와 같은 결과가 나온 것은 성경을 옮기는 과정에서 벌어진 일이다.

109-2 아르키메데스가 바라본 π의 값

Keywords 다각형, 아르키메데스, π

π의 값을 구하는 가장 훌륭한 방법은 아르키메데스에 의해서 전해진다. 그의 아이디어는 다음과 같은데, 이는 미적분이 발견되기 전까지 π의 값을 계산하는 훌륭한 알고리즘 중의 하나였다.

원에 내접하는 정사각형이 있다. 다시 원에 내접하는 정팔각형, 정십육각형 등과 같이 변의 수를 두 배씩 늘려나가면 원의 넓이는 정다각형의 넓이와 같아질 수 있다. 이러한 생각은 기원전 5세기 말, 그리스의 수학자인 안티폰(Antiphon, B.C. 480~411)이 처음 하였는데 착출법(搾出法, method of exhaustion)이라고 부른다. 아르키메데스는 이 방법을 좀더 정교하게 다듬어 원하는 만큼 π의 값을 구할 수 있게 되었다. 아르키메데스는 원의 둘레의 길이가 원에 내접하는 정다각형의 둘레의 길이보다는 크고 외접하는 정다각형의 둘레의 길이보다는 작다는 점에 착안하여 π의 값을 계산하였다.

이제 반지름의 길이가 1인 원에 내접·외접하는 정다각형을 이용하여 아르키메데스의 방법을 따라가보자.[5)]

1 내접 · 외접 다각형으로 다가가기

반지름의 길이가 1인 원에 외접하는 정N각형의 둘레의 길이를 Q_N, 내접하는 정N각형의 둘레의 길이를 P_N로 각각 표시하자. 한편, 정N각형의 한 변이 중심과 이루는 각의 반을 $\theta_N = \dfrac{\pi}{N}$이라 하면

5) V.S. Varadarajan, *Algebra in ancient and modern times*, Mathmatical world, Vol. 12, AMS, 1998.

$$\frac{1}{2}\frac{P_N}{N} = \sin\,\theta_N,\ \ \frac{1}{2}\frac{Q_N}{N} = \tan\,\theta_N$$

이다. 다음 그림처럼 반원의 길이와 내접·외접 다각형의 둘레의 길이의 절반인 $\frac{1}{2}P_N$, $\frac{1}{2}Q_N$을 서로 비교하면

$$\frac{1}{2}P_N < \pi < \frac{1}{2}Q_N$$

이므로

(*) $\quad N\sin\,\theta_N < \pi < N\,\tan\theta_N$

이다.

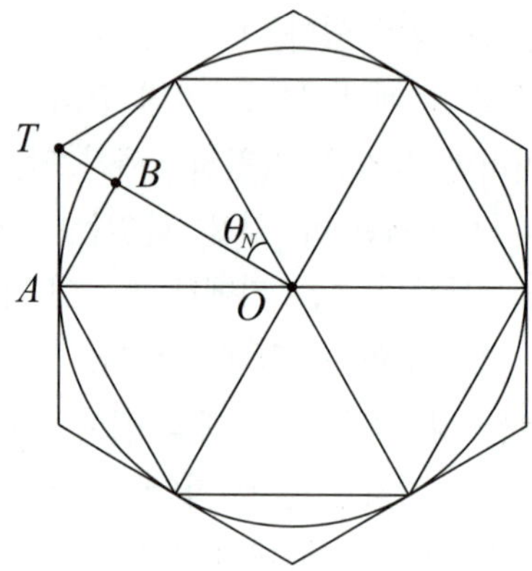

$\overline{OA} = 1$
$\overline{AB} = \sin\,\theta_N$
$\overline{AT} = \tan\,\theta_N$

아르키메데스는 위의 식을 이용하여 π의 값을 구한 것이다. 즉, 정6각형에서부터 시작하여 정12각형, 정24사각형, …, 정96각형의 순서로 위의 식을 계산해나갔다. 이 문제를 유클리드의 영향으로 어떻게 해결하였는지 알아보자. θ_N이 $\frac{1}{2}\theta_N$으로 바뀔 때 이와 함께 앞에서 만든 식 (*)를 이용하려면 사인과 탄젠트 관련 항등식

$$(**)\quad \begin{cases} \dfrac{1}{\tan\dfrac{\theta}{2}} = \dfrac{1}{\sin\theta} + \dfrac{1}{\tan\theta} \\[2ex] \dfrac{1}{\sin\dfrac{\theta}{2}} = \sqrt{1 + \dfrac{1}{\tan^2\dfrac{\theta}{2}}} \end{cases}$$

이 필요하다.

1 배각공식 $\sin\theta = 2\sin\frac{\theta}{2}\cos\frac{\theta}{2}$ 를 사용하여 항등식을 증명하여라.

$$\begin{cases} \dfrac{1}{\tan\frac{\theta}{2}} = \dfrac{1}{\sin\theta} + \dfrac{1}{\tan\theta} \\ \dfrac{1}{\sin\frac{\theta}{2}} = \sqrt{1+\dfrac{1}{\tan^2\frac{\theta}{2}}} \end{cases}$$

이제 식 (*)에서 식 (**)를 거듭 사용하려면 식 (**)의 근호 $\sqrt{\ }$ 가 문제가 된다. 아르키메데스는 이 문제를 무리수에 근사하는 유리수를 계산하는 식을 도입하여 해결하였다.

각이 θ에서 $\frac{\theta}{2}$로 바뀌면 식 (**)의 역할은 다음과 같다.

$$(***)\quad \begin{matrix} a < \dfrac{1}{\tan\theta} < p \\ b < \dfrac{1}{\sin\theta} < q \end{matrix} \Rightarrow \begin{matrix} a+b < \dfrac{1}{\tan\frac{\theta}{2}} < p+q \\ \sqrt{1+(a+b)^2} < \dfrac{1}{\sin\frac{\theta}{2}} < \sqrt{1+(p+q)^2} \end{matrix}$$

이제 정육각형부터 시작해보자. 식 (***)에서 $\theta = \theta_6 = 30^\circ$ 이므로

$$\frac{1}{\tan\theta_6} = \sqrt{3},\quad \frac{1}{\sin\theta_6} = 2$$

이다. 이미 언급했듯이 문제는 $\sqrt{3}$ 이다. 아르키메데스는 이 시점에서 무리수 $\sqrt{3}$ 을

$$\frac{265}{153} < \sqrt{3} < \frac{1351}{780}$$

으로 설명없이 극적으로 해결하였다.[6] 따라서 식 (***)를 사용하면

$$\frac{265}{153}+2 < \frac{1}{\tan\theta_{12}} < \frac{1350}{780}+2$$

6) [110-2 무리수의 근사값] 참고

$$\sqrt{1+(2+\frac{265}{153})^2} < \frac{1}{\sin\theta_{12}} < \sqrt{1+(2+\frac{1350}{780})^2}$$

로부터

$$\frac{571}{153} < \frac{1}{\tan\theta_{12}} < \frac{2911}{780}$$

$$\frac{\sqrt{349450}}{153} < \frac{1}{\sin\theta_{12}} < \frac{\sqrt{9082321}}{780}$$

이고 다시 무리수를 다음과 같이 해결하였다.

$$\frac{591\frac{1}{8}}{153} < \frac{1}{\sin\theta_{12}} < \frac{3013\frac{3}{4}}{780}$$

이제 식 (***)를 다시 쓰고 사인에서 나타나는 무리수를 해결하면 다음을 얻는다.

$$\frac{591\frac{1}{8}}{153} + \frac{571}{153} < \frac{1}{\tan\theta_{24}} < \frac{3013\frac{3}{4}}{780} + \frac{2911}{780}$$

$$\frac{1172\frac{1}{8}}{153} < \frac{1}{\sin\theta_{24}} < \frac{1838\frac{9}{11}}{240}$$

위 두 식을 식 (***)에 적용하고 $\sqrt{\ }$를 해결하면

$$\frac{2334\frac{1}{4}}{153} < \frac{1}{\tan\theta_{48}} < \frac{3661\frac{9}{11}}{240} = \frac{1007}{66}$$

$$\frac{2339\frac{1}{4}}{153} < \frac{1}{\sin\theta_{48}} < \frac{1009\frac{1}{6}}{66}$$

끝으로

$$\frac{4673\frac{1}{2}}{153} < \frac{1}{\tan\theta_{96}}, \quad \frac{1}{\sin\theta_{96}} < \frac{2017\frac{1}{4}}{66}$$

을 얻는다.

2 정96각형에서 식 (*)과 위의 식을 이용하여 당시 아르키메데스가 사용한 π의 값의 범위를 구하여라.

3 아르키메데스가 π의 값을 구한 방법을 개략적으로 설명해보아라. 또, 그 과정에서 아르키메데스는 무엇을 해결해야 했는지 설명해보아라.

아르키메데스의 방법에 따라 정96각형에서 π의 값의 범위를 구하면 소수 둘째자리까지 정확한 값을 구할 수 있다. 그러나 아르키메데스의 위대함은 소수 몇째 자리까지 정확한 값을 구했다는 사실보다는 원주율의 범위를 좁혀 들어가는 알고리즘, 무리수를 유리수로 접근하는 알고리즘의 개발에 있다.
앞서 언급한 것처럼 미적분이 개발되기 전까지 그의 알고리즘은 π의 값을 계산하는 가장 훌륭한 알고리즘이라고 해도 과언이 아닐 것이다. 이후 그의 알고리즘과 비슷한 원리를 가지는 알고리즘이 여러 사람에 의해서 개발되었으며 또, 그의 알고리즘을 따라 좀더 발달된 계산 방법으로 더 정확한 값을 구하는 행렬이 이어졌다. 다음은 그 중의 하나이다.

2 외접다각형으로 다가가기

아르키메데스가 한 방법을 따라 π의 값을 구하려면 외접·내접 정다각형의 둘레의 길이를 모두 알아야만 하는 것은 아니다. 외접다각형의 둘레의 길이로 π의 값의 상한을 구해보자. 물론 이 방법을 내접다각형에도 적용하여 π의 값의 하한을 구할 수도 있다.
아르키메데스는 정육각형에서부터 시작하여 다각형의 변을 계속 이등분해나갔으므로 계산의 편리를 위하여 이를 정$6 \cdot 2^n$각형이라고 하고 한 변의 길이의 절반을 u_n, 즉 $\frac{Q_n}{6 \cdot 2^n} = 2u_n$이라고 하자. 또, 외접원의 중심에서 꼭지점까지의 거리를 v_n이라고 하면 그림에서 $n=0$인 경우에 u_n, u_{n+1}, v_n, v_{n+1}은 각각 다음과 같다.

$$u_n = AB,\ v_n = OB$$
$$u_{n+1} = AD,\ v_{n+1} = OD$$

이제 각 항의 관계를 구하면 $OA = 1\,(n \geq 1)$이므로 $\triangle\, OAB$에서

$$1 : v_n = u_{n+1} : u_n - u_{n+1}$$

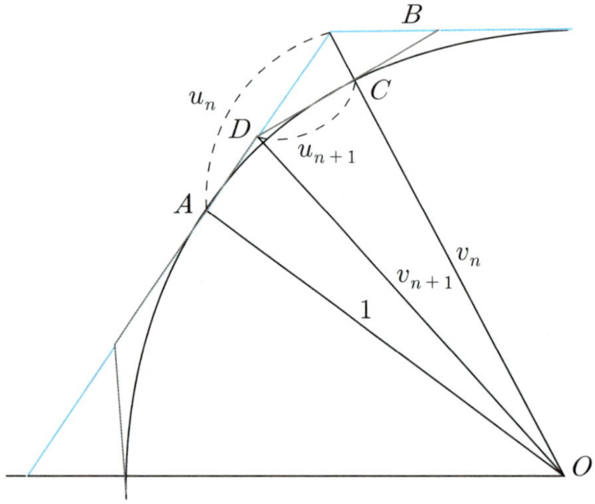

즉,

$$u_{n+1} = \frac{u_n}{1+v_n}$$

또, $\triangle OAD$에서

$$v_{n+1} = \sqrt{1+u_{n+1}^2}$$

을 얻는다.

위에서 외접원의 반지름의 길이를 1로 하였으므로 $6 \cdot 2^n \times 2u_n$의 값은 2π에 수렴하므로 π의 값은

$$6 \cdot 2^n \; u_n$$

로 수렴한다.

그리스 우표
1983년 4월 28일 발행

이제 $u_0 = \dfrac{1}{\sqrt{3}}$, $v_0 = \dfrac{2}{\sqrt{3}}$임을 이용하여 $n=0$, 1일 때부터 π의 값을 구하면 다음과 같다.

$n=0 \quad \Rightarrow \quad \pi = 3.46410161513\cdots$

$n=1 \quad \Rightarrow \quad \pi = 3.21539030917\cdots$

$n=2$일 때, 즉 정24각형에서 π의 값을 구하면 소수 첫째자리까지 정확한 값을 구할 수 있고 $n=3$일 때는 소수 둘째자리까지 정확한 값을 구할 수 있다. 아르키메데스는 $n=4$, 즉 정96각형인 경우를 구한 것이다.

1 $n=2$, 3, 4일 때, π의 값을 차례로 구하여라.

비에트(Viete, 1540~1603)는 오랜 계산 끝에 $n=16$일 때를 계산하여

$$n=16 \quad \Rightarrow \quad \pi = \underline{3.14159265}365\cdots$$ [7]

를 얻었다. 아르키메데스의 다각형을 이용한 이 방법에 근거하여 우리는 아르키메데스를 수치해석자라고 부른다.

7) π값의 근사값에서 굵은 글자로 밑줄친 부분은 정확한 값을 말한다.

아르키메데스가 바라본 π의 값

❶ 내접 · 외접 다각형으로 다가가기

2 $96 \cdot \sin\theta_{96} < \pi < 96 \cdot \tan\theta_{96}$, $96 \cdot \sin\theta_{96} > 96 \cdot \dfrac{66}{2017\frac{1}{4}} > 3\dfrac{10}{71}$

$96 \cdot \tan\theta_{96} < \dfrac{96\times153}{4673\frac{1}{2}} < 3\dfrac{1}{7}$, $3\dfrac{10}{71} < \pi < 3\dfrac{1}{7}$

3 무리수를 유리수로 표현해야 했다.

❷ 외접다각형으로 다가가기

1 $n=2 \Rightarrow \pi = 3.15965994209\cdots$

$n=3 \Rightarrow \pi = 3.14608621513\cdots$

$n=4 \Rightarrow \pi = 3.14271459964\cdots$

109-3

파이의 날

Keywords π, 확률

3월 14일은 파이의 날(π-day)이다. 정말 수학을 좋아하는 사람들 사이에서는 널리 알려진 기념일인데 여기에서는 눈송이로 구하기, 서로소 판정으로 구하기, 수를 걸러서 구하기에 대하여 알아보자.

1 눈송이로 구하기

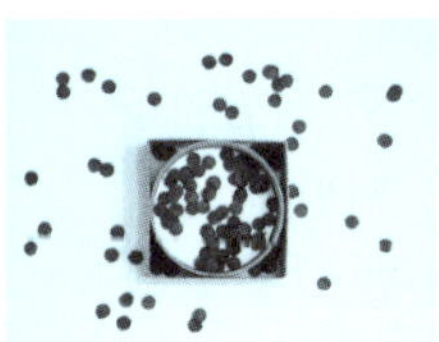

준비물 : 종이 눈송이, 계산기, 정사각형과 내접원이 그려진 종이

실험 : 정사각형과 내접원이 그려진 종이 위에 종이 눈송이를 충분히 뿌린다. 종이 눈송이가 골고루 뿌려지도록 적당히 높은 곳에서 뿌리도록 한다. 종이 눈송이는 여러 장의 종이를 펀치로 뚫어 마련할 수도 있고, 수수깡을 원판 모양으로 잘라 사용할 수도 있다.

판정 : 종이 눈송이를 많이 떨어뜨릴수록 π의 값이 정확하게 구해진다. 만약 원 위에 떨어진 종이 눈송이가 78장, 정사각형 위에 떨어진 종이 눈송이가 100장이라면 π의 값은 다음과 같다.

$$\pi = \frac{4 \times (\text{원 위에 떨어진 눈송이의 수})}{(\text{정사각형 위에 떨어진 눈송이의 수})} = \frac{4 \times 78}{100} = 3.12$$

1 실험 과정과 결과를 다음 표에 기록하여라.

횟수	1회	2회	3회	4회
㉠ 4×(원 위에 떨어진 눈송이의 수)				
㉡ 정사각형 위에 떨어진 눈송이의 수				
π = ㉠ / ㉡				

2 위와 같은 실험으로 원주율의 값을 구할 수 있는 이유는 원주율이 원의 넓이와 외접정사각형의 넓이의 비로 표현되기 때문이다.

$\pi = \dfrac{4 \times (\text{원 위에 떨어진 눈송이의 수})}{(\text{정사각형 위에 떨어진 눈송이의 수})}$ 임을 증명하여라.

2 서로소인 수로 구하기

준비물 : 각 자리의 숫자 공 10개씩(천의 자리까지면 충분)

실험 : 모든 학생들이 상자에서 공을 뽑아 그 수를 칠판에 쓴다. 한 사람이 5쌍의 양의 정수를 칠판에 쓰는 것으로 하자. 예를 들어, 어떤 학생이 칠판에 쓴 수는 다음과 같다. (공을 만드는 것이 번거로우면 그냥 임의로 수를 써도 된다.)

(102, 37), (24, 58), (16, 43), (56, 77), (11391, 5673)

판정 : 정수의 쌍이 많으면 많을수록 π의 값이 정확하게 나올 수 있다. 만약 우리 반의 학생수가 40명이라면 칠판에는 모두 200개의 양의 정수쌍이 있을 것이다. 칠판에 있는 200쌍의 정수 중에서 서로소인 쌍을 찾아보니 122개이었다고 하자.

두 정수가 서로소일 확률은 $\dfrac{6}{\pi^2}$ 8)이므로

$$\frac{6}{\pi^2} = \frac{122}{200}$$

8) 332쪽 참고

이 된다. 그러므로 우리 반에서 구한 π의 값은

$$\pi^2 = 9.83605574$$
$$\pi = 3.1362502416$$

이다.

여기에서 중요한 문제는 칠판에 쓴 수많은 쌍의 수가 서로소인지 판단하는 일이다. 두 정수 a, b에 대하여 최대공약수가 1일 때, 우리는 두 수 a, b를 서로소(coprime)라 부른다. 만약 두 수가 작은 수이면 우리는 쉽게 서로소인지 판정할 수 있을 것이다. 그러나 이 실험에서는 매우 큰 수에 대해서도 서로소인지 판정해야 하는 경우가 생긴다. 예를 들어, 수담이가 칠판에 쓴 두 수 11391과 5673의 최대공약수를 구하는 방법을 알아보자.
첫 번째 방법으로는 컴퓨터 프로그램이나 그래픽계산기를 이용하는 방법이 있다. 컴퓨터 프로그램 메이플이나 그래픽계산기에서 'gcd'라는 명령어로 두 수의 최대공약수를 구할 수 있다.

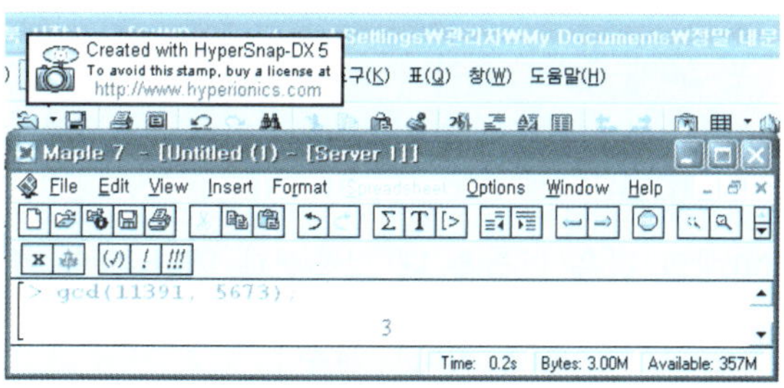

두 번째 방법은 몫과 나머지를 거듭 사용하여 손으로 구하는 방법인데 먼저 두 수의 최대공약수에 대한 다음 정리를 알아야 한다.[9)]

> 두 정수 m, n을 몫과 나머지 $m = qn + r$ $(r \geq 0)$의 형태로 나타낼 때, m, n의 최대공약수와 n, r의 최대공약수는 같다.

이제 위의 정리를 이용하여 두 수 11391과 5673의 최대공약수를 구해보자. 먼저

$$11391 = 2 \times 5673 + 45$$
$$5673 = 126 \times 45 + 3$$

9) [107-1 몫과 나머지] 참고

$$45 = 15 \times 3 + 0$$

이므로 11391과 5673의 최대공약수는 5673, 45의 최대공약수와 같고 이것은 또 45와 3의 최대공약수와 같다. 따라서 11391, 5673은 서로소가 아니다. 또는 간단히 n과 $m - qn$의 최대공약수가 같으므로 11391과 45의 최대공약수가 3이므로 두 수 11391과 5673는 서로소가 아니라고 판단해도 된다.

1 실험 과정과 결과를 다음 표에 기록하여라.

횟수	1회	2회	3회	4회
전체 쌍의 개수				
서로소인 쌍의 개수				
π				

3 바늘을 던져 구한 π

준비물 : 핀 50개 정도, 종이

실험 : 종이에 거리가 핀의 길이와 같은 평행선을 여러 개 그은 후 핀을 충분히 많이 뿌린다.

판정 : 100개의 핀을 던졌을 때 평행선과 만난 핀의 개수가 64개이었다면

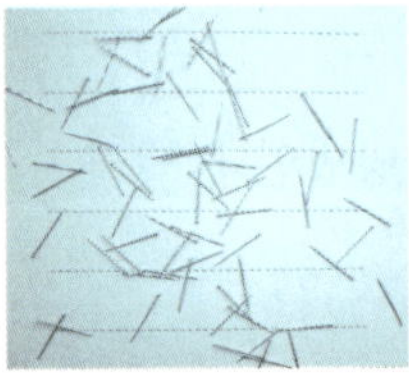

$$\pi = \frac{2(\text{총 던진 개수})}{(\text{총 만난 개수})} = \frac{2 \cdot 100}{64} = 3.125$$

이다. 이 실험에서는 핀을 많이 던지면 던질수록 정확한 π의 값을 얻을 수 있다.

1 실험 과정과 결과를 다음 표에 기록하여라.

횟수	1회	2회	3회	4회
㉠ 2×(총 던진 개수)				
㉡ 총 만난 개수				
π = ㉠/㉡				

바늘을 던져서 π의 값을 구하는 방법은 뷔퐁(Buffon, 1707~1788)에 의해 1777년에 처음으로 제기되었다. 거리가 바늘의 길이와 같은 평행선을 긋고 그 위에 바늘을 던져 바늘이 선과 만나는 확률을 계산하여보자. 계산을 편하게 하기 위하여 바늘의 길이를 1로 하자.

바늘의 중심에서 각 선에 가장 가까운 거리를 d라 하고 바늘이 만든 각을 θ라 하면 바늘과 선분이 만나는 것은

$$d \leq \frac{1}{2} \sin \theta$$

일 때이다.

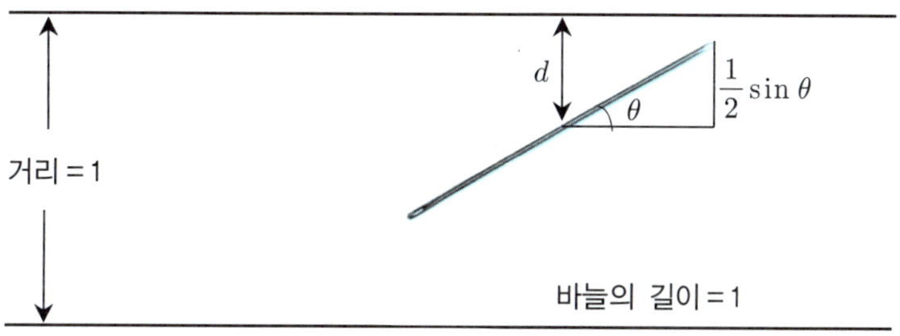

이런 상황은 얼마나 자주 일어날까? 가로축을 바늘의 각, 세로축을 바늘의 중심에서 선까지의 가장 가까운 거리라고 하면 바늘과 선이 만나는 경우는 다음 그래프의 영역임을 알 수 있다.

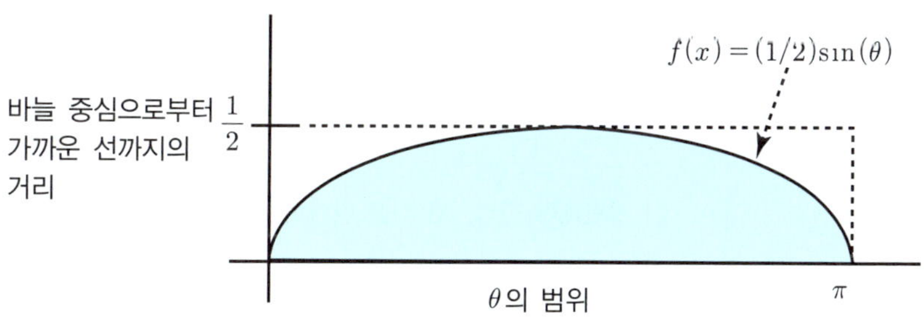

즉,

$$\text{바늘이 선과 만날 확률} = \frac{(\text{그래프의 영역의 넓이})}{(\text{직사각형의 넓이})}$$

이다. 이때, 그래프의 영역의 넓이는

$$\int_0^{\pi} \frac{1}{2} \sin\theta \quad d\theta = 1$$

직사각형의 넓이는 $\frac{1}{2} \times \pi$이므로
바늘이 선분과 만날 확률은 $1/\frac{\pi}{2} = \frac{2}{\pi}$이다. 그러므로

$$\frac{(\text{총 만난 개수})}{(\text{총 던진 개수})} = \frac{2}{\pi}$$

즉,

$$\pi = \frac{2 \times (\text{총 만난 개수})}{(\text{총 던진 개수})}$$

이다.

두 자연수가 서로소일 확률이 $\frac{6}{\pi^2}$인 이유

임의로 선택된 두 자연수가 서로소일 확률을 P라고 하자. 임의의 두 자연수 A와 B를 선택한다면, A와 B의 최대공약수가 자연수 N이기 위한 필요충분조건은 A와 B 모두 N의 배수이고 $\frac{A}{N}$과 $\frac{B}{N}$이 서로소인 경우이다. 임의로 선택된 자연수가 N의 배수가 될 확률은 $\frac{1}{N}$이므로 A와 B가 최대공약수로 N을 가질 확률은 $\frac{1}{N} \times \frac{1}{N} \times P$이다. 임의의 두 자연수는 최대공약수를 반드시 갖기 때문에 N의 모든 값에 대해 위에서 계산된 모든 확률을 더하면 1이 되어야 한다. 즉,

$$\left(\frac{1}{1} \times \frac{1}{1} \times P\right) + \left(\frac{1}{2} \times \frac{1}{2} \times P\right) + \left(\frac{1}{3} \times \frac{1}{3} \times P\right) + \cdots = 1$$

이 성립해야 한다. 위 식을 간단히 하면

$$P\left[\left(\frac{1}{1} \times \frac{1}{1}\right) + \left(\frac{1}{2} \times \frac{1}{2}\right) + \left(\frac{1}{3} \times \frac{1}{3}\right) + \cdots \right] = 1$$

$$P\left(1 + \frac{1}{4} + \frac{1}{9} + \cdots\right) = 1$$

이다. 그런데 $1 + \frac{1}{4} + \frac{1}{9} + \cdots = \frac{\pi^2}{6}$ [10]이므로 $P = \frac{6}{\pi^2}$이다.

10) [110-3 유리수인가, 무리수인가?] 참고

파이의 날

❶ 눈송이로 구하기

2 원의 반지름의 길이를 r이라고 하면 원의 넓이 $=\pi r^2$,

정사각형의 넓이 $=4r^2$ 이므로 $\pi = \dfrac{4\pi r^2}{4r^2}$

109-4

피라미드 탐구

Keywords π, 피라미드, 황금비

쿠푸 왕과 카프레 왕의 피라미드

세계 7대 불가사의 중의 하나인 기자(Gizah)에 있는 쿠푸 왕(Paraoh Khufu)의 피라미드에는 π와 황금비가 숨어 있다. 기원전 2650년경 지어졌다고 추측되는 이 피라미드는 당시 이집트 인들이 π의 값을 알고 있었다고 조심스럽게 가정할 수 있다. 다음에서 기원전 2650년경 이집트인들이 사용했으리라 추측되는 π의 값을 추적하여보자.

이집트 정부가 1925년 최종적으로 내놓은 보고서에 따르면 쿠푸 왕의 피라미드의 크기는 다음과 같다.[11]

쿠푸 왕의 피라미드의 크기

방향	길이 (m)	방향
북	230.24	남서 2' 28"
동	230.39	북서 5' 30"
남	230.45	남서 1' 57"
서	230.36	북서 2' 30"
높이	146.60m	

밑면의 모서리가 이루는 각

북서	북동	남동	남서
89 59' 58"	90 3' 2"	89 56' 27"	90 0' 33"

11) [101-1 이집트인이 사용한 분수] 참고

1 피라미드에서의 π와 황금비

피라미드에서는 길이나 넓이의 비가 일정한 값이 되는 경우가 많다. 여러 가지 경우를 계산해보면서 그러한 경우를 조사해보자. 계산을 편리하게 하기 위하여 밑면의 모서리의 길이를 모두 230.36m라고 하자.

1 피라미드의 밑면의 둘레의 길이는 230.36×4=921.44이다.

(1) 둘레의 길이와 높이와의 비를 계산하여라.

(2) 위 계산 결과로 당시 원주율의 값을 알고 있었다고 추정할 수 있는가?

한편, $2\pi = \dfrac{230.36 \times 4}{146.60}$를 다시 쓰면 다음과 같다.

$$\pi(140.60)^2 = (2 \times 146.60) \times 230.36$$

즉, 높이를 반지름으로 하는 원의 넓이는

(2×피라미드 높이) × (피라미드 밑면 모서리 길이)

로 볼 수 있어, 높이를 반지름으로 하는 원의 넓이는 가로, 세로의 길이가 각각 2×피라미드 높이, 피라미드 밑면 모서리 길이인 사각형의 넓이와 같다. 밑면의 모서리의 길이를 $2d$, 옆면인 삼각형의 높이를 l이라고 하면 $l^2 = d^2 + h^2$이므로

$$l = 186.43$$

이다. 옆면의 넓이를 계산해보면

$$\frac{1}{2} \times 230.36 \times 186.43 = 21473.00$$

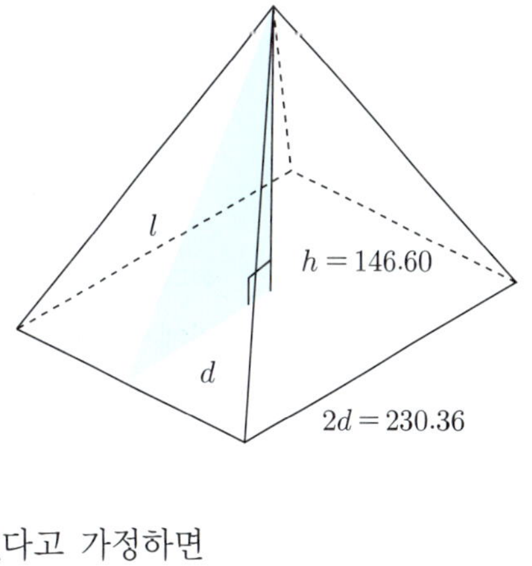

로 이 값은 높이의 제곱인 21491.56과 거의 같다.

따라서 이 피라미드를 건설할 때 옆면의 넓이와 높이의 제곱이 같게 설계하였다고 가정하면

$$dl = h^2$$

위의 식에 $l^2 = d^2 + h^2$을 대입하면

$$l^2 = d^2 + dl$$

$$\left(\frac{l}{d}\right)^2 = 1 + \frac{l}{d}$$

을 얻어 $\frac{l}{d}$의 값은 황금비가 된다. 즉, 옆면의 높이 l과 밑면의 모서리의 길이의 절반 d은 황금비를 이룬다.

2 식 $\left(\frac{l}{d}\right)^2 = 1 + \frac{l}{d}$에서 당시 황금비의 값을 얼마로 알고 있었는지 구하여라.

2 피라미드에서 알아보는 π와 황금비의 관계

피라미드에서 π와 황금비를 찾을 수 있음을 알아보았다. 그러면 황금비와 π 사이에는 어떤 관계가 있을까? 피라미드에서 옆면의 높이 l, 밑면의 모서리의 길이의 절반인 d, 그리고 높이 h의 관계를 이용하면 다음 식을 만들 수 있다.

$$\phi = \frac{l}{d} = \frac{\sqrt{h^2 + d^2}}{d} = \frac{\sqrt{\left(\frac{4d}{\pi}\right)^2 + d^2}}{d}$$

따라서

$$\phi = \sqrt{\left(\frac{4}{\pi}\right)^2 + 1}$$

이다.

위에서 피라미드에는 π, ϕ 등의 비율이 적용되어 있음을 추정해보았다. 피라미드에서는 이외에도 적용된 비율을 더 많이 발견할 수 있는데, 이를 위하여 피라미드의 단면과 옆면, 그리고 밑면을 다음 그림과 같이 한꺼번에 나타내어 보자.

계산을 편리하게 하기 위하여 위에서 알게 된 피라미드에 구현된 각 비율을 이용하여 모서리의 길이를 나타내면, $\frac{l}{d} = \phi$이므로 $l = 1$로 놓으면 밑면의

모서리의 길이의 절반인 d는 황금비 ϕ의 역수가 된다. 이를 k로 놓자. 즉,

$$k = \frac{1}{\phi} \fallingdotseq 0.618$$

라마누잔(Ramanujan)에 의해

$$\pi = \frac{6}{5} \cdot \phi^2 \fallingdotseq 3.141640788$$

임이 알려져 있다. 피라미드에서는 황금비를 이용하여 π의 값을 구해 보자.

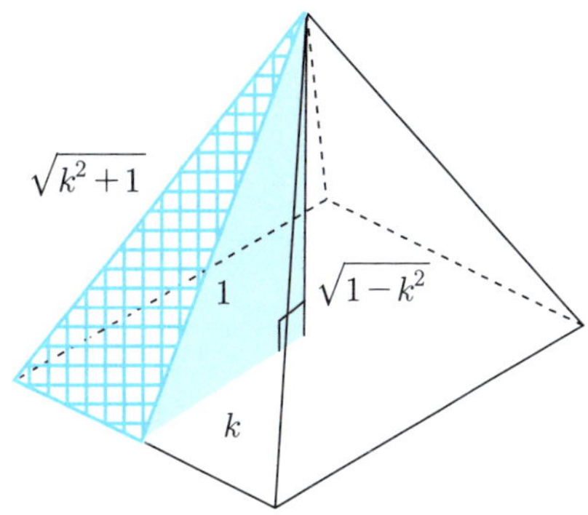

1 앞에서 구한 $\phi = \sqrt{\left(\frac{4}{\pi}\right)^2 + 1}$ 을 이용하여 π와 k의 관계를 구하여라.

2 피라미드의 단면에서 높이는 $\sqrt{1-k^2}$ 이다. 황금비의 정의에 의하여 $\sqrt{1-k^2} = \sqrt{k}$ [12)]임을 이용하여 π의 값을 구하여라.

3 다음 두 식을 이용하여 옆면의 모서리의 길이 $\sqrt{k^2+1}$ 를 k를 이용하여 나타내어보자.

$$\sqrt{k^2+1} = \sqrt{\frac{1+\phi^2}{\phi^2}}$$

$$\phi^2 = \phi + 1$$

피라미드는 각 모서리의 길이가 황금비의 역수인 k에 관련된 간단한 비율로 나타남을 알 수 있다. 즉, $k = 0.618$에 의하여 피라미드의 크기는 π와 황금비에 관한 식으로 나타낼 수 있으므로 피라미드는 π와 황금비로 만들어진 건축물이라 할 수 있겠다. 다음 그림에서 타원을 발견할 수 있는데 이 타원의 장축의 길이는 $2k$, 단축의 길이는 2이고 피라미드의 단면의 꼭지점이 초점이 된다.[13)]

12) $\phi^2 - \phi - 1 = 0$에서 $k = \frac{1}{\phi}$ 이므로 $\frac{1}{k^2} - \frac{1}{k} - 1 = 0$ 즉, $k = 1 - k^2$

13) Col. R. S. Beard, *The Fibonacci Drawing Board – Design of the Great Pyramid of Gizah*, The Fibonacci Quarterly vol 6, 1968.2

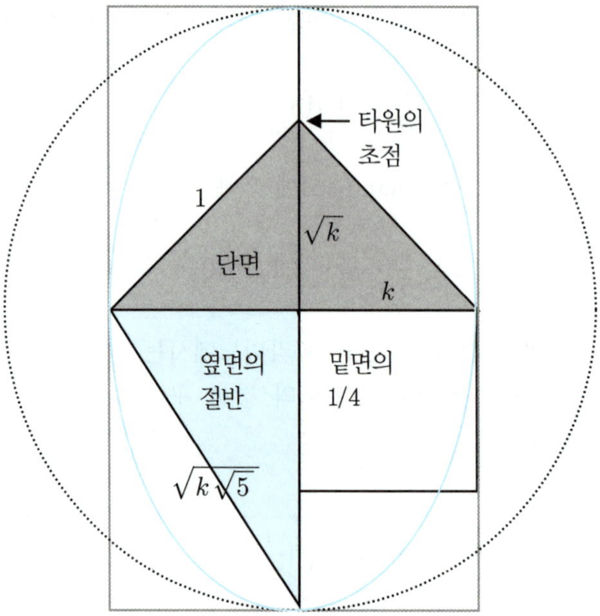

당시 이집트인들이 의도적으로 π와 황금비를 사용하였는가는 물론 의문이다. 사용했을 것이라고 조심스럽게 추측할 수도 있고 또 하나의 가능성은 중국에서 거리를 잴 때 수레를 사용하였던 것처럼 이집트에서도 수레를 이용하여 거리를 재어서 건축물에 π가 나타나는 것이 아닌가라고 추측할 수도 있다.

피라미드 탐구

❶ 피라미드에서의 π와 황금비

1 (1) $\dfrac{921.44}{146.60} \fallingdotseq 6.285$

(2) 비의 값이 π의 2배와 거의 같다. 즉, 피라미드를 통해서 당시 π의 값을

$$2\pi \fallingdotseq 6.285, \ \pi \fallingdotseq 3.14$$

로 알고 있었음을 결과적으로 추정할 수 있다.

2 $\phi = \dfrac{l}{d} = \dfrac{186.43}{115.18} = 1.61579$ 로 알고 있었을 것으로 추측된다.

❷ 피라미드에서 알아보는 π와 황금비의 관계

1 $\dfrac{1}{k} = \sqrt{(\dfrac{4}{\pi})^2 + 1}, \ \pi = \dfrac{4k}{\sqrt{1-k^2}}$

2 $\pi = \dfrac{4k}{\sqrt{k}} = 4\sqrt{k}, \ \pi \fallingdotseq 3.144605510$

3 $\sqrt{k^2+1} = \sqrt{\dfrac{1+\phi^2}{\phi^2}} = \sqrt{\dfrac{\phi+2}{\phi+1}} = \sqrt{\dfrac{\sqrt{5}}{\phi}} = \sqrt{k\sqrt{5}}$

108-5

원의 넓이

Keywords π, 원의 넓이

원의 넓이를 구조물이나 작도를 통하여 직사각형, 삼각형, 정사각형 등으로 접근하여보자.

1 피라미드에서 알아본 원과 직사각형의 넓이

피라미드에서 밑면의 한 모서리의 길이는 230.36m, 높이는 146m이다. 이를 이용하여 고대 이집트인들이 원의 넓이를 직사각형의 넓이로 어떻게 접근했는지 알아보자.(기원전 2650년)

1 식 $2\pi = \dfrac{230.36 \times 4}{146.60}$를 이용하여 반지름이 피라미드의 높이와 같은 원의 넓이를 직사각형의 넓이로 접근해보아라.

2 린드 파피루스에서 알아본 원과 정사각형의 넓이

앞에서 알아본 린드 파피루스의 50번 문제에 의하면 고대 이집트인들은 원의 넓이를 구하는 공식으로

$$\left(\frac{8d}{9}\right)^2,\ d\text{는 원의 지름}$$

을 사용하였다.

이집트인들이 위의 공식을 어떻게 만들어내었는지 엥겔스(Engels)[14]와 포겔(Vogel)[15]이 내놓은 추론을 따라가보자.

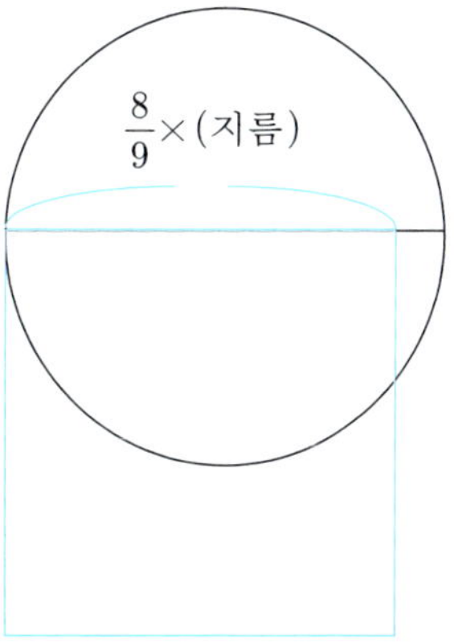

1 주어진 원과 넓이가 같은 정사각형을 원 위에 겹친다면 원과 정사각형 사이에는 어떤 관계가 있는지를 통해서 원의 넓이 구하는 공식을 추론해보자.

(1) [그림 1]은 주어진 원과 넓이가 같은 정사각형을 원 위에 겹친 것이다. 원의 반지름 r과 정사각형의 한 변의 길이 a 사이에는 어떤 관계가 있는 것처럼 보이는가?

(2) [그림 2]는 정사각형의 각 변의 사등분점을 지나 변에 수직인 선을 그은 것이다. [그림 2]를 다시 4등분하면 이때 얻어지는 가장 작은 정사각형의 한 변의 길이는 처음 정사각형 밖에 있는 원의 조각의 높이와 거의 같게 된다. 이를 바탕으로 지름이 d인 원의 넓이를 추론하여라.

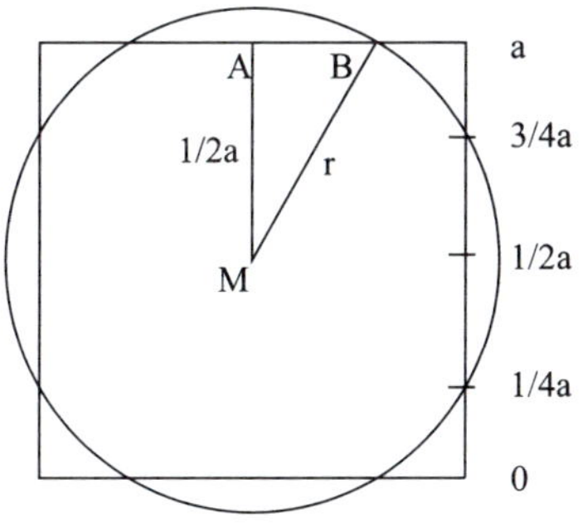

그림 1

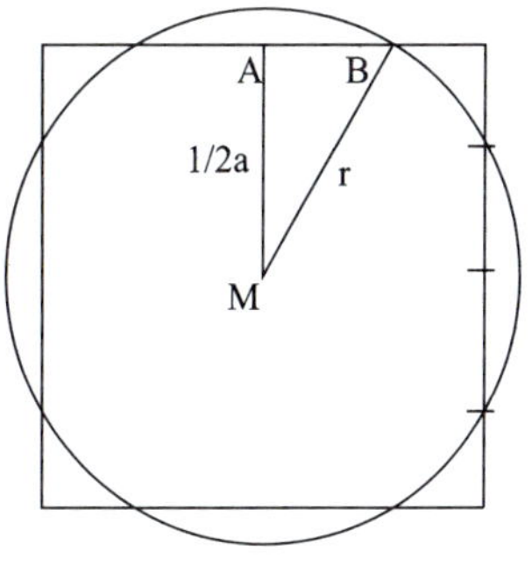

그림 2

14) H. Engels, *Quadrature of the circle in ancient egypt*, Historia Mathematica, 4(1977), p.137–140.
15) K. Vogel, *Vorgriechische Mathematik*, Part I: Vorgeschichte und Ägypten, Hannover.

2 이번에는 원의 넓이를 팔각형의 넓이로 접근하여 보자. 다음은 원에 외접하는 정사각형을 그려 정사각형의 한 변을 9등분한 후, 각 9등분점들을 지나 변에 수직인 선을 그은 것이다.

(1) 이 그림을 바탕으로 지름이 9인 원의 넓이를 추론하여라.

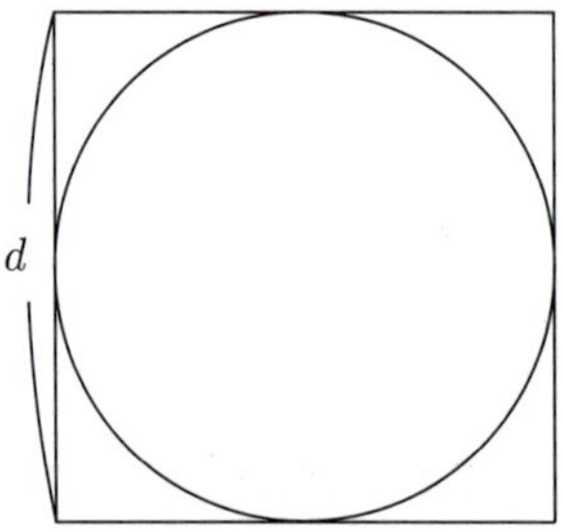

그림 3

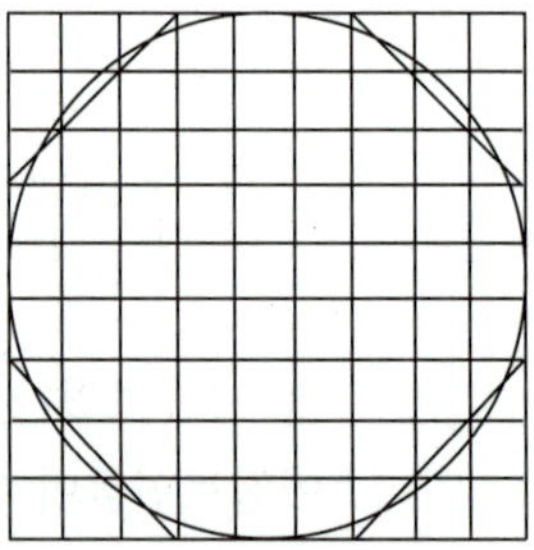

그림 4

(2) 위 (1)을 바탕으로 지름이 d인 원의 넓이를 추론하여라.

3 아르키메데스가 알아본 원과 직각삼각형의 넓이

아르키메데스는 원의 넓이를 정96각형으로 접근하여 원주율을 구했다(300년경). 아르키메데스의 방법은 주어진 원의 넓이는 반지름의 길이를 높이로 하고 원의 둘레를 밑변의 길이로 하는 직각삼각형의 넓이와 같다는 것이다.

1 주어진 원의 넓이는 반지름의 길이를 높이로 하고 원의 둘레를 밑변의 길이로 하는 직각삼각형의 넓이와 같음을 증명하여보자.

(1) 원의 넓이가 삼각형의 넓이보다 크다고 가정하여 모순을 이끌어내어라.

(2) 원의 넓이가 삼각형의 넓이보다 작다고 가정하여 모순을 이끌어내어라.

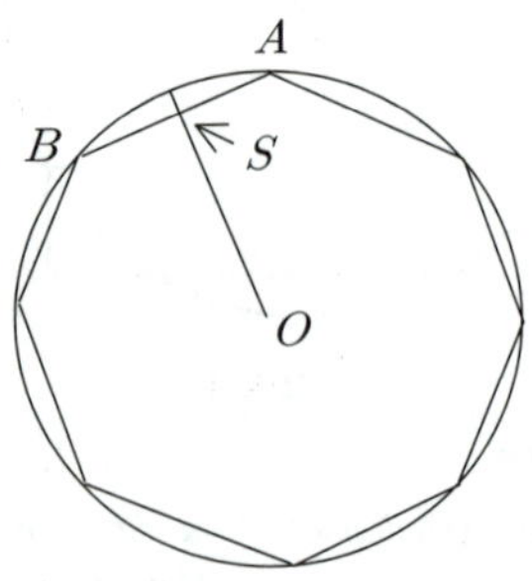

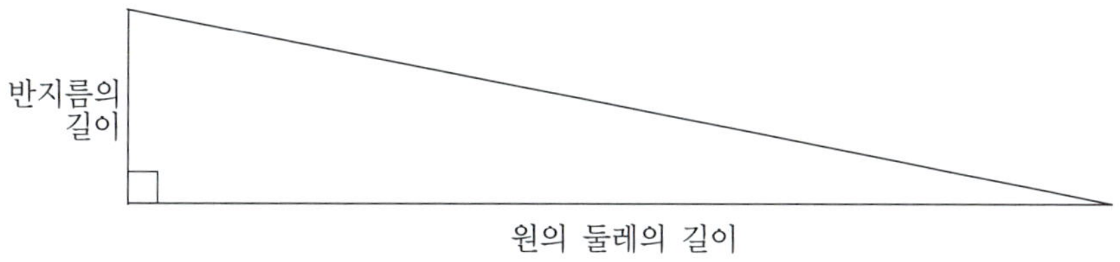

위 문제는 원 둘레의 길이를 구했다는 것을 말하지는 않는다. 다음에서 코찬스키(Kochansky)가 1685년에 원 둘레를 작도한 방법을 알아보자.
중심이 O인 원의 지름 AB의 길이를 d라 한다.

ㅁ점 B를 지나는 접선에서 반지름의 길이의 3배인 위치를 C라 한다.
ㅁ점 A를 지나는 접선 위에 $\angle AOD = 30^\circ$ 인 점 D를 잡는다.

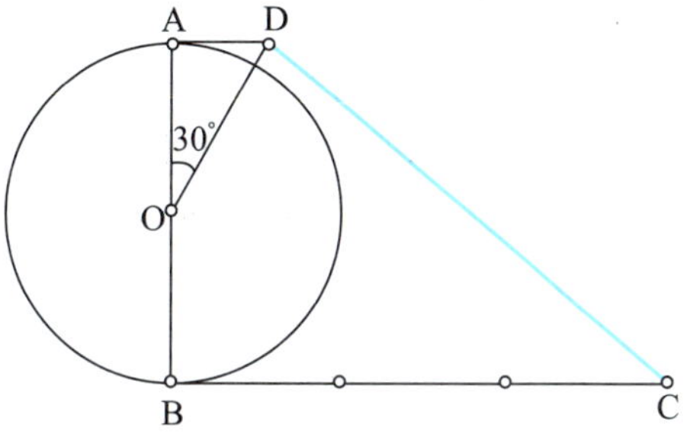

ㅁ선분 DC를 밑변으로 하고 높이를 반지름 $\frac{d}{2}$로 하는 직사각형의 넓이를 구한다.

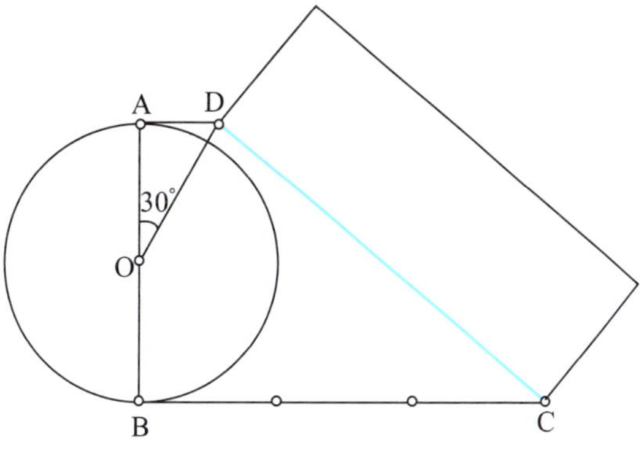

2 콘찬스키의 작도를 분석해보기 위하여 다음 물음에 답하여라.

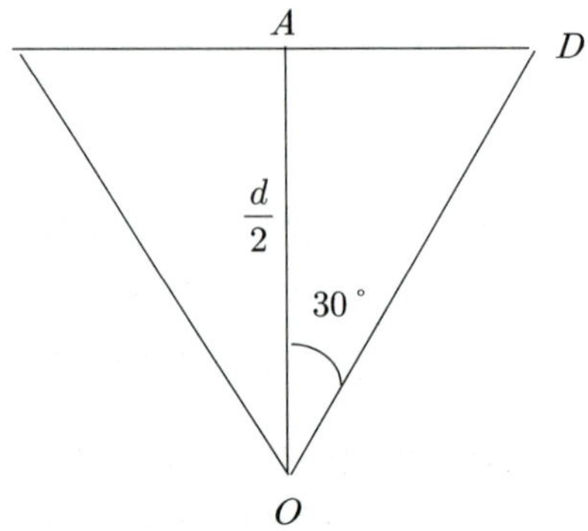

(1) 점 B를 직교좌표계의 중심으로 보면 점 C의 좌표는 $\left(\frac{3}{2}d,\ 0\right)$이다. 점 D의 좌표를 구하여라.

(2) 선분 CD의 길이를 구하여라.

(3) 반원의 길이와 선분 CD의 길이를 비교하여 π의 값을 구하여라. 실제 π의 값과의 오차는 얼마인가?

원의 넓이

❶ 피라미드에서 알아본 원과 직사각형의 넓이

1 $\pi\,(140.60)^2 = (2\times 146.60)\times 230.36$ 에서 (피라미드의 밑면 둘레의 길이)=(반지름이 높이와 같은 원의 원주)

❷ 린드 파피루스에서 알아본 원과 정사각형의 넓이

1 (1) $r^2=\left(\dfrac{a}{2}\right)^2+\left(\dfrac{a}{4}\right)^2 \quad \therefore r=\dfrac{\sqrt{5}}{4}a$

(2) $r=\dfrac{a}{2}+\dfrac{a}{16}=\dfrac{9}{16}a$에서 $a=\dfrac{8}{9}d$. 따라서 지름이 d 인 원의 넓이는 $a^2=\left(\dfrac{8d}{9}\right)^2$

2 (1) (원의 넓이)≒ (팔각형의 넓이)= $9^2-4\times\left(\left(\dfrac{9}{3}\right)^2\times\dfrac{1}{2}\right)$ = 63

(2) 주어진 원의 지름을 $\dfrac{1}{9}$만큼 줄인 후 이를 한 변의 길이로 하는 정사각형의 넓이를 구한다.

❸ 아르키메데스가 알아본 원과 직각삼각형의 넓이

1 (1) 원의 넓이가 삼각형의 넓이보다 크다고 가정하자. 이때 적당한 정다각형의 넓이가 정삼각형보다 크게 된다. 원의 중심에서 한 변에 수직으로 선분을 그리면 이때, $\overline{OS}$ 는 반지름의 길이보다 작다. 따라서 삼각형의 높이보다 작다. 정다각형의 둘레의 길이는 삼각형의 밑변의 길이보다 작다. 그러므로 다각형의 넓이는 정삼각형의 넓이보다 작다.

2 (1) $\left(\dfrac{\sqrt{3}}{6}\,d,\ d\right)$

(2) $\overline{CD}=\sqrt{\left(\dfrac{3}{2}d-\dfrac{\sqrt{3}}{6}d\right)^2+d^2}=\sqrt{\dfrac{10}{3}-\dfrac{\sqrt{3}}{2}}\ d$

(3) $\pi \fallingdotseq \sqrt{\dfrac{40}{3}-2\sqrt{3}}$, 참값과의 차이는 -0.000059314 정도이다.

110

유리수와 무리수

• **교육과정**

중 1 – 수와 연산, 자연수
중 2 – 문자와 식, 식의 계산
중 2 _ 수와 연산, 유리수
중 3 _ 수와 연산, 무리수
고 1 _ 수와 연산, 실수
고 1 _ 문자와 식, 부등식
수학 I – 행렬
수학 II _ 미분

주제 1	무리수
Keywords	유리수, 무리수, $\sqrt{2}$, 대수적 수, 초월수
주제 2	무리수의 근사값
Keywords	무리수, $\sqrt{2}$, 기하평균 · 산술평균, 아르키메데스, 뉴튼
주제 3	유리수인가, 무리수인가?
Keywords	유리수, 무리수, 초월수, π, e

유리수는 두 정수의 비로 표현될 수 있는 수이고 무리수는 유리수가 아닌 수이다. 역사적으로는 무리수도 기원전에 이미 알려져 있었다고 보이나 무리수에 대한 연구가 본격적으로 이루어진 것은 오랜 시간이 지난 후이다.

무리수는 순환하지 않는 무한소수로 표현되는데, 무한소수인 $\frac{1}{3}$이 수직선 위의 점에 대응하듯이 무리수도 수직선 위의 점에 대응하고 결과적으로 수직선이 유리수와 무리수에 대응하는 점으로 완전히 메워져 있음을 알고 있다. 유리수와 같이 수직선 위에 나타날 수 있음에도 불구하고 무리수는 여전히 어려운 수로 다가오는데, 그 이유는 유리수는 무한소수로 나타나더라도 순환소수인데 비해 무리수는 순환하지 않기 때문이다.

주제 1은 무리수의 정체를 밝히기를 원했던 인간의 역사에 대한 소개이다. 무리수의 정체와 함께 유리화의 뜻도 깊숙이 들여다볼 기회가 될 것이다.

주제 2는 무한히 반복되지 않는 무리수를 유리수로 한없이 가까이 다가가는 방법에 대한 것이다. 무리수의 근사값을 구하는 가장 쉬운 방법은 제곱근의 대소 관계를 이용하는 것이다. $1.4^2 < 2 < 1.5^2$ 이므로 $1.4 < \sqrt{2} < 1.5$가 성립하여 $\sqrt{2}$의 값을 소수 첫 번째 자리까지 찾을 수 있다. 이와 같은 과정을 거듭하면 원하는 만큼 정확하게 $\sqrt{2}$에 가까운 유리수를 찾을 수 있다. 이 방법은 모든 교과서에 나와 있는 가장 기본적인 방법이다. 여기에서는 고대 바빌로니아부터 근대에 이르기까지 기록되어 있는 산술평균 · 기하평균 또는 미분을 이용한 몇 가지 방법을 소개하여 무리수에 다가가고자 했던 인간의 의지를 탐색할 수 있도록 하였다.

주제 3은 어떤 수가 유리수인지 무리수인지 판별하는 것에 관한 내용이다. 이미 이 책 안에서 판별법에 대해서 약간씩 소개가 되었는데, 결론적으로 이차방정식의 근의 공식과 같이 한 번에 판별할 수 있는 방법은 없다는 것이다. 여기에서는 유리수의 무한합이 유리수인지 무리수인지 알아보는 과정을 소개하였다.

110-1 무리수

Keywords 유리수, 무리수, $\sqrt{2}$, 대수적 수, 초월수

1 무리수 $\sqrt{2}$

방정식 $x^2 - 2 = 0$ 의 근 $\sqrt{2}$를 책의 비(librarian ratio)라 한다. 옛 책의 폭과 길이의 비는 책을 덮었을 때 $1 : x$, 펼쳤을 때 $x : 2$ 이다.

덮은 모양

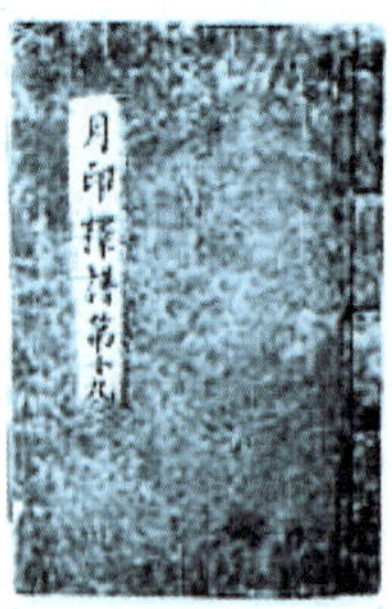

펼친 모양

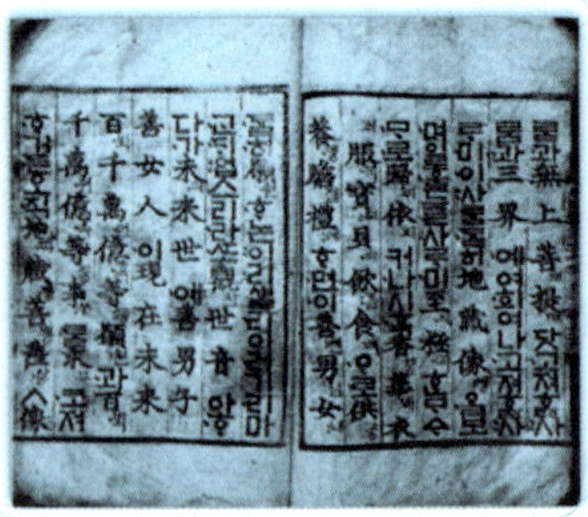

1 덮은 모양과 펼친 모양의 비가 같을 때 x의 값을 구해보아라.

1459년 세조가 간행한 우리나라 첫 국역 대장경《월인석보(月印釋譜)》가운데 제19권 초간본이 1999년 7월 27일 박물관 개관을 준비 중인 모 대학에서 소장 자료를 정리하던 중 발견되었다.
권19에는 그동안 알려지지 않은《월인천강지곡(月印千江之曲)》16수가 담겨 있는 등 수록된 양도 방대하다. 권19는 크기가 가로 22.5cm, 세로 32.8cm며 총 125장으로 이루어져 있다.
《월인석보》의 원래의 크기가 폭이 22.5cm, 길이가 32.8cm이다.

2 원래 크기 22.5와 책의 비를 따랐을 때의 크기와 비교해보아라.

1. 무리수 증명

$\sqrt{2}$ 가 무리수임을 증명하는 방법은 여러 가지가 알려져 있다. 다음에 두 가지 증명 방법을 소개한다.

첫 번째 방법은 $\sqrt{2}$ 를 유리수라고 가정하고 모순을 이끌어내는 방법이다. 즉, $\sqrt{2}=\frac{p}{q}$ 라고 하자. 이때, 두 양의 정수 p, q $(p>q)$ 를 가장 작은 정수로 가정하자. 그러면 $p=\sqrt{2}q$, $p^2=2q^2$ 이고 따라서

$$p^2-pq=2q^2-pq \quad \text{또는} \quad p(p-q)=q(2q-p)$$

이다. 그러므로 등식

$$\frac{p}{q}=\frac{2q-p}{p-q}$$

을 얻는다. 그런데 $p=\sqrt{2}q<2q$ 에서 $0<p-q<q$ 이므로 최소 정수 선택에 모순이 생긴다. 따라서 $\sqrt{2}$ 는 무리수이다.

두 번째 방법[1)]은 아래와 같이 정사각형에서 한 변의 길이와 대각선의 길이는 서로 배수가 될 수 없음을 이용하는 방법으로 고대 그리스에서 피타고라스 학파에 의하여 알려진 방법이다.

한 변의 길이가 1인 정사각형 $ABCD$ 에서 점 B 를 중심으로 하고 반지름의 길이가 AB 인 원을 그릴 때, 대각선 BD 와 만난 점을 E 라 하고 DE 를 한 변으로 하는 정사각형을 $DEFG$ 라 하자.

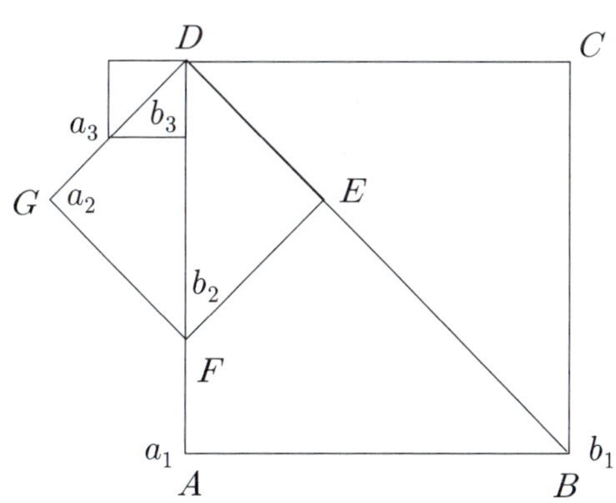

1) A. Parshin and I. Shafarevich, *Number theory IV*, Springer, New York, 1997, p.12.

이와 같이 반복하여 만든 수열

$$a_1b_1 = \overline{AB},\ a_2b_2 = \overline{GF},\ \dots$$

은 일반적으로

$$a_nb_n = (\sqrt{2}-1)^{n-1} = (-1)^n(u_n\sqrt{2}-v_n)$$

여기서 자연수 u_n, v_n은 점화식

$$u_{n+1} = u_n + v_n, v_{n+1} = 2u_n + v_n,\ u_1 = 0, v_1 = u_2 = v_2 = 1$$

을 만족한다. 이제 $\sqrt{2} = \dfrac{a}{b}$라 가정하면

$$a_nb_n = \frac{|au_n - bv_n|}{b} \geqq \frac{1}{b}$$

이다. 이 때, $\displaystyle\lim_{n\to\infty} a_nb_n = 0$이므로 모순이 발생한다.

3 $\sqrt{2}$가 유리수라 가정하고 모순을 이끌어내는 방법으로 $\sqrt{2}$가 유리수가 아님을 증명하여라.

이번에는 연분수[2]를 이용해서 $\sqrt{2}$가 무리수임을 증명해보자.

먼저 유리수를 연분수로 나타내면 어떤 특징이 있는 지 알아보자. 유리수 $\dfrac{17}{12}$에 사용된 두 정수 12, 17에 몫과 나머지를 거듭 적용하면

$$\frac{17}{12} = 1 + \frac{5}{12} = 1 + \cfrac{1}{\cfrac{12}{5}} = 1 + \cfrac{1}{2 + \cfrac{2}{5}} = 1 + \cfrac{1}{2 + \cfrac{1}{\cfrac{5}{2}}} = 1 + \cfrac{1}{2 + \cfrac{1}{2 + \cfrac{1}{2}}}$$

이다. 유리수란 두 정수의 비율로 분자, 분모에 적용한 유클리드 알고리즘이 유한 단계에서 끝이 나게 되며, 이 유한 단계를 분수 형태로 차례대로 역대입하면 사용 횟수가 유한인 연속된 분수식을 얻는다. 따라서 유클리드 알고리즘은 유리수를 유한 단순연분수로 완전히 결판낸다. 즉 '유리수 = 유한 단순연분수'를 설정하는 알고리즘이다. 한편, 무한 단순연분수는 무리수를 완전히

2) [107-2 연분수] 참고

결판낸다.[3)]

이제 $\sqrt{2}$를 무한 단순연분수로 나타내면

$$\sqrt{2} = [1, 2, 2, 2, \ldots] = 1 + \cfrac{1}{2 + \cfrac{1}{2 + \cfrac{1}{2 + \cdots}}}$$

이므로 $\sqrt{2}$는 무리수이다.

4 유한 단순연분수는 유리수, 무한 단순연분수는 무리수임을 이용하여, $\sqrt{3}$가 유리수가 아님을 증명하여라.

한편, 2의 n차 거듭제곱 근 $\sqrt[n]{2}$ $(n \geq 3)$이 무리수임은 다음과 같이 보일 수 있다.[4)]

$\sqrt[n]{2}$이 유리수라 가정하자. 즉, 서로소인 두 양의 정수 p, q에 대하여 $\sqrt[n]{2} = \dfrac{p}{q}$라 하자. 이때, 등식은 $2q^n = p^n$ 이고 따라서

$$q^n + q^n = p^n$$

이다. 따라서 앤드류 와일스가 증명한 페르마의 마지막 정리에 의하여 위 등식을 만족하는 정수 p, q는 존재할 수 없다. 따라서 $\sqrt[n]{2}$는 무리수이다.

2. 유리화와 대수적 수

대수적 수, 초월수

계수가 유리수인 다항식의 근이 되는 수를 대수적 수라 하고 대수적 수가 아닌 수를 초월수라고 한다.

유리 계수 다항식

계수가 유리수인 다항식

실수가 유리수와 무리수로 구분되는 것처럼 복소수도 두 가지 종류로 구분할 수 있다. 계수가 유리수인 방정식의 근이 되는 수와 그렇지 않은 수이다. 예를 들면, 무리수 $\sqrt{2}$는 계수가 유리수인 방정식 $x^2 - 2 = 0$의 근이 된다. 이와 같이 복소수 u가 0이 아닌 유리 계수 다항식 $f(x)$의 근일 때, 즉, $f(u) = 0$일 때, u를 유리수 위에서 대수적 수(algebraic number)라 하고, 대수적 수가 아닌 수를 초월수(transcendental number)라 한다.

$\sqrt{2}$가 대수적 수이므로 수집합 $\{a + b\sqrt{2} \mid a, b \in \mathbb{Q}\}$는 나눗셈에 대하여

3) Ivan Niven, Herbert S. Zuckerman and Hugh L. Montgomery, *An introduction to the theory of numbers*, John Wiley & Sons, New York, 1991. (정리 7.7, 7.10 참고)
김응태, 박승안, 《정수론》 4판, 경문사, 1997.

4) Richard Ehrenborg, William Schultz (2003년)

닫혀 있다. 예를 들어 $\frac{1}{5+3\sqrt{2}}$를 살펴보자. 대수적 수 $5+3\sqrt{2}$는 그 의미로 보아 $\{a+b\sqrt{2} \mid a, b \in \mathbb{Q}\}$의 원소이다. 유리화

$$\frac{1}{5+3\sqrt{2}} = \frac{1}{5+3\sqrt{2}} \times \frac{5-3\sqrt{2}}{5-3\sqrt{2}} = \frac{5}{7} - \frac{3}{7}\sqrt{2}$$

를 통하여 $5+3\sqrt{2}$의 역원이 집합 $\{a+b\sqrt{2} \mid a, b \in \mathbb{Q}\}$에 존재함을 확인할 수 있다. 따라서 집합 $\{a+b\sqrt{2} \mid a, b \in \mathbb{Q}\}$은 나눗셈에 대하여 닫혀 있다. 여기서 우리는 유리화와 대수적 수는 동일선상에 놓여 있음을 알 수 있다.

2 π는 무리수

유한소수, 순환하는 무한소수이면 유리수이고 순환하지 않는 무한소수이면 무리수임을 알고 있다. 그러면 유한한 수명밖에 갖지 못한 인간이 어떤 무한소수가 순환하는지 순환하지 않는지 어떻게 판단할 수 있을까?
π는 단순연분수

$$\begin{aligned}\pi &= [3, 7, 15, 1, 292, 1, 1, 1, 2, 1, 3 1, 14, 2, 1, 1, 2, \ldots] \\ &= 3 + \cfrac{1}{7 + \cfrac{1}{15 + \cfrac{1}{1 + \cfrac{1}{292} + \cdots}}}\end{aligned}$$

로 표현된다. 그러나 $\sqrt{2}$에서와는 달리 이들이 무한히 계속될지 아니면 어느 순간에 멈출지 우리 인간은 알 수가 없다.[5] 따라서 앞에서 소개한 판정법은 무용지물이 되어 다른 방법이 요구된다. 불굴의 의지를 가진 인간은 1761년 처음으로 π가 무리수임을 증명하였으며 그 후 여러 가지 다른 방법으로도 증명하였다. 그 중에는 π^2이 무리수임을 이용한 것도 있다. π^2이 무리수임을 보이면 π도 무리수가 된다. 왜냐하면 두 유리수의 곱은 유리수이기 때문이다.[6]

5) 일 초에 하나씩 3, 7, 15, 1, … 구한다고 할 때, 앞으로 60년을 더 산다고 해도 60×365×24×60×60=18억 9216만 개밖에 구할 수 없다.
6) 남호영, 박제남, 《교실 밖 세상을 풀어버린 수학》, (주)수학사랑, p. 24–25.
박제남, 《파이에 관하여》, 제5회 매스 페스티벌 프로시딩, 수학사랑, p. 231–235.

e도 π와 마찬가지로 무리수임을 증명할 수 있으며 π에 비하여 그 방법이 더 쉽다.[7)]

다음은 π^2이 무리수임을 보인 것이다.

양의 두 정수 a, b에 대하여 $\pi^2 = \frac{a}{b}$라 가정하자. 먼저

$$f(x) = \frac{x^n(1-x)^n}{n!}$$

로 정의하자. 즉, $f(x) = \frac{1}{n!}\sum_{k=0}^{n}\binom{n}{k}(-1)^k x^{n+k}$로 n차항부터 $2n$차항으로 이루어져 있다. 따라서 $r < n$ 또는 $r > 2n$일 때, $f^{(r)}(0) = 0$이고 $m = 1, 2, \cdots, n-1$일 때,

$$f^{(n+m)}(x) = \frac{1}{n!}\sum_{k=m}^{n}\binom{n}{k}\frac{(n+k)!}{(k-m)!}(-1)^k x^{k-m}$$

이므로 임의의 양의 정수 s에 대하여 $f^{(s)}(0)$는 정수이다. 또한 $f(1-x) = f(x)$이므로 $f^{(s)}(1)$도 정수이다. 개구간 $0 < x < 1$에서

$$0 < f(x) < \frac{1}{n!}$$

임을 쉽게 알 수 있다. 이제 가정 $\pi^2 = \frac{a}{b}$에서 양의 정수 b와 $f(x)$를 이용하여 임의의 양의 정수 n에 대하여

$$\begin{aligned} F_n(x) = \ & b_n(\pi^{2n}f(x) - \pi^{2n-2}f^{(2)}(x) + \pi^{2n-4}f^{(4)}(x) \\ & - \cdots + (-1)^n f^{(2n)}(x)) \end{aligned}$$

로 정의하자. 이때, $b^n\pi^{2n}$, $b^n\pi^{2n-2}$, $\cdots$, b^n은 모두 정수이므로 $F_n(0)$, $F_n(1)$은 정수이다. 한편, 다음 미분을 계산하자.

$$\begin{aligned} & \frac{d}{dx}[F_n'(x)\sin\pi x - \pi F_n(x)\cos\pi x] \\ & = [F_n''(x) + \pi^2 F_n(x)]\sin\pi x \\ & = b^n\pi^{2n+2}f(x)\sin\pi x \\ & = \pi^2 a^n f(x)\sin\pi x \end{aligned}$$

이항계수 $\binom{n}{k}$

$\binom{n}{k} = \frac{n!}{k!(n-k)!}$로 n개로부터 순서없이 k개를 뽑는 가지수를 말한다. ${}_nC_k$로도 나타낸다.

$f^{(n)}(x)$

$f(x)$를 n번 미분한 것을 $f^{(n)}(x)$로 나타낸다. $f''(x) = f^{(2)}(x)$이다.

7) I. N. Herstein, Topics in Algebra, John Wiley & Sons, 1975, p.217.

이를 정적분으로 고쳐 쓰면

$$\int_0^1 \pi a^n f(x) \sin \pi x \, dx = \left[\frac{F_n(x) \sin \pi x}{\pi} - F_n(x) \cos \pi x \right]_0^1$$
$$= F_n(1) + F_n(0)$$

으로 정수값이다.

1 이제 위의 증명에 의하면 모순이 생겨 π^2은 무리수가 된다. 다음 물음에 답하여라.

(1) 어떤 모순이 생기는지 설명하여라.

(2) π^2은 무리수이면 π도 무리수인 이유를 설명하여라.

무리수

❶ 무리수

1 $x = \sqrt{2}$

2 $\dfrac{32.8}{\sqrt{2}} \fallingdotseq 22.77$cm는 원래의 크기 22.5cm와 매우 비슷하다.

3 $\sqrt{2}$가 $\sqrt{2}=\dfrac{a}{b}$, 여기서 a, b는 서로소이다. 이때, $a^2=2b^2$이 되어 a는 짝수이다. 따라서 $a=2k$라 하면 $2k^2=b^2$이고 b도 짝수가 되어 모순이 발생한다.

4 $\sqrt{3}=[1, 1, 2, 1, 2, 1, 2, 1, 2, \cdots]$로 무한단순 연분수이므로 무리수이다.

❷ π는 무리수

1 (1) 충분히 큰 정수 n에 대하여 $0<\dfrac{\pi a^n}{n!}<1$이므로

$$0<\int_0^1 \pi a^n f(x)\sin \pi x\, dx < \frac{\pi a^n}{n!}<1$$

로 식 $\int_0^1 \pi a^n f(x)\sin\pi x\,dx$은 정수가 아니므로 모순이 발생한다. 따라서 π^2은 무리수이다.

(2) 두 유리수의 곱은 유리수이기 때문에 π는 무리수이다.

110-2 무리수의 근사값

Keywords 무리수, $\sqrt{2}$, 기하평균 · 산술평균, 아르키메데스, 뉴턴

무리수의 값을 구한다는 것은 무리수를 유리수로 근사하여 표현하는 것이다. 이것은 주어진 무리수를 사이에 두는 두 유리수를 구하는 것과 같다. 예를 들면, $1.4^2 < 2 < 1.5^2$ 이므로 $1.4 < \sqrt{2} < 1.5$가 성립하여 $\sqrt{2}$의 값을 소수 첫 번째 자리까지 찾을 수 있다. 이와 같이 제곱근의 대소 관계를 이용하는 과정을 거듭하면 원하는 만큼 정확하게 $\sqrt{2}$에 가까운 유리수를 찾을 수 있다. 이 방법은 모든 교과서에 나와 있는 가장 기본적인 방법이다. 여기에서는 무리수에 한없이 가까이 다가가는 유리수를 찾는 방법을 고대 바빌로니아 시대부터 19세기까지 역사적으로 살펴보고자 한다.

1 기하평균과 산술평균을 이용한 접근

고대 바빌로니아인들은 주로 60진법을 사용하였는데, 기록(Tablet No. 7289)에 의하면 $\sqrt{2}$를

$$\sqrt{2} = 1 + \frac{24}{60} + \frac{51}{60^2} + \frac{10}{60^3}$$

로 사용하였다.[8] 이를 소수로 나타내보면 $\sqrt{2} \equiv 1.414212963\cdots$ 이다. 바빌로니아인들이 $\sqrt{2}$의 근사값을 위와 같이 구한 이유에 대한 가장 신뢰성 높은 추정은 다음과 같은 접근법이다.

8) Ezra Brown, *Square roots from 1; 24, 51, 10 to Dan Shanks*, The College Math. J., Vol. 30 (1999) p. 82–95.

- $x < \sqrt{2}$ 이면 $\frac{2}{x} > \sqrt{2}$ 이다. 즉, $\frac{2}{x} < \sqrt{2} < x$
- x와 $\frac{2}{x}$의 평균 $\frac{1}{2}(x+\frac{2}{x})$은 x, $\frac{2}{x}$ 보다 $\sqrt{2}$에 가깝다.

1 $x = x_1 = \frac{3}{2}$으로 하였을 때, $\sqrt{2}$의 근사값을 알아보자.

(1) $\frac{2}{x_i}$, $x_{i+1} = \frac{1}{2}\left(x_i + \frac{2}{x_i}\right)$에 대한 다음 표를 완성하여라.

단계	x_1	$\frac{2}{x_1}$
1	$\frac{3}{2}$	
2		
3		

(2) x_3을 연분수[9]로 나타내어 $\sqrt{2}$를 연분수로 나타낸 것과 같은지 알아보아라.

(3) x_3을 60진법으로 나타내어 위의 값 $\sqrt{2} = 1 + \frac{24}{60} + \frac{51}{60^2} + \frac{10}{60^3}$과 비교해보아라.

$x_1, x_2, \cdots, x_n$의 평균

산술평균 $= \frac{x_1 + x_2 + \cdots + x_n}{n}$

기하평균 $= \sqrt[n]{x_1 x_2 \cdots x_n}$

조화평균 $= \frac{n}{\frac{1}{x_1} + \frac{1}{x_2} + \cdots + \frac{1}{x_n}}$

$\left(\frac{1}{\text{조화평균}} = \frac{1}{n}\sum_{i=1}^{n}\frac{1}{x_i}\right)$

앞에서 알아본 추정은 흔히 헤론(Heron, 1세기경)의 방법[10]으로 알려져 있다. 이를 적절하게 다시 표현하면

"기하평균의 근사값으로 산술평균을 이용한다"

이다. 양의 실수 x에 대하여 두 수 x와 $\frac{2}{x}$의 기하평균은 $\sqrt{x \times \frac{2}{x}} = \sqrt{2}$이다. 따라서 헤론의 방법은 $\sqrt{2}$의 근사값을 산술평균

$$x_{i+1} = \frac{1}{2}\left(x_i + \frac{2}{x_i}\right)$$

9) [107-2 연분수] 참고

10) Bryan Dorner, *Discovering roots: Ancient, medieval, and serendipitous*, The College Mathematics Journal, Vol. 36(1), p. 335-43.

으로 접근하는 것이다.

우리는 세 평균 사이에 다음과 같은 대소 관계가 있음을 알고 있다.

조화평균 < 기하평균 < 산술평균[11)]

헤론의 방법에서 x를 두 수 a, b의 산술평균, 즉 $x = \dfrac{a+b}{2}$라고 하면 $\dfrac{2}{x}$는 두 수 a, b의 조화평균 $\dfrac{2ab}{a+b}$이다. 즉, $\dfrac{2}{x} = \dfrac{2ab}{a+b}$이다. 다시 말하면, 헤론의 방법은 산술평균인 x_i와 조화평균인 $\dfrac{2}{x_i}$에서 다시 산술평균 $x_{i+1} = \dfrac{1}{2}\left(x_i + \dfrac{2}{x_i}\right)$을 반복적으로 구해나간 것이고 이 과정을 통하면 점점 범위를 좁혀나가면서 a, b의 기하평균인 $\sqrt{2}$로 한없이 가까이 다가가게 되는 것이다. 아래는 $a=1, b=2$ $\left(즉,\ \ x_0 = \dfrac{3}{2}\right)$로 택하여 $\sqrt{2}$의 값의 범위를 좁혀나간 것으로 고대 바빌로니아의 계산은 우변에 있는 산술평균만을 택해나간 것이다.

$$\frac{4}{3} < \sqrt{2} < \frac{3}{2}$$

$$\frac{24}{17} < \sqrt{2} < \frac{17}{12} \qquad \text{소수 둘째 자리까지 일치}$$

$$\frac{816}{577} < \sqrt{2} < \frac{577}{408} \qquad \text{소수 다섯째 자리까지 일치}$$

$$\frac{941664}{665857} < \sqrt{2} < \frac{665857}{470832} \qquad \text{소수 열한번째 자리까지 일치}$$

일반적으로, 양의 실수 x_i에 대하여 두 수 x_i와 N/x_i의 기하평균은

$$\sqrt{x_i \times \frac{N}{x_i}} = \sqrt{N}$$

이다. 따라서 헤론의 방법은 $\sqrt{N}$의 근사값을 산술평균

$$x_{i+1} = \frac{1}{2}\left(x_i + \frac{N}{x_i}\right)$$

으로 접근하는 것이다. 즉, 다음과 같은 순서를 거쳐 $\sqrt{N}$으로 수렴하는 수열을 찾을 수 있다.

[단계 1] 적당한 $x_0 > 0$를 택한다.

11) [108-3 산술평균, 기하평균, 조화평균] 참조

[단계 2] 식 $\dfrac{N}{x_i} \leqq \sqrt{N} \leqq x_i$을 세운다.

[단계 3] $x_{i+1} = \dfrac{1}{2}\left(x_i + \dfrac{N}{x_i}\right)$임을 이용하여 다음 식을 차례로 만들어나간다.

$$\frac{N}{x_i} \leq \frac{N}{x_{i+1}} \leq \sqrt{N} \leq x_{i+1} \leq x_i$$

4 식 $x_{i+1} - \dfrac{N}{x_{i+1}} \leqq \dfrac{1}{2}\left(x_i - \dfrac{N}{x_i}\right)$이 성립함을 증명하여라.

5 $\sqrt{3}$의 근사값을 소수점 아래 열 번째 자리까지 구하여라.

2 아르키메데스의 방법

아르키메데스는 원주율 π의 값을 계산하는 과정에서 $\sqrt{3}$의 근사값을

$$\frac{265}{153} < \sqrt{3} < \frac{1351}{780}$$

으로 사용하였다. 아르키메데스가 어떻게 무리수 $\sqrt{3}$에 유리수로 접근하였는지 두 가지로 추측해보자.

[추측 1] 먼저 식

$$X^2 - NY^2 = m \quad (m \neq 0)$$

을 만족하는 해[12)]를 $(x,\ y)$라 하자. 이때,

$$\begin{aligned}\frac{x}{y} - \sqrt{N} &= \frac{1}{y}\frac{(x - y\sqrt{N})(x + y\sqrt{N})}{x + y\sqrt{N}} \\ &= \frac{1}{y}\frac{x^2 - Ny^2}{x + y\sqrt{N}} = \frac{1}{y}\frac{m}{x + y\sqrt{N}}\end{aligned}$$

12) J.H. Silverman, *A friendly introduction to number theory*, 2nd. ed., Prentice Hall, New York, 2001(Chapter 28, 29, 30, 31 참고)

이다. 따라서 x, y가 m보다 충분히 크면 클수록 $\frac{x}{y}$는 $\sqrt{N}$의 좋은 근사값이 된다. 예를 들어, 앞에서 $\sqrt{2}$의 근사값으로 사용하였던 유리수 $\frac{577}{408}$를 되돌아 보자. 두 수 577, 408은 식

$$577^2 - 2\times 408^2 = 1$$

을 만족하므로

$$\frac{577}{408} - \sqrt{2} = \frac{1}{408}\,\frac{1}{577+408\sqrt{2}}$$

로 $\frac{577}{408}$는 $\sqrt{2}$에 좋은 근사값이다. 이와 같이 방정식 $X^2-3Y^2=1$[13]의 근을 여러 개 찾아 나가면 $\sqrt{3}$의 근사값을 점점 더 정확하게 얻을 수 있다. (2, 1)이 $577^2 - a\times 408^2 = b$의 근이 되므로 연속적인 근을 얻기 위하여

$$(a_1,\ b_1) = (2,\ 1)$$
$$(a_k, b_k) = (2a_{k-1}+3b_{k-1}, a_{k-1}+2b_{k-1})$$

을 보일 수 있다. 따라서 처음 6개의 방정식의 해

$$(2, 1), (7, 4), (26, 15), (97, 56), (362, 209), (1351, 780)$$

을 얻는다.

1 $(a_1, b_1) = (1, 1)$로 하여 방정식 $X^2-3Y^2=-2$에서 근 (a_5, b_5)를 구하여라.

2 이제 (265, 153), (1351, 780)을 사용하여 아르키메데스가 사용한 식

$$\frac{265}{153} < \sqrt{3} < \frac{1351}{780}$$

을 구하여라.

이번에는 부등식을 이용하여 또 다른 추측을 해보자.

13) [108-2 부정방정식] 참고

[추측 2] 아르키메데스 시대보다 훨씬 이전인 바빌로니아의 기록에 의하면 부등식

$$(*)\qquad a+\frac{b}{2a+1}<\sqrt{a^2+b}<a+\frac{b}{2a}\quad(b>0)$$

$$a+\frac{b}{2a-1}<\sqrt{a^2+b}<a+\frac{b}{2a}\quad(b<0)$$

이 사용되고 있었다.

3 위 부등식으로부터 아르키메데스가 사용한 식

$$\frac{265}{153}<\sqrt{3}<\frac{1351}{780}$$

을 구하여라.

3 뉴턴의 제곱근 알고리즘

뉴턴에 의해 만들어진 제곱근의 근사값을 구하는 방법을 '뉴턴의 재귀적 제곱근 알고리즘'이라고 한다. 재귀적이라는 뜻은 아래에서 드러나듯이 한 알고리즘을 반복적으로 적용하는 것을 뜻한다. 뉴턴의 이 방법은 고대 바빌로니아 시대의 헤론의 방법과 그 원리가 같다.

무리수 $\sqrt{2}$의 근사값을 구하기 위하여 함수 $f(x)=x^2-2$를 생각하자. 그래프 위의 점 $(x_n, f(x_n))$에서의 접선과 x축이 만난 점을 x_{n+1}이라 하면, 점 x_{n+1}은 다음 방정식을 만족한다.

$$0-f(x_n)=f'(x_n)(x-x_n)$$

따라서 수열 $\{x_n\}$은 다음을 만족한다.

$$x_{n+1}=x_n-\frac{f(x_n)}{f'(x_n)}$$

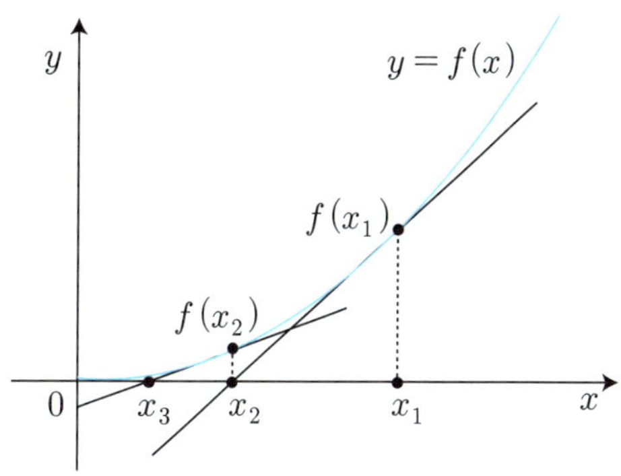

1 함수 $f(x) = x^2 - 2$에 식 $x_{n+1} = x_n - \dfrac{f(x_n)}{f'(x_n)}$을 적용하여 바빌로니아 인들이 사용했을 것으로 추측되는 점화식

$$x_{n+1} = \frac{1}{2}\left(x_n + \frac{2}{x_n}\right) \quad (n = 1, 2, \cdots)$$

을 유도하여라.

위 식의 값을 계산기를 이용하여 소수점 이하 아홉 번째 자리까지만 계산해보자. $x_1 = 1$로 시작하면

$$x_2 = \frac{1}{2}\left(1 + \frac{2}{1}\right) = \frac{3}{2}$$
$$x_3 = \frac{1}{2}\left(\frac{3}{2} + \frac{2}{3/2}\right) = \frac{17}{12} \fallingdotseq 1.416666667$$
$$x_4 = \frac{1}{2}\left(\frac{17}{12} + \frac{2}{17/12}\right) = \frac{577}{408} \fallingdotseq 1.414215686$$
$$x_5 = \frac{1}{2}\left(\frac{577}{408} + \frac{2}{577/408}\right) = 665857/470832 \fallingdotseq 1.414213562$$

를 얻고 $x_6 \fallingdotseq 1.414213562$를 얻는다.
위의 소수점 아래 9자리까지의 계산은 $x_5 = x_6$임을 보여주므로 이 계산에서 $\sqrt{2}$를 소수 아홉 번째 자리까지 정확하게 구한 것이다. 실제로 x_5는 $\sqrt{2}$와 소수점 아래 11자리까지 같은, 즉

$$|\sqrt{2} - x_5| < 10^{-11}$$

인 매우 좋은 근사값이다. 점화식 $x_{n+1} = \dfrac{1}{2}\left(x_n + \dfrac{2}{x_n}\right)$로부터 얻은 수열

$$\{x_n \mid n = 1, 2, 3, \ldots,\ x_1 = 1\}$$

은 모두 유리수로 구성되어 있으며, 이 수열은 $\sqrt{2}$에 수렴한다.

$\lim_{n \to \infty} x_n = \sqrt{2}$의 증명은 다음과 같다. 먼저

i) 수열 $\{x_n \mid n \geq 2\}$은 완전감소[14)]하고

14) $x_2 > x_3 > x_4 > \cdots$ (등호 없음)

ii) $x_n \geq 1\,(n \geq 1)$

를 증명해보자.

x_n 은 이차방정식 $x_n^2 - (2x_{n+1})x_n + 2 = 0$ 의 실근이다. 따라서 판별식 $4x_{n+1}^2 - 8$ 은 항상 양의 실수이다. 즉,

$$x_{n+1}^2 \geq 2 \quad (n \geq 1)$$

따라서

$$x_n - x_{n+1} = x_n - \frac{1}{2}\left(x_n + \frac{a}{x_n}\right) = \frac{1}{2}\frac{(x_n^2 - 2)}{x_n} \geq 0 \quad (n \geq 2)$$

이다. 그러므로 수열$\{x_n \mid n \geq 2\}$은 완전감소하고 $x_n \geq 1\,(n \geq 1)$이다. 이 경우 단조수렴정리15)에 의하여 수열

$$\{x_n \mid n = 1, 2, 3, \cdots,\ x_1 = 1\}$$

의 극한값이 존재한다. 이 극한값을 ω라 하면

$$\lim_{n \to \infty} x_{n+1} = \lim_{n \to \infty} \frac{1}{2}\left(x_n + \frac{2}{x_n}\right)$$

이므로

$$\omega = \frac{1}{2}\left(\omega + \frac{2}{\omega}\right)$$

이다. 이로부터 $\omega^2 = 2$를 얻는다. 따라서 수열

$$\{x_n \mid n = 1, 2, 3, \cdots, x_1 = 1\}$$

은 모든 항이 유리수로 구성되어 있으며 $\sqrt{2}$ 에 수렴한다.

이와 비슷한 모양의 $\sqrt{2}$ 의 근사값을 구할 수 있는 또 다른 수열을 보자.

$$x_n = \frac{x_{i-1}(6 - x_{i-1}^2)}{4}$$

로 정의되는 수열은 $\sqrt{2}$ 로 매우 효과적으로 접근한다. $x_1 = 1$로 시작하여 처

15) Robert G. Bartle and Donald R. Sherbert, *Introduction to real analysis*, John Wiley & Sons, New York, 1982. (Theorem 3.3.2 참고)

음 몇 개를 살펴보면 다음과 같다.

$$x_2 = \frac{5}{4}$$

$$x_3 = \frac{355}{256}$$

$$x_4 = \frac{94852805}{67108864}$$

$$x_5 = \frac{1709678476417571835487555}{1208925819614629174706176}$$

특히, $|\sqrt{2} - x_5| < 0.5 \times 10^{-12}$ 로 매우 좋은 근사값을 제공한다.

한편, $\sqrt{2}$ 의 근사값을 구할 수 있는 재미있는 방법이 UCLA 건축과 대학원생이었던 수쿠르 유크셀(Sukur Yuksel)에 의하여 발견되었다. 그는 한 방의 평수가 다른 방 평수의 두 배가 되는 설계를 원했는데, 이러한 설계를 하려면 무리수 $\sqrt{2}$ 가 나타난다. 유크셀이 생각한 수열은

$$\{a_n\} = \{(\sqrt{2})^n\} = \{1, \sqrt{2}, 2, 2\sqrt{2}, 4, 4\sqrt{2}, \cdots\}$$

이었는데, 이 수열에서 문제가 되는 수는 오직 $\sqrt{2}$ 이다. 따라서 $\sqrt{2}$ 를 단순히 1로 생각해보자. 그러면 수열은 단순한 수열

$$\{b_n\} = \{1, 1, 2, 2, 4, 4, \cdots\}$$

로 바뀐다. 이로부터 새로운 수열을 다음과 같이 정의하자.

$$\begin{cases} b_n^{(k)} = b_n^{(k-1)} + b_{n+1}^{(k-1)} \\ b_n^{(0)} = b_n \end{cases}$$

이때, 이를 몇 개만 나열해보면 다음과 같다.

```
1   1   2   2   4   4   8   8   16   16
  2   3   4   6   8   12   16   24   32
    5   7   10   14   20   28   40   56
      12   17   24   34   48   68   96
        29   41   58   82   116   164
          70   99   140   198   280
            169   239   338   478
              408   577   816
                985   1393
```

따라서 유리수로 구성된 수열 $\{ b_1^{(k)}/b_0^{(k)} \}$은

$$1/1 = 1,\ 3/2 = 1.5,\ 7/5 = 1.4,\ 17/12 \simeq 1.416667,$$
$$41/29 \simeq 1.413793,\ 99/70 \simeq 1.414286,\ 239/169 \simeq 1.414201,$$
$$577/408 \simeq 1.414215,\ 1393/985 \simeq 1.41421319$$

등으로 $\sqrt{2}$ 에 수렴[16)]한다.

4 페어리(Farey) 수열

페어리 수열을 이용하여 무리수에 한없이 다가가는 유리수를 찾는 것은 헤론의 평균을 이용한 방법보다 수렴 속도는 느리다. 그러나 페어리 수열로 접근하는 것은 유리수가 만들어지는 과정을 따라가면서 마치 유리수 사이를 무리수가 헤엄치듯이 근사하는 과정을 볼 수 있다는 장점이 있다. 페어리 수열을 도입하기 위하여 먼저 보이는 점, 보이지 않는 점에 대하여 알아보자.

1. 보이는 점, 보이지 않는 점

좌표가 정수인 점으로 이루어진 평면을 격자평면이라고 한다. 격자평면 위에서 원점 O와 점 A를 잇는 선을 생각하였을 때 두 점 O, A 사이에 다른 점이 없을 때 점 A를 원점 O에서 보이는 점이라고 하자.

1 격자평면에서 보이는 점과 보이지 않는 점의 특징을 알아보자.

(1) 원점과 각 점을 잇는 선을 그었을 때, 원점에서 보이는 점과 보이지 않는 점의 좌표를 아래에 써라.

(2) 원점에서 보이는 점과 보이지 않는 점의 좌표의 특징은 무엇인지 추론하여라.

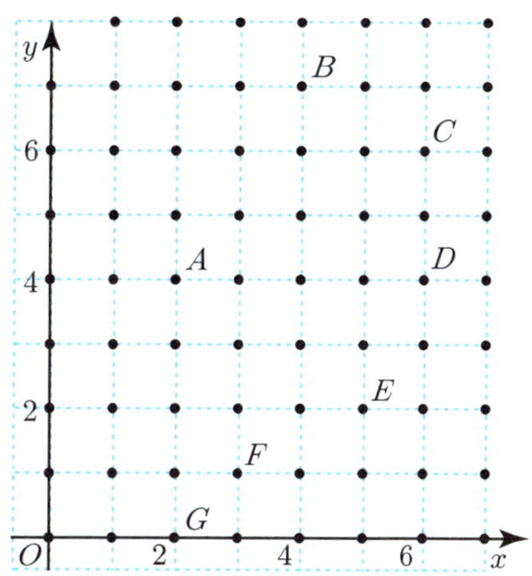

16) T. Liggett and P. Petersen, *The law of large number and* $\sqrt{2}$, The American Math. Monthly, 102(1995), p. 31–35.

2 아래 격자평면에서 특정한 조건을 만족하는 수들을 구해보자.

(1) x축 위의 점 중 원점에서 보이는 점에 표시하고 원점과 잇는 선을 그려라. 또, 시계 반대방향으로 움직이면서 직선 $y=x$ 위의 점까지 원점에서 보이는 점을 표시하고 원점과 잇는 선을 그려라.

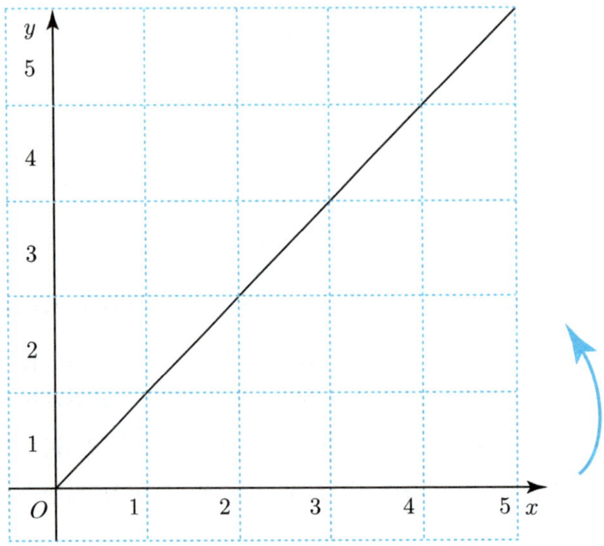

(2) 선택된 순서쌍 $(n,\ m)$을 $\dfrac{m}{n}$으로 나타내기로 하자. 이제 수 $\dfrac{m}{n}$을 직선의 기울기가 낮은 수부터 차례로 써라.

(3) 위 (2)의 수들은 순서대로 배열되어 있는가? 그 이유는 무엇인가?

2. 페어리 수열

위에서 보이는 점을 직선 $y=x$ 아래로 제한하는 것은 여기서 얻어지는 유리수를 0 이상 1 이하로 제한하기 위한 것이다. 앞에서 얻은 것과 같이 0과 1 사이의 기약분수를 크기순으로 나열한 것을 페어리 수열이라고 한다. 즉, 페어리 수열 F_i은 분모가 i 이하인 0과 1 사이의 기약분수를 크기순으로 나열한 집합을 말한다.[17)]

페어리 수열은 새로운 방법의 덧셈으로도 만들 수 있다. 이 방법은 재미있게도 초등학생들이 분수의 덧셈을 처음 배울 때 흔히 하는 실수와 같다. 아래의 과정을 거치면 앞에서 얻은 수열과 같은 결과를 얻는다. 이때, 유리수 $\dfrac{a}{b}$는 b

17) http://cut-the-knot.org/blue/Farey.shtml

번째 행이나 그 이후의 행에 나타난다.

> 먼저 첫 번째 행에 $\frac{0}{1}$, $\frac{1}{1}$을 쓴다.
> $n=2, 3, 4, \cdots$에 대하여 n번째 행에는 $(n-1)$번째 행의 순서대로 옮기되 $(n-1)$번째 행의 이웃한 두 수 $\frac{a}{b}$, $\frac{a'}{b'}$ 사이에 $\frac{a+a'}{b+b'}$ $(b+b' \leq n)$를 써넣는다.

$$F_1 \ : \ \frac{0}{1},\ \frac{1}{1}$$

$$F_2 \ : \ \frac{0}{1},\ \frac{0+1}{1+1},\ \frac{1}{1} \quad \Rightarrow \quad \frac{0}{1},\ \frac{1}{2},\ \frac{1}{1}$$

$$F_3 \ : \ \frac{0}{1},\ \frac{0+1}{1+2},\ \frac{1}{2},\ \frac{1+1}{2+1},\ \frac{1}{1} \quad \Rightarrow \quad \frac{0}{1},\ \frac{1}{3},\ \frac{1}{2},\ \frac{2}{3},\ \frac{1}{1}$$

3 이 방법으로 페어리 수열을 구할 때에는 스턴-브라콧 트리(Stern-Brocot Tree)를 이용하는 것도 편리하다. 다음 물음에 답하여라.

(1) 아래 그림은 4번째 행까지 그린 것이다. 6번째 행까지 완성하여라.

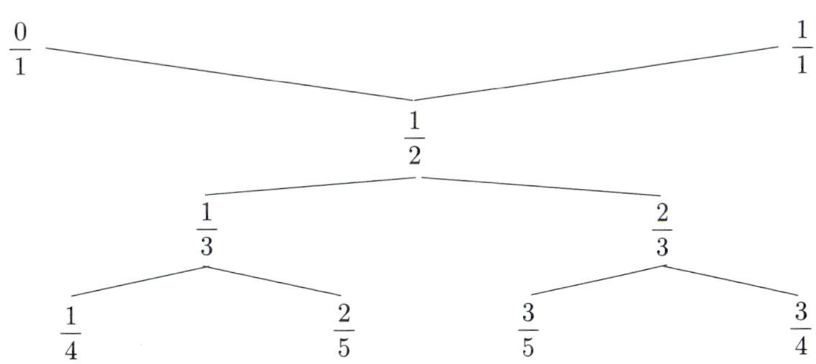

(2) 페어리 수열 F_5, F_6를 구하여라.

위와 같이 분모, 분자끼리 더해서 가운데 수가 만들어지는 기이한 성질로 인하여 페어리 수열은 주목받게 되었다 페어리 수열은 페어리(John Farey, 1766~1826, 영국)[18]가 처음 발견한 것은 아니다. 1802년 해로스(Haros)가 그의 논문에서 $i=99$인 경우까지 구했으며 위의 기이한 성질도 실려 있다.

18) 그는 수학사가 아니라 지질학자이다.

코시 200주년 기념 우표, 1989년 프랑스 발행

페어리는 1816년에 《매거진》(Philo- sophical Magazine)에 《유리수인 분수의 재미있는 성질에 관하여》(On a curious property of vulgar fractions)라는 제목으로 이 수열이 실려 있는 논문을 발표하였다. 그러나 그의 논문에는 해로스의 논문 이상의 것은 없었으며 이 수열에 수학적 의미를 부여한 사람은 코시(Cauchy, 1789~1857, 프랑스)이다. 코시가 페어리의 논문을 보고 같은 해 《수학의 연습》(Exercices de mathématiques)라는 제목의 논문에 이 수열에 대한 몇 가지 증명을 실으면서 이 수열이 페어리의 이름으로 불리게 되었다.[19)]

4 페어리 수열에서 $\frac{a}{b}$, $\frac{a'}{b'}$가 이웃해 있을 때, $a'b-ab'=1$임을 다음과 같이 수학적 귀납법을 이용하여 증명하여라.

> $n=1$이면 $\frac{a}{b}=\frac{0}{1}$, $\frac{a'}{b'}=\frac{1}{1}$이므로 $a'b-ab'=1$이 성립한다.
>
> 이제 $(n-1)$번째 열의 이웃한 두 수 $\frac{a}{b}$, $\frac{a'}{b'}$에서 $a'b-ab'=1$이 성립한다고 가정하자.

3. 페어리 수열과 유리수, 무리수

앞에서 페어리 수열을 만들 때, $\frac{a}{b}<\frac{a+a'}{b+b'}<\frac{a'}{b'}$임을 이용하였다. 이제 페어리 수열의 몇 가지 특징을 알아보자.[20)]

> 페어리 수열에서 이웃한 두 수를 $\frac{a}{b}$, $\frac{a'}{b'}$라고 할 때, 두 수 사이에서 분모가 가장 작은 수는 $\frac{a+a'}{b+b'}$로 유일하다.

19) http://www-groups.dcs.st-and.ac.uk/~history/Mathematicians/Farey.html
20) Ivan Niven · Herbert S. Zuckerman · Hugh L. Montgomery, *An Introduction to The Theory of Numbers*, Wiley, 1991. p. 297–311

증 명 페어리 수열에서 $\frac{a}{b}$, $\frac{a+a'}{b+b'}$, $\frac{a'}{b'}$ 은 순서대로 배열되어 있으므로 위 관계에서 $\frac{a}{b} < \frac{a+a'}{b+b'} < \frac{a'}{b'}$이 성립한다. 이제 어떤 유리수 $\frac{x}{y}$ 가 $\frac{a}{b}$, $\frac{a'}{b'}$ 사이에 있다고 가정하자. 즉, $\frac{a}{b} < \frac{x}{y} < \frac{a'}{b'}$. 그러면

$$\frac{a'}{b'} - \frac{a}{b} = (\frac{a'}{b'} - \frac{x}{y}) - (\frac{x}{y} - \frac{a}{b}) \qquad (*)$$
$$= \frac{a'y - b'x}{b'y} + \frac{bx - ay}{by} \geq \frac{1}{b'y} + \frac{1}{by} = \frac{b+b'}{bb'y}$$

이고

$$\frac{b+b'}{bb'y} \leq \frac{a'b - ab'}{bb'} = \frac{1}{bb'}$$

따라서

$$y \geq b + b'$$

이 성립한다.

만약 $y > b+b'$ 이면 $\frac{x}{y}$는 $\frac{a}{b}$, $\frac{a'}{b'}$ 사이의 분모가 가장 작은 유리수가 아니다.
만약 $y = b+b'$ 이면 식 (*)에서 $a'y - b'y = 1, bx - ay = 1$이 성립하므로 이를 연립으로 풀면 $x = a+a'$을 얻는다.
따라서 $\frac{a+a'}{b+b'}$은 두 유리수 $\frac{a}{b}$, $\frac{a'}{b'}$ 사이에서 분모가 $b+b'$인 유일한 유리수이다.

페어리 수열은 0과 1 사이의 기약분수를 크기순으로 나열한 것이므로 $i \to \infty$일 때, 페어리 수열의 집합 $\{F_i\}$는 0과 1 사이의 유리수 집합과 같게 된다. 따라서 페어리 수열을 1 이상으로 확장하면 양의 유리수를 모두 얻을 수 있다. 페어리 수열을 1 이상으로 확장하려면 원점에서 보이는 점을 직선 $y=x$ 아래로 제한하지 않고 x, y축과 제1사분면으로 확장하면 된다. 보이는 점은 직선 $y=x$에 대하여 대칭이므로 $\frac{m}{n}$가 보이는 점이면 이의 역수 $\frac{n}{m}$도 보이는 점이 된다. 이는 물론 세 수 $\frac{0}{1}$, $\frac{1}{1}$, $\frac{1}{0}(=\infty)$에서 출발하여 얻어지는 수열과 같다.[21]

21) 페어리 수열을 이것으로 정의하기도 한다.

$$F_1 \ : \ \frac{0}{1},\ \frac{1}{1},\ \frac{1}{0}$$

$$F_2 \ : \ \frac{0}{1},\ \frac{0+1}{1+1},\ \frac{1}{1},\ \frac{1+1}{1+0},\ \frac{1}{0} \quad \Rightarrow \quad \frac{0}{1},\ \frac{1}{2},\ \frac{1}{1},\ \frac{2}{1},\ \frac{1}{0}$$

$$F_3 \ : \ \frac{0}{1},\ \frac{0+1}{1+2},\ \frac{1}{2},\ \frac{1+1}{2+1},\ \frac{1}{1},\ \frac{1+2}{1+1},\ \frac{2}{1},\ \frac{2+1}{1+0},\ \frac{1}{0}$$

$$\Rightarrow \ \frac{0}{1},\ \frac{1}{3},\ \frac{1}{2},\ \frac{2}{3},\ \frac{1}{1},\ \frac{3}{2},\ \frac{2}{1},\ \frac{3}{1},\ \frac{1}{0}$$

이제 페어리 수열이 결국 유리수와 같은 집합임을 알았다. 우리는 유리수로 무리수에 근사하고자 하였으므로 무리수에 한없이 가까이 다가가는 페어리 수열을 찾는 일만 남았다.

5 페어리 수열의 n번째 행의 이웃한 두 수 $\frac{a}{b}$, $\frac{a'}{b'}$에 대하여 다음이 성립함을 증명하여라.

$$\left|\frac{a}{b} - \frac{a+c}{b+d}\right| = \frac{1}{b(b+d)} \le \frac{1}{b(n+1)}$$

$$\left|\frac{c}{d} - \frac{a+c}{b+d}\right| = \frac{1}{d(b+d)} \le \frac{1}{d(n+1)}$$

무리수 r에 대하여 다음 조건을 만족하는 유리수 $\frac{a}{b}$가 무수히 많다.

$$\left|r - \frac{a}{b}\right| \le \frac{1}{b^2}$$

증명 페어리 수열의 n번째 행의 $\frac{a}{b}$, $\frac{c}{d}$ 에 대하여 r이 $\frac{a}{b}$, $\frac{a+c}{b+d}$ 사이에 있다고 가정하면 $\left|r - \frac{a}{b}\right| \le \frac{1}{b(n+1)}$이 성립하므로 $n = 1, 2, 3, \cdots$ 에 대하여

$$\left|r - \frac{a_n}{b_n}\right| \le \frac{1}{b_n(n+1)} < \frac{1}{b_n^2} \qquad (0 < b_n \le n)$$

을 만족하는 a_n, b_n을 찾을 수 있다.

만약 $\frac{a_n}{b_n}$ 중 많은 것이 서로 같아서 서로 다른 수는 유한 개만을 찾을 수 있

다고 가정하자. 그러면 모든 n에 대하여 다음과 같은 $\frac{a_k}{b_k}$가 있게 된다.

$$\left| r - \frac{a_n}{b_n} \right| \geq \left| r - \frac{a_k}{b_k} \right|$$

그러나 r은 무리수이므로 $\left| r - \frac{a_k}{b_k} \right| > 0$이고 따라서 충분히 큰 n에 대하여

$$\frac{1}{n+1} < \left| r - \frac{a_k}{b_k} \right|$$

을 만족하게 된다. 그러나

$$\left| r - \frac{a_k}{b_k} \right| \leq \left| r - \frac{a_n}{b_n} \right| \leq \frac{1}{b_n(n+1)} \leq \frac{1}{n+1} < \left| r - \frac{a_k}{b_k} \right|$$

가 되어 모순이다.

실제로 무리수 r에 대하여 페어리 수열의 n번째 행에서 이웃한 두 유리수 $\frac{a}{b}$, $\frac{c}{d}$가 식 $\left| r - \frac{p}{q} \right| \leq \frac{1}{q^2}$을 만족하는 수 $\frac{p}{q}$ 역할을 하면 $(n+1)$번째 행에서는

$$\frac{a}{b} < r < \frac{a+c}{b+d}, \quad \frac{a+c}{b+d} < r < \frac{c}{d}$$

이 되어 $\frac{a}{b}$, $\frac{a+c}{b+d}$, $\frac{c}{d}$ 중의 한 수가 $\frac{p}{q}$의 역할을 하게 된다.

6 페어리 수열을 이용하여 무리수 $\frac{1}{\sqrt{3}}$에 대하여 $\left| r - \frac{a}{b} \right| \leq \frac{1}{b^2}$을 만족하는 유리수 $\frac{a}{b}$를 6개 구하여라 $\left(\frac{1}{\sqrt{3}} \approx 0.57735 \right)$.

무리수의 근사값

❶ 기하평균과 산술평균

1 (1)

단계	x_1	$\frac{2}{x_1}$
1	$\frac{3}{2}$	$\frac{4}{3}$
2	$\frac{17}{12}$	$\frac{24}{17}$
3	$\frac{577}{408}$	

(2) $\frac{577}{408}=[1, 2, 2, 2, 2, 2, 2, 2]$

(3) $\frac{577}{408}=1+\frac{24}{60}+\frac{51}{60^2}+\frac{10}{60^3}+\frac{35}{60^4}+\cdots$

5 $1<\sqrt{3}<3,\ \frac{3}{2}<\sqrt{3}<2,\ \frac{8}{7}<\sqrt{3}<\frac{7}{4},\ \frac{97}{56}<\sqrt{3}<\frac{112}{97},\ \frac{15681}{10864}<\sqrt{3}<\frac{21728}{15681}$

❷ 아르키메데스의 방법

1 (265, 153)

2 (265, 153), (1351, 780)을 사용하면 $\begin{cases}265^2-3\times 153^2=-2\\1351^2-3\times 780^2=1\end{cases}$에서 $\frac{265}{153}$, $\frac{1351}{780}$은 $\sqrt{3}$의 근사값이고 실제 아르키메데스가 사용한 식 $\frac{265}{153}<\sqrt{3}<\frac{1351}{780}$을 얻는다.

3 $a=2$, $b=-1$로 택하면 $2-\frac{1}{3}<\sqrt{3}<2-\frac{1}{4}$, $\frac{5}{3}<\sqrt{3}<\frac{7}{4}$, $5<3\sqrt{3}<\frac{21}{4}$
$3\sqrt{3}$, 즉 $\sqrt{27}$의 근사값으로 5를 택하고 $a=5$, $b=2$로 택하면

$$5+\frac{2}{11}<3\sqrt{3}<5+\frac{2}{10},\ \frac{19}{11}<\sqrt{3}<\frac{26}{15},\ \frac{285}{11}<15\sqrt{3}<26$$

이제 $15\sqrt{3}$, 즉 $\sqrt{675}$의 근사값으로 26을 택하고 $a=26$, $b=-1$로 택하면

$$26-\frac{1}{51}<15\sqrt{3}<26-\frac{1}{52}$$

따라서

$$\frac{265}{153}=\frac{1325}{765}<\sqrt{3}<\frac{1351}{780}$$

을 얻었다고 추측할 수 있다.[22)]

4 페어리 수열

1 (2) 순서쌍 $(x,\ y)$에서 x와 y가 서로소이면 원점에서 보이는 점이다.

2 (1)

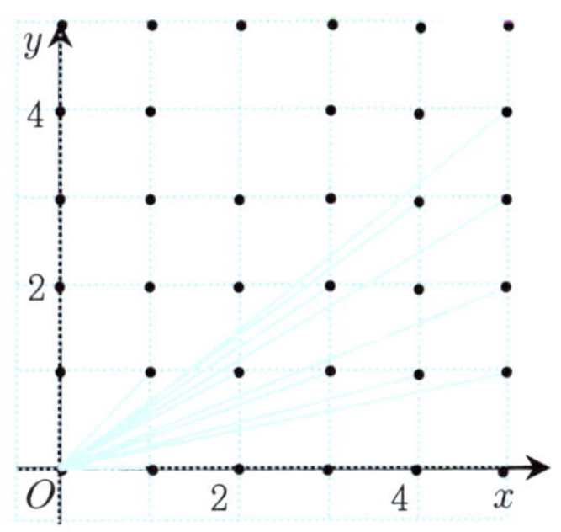

(2) $\frac{0}{1},\ \frac{1}{5},\ \frac{1}{4},\ \frac{1}{3},\ \frac{2}{5},\ \frac{1}{2},\ \frac{3}{5},\ \frac{2}{3},\ \frac{3}{4},\ \frac{4}{5},\ \frac{1}{1}$

(3) $\frac{m}{n}$이 기울기를 뜻하기 때문

3 (1)

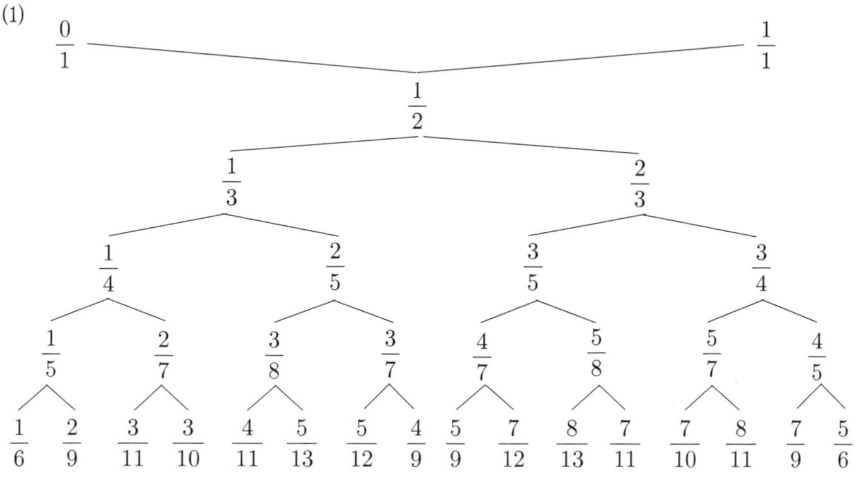

22) Jörg Arndt and Christoph Haenel, π - *unleashed*, Springer, 2000, p.173

(2) F_5 : 0/1, 1/5, 1/4, 1/3, 2/5, 1/2, 3/5, 2/3, 3/4, 4/5, 1/1

4 $(n-1)$번째 행의 이웃한 두 수가 $\frac{a}{b}$, $\frac{a'}{b'}$이라고 하면 n번째 행의 이웃한 수는

$\frac{a}{b}$, $\frac{a+a'}{b+b'}$이거나 $\frac{a+a'}{b+b'}$, $\frac{a'}{b'}$이다. 그런데

$\frac{a}{b}$, $\frac{a+a'}{b+b'}$에서 $(a+a')b-a(b+b')=a'b-ab'=1$

$\frac{a+a'}{b+b'}$, $\frac{a'}{b'}$에서 $a'(b+b')-(a+a')b'=a'b-ab'=1$

이 성립하므로 n번째 행에서도 정리가 성립하고 따라서 증명되었다.

5 $\left|\frac{a}{b}-\frac{a+c}{b+d}\right|=\frac{|ad-bc|}{b(b+d)}=\frac{1}{b(b+d)} \le \frac{1}{b(n+1)} \quad \because b+d \ge n+1$

6 $n=1$일 때, $\left|\frac{1}{\sqrt{3}}-\frac{1}{1}\right| \le \frac{1}{1} \Leftarrow 0.4226 \le 1$

$n=2$일 때, $\left|\frac{1}{\sqrt{3}}-\frac{1}{2}\right| \le \frac{1}{4} \Leftarrow 0.0774 \le 0.2500$

$n=3$일 때, $\left|\frac{1}{\sqrt{3}}-\frac{2}{3}\right| \le \frac{1}{9} \Leftarrow 0.0893 \le 0.1111$

$n=4$일 때, $\left|\frac{1}{\sqrt{3}}-\frac{3}{5}\right| \le \frac{1}{25} \Leftarrow 0.0226 \le 0.04$

$n=5$일 때, $\left|\frac{1}{\sqrt{3}}-\frac{4}{7}\right| \le \frac{1}{49} \Leftarrow 0.0059 \le 0.0204$

$n=6$일 때, $\left|\frac{1}{\sqrt{3}}-\frac{7}{12}\right| \le \frac{1}{144} \Leftarrow 0.0060 \le 0.0069$

110-3

유리수인가, 무리수인가?

Keywords 유리수, 무리수, 초월수, π, e

유리수가 아니면 무리수라는 것은 아주 당연한 이야기이다. 그러나 주어진 수가 유리수가 아니라는 확신을 어떻게 할 수 있을까? 우리는 특별한 경우에 한하여 유리수인지 무리수인지 판단할 수 있다. 예를 들어,

$$2 = (\sqrt{2})^2 = (\sqrt{2^{\sqrt{2}}})^{\sqrt{2}}$$

에서 (무리수)^{유리수}, (무리수)^{무리수}는 유리수가 됨을 짐작할 수 있다. 어떤 수가 유리수임을 확인하려면 그 수가 유한소수, 순환하는 무한소수로 표현되어야 한다. 그러면 유한한 수명밖에 갖지 못한 인간이 어떤 무한소수가 순환하는지 순환하지 않는지 어떻게 판단할 수 있을까?

1 유리수, 무리수 판정법

유리수의 유한합은 유리수이다. 그러면 유리수의 무한합인 $\frac{1}{1^2}+\frac{1}{2^2}+\frac{1}{3^2}+\cdots$도 유리수일까? 더 나아가 $\frac{1}{1^5}+\frac{1}{2^5}+\frac{1}{3^5}+\cdots$은 유리수일까?
우리는 앞에서 어떤 수가 유리수인지 무리수인지 판단하는 방법으로 연분수[23] 표현에 의한 판정법을 살펴보았다. $\sqrt{2}$ 를 연분수로 나타내면 무한 연분수로 표현되는 것이 확실하므로 $\sqrt{2}$ 는 무리수이다. 그러나, π는 단순연분수로 표현은 되지만 무한인지 유한인지 확인할 수 없어 π에 이르면 연분수 표현에 의한 판정법은 무용지물이 되어 다른 방법이 요구된다.

23) [107-2 연분수] 참고

유리수의 무한합 $\frac{1}{1^2}+\frac{1}{2^2}+\frac{1}{3^2}+\cdots$이 유리수일까 무리수일까? 이에 대한 접근은 $n!$에서 시작한다.

오일러(Leonhard Euler, 1707-1783)는 팩토리얼 $n!$을 정수가 아닌 수로 확장하기 위하여 감마함수를 양의 실수 x에 대하여

$$\Gamma(x)=\int_0^\infty e^{-t}\,t^{x-1}\;dt$$

로 도입하였다. 먼저 양의 실수 λ에 대하여

$$\Gamma(\lambda)=\int_0^\infty e^{-t}\,t^{\lambda-1}\;dt$$

이고 $e^{-t}=\lim_{n\to\infty}\left(1-\frac{t}{n}\right)^n$ 이므로 감마함수는 다음과 같이 변형된다.

$$\begin{aligned}\Gamma(x)&=\int_0^\infty e^{-t}\,t^{x-1}\;dt\\&=\lim_{n\to\infty}\int_0^n\left(1-\frac{t}{n}\right)^n t^{x-1}\;dt\qquad \left(\frac{t}{n}=\tau\text{로 치환}\right)\\&=\lim_{n\to\infty}n^x\int_0^1(1-\tau)^n\,\tau^{x-1}\;d\tau\end{aligned}$$

한편, 부분적분법을 거듭 사용하면

$$\begin{aligned}\int_0^1(1-\tau)^n\,\tau^{x-1}\;d\tau&=\left[\frac{1}{x}\,\tau^x\;(1-\tau)^n\right]_0^1+\frac{n}{x}\int_0^1(1-\tau)^{n-1}\,\tau^x\;d\tau\\&\;\vdots\\&=\frac{n(n-1)\cdots\cdot 1}{x(x+1)\cdots(x+n)}\end{aligned}$$

이므로

$$\begin{aligned}\Gamma(x)=\int_0^\infty e^{-t}\,t^{x-1}\;dt&=\lim_{n\to\infty}\frac{n!\,n^x}{x(x+1)\cdots(x+n)}\\&=\lim_{n\to\infty}\frac{n^x}{x(1+x/1)(1+x/2)\cdots(1+x/n)}\end{aligned}$$

이다. 흔히 기호 $\Gamma_n(x):=\frac{n!\,n^x}{x(x+1)\cdots(x+n)}$를 사용한다. 한편, 지수함수

의 정의로부터

$$n^x = e^{x\ \ln(n)} = e^{x[\ln(n) - 1 - 1/2 - \cdots - 1/n]} e^{x + x/2 + \cdots + x/n}$$

이므로

$$\begin{aligned} \Gamma_n(x) &= \frac{n!\, n^x}{x(x+1)\cdots(x+n)} \\ &= \frac{1}{x} \cdot \frac{1}{x+1} \cdot \frac{2}{x+2} \cdots \frac{n}{x+n}\ n^x \\ &= \frac{e^{x[\ln(n) - 1 - 1/2 - \cdots - 1/n)}\ e^{x + x/2 + \cdots + x/n}}{x(1+x)(1+x/2)\cdots(1+x/n)} \\ &= e^{x[\ln(n) - 1 - 1/2 - \cdots - 1/n]}\ \frac{1}{x} \cdot \frac{e^x}{1+x} \cdot \frac{e^{x/2}}{1+x/2} \cdots \frac{e^{x/n}}{1+x/n} \end{aligned}$$

이다. 다시 말하면

$$\Gamma(x) = \lim_{n\to\infty} e^{x[\ln(n) - 1 - 1/2 - \cdots - 1/n]}\ \frac{1}{x} \cdot \frac{e^x}{1+x} \cdot \frac{e^{x/2}}{1+x/2} \cdots \frac{e^{x/n}}{1+x/n}$$

이다. 이때, 지수 어깨와 관련된 상수

$$\gamma = \lim_{n\to\infty}\left(\sum_{k=1}^{n} \frac{1}{k} - \mathrm{l}_{\mathrm{n}}(n)\right)$$

를 오일러 상수라 부른다. 또, 양의 실수 $x > 0$에 대하여 앞에서 알아본 감마 함수를 이용한 함수

$$\zeta(x) = \frac{1}{\Gamma(x)} \int_0^\infty \frac{u^{x-1}}{e^u - 1}\, du$$

를 리만 제타 함수24)라고 부른다. 이제, $x = n$이 정수일 때 위의 식을 변형해 보자. 먼저

$$\frac{u^{n-1}}{e^u - 1} = \frac{e^{-u} u^{n-1}}{1 - e^{-u}}, \quad \frac{1}{1 - e^{-u}} = \sum_{k=0}^{\infty} e^{-ku}$$

이므로

24) H.M. Edwards, *Riemann's Zeta Function*, Academic Press, 1974.

$$\frac{u^{n-1}}{e^u-1}=e^{-u}u^{n-1}\sum_{k=0}^{\infty}e^{-ku}=\sum_{k=1}^{\infty}e^{-ku}\,u^{n-1}$$

이다. 따라서

$$\int_0^{\infty}\frac{u^{n-1}}{e^u-1}\,du=\sum_{k=1}^{\infty}\int_0^{\infty}e^{-ku}\,u^{n-1}\,du$$

이다. 그러므로

$$\zeta(n)=\frac{1}{\Gamma(n)}\sum_{k=1}^{\infty}\int_0^{\infty}e^{-ku}\,u^{n-1}\,du$$

로 변형된다. $y=ku$로 치환하면 $dy=k\,du$이고

$$\begin{aligned}\zeta(n)&=\frac{1}{\Gamma(n)}\sum_{k=1}^{\infty}\int_0^{\infty}e^{-y}\left(\frac{y}{k}\right)^{n-1}\left(\frac{1}{k}\right)dy\\&=\frac{1}{\Gamma(n)}\sum_{k=1}^{\infty}\frac{1}{k^n}\int_0^{\infty}e^{-y}\,y^{n-1}\,dy\end{aligned}$$

이다. 한편,

$$\zeta(n)=\frac{1}{\Gamma(n)}\sum_{k=1}^{\infty}\frac{1}{k^n}\Gamma(n)$$

이므로 우리는 양의 정수에 대한 리만 제타 함수

$$\zeta(n)=\sum_{k=1}^{\infty}\frac{1}{k^n}$$

을 얻는다. 오일러는 2부터 26까지 n이 짝수인 경우를 구했는데 이를 몇 개 살펴보면 다음과 같다.

$$\zeta(2)=\frac{\pi^2}{6},\ \zeta(4)=\frac{\pi^4}{90},\ \zeta(6)=\frac{\pi^6}{945},\ \zeta(8)=\frac{\pi^8}{9450}$$

따라서 앞에서 제기한 유리수의 무한합은

$$\frac{1}{1^2}+\frac{1}{2^2}+\frac{1}{3^2}+\cdots=\sum_{n=1}^{\infty}\frac{1}{n^2}=\zeta(2)$$

으로 표현되고, π^2이 무리수임을 알고 있으므로 $\frac{1}{1^2}+\frac{1}{2^2}+\frac{1}{3^2}+\cdots=\frac{\pi^2}{6}$도 무리수이다. 아직 $\frac{1}{1^5}+\frac{1}{2^5}+\frac{1}{3^5}+\cdots$이 남아 있음을 기억할 것이다. 이제 마지막 이야기로 넘어가자.

2 유리수인지 무리수인지 판정하지 못한 수

어떤 수가 유리수인지 무리수인지 판단하기 위해서는 그 수를 단순연분수로 표현하면 된다. 그러나 특정한 수를 단순연분수로 표현하였을 때 무한인지 유한인지 쉽게 알 수 없다면 더 이상 판단할 수 있는 방법이 없기 때문에 π가 무리수임을 알아볼 때처럼 증명과 같은 불특정 방법을 사용할 수밖에 없다. 우리 모두가 알고 있는 것처럼 유리수가 아니면 무리수이지만 특정한 수가 유리수인지 무리수인지는 그때 그때 판정할 수밖에 없고 따라서 아직 판정을 못한 수들이 엄청나게 많이 있다. 다음은 그 중 가장 간단한 세 가지 수를 메이플에서 계산한 소수점 아래 100자리까지의 값이다.

- $\pi+e$

```
> evalf(exp(1)+Pi,101);
5.8598744820488384738229308546321653819544164930750653959419122
200318930366397565931994170038672834954
```

- 오일러 상수 $\gamma=\lim_{n\to\infty}\left(\sum_{k=1}^{n}\frac{1}{k}-\mathrm{l_n}(n)\right)$

```
> evalf(sum(1/k, k=1..10^100000)-ln(10^100000),101);
0.5772156649015328606065120900824024310421593359399235988057672
34884867726777664670936947063291756
```

- $\frac{1}{1^5}+\frac{1}{2^5}+\frac{1}{3^5}+\cdots=\zeta(5)$

```
> evalf(Zeta(5), 101);
1.0369277551433699263313654864570341680570809195019128119741926
779038035897862814845600431065571333364
```

111

암호

• **교육과정**
중 1 _ 수와 연산, 자연수
중 2 _ 문자와 식, 식의 계산
수학 I _ 행렬

주제 1	비밀키 암호방식
Keywords	암호, 소수, 합동식, 치환, 행렬
주제 2	암호에 필요한 중요한 수학이론
Keywords	암호, 소수, 합동식, 유클리드 알고리즘, 중국인의 나머지 정리
주제 3	RSA 암호방식
Keywords	암호, 소수, 합동식, 페르마의 정리, 오일러의 정리, RSA 암호

메시지를 전달할 때 송·수신자 이외의 사람들이 메시지의 내용을 알지 못하기를 바라는 것은 흔한 일이지만 매우 중요한 일이다. 그래서 송·수신자는 메시지를 위장하려고 노력을 한다. 본래의 메시지를 평문(plain text)이라 부르고, 평문을 다른 사람들이 알아볼 수 없도록 원래와 다른 형태로 바꾸는 체계를 암호(cipher)라 한다. 여기서 변형된 메시지를 암호문(cipher text)이라 부른다. 암호는 민감한 정보를 보호하기 위해 군대를 시작으로 오래 전부터 사용되었다. 암호는 권한을 부여받은 사람은 쉽게 메시지를 암호화·복호화할 수 있어야 하며, 권한이 없는 사람이 복호하려면 비용과 시간이 많이 필요하도록 만들어져야 한다.
여기에서는 암호를 만드는 원리를 예전에 많이 쓰였던 비밀키 암호방식과 요즘 많이 쓰이고 있는 공개키 암호방식을 통해서 알아보고자 한다.
비밀키 암호방식이란 암호문을 만드는 키와 복호문을 만드는 키가 일치하는 경우를 말한다. 가장 유명한 카이사르의 암호의 경우 알파벳을 세 글자 뒤의 알파벳으로 이동시켜 적는 방법이다. '세' 글자 뒤로 이동시켰다는 비밀키는 송신자와 수신자가 모두 알아야 하지만 다른 모든 사람에게는 비밀이다. 그러나 이런 식의 암호는 문장의 특징이나 많이 쓰인 알파벳에 대한 분석 등으로 그 비밀이 밝혀질 위험을 갖고 있다. 따라서 비밀키 암호방식에서는 안전한 비밀키를 만드는 것이 매우 중요하다.
주제 1에서는 여러 가지 형태의 비밀키 암호방식을 소개하였다. 비밀키를 만드는 방식이 복잡할수록 복호에도 시간이 걸리나 그만큼 안전을 보장받을 수 있다는 점을 생각하면서 그 원리를 탐색해보도록 하자.
주제 2에서는 다른 곳에서도 다루었지만 특히 암호에 중요한 이론인 세 가지를 정리하였다. 몫과 나머지를 반복하여 최대공약수를 구할 수 있는 알고리즘인 유클리드 알고리즘, 중국인의 나머지 정리, 페르마 · 오일러 공식 등은 대수 분야의 기본적인 정리이다.
주제 3은 공개키 암호 방식에 대한 내용이다. 비밀키 암호방식은 개인적인 비밀 통신을 할 경우에는 별 문제가 없지만 다수가 통신을 할 때는 적당하지 않다. 개인마다 키를 다르게 주어야 하기 때문에 키의 개수가 급증하여 어려움이 따르기 때문이다. 이를 해결하기 위한 것이 '공개키 암호방식'으로 여기에서는 그 중 가장 유명한 RSA 방식을 소개하였다.

111-1

비밀키 암호방식

Keywords 암호, 소수, 합동식, 치환, 행렬

송수신자가 동일한 키에 의하여 암호화(encrypt)와 복호화(decrypt) 과정을 수행하는 방식을 비밀키 암호방식(conventional cryptosystem)이라 한다. 암호학자들의 목표는 권한을 부여받은 사람만이 메시지를 암호화, 복호화할 수 있도록 쉽고 비용이 적게 드는 방법을 제공하는 것이다. 다시 말하면, 권한을 부여받지 못한 사람은 암호문으로부터 평문을 얻기까지는 무척 어렵고 많은 비용이 소비되도록 하는 것이다. 다음은 비밀키 암호방식의 대표적인 예이다.

1 카이사르 암호

고전적인 암호방식으로 유명한 것은 원래의 알파벳 대신 일정한 간격으로 이동한 알파벳을 대신 적는 카이사르 암호(Caesar Cipher)[1]이다. 로마의 황제인 율리우스 카이사르(B.C.100 ~ B.C. 44)는 브루투스에게 암살당하기 전, "QHYHU WUXVW EUXWXV"라는 편지를 키케로에게 보냈다. 암호를 푸는 단서를 '키(key, 열쇠)'라 하는데 카이사르 암호의 키는 3이다.

1) D. W. Hardy & C. L. Walker, *Applied Algebra Codes, Ciphers, Discrete Algoriths*, Pearson Education, Inc. (2003)

알파벳 문자와 숫자간의 대응 표

A	B	C	D	E	F	G	H	I	J	K	L	M
↕	↕	↕	↕	↕	↕	↕	↕	↕	↕	↕	↕	↕
0	1	2	3	4	5	6	7	8	9	10	11	12

N	O	P	Q	R	S	T	U	V	W	X	Y	Z
↕	↕	↕	↕	↕	↕	↕	↕	↕	↕	↕	↕	↕
13	14	15	16	17	18	19	20	21	22	23	24	25

카이사르 암호는, 로마 황제 카이사르가 처음으로 사용한 방법으로, 위에서 주어진 [알파벳 문자와 숫자간의 대응 표]를 이용하여, 평문 정수 x $(0 \le x \le 25)$를 부호화하기 위해 합동식[2)]

$$y = x + 3 \mod 26$$

을 사용하였고 복호를 위해 합동식

$$x = y - 3 \mod 26$$

을 사용하였다. 예를 들면, 평문 JANG YOUNG HO는 암호문 MDQJ BRXQJ KR로 변형된다.

J	A	N	G	Y	O	U	N	G	H	O	: 평문
↕	↕	↕	↕	↕	↕	↕	↕	↕	↕	↕	
9	0	13	6	24	14	20	13	6	7	14	: $x = y - 3 \mod 26$
↕	↕	↕	↕	↕	↕	↕	↕	↕	↕	↕	↕
12	3	16	9	1	17	23	16	9	10	17	: $y = x + 3 \mod 26$
↕	↕	↕	↕	↕	↕	↕	↕	↕	↕	↕	
M	D	Q	J	B	R	X	Q	J	K	R	: 암호문

1 로마의 황제인 율리우스 카이사르는 브루투스에게 암살당하기 전

QHYHU WUXVW EUXWXV

라는 편지를 키케로에게 보냈다. 평문을 구하여라.

2 여러분의 영문 이름을 카이사르 암호를 사용하여 암호화해보아라.

2) [108-2 부정방정식] 참고

2 아핀 암호

합동식

$$y = kx + s \mod 26$$

을 사용한 암호를 아핀 암호(Affine Cipher)라 한다. 여기서 x는 평문 정수, k는 곱셈 인자, s는 이동(shift) 인자이다. 만약 $k=1$일 때, 아핀 암호를 간단히 shift 암호라 부른다. 특히, $k=1$, $s=3$일 때, 아핀 암호는 카이사르 암호이다.
합동식 이론[3]에 따르면, $(k, 26)=1$일 때, 합동식 $kx \equiv y-s \pmod{26}$을 만족하는 정수 x가 존재한다. 즉 $kk^{-1} \equiv 1 \pmod{26}$을 만족하는 k^{-1}가 존재하고 정수해

$$x \equiv k^{-1}(y-s) \pmod{26}, \text{ 즉 } x = k^{-1}(y-s) \mod 26$$

을 갖는다. 이 합동식은 복호에 사용된다.

1. 아핀 암호 $y = 9x + 7 \mod 26$를 사용하여 평문 CIPHER을 암호화하여라.

2. 아핀 암호 $y = 5x + 7 \mod 26$를 사용하여 암호문 QAKKZ을 복호화하여라.

3. $k=8$, $s=0$일 때, 아핀 암호를 사용하여 알파벳 문자와 숫자간의 대응표를 만들어라. 어떤 일이 벌어지는가?

A	B	C	D	E	F	G	H	I	J	K	L	M
↕	↕	↕	↕	↕	↕	↕	↕	↕	↕	↕	↕	↕
0	8			6		22			20			18

N	O	P	Q	R	S	T	U	V	W	X	Y	Z
↕	↕	↕	↕	↕	↕	↕	↕	↕	↕	↕	↕	↕

3) 일차합동식 $ax \equiv b \pmod{m}$, $(a,m)=1$은 단 한 개의 해를 가진다.

3 다중 아핀 암호

두 개 이상의 아핀 암호를 사용한 암호를 다중 아핀 암호(Polyalphabetic Cipher)라 한다.

1 평문 FIGHTING KOREA의 홀수 번째 문자는 아핀 암호

$$y = 5x + 7 \mod 26$$

을 사용하고 짝수 번째 문자는 아핀 암호

$$y = 3x + 4 \mod 26$$

을 사용하여 암호화하여라.

4 게임규칙 암호

게임규칙 암호(Playfair Cipher)는 주어진 게임규칙(화살표 방향)에 따라 키워드를 차례로 사각형 안에 적어 넣는데 반복되는 문자는 한번만 적고, I와 J는 같이 적고, 비어 있는 나머지 사각형에는 알파벳 순서로 알파벳을 적어 넣은 5×5 행렬을 말한다. 예를 들어, 키워드가

COLORADO STATE UNIVERSITY

이고, 게임 규칙이 왼쪽과 같으면 이때 만들어지는 게임 규칙 암호는 오른쪽과 같다.

→	→	→	→	↓
→	→	→	↓	↓
↑	→	O	↓	↓
↑	↑	←	←	↓
↑	←	←	←	←

게임규칙

C	**O**	**L**	**R**	**A**
F	G	H	K	**D**
B	X	Z	M	**S**
Y	W	Q	P	**T**
V	**I J**	**N**	**U**	**E**

게임규칙 암호

이를 사용하여 평문을 암호화하면 된다. 예를 들어, 평문

The Playfair cipher was an immediate success

을 암호화해보자. 암호화 과정은 먼저 평문을 두 문자씩 그룹화한다. 단, 두 문자가 같을 때는 그 사이에 X를 넣고, 문자가 한 개인 경우에도 오른쪽에 X를 넣는다.

1 평문 The playfair cipher was an immediate success을 두 문자씩 그룹화하여라.

2 다음 세 단계의 규칙을 적용하여 평문을 암호화해보자.

[규칙 1] **1**에서 만든 두 문자가 게임규칙 암호인 행렬에서 서로 다른 행과 열에 나타나면 두 문자와 함께 직사각형을 이루는 두 문자로 바꾼다. 이때, 각 문자와 같은 행에 있는 문자로 바꾼다. 예를 들어, TH는 두 문자 QD와 직사각형을 이루는데, T는 이것과 같은 행에 있는 Q로, H는 이것과 같은 행에 있는 D로 바꾼다.

C	O	L	R	A
F	G	H	K	D
B	X	Z	M	S
Y	W	Q	P	T
V	I J	N	U	E

다음 표의 빈칸에 이 규칙에 의하여 바뀌는 문자를 써넣어라.

TH	EP	LA	YF	AI	RC	IP	HE	RW	AS	AN	IM	ME	DI	AT	ES	UC	CE	SX	SX
↓	↓	↓	↓	↓	↓	↓	↓	↓	↓	↓	↓	↓	↓	↓	↓	↓	↓	↓	↓

[규칙 2] **1**에서 만든 두 문자가 행렬의 같은 행에 있을 때는 그 행에서 순서대로 오른쪽에 있는 문자로 바꾼다. 예를 들어, LA는 RC로 바꾼다. 위의 표의 빈칸에 이 규칙에 의하여 바뀌는 문자를 써넣어라.

[규칙 3] **1**에서 만든 두 문자가 행렬의 같은 열에 있을 때는 그 열에서 순서대로 아래에 있는 문자로 바꾼다. 예를 들어, YF는 VB로 바꾼다. 위의 표의 빈칸에 이 규칙에 의하여 바뀌는 문자를 써넣어라.

3 키워드가 INHA UNIVERSITY이고, 게임 규칙이 오른쪽과 같은 게임규칙 암호를 만들어 암호문

MFPGIJPOSUZHUSASRHIJKTRSBE

을 복호화하여라. 암호문을 복호화하는 과정은 위의 규칙 1, 2, 3에서 문자를 택하는 방법과 반대로 하면 된다.

→	→	→	→	↓
→	→	→	↓	↓
↑	→	○	↓	↓
↑	↑	←	←	↓
↑	←	←	←	←

5 치환 암호

집합 $\{1,\ 2,\ \cdots,\ n\}$에서 자기 자신으로 가는 일대일 함수를 치환이라 하고 그 함수를 $\sigma,\ \tau,\ \cdots$로 표시한다. 예를 들어, 다음 치환 σ은 0을 5로, 1을 8로, ⋯, 9를 7로 보내는 함수이다.

$$\sigma = \begin{pmatrix} 0 & 1 & 2 & 3 & 4 & 5 & 6 & 7 & 8 & 9 \\ \downarrow & \downarrow & \downarrow & \downarrow & \downarrow & \downarrow & \downarrow & \downarrow & \downarrow & \downarrow \\ 5 & 8 & 4 & 1 & 6 & 9 & 2 & 0 & 3 & 7 \end{pmatrix}$$

치환은 아래와 같이 순환을 이용하여 간단히 나타낼 수 있다.

$$\sigma = \begin{pmatrix} 0 & 1 & 2 & 3 & 4 & 5 & 6 & 7 & 8 & 9 \\ \downarrow & \downarrow & \downarrow & \downarrow & \downarrow & \downarrow & \downarrow & \downarrow & \downarrow & \downarrow \\ 5 & 8 & 4 & 1 & 6 & 9 & 2 & 0 & 3 & 7 \end{pmatrix} = (0597)(183)(246)$$

여기서 (0597)은 4순환(cycle) $0 \to 5 \to 9 \to 7 \to 0$, (183)은 3순환 $1 \to 8 \to 3 \to 1$, (246)은 3순환 $2 \to 4 \to 6 \to 2$ 을 의미한다. 위의 세 순환은 모두 다르다. 이와 같이 모든 치환은 유한개의 서로 다른 순환의 곱으로 표현된다.
치환 σ은 일대일 대응[4)]이므로 역치환 σ^{-1}을 갖는다.
즉 $\sigma^{-1} = (0795)(138)(264)$.

1 치환 $\sigma = \begin{pmatrix} 0 & 1 & 2 & 3 & 4 & 5 & 6 & 7 & 8 & 9 \\ \downarrow & \downarrow & \downarrow & \downarrow & \downarrow & \downarrow & \downarrow & \downarrow & \downarrow & \downarrow \\ 3 & 2 & 5 & 4 & 0 & 7 & 9 & 1 & 6 & 8 \end{pmatrix}$을 순환의 곱으로 표현하고 역치환 σ^{-1}을 구하여라.

4) 함수 $f: X \to Y$가 일대일 대응이란 (a) $x_1 \neq x_2$이면 $f(x_1) \neq f(x_2)$ (b) 치역=공역, 즉 $f(X) = Y$을 만족하는 함수이다. 이때 $f(f^{-1}(x)) = x$, $f^{-1}(f(x)) = x$을 만족하는 Y에서 X로 가는 함수 $f^{-1}: Y \to X$가 만들어진다. 이 함수를 f의 역함수라 한다.

치환 암호(Permutation Cipher)는 고정된 치환을 사용한다. 예를 들면, 치환

$$\sigma = (147)(238956)$$

을 사용하여 평문

Welcome Mathematics in Context is

을 암호화하자. 우선 평문을 길이가 치환에 나타난 가장 큰 수인 블록으로 나눈다. 여기에서는 그 수가 9이다.

WELCOMEMA THEMATICS INCONTEXT ISEXTRASE

여기서 EXTRASE는 9개 문자로 만들기 위해서 더해진 의미가 없는 문자이다. 첫 번째 그룹을 암호화하는 과정은 다음과 같다.

$$\begin{array}{ccccccccc}
W & E & L & C & O & M & E & M & A \\
\downarrow & \downarrow & \downarrow & \downarrow & \downarrow & \downarrow & \downarrow & \downarrow & \downarrow \\
1 & 2 & 3 & 4 & 5 & 6 & 7 & 8 & 9 \\
\downarrow & \downarrow & \downarrow & \downarrow & \downarrow & \downarrow & \downarrow & \downarrow & \downarrow \\
4 & 3 & 8 & 7 & 6 & 2 & 1 & 9 & 5 \\
\downarrow & \downarrow & \downarrow & \downarrow & \downarrow & \downarrow & \downarrow & \downarrow & \downarrow \\
C & L & M & E & M & E & W & A & O
\end{array}$$

2 치환 암호 $\sigma = (1563)(24)$을 사용하여 평문 I have a secret을 암호화하여라. 그리고 치환 암호 $\sigma = (152489)(367\,11\,10)$를 사용하여 암호문

ESCROUSEHWIWRESOBEIYUT

을 복호화하여라.

비밀키 암호방식

❶ 카이사르 암호

2 NEVER TRUST BRUTUS

❷ 아핀 암호

1 ZAMSRE

2 HELLO

3

A	B	C	D	E	F	G	H	I	J	K	L	M
↕	↕	↕	↕	↕	↕	↕	↕	↕	↕	↕	↕	↕
0	8	16	24	6	14	22	4	12	20	2	10	18

N	O	P	Q	R	S	T	U	V	W	X	Y	Z
↕	↕	↕	↕	↕	↕	↕	↕	↕	↕	↕	↕	↕
0	8	16	24	6	14	22	4	12	20	2	10	18

$(k,\ 26)>1$인 경우, 다른 평문이 같은 암호문에 대응하여, 결국 암호문은 유일하게 복호될 수 없다.

❸ 다중 아핀 암호

1 GCLZYCUW FUOQM

❹ 게임규칙 암호

1 TH EP LA YF AI RC IP HE RW AS
AN IM ME DI AT ES UC CE SX SX

2

TH	EP	LA	YF	AI	RC	IP	HE	RW	AS	AN	IM	ME	DI	AT	ES	UC	CE	SX	SX
↓	↓			↓		↓	↓	↓		↓	↓	↓	↓			↓	↓		
QD	UT			OE		UW	DN	OP		LE	UX	SU	GE			VR	AV		

TH	EP	LA	YF	AI	RC	IP	HE	RW	AS	AN	IM	ME	DI	AT	ES	UC	CE	SX	SX
↓	↓	↓		↓	↓	↓	↓	↓		↓	↓	↓	↓			↓	↓	↓	↓
QD	UT	RC		OE	AO	UW	DN	OP		LE	UX	SU	GE			VR	AV	BZ	BZ

TH	EP	LA	YF	AI	RC	IP	HE	RW	AS	AN	IM	ME	DI	AT	ES	UC	CE	SX	SX
↓	↓	↓	↓	↓	↓	↓	↓	↓	↓	↓	↓	↓	↓	↓	↓	↓	↓	↓	↓
QD	UT	RC	VB	OE	AO	UW	DN	OP	DT	LE	UX	SU	GE	DE	AT	VR	AV	BZ	BZ

암호문 QDU TRCVBOEA OUWDNO PDT LE UXSUGEDEA TVRAVBZ

3 God made the nature numbers

I J	N	H	A	U
G	K	L	M	V
F	X	Z	O	E
D	W	Q	P	R
C	B	Y	T	S

MF	PG	IJP	OS	UZ	HU	SA	SR	HIJ	KT	RS	BE	: 암호문
↓	↓	↓	↓	↓	↓	↓	↓	↓	↓	↓	↓	
GO	DM	AD	ET	HE	NA	TU	RE	NU	MB	ER	SX	: 평문

❺ 치환 암호

1 $\sigma=(034)(1257)(698)$, $\sigma^{-1}=(043)(1752)(689)$

2 HOW SECURE IS YOUR WEB SITE

III-2

암호에 필요한 중요한 수학이론

Keywords 암호, 소수, 합동식, 유클리드 알고리즘, 중국인의 나머지 정리

1 유클리드 알고리즘

지금이 9시라면 5시간 후의 시간은 9+5=14시이고 시침은 2시를 가리킨다. 마찬가지로 17시간 후의 시간은 9+17=26시이고 시침은 2시를 가리킨다. 이것을 수학용어로 말하면

$$9+5 \pmod{12}=2,\ 9+17 \pmod{12}=2$$

a|b

$a|b$는 a가 b의 약수임을 나타내는 기호이다.

을 의미한다. 이때, $12|(9+17)-(9+5)$. 이것을 수학 기호로

$$(9+17) \equiv (9+5) \pmod{12}$$

라 쓴다.
일반적으로, 정수 n을 정수 $m>0$으로 나눈 후 나머지를 $n \pmod m$으로 나타낸다. 즉

$$n \pmod m = n-\left[\frac{n}{m}\right]m.$$

그리고 $m|(a-b) \Leftrightarrow a \equiv b \pmod m$으로 나타내고 '$a$와 b는 법 m으로 합동'이라 한다.

1 다음을 구하여라.
(1) $23 \pmod 7$
(2) 74의 3진법 표현

2 두 정수 a, b $(b \neq 0)$에 대하여 $a = qb + r$, $0 \leq r < b$라 하면 $(a, b) = (b, r)$임을 보여라.

(a, b)

(a, b)는 a, b의 최대공약수를 나타내는 기호이다.

2를 분석하면, 특히, a를 b로 나누었을 때 나머지를 $c = a \bmod b$라 하면 $(a,b) = (b,c)$. 또 b를 c로 나누었을 때 나머지를 $d = b \bmod c$라 하면 $(b,c) = (c,d)$. 이와 같이 계속해 나가면 $a > b > c > d > \cdots$이기 때문에 결국에 나머지는 0이 된다. 지금 c가 d로 나누어떨어진다고 하면 $(c,d) = (d,0) = d$, 즉 $(a,b) = d$. 이 과정을 유클리드 알고리즘[5]이라 한다. 즉, 유클리드 알고리즘은 두 정수 a와 b의 최대공약수를 찾는 알고리즘이다. 예를 들면,

$$3654 = 1365 \times 2 + 924$$
$$1365 = 924 \times 1 + 441$$
$$924 = 441 \times 2 + 42$$
$$441 = 42 \times 10 + 21$$
$$42 = 2 \times 21 + 0$$

따라서

$$(3654,1365) = (1365,924) = (924,441) = (441,42) = (42,21) = (21,0) = 21$$

이다.

3 다음을 구하여라.

(1) $(12345654321,\ 1234321)$

(2) $(5^{20} + 8,\ 5^{20} + 3)$

수가 크면 클수록 시간이 오래 걸릴 것이다. 그러나 이 과정은 유한 단계를 거쳐 명백한 답을 준다. 다른 한편, 유클리드 알고리즘의 과정을 거꾸로 올라가 보자. 즉

$$\begin{aligned} 21 &= 441 - (42 \times 10) \\ &= 441 - (924 - (441 \times 2)) \times 10 = 441 \times 21 + 924 \times (-10) \\ &= (1365 - 924) \times 21 + 924 \times (-10) = 1365 \times 21 + 924 \times (-31) \\ &= 1365 \times 21 + (3654 - 1365 \times 2) \times (-31) \\ &= 3654 \times (-31) + 1365 \times 83 \end{aligned}$$

5) [107-1 몫과 나머지] 참고

이때, 거꾸로 올라간 과정은 두 정수 3654, 1365의 최대공약수 21이 주어진 두 정수의 선형 합 $21 = 3654\times(-31)+1365\times 83$으로 표현됨을 의미한다.

4 $(30,22) = d = 30x + 22y$일 때, d, x, y를 구하여라.

2 중국인의 나머지 정리

중국의 수학책 《손자산경(孫子算經)》(기원후 4세기)에 다음과 같은 문제가 있다.

> "어떤 수를 3으로 나누면 2가 남고, 5로 나누면 3이 남고, 7로 나누면 2가 남는다. 어떤 수를 구하여라."

이 문제에 대하여 알아보기 전에 다음과 같은 경우를 생각해보자.

1 $\begin{cases}4x+7y=9\\5x+2y=3\end{cases}$을 만족하는 $x \pmod{13}$과 $y \pmod{13}$을 구하여라.

일반적으로 연립합동식 $\begin{cases}x\equiv a \pmod{m}\\x\equiv b \pmod{n}\end{cases}$의 체계적인 풀이 방법을 알아보자.

$$x = a+mt \ (t: \text{어떤 정수}),$$
$$x = a+mt = b+ns \ (s: \text{어떤 정수})$$

$mt \equiv b-a \pmod{n}$ 이 합동식은 $(m,n)=1$일 때만 해를 갖는다.

$$t \equiv m^{-1}(b-a) \pmod{n}$$
$$t = m^{-1}(b-a) \pmod{n} \ \& \ x \equiv a+mt \pmod{mn}$$

라 놓으면, 분명히 $x \equiv a \pmod{m}$이고

$$x \equiv a+mt \equiv a+m(m^{-1}(b-a)) \equiv a+(b-a) \equiv b \pmod{n}$$

2 $\begin{cases}x\equiv 3 \pmod{5}\\x\equiv 5 \pmod{7}\end{cases}$을 풀어라.

중국인 나머지 정리

$m_1,\ m_2,\ \cdots,\ m_r$을 쌍마다 서로 소인 자연수라 하자.

연립합동식 $\begin{cases} x \equiv a_1 \pmod{m_1} \\ x \equiv a_2 \pmod{m_2} \\ \ \vdots \qquad \vdots \\ x \equiv a_r \pmod{m_r} \end{cases}$은 유일한 해 $x \equiv X \pmod{m_1 m_2 \cdots m_r}$를 갖는다.

3 연립합동식 $\begin{cases} x \equiv 4 \pmod{29} \\ x \equiv 7 \pmod{30} \\ x \equiv 8 \pmod{31} \end{cases}$의 해를 구하여라.

3 페르마와 오일러 정리

수 n을 넘지 않고 n과 서로소인 자연수의 개수를 $\phi(n)$라고 하자. 즉

$$\phi(n) = |\{k|\ 1 \le k \le n,\ (k,\ n) = 1\}|$$

우리는 $\phi(n)$을 오일러 함수라 부른다.

1 다음 표에 1부터 20까지의 오일러 함수 값을 구하여라.

n	1	2	3	4	5	6	7	8	9	10
$\phi(n)$										

n	11	12	13	14	15	16	17	18	19	20
$\phi(n)$										

2 **1**의 오일러 함수값을 관찰하여 다음을 구하여라.

(1) p가 소수일 때, $\phi(p)$의 값

(2) d가 n의 약수일 때, $\phi(d)$를 모두 더한 값과 n의 관계, 즉 $\sum_{d|n}\phi(d)$와 n의 관계

(3) p가 소수일 때, $\phi(p^{\alpha})$의 값

(4) $(m,n)=1$일 때, $\phi(mn)$의 값

(5) $1741764024=2^3\cdot 3^2\cdot 7\cdot 11^2\cdot 13^4$일 때, $\phi(1741764024)$의 값

3 다음을 보여라

(1) p는 소수 $\Leftrightarrow \phi(p)=p-1$

(2) p가 소수일 때, 합동식 $x^2\equiv 1 \pmod{p}$의 해는 $x\equiv \pm 1 \pmod{p}$이다.

다음에 주어지는 정리는 아주 중요하다. 증명 없이 소개하겠다.

윌슨의 정리: $p>1$는 소수 $\Leftrightarrow (p-1)!\equiv -1 \pmod{p}$.
예를 들면, 윌슨의 정리에 의해, 즉

$$50! \bmod 51=0,\ 52! \bmod 53=52\equiv -1 \pmod{53}$$

이므로 51은 합성수이고 53은 소수이다.

페르마의 정리: p는 소수이고, $(a,\ p)=1$일 때,

$$a^{p-1}\equiv 1 \pmod{p}.$$

일반적으로, p는 소수이고 a는 정수일 때,

$$a^p\equiv a \pmod{p}.$$

오일러의 정리: $(a,\ n)=1$일 때, $a^{\phi(n)}\equiv 1 \pmod{n}$.
예를 들면,

$$5^{\phi(21)}\equiv 1 \pmod{21}$$

암호에 필요한 중요한 수학이론

❶ 유클리드 알고리즘

1 (1) $23 \bmod 7 = 23 - \left[\frac{23}{7}\right]7 = 23 - 3 \cdot 7 = 23 - 21 = 2$

(2) $74 = (2202)_3 = 2 \cdot 3^3 + 2 \cdot 3^2 + 0 \cdot 3^1 + 2 \cdot 3^0$

2 두 정수 a, $b\,(b \neq 0)$에 대하여 $a = qb + r$, $0 \leq r < b$라 하면 $(a,\ b) \mid a$, b이고 $(a,b) \mid r = (a - qb)$, 즉 (a,b)는 r, b의 공약수이다. 공약수는 최대공약수의 약수이므로 $(r,b) \mid (a,b)$이다. 같은 방법으로, $(r,b) \mid r, b$이고 $a = qb + r$이므로 $(r,b) \mid a$, 즉 (r,b)는 a, b의 공약수이다. 따라서 $(r,b) \mid (a,b)$. 이와 같이 서로가 서로의 약수이기 때문에 $(a,b) = (r,b)$을 얻는다.

3 (1) $(12345654321,\ 1234321) = (111111^2,\ 1111^2) = (3^2 7^2 11^2 13^2 37^2,\ 11^2 101^2) = 11^2 = 121$

(2) $(5^{20} + 8, 5^{20} + 3) = (5^{20} + 3, 5) = (5,3) = (3,2) = (2,1) = (1,0) = 1$

4 $d = 2$, $x = 3$, $y = -4$

❷ 중국인의 나머지 정리

1 $4^{-1}\ (\mathrm{mod}\ 13) = 10$, $5^{-1}\ (\mathrm{mod}\ 13) = 8$이므로

$$\begin{cases} 10(4x + 7y)\ (\mathrm{mod}\ 13) = 10 \cdot 9\ (\mathrm{mod}\ 13) \\ 8(5x + 2y)\ (\mathrm{mod}\ 13) = 8 \cdot 3\ (\mathrm{mod}\ 13) \end{cases} \text{ 또는 } \begin{cases} x + 5y = 12 \\ x + 3y = 11 \end{cases}$$

따라서 $2y = 1$이다. $2^{-1}\ (\mathrm{mod}\ 13) = 7$이므로 $y = 7$, $x = (12 - 5 \cdot 7)\ (\mathrm{mod}\ 13) = 3$

2 $3 \cdot 5 = 15 \equiv 1\ (\mathrm{mod}\ 7)$, 즉 $5^{-1}\ (\mathrm{mod}\ 7) = 3$이므로

$t = m^{-1}(b - a)\ (\mathrm{mod}\ n) = 3(5 - 3)\ (\mathrm{mod}\ 7) = 6$이고 $x \equiv 3 + 5 \cdot 6 = 33\ (\mathrm{mod} 5 \cdot 7)$이다.

3 $30 = 30^{-1} \bmod 31$에서 $t = 30(8 - 7) = 30$, $x \equiv 7 + 30 \cdot 30 = 907\ (\mathrm{mod}\ 930)$

이므로 $\begin{cases} x \equiv 4\ (\mathrm{mod}\ 29) \\ x \equiv 907\ (\mathrm{mod}\ 930) \end{cases}$에서 $29^{-1}\ (\mathrm{mod}\ 930) = 449$, $t = 449(907 - 4) = 897$이다.

따라서 $x \equiv 4 + 29 \cdot 897 = 26017\ (\mathrm{mod}\ 26970)$이다.

❸ 페르마와 오일러 정리

1

n	1	2	3	4	5	6	7	8	9	10
$\phi(n)$	1	1	2	2	4	2	6	4	6	4

n	11	12	13	14	15	16	17	18	19	20
$\phi(n)$	10	4	12	6	8	8	16	6	18	8

2

(1) $\phi(p)=p-1$

(2) $\sum_{d|n}\phi(d)=n$

(3) $\phi(p^\alpha)=p^\alpha-p^{\alpha-1}$

(4) $\phi(m\times n)=\phi(m)\phi(n)$

(5) $\phi(1741764024)=2^2(2-1)3(3-1)(7-1)11(11-1)13^3(13-1)=417605760$

3

(1) p가 소수일 때, $1\le a\le p-1$에 있는 모든 a는 p와 서로 소이다. 따라서 $\phi(p)=p-1$이다. 역으로, $\phi(p)=p-1$이라 하고 p가 소수가 아니라 하면 $p=1$ 혹은 p은 합성수이다. $\phi(1)=1\ne 1-1$. 만약 p가 합성수이면 $p=ab(1<a,\ b<p)$이다. $(a,\ p)=a>1$이므로 p와 서로 소인 정수의 개수는 많아야 $p-2$개이다. 따라서 모순이다. 즉 p는 소수이다.

(2) $p|x^2-1=(x+1)(x-1)$이므로 $p|x+1$ 혹은 $p|x-1$, 즉 $x\equiv\pm1 \pmod p$

111-3

RSA 암호방식

Keywords 암호, 소수, 합동식, 페르마의 정리, 오일러의 정리, RSA 암호

비밀키 암호방식은 개인적인 비밀 통신을 할 경우에는 별 문제가 없다. 하지만 다수가 통신을 할 때는 키의 개수가 급증하여 어려움이 따른다. 이를 해결하기 위한 것이 요즘 인터넷에서 흔히 쓰이는 '공개키 암호방식'이다. 공개키 암호방식에서 가장 유명한 것은 1977년 개발된 RSA 방식으로, RSA는 이를 처음으로 연구한 세 명의 수학자 론 리베스트(Ron Rivest), 아디 샤미르(Adi Shamir), 레너드 에이들먼(Leonard Adleman)의 성을 따서 만든 이름이다. RSA는 두 개의 큰 소수(보통 140자리 이상)를 곱하는 것은 쉽지만 곱해진 결과가 어떤 두 소수의 곱인지 알아내기 위해서는 슈퍼컴퓨터를 이용해도 상당히 긴 시간이 걸린다는 점에 착안한 것이다.

예를 들어, 일 초에 백만 번의 연산을 할 수 있는 컴퓨터를 이용하여 현재 알려진 가장 빠른 방법으로 계산한다 해도, 100자리 수의 소인수분해에 약 100년 정도 걸린다고 한다. (재래식 방법으로는 우주의 역사보다도 긴 시간이 필요하다.)

참고로 1977년에 129자리 합성수

$$N = 114,381,625,757,888,867,669,235,779,976,146,612,010,218,296,\\ 721,242,362,562,561,842,935,706,935,245,733,897,830,597,123,\\ 563,958,705,058,989,075,147,599,290,026,879,543,541$$

에 대한 소인수분해 문제에 100달러 상금이 걸려 있던 적도 있다. 1994년에 전 세계 25개국에서 자원봉사자 600명을 모집한 후, 인터넷을 통해 작업을 분담시켜 처리하여 얻은 소인수분해 결과는

$$p = 32{,}769{,}132{,}993{,}266{,}709{,}549{,}961{,}988{,}190{,}834{,}461{,}413{,}177{,}642{,}967{,}992{,}942{,}539{,}798{,}288{,}533$$

$$q = 3{,}490{,}529{,}510{,}847{,}650{,}949{,}147{,}849{,}619{,}903{,}898{,}133{,}417{,}764{,}638{,}493{,}387{,}843{,}990{,}820{,}577$$

이었다. 소인수분해 소요시간은 다음과 같았다.

$\log_2 n$	$L(n)$	MIPS 년
512	6.7×10^{19}	2.1×10^{6}
576	1.7×10^{21}	5.5×10^{7}
⋮	⋮	⋮
960	3.7×10^{28}	1.2×10^{15}
1024	4.4×10^{29}	1.4×10^{16}

따라서 이러한 암호체계는, 소인수분해에 대한 새로운 수학적 발견이 있지 않고서는 깨뜨리기가 불가능하다. 현재 슈퍼컴퓨터와 복잡한 수학적 기법들을 이용해 155자리 합성수가 인수분해되었는데(1999년 8월) 155를 2진수로 표현하면 512비트이기 때문에 흔히 RSA에서 사용하는 키는 이보다 길이가 2배 긴 1024비트를 이용한다. 만약 큰 수의 소인수분해를 획기적으로 빠르게 할 수 있는 알고리즘이 발견된다면 이 암호 시스템은 가치가 떨어질 것이다.

실제로 정수론을 전공하는 많은 수학자들이 효과적인 소수 판정 방법과 소인수분해 방법을 찾는 연구를 하고 있으며, 연구 결과가 군사기밀 혹은 기업비밀로 분류되기도 한다.

소수 판정 방법의 연구가 안전한 암호화 키를 만들기 위해 필요한 연구라면, 소인수분해 방법의 연구는 이러한 암호체계를 깨뜨리기 위해 필요한 연구라고 할 수 있다. 최근에 개발된 소수 판정 방법에 의하면, 100자리 수는 약 45초, 200자리 수는 약 6분 정도 걸린다고 한다.

1 RSA 암호 만들기

RSA 암호는 다음과 같은 세 단계를 거쳐 만들어진다.

첫 번째 단계는 공개키를 만드는 단계이다. A라는 사람이 자연수의 순서쌍 $(e,\ m)$을 공개하는 것이다. 여기서 e와 m은 다음과 같이 만든다. 50자리에서 100자리 사이의 아주 큰 소수 p와 $q(p \neq q)$를 정하여 첫 번째 비밀키로 한

다. 그리고

$$m = pq$$

라 놓은 후, 1, 2, ⋯, m에서 m과 서로소인 자연수의 개수 $\phi(m) = (p-1)(q-1)$을 구한다. 마지막으로 $\phi(m)$과 서로소인 3자리 혹은 4자리 자연수 e를 하나 선택한다. 이렇게 하는 이유는 주어진 200자리 자연수가 소수인지 알아내는 것은 아직까지 매우 어렵지만 200자리 소수를 찾는 것은 어렵지 않기 때문이다.

두 번째 단계는 암호화 단계이다. B라는 사람이 A가 공개한 키 (e, m)을 가지고 A에게 메시지를 보내는 것이다.

$$\text{평문 정수 } x \rightarrow y = x^e \bmod m$$

세 번째 단계는 복호화 단계이다. 즉, 비밀키에 관련된 단계이다. A가 B로부터 받은 암호화된 메시지 y를 해독하기 위해서는 두 번째 비밀키 (d, m)이 필요하다. 즉, $ed = 1 \bmod \phi(n)$이 되는 d를 확장된 유클리드 알고리즘으로 계산하여 비밀키로 한다.

$$\text{암호문 } y \Rightarrow \text{평문 정수 } x = y^d \bmod m$$

위와 같은 과정을 거쳐 공개키 암호를 만들 수 있는 것은 다음과 같은 이유 때문이다.

$$ed = 1 \pmod{\phi(m)}$$

즉, $ed = 1 + k\phi(m)$이다. $1 \le x < m$이라 가정하자. 그러면 m과 서로소인 x에 대하여 오일러 정리를 사용하면

$$\begin{aligned}(x^e)^d \pmod{m} &= x^{ed} \pmod{m} \\ &= x^{1+k\phi(m)} \pmod{m} \\ &= x^1 (x^{\phi(m)})^k \pmod{m} \\ &= x(1)^k \pmod{m} \\ &= x\end{aligned}$$

다른 한편, x가 $m = pq$과 서로소가 아니라면 $(x, m) = p$ (또는 q)라 놓자.

$$\phi(m) = \phi(p)\phi(q) = (p-1)(q-1)$$

이므로

$$
\begin{aligned}
x^{ed} \pmod q &= x^{1+(p-1)(q-1)k} \pmod q \\
&= x(x^{q-1})^{k(p-1)} \pmod q \\
&= x(1)^{k(p-1)} \pmod q \\
&\equiv x \pmod q
\end{aligned}
$$

그리고

$$
\begin{aligned}
x &\equiv 0 \\
&\equiv x^{ed} (\text{mod } p)
\end{aligned}
$$

따라서 중국인의 나머지 정리에 의해

$$x = (x^e)^d \pmod m$$

이 성립한다.

다음은 이해를 돕기 위하여 만든 RSA 암호의 간단한 예이다.

$m = 11413 = pq = 101 \times 113$

$\phi(m) = 11200$, $d = 6597$, $e = 3533$

메시지 $x = 9726$

암호화 : $9726^{3533} \equiv 5761 \pmod{11413}$

복호화 : $5761^{6597} \equiv 9726 \pmod{11413}$

계산 : $5761^{6597} \equiv (9726^{3533})^{6597} \equiv 9726^{23307201}$
$\equiv 9726^{20810 \times 11413 + 1} \equiv 9726 \pmod{11413}$

2 비밀키 알아내기

A와 B가 아닌 제삼자가 공개키 $(e,\ m)$을 가지고 비밀키 $(d,\ m)$을 계산해내는 것은 가능하다. $d = e^{-1} \bmod \phi(m)$이므로 $\phi(m)$ 값만 알 수 있다면 유클리드 알고리즘을 사용하여 d를 구할 수 있다. 그런데 $\phi(m)$의 계산은 결국 m을 소인수분해하는 것과 같다. 그 이유는 소인수분해의 한 용도로 $\phi(m) = \phi(pq) = (p-1)(q-1)$을 이용할 수 있기 때문이다.

따라서 제삼자가 공개키로 비밀키를 알아내는 것은 가능하지만 매우 큰 수를 소인수분해하는 과정을 거쳐야하므로 필요한 시간 안에 해내는 것은 어려운 일이다.

이제 공개키로 비밀키를 알아내는 방법을 생각해보자. 만약 m과 $\phi(m)$을 알고 $m = pq(q < p)$라 예상하면

$$\phi(m) = (p-1)(q-1) = pq - (p+q) + 1 = m - (p+q) + 1$$

로부터 $p + q = m - \phi(m) + 1$이고

$$(p+q)^2 = p^2 + 2pq + q^2 = p^2 - 2pq + q^2 + 4pq = (p-q)^2 + 4m$$

으로부터

$$p - q = \sqrt{(p+q)^2 - 4m}$$

을 얻는다. 따라서

$$p = \frac{(p+q)+(p-q)}{2}, \quad q = \frac{(p+q)-(p-q)}{2}$$

을 얻을 수 있다.

1 (1) $m = 35 = 5 \cdot 7 = pq$, $e = 11$, $x = 22$일 때,

$$d = 11^{-1} \bmod \phi(35), \quad y = x^e \bmod 35, \quad z = y^d \bmod 35$$

을 구하여라.

(2) $m = 76461 = pq$, $\phi(m) = 75900$일 때, 소수 p와 q를 구하여라.

RSA 암호방식

❷ 비밀키 알아내기

1 (1) $\phi(35)=4\cdot 6=24$, $(24,\ 11)=1$에서 $1=11\cdot 11+(-5)\cdot 24$이므로 $d=11^{-1} \bmod \phi(35)=11$이다. 따라서 $y=x^e \bmod 35=22^{11} \bmod 35=8$, $z=y^d \bmod 35=8^{11} \bmod 35-22$.

(2) $p+q=562$, $p-q=100$, $p=331>q=231$

112

함수

• **교육과정**

중 1 _ 규칙성과 함수, 함수
중 2 _ 일차함수
중 3 _ 이차함수
고 1 _ 함수

주제 1	역함수와 헨리 함수
Keywords	함수의 상등, 그래프, 합성함수, 일대일 대응, 역함수, 헨리 함수, 동치관계
주제 2	정수함수
Keywords	Floor-함수(최대정수함수), Ceiling-함수(최소정수함수), 스펙트럼
주제 3	생성함수 1
Keywords	계승, 이항계수, 생성함수, 로랑 다항식
주제 4	생성함수 2
Keywords	생성함수, 분할, 분배, 카탈란 수
주제 5	이차곡선 1
Keywords	포물선, 타원, 쌍곡선, 이차곡선, 초점
주제 6	이차곡선 2
Keywords	포물선, 타원, 쌍곡선, 이차곡선, 초점

함수는 여러 가지의 많은 관계들 중에서 이항 관계의 특수한 경우로 생각할 수 있는데, 두 집합 사이의 대응 관계로서 하나의 원소에 하나의 원소씩 대응하는 순서 관계를 말한다. 여기서 서로 다른 여러 개의 원소가 같은 원소에 대응해도 되지만, 하나의 원소가 여러 개의 원소와 대응해서는 안 된다. 함수는 여러 분야에 응용되는 매우 중요한 수학 분야 중의 하나로서, 특히 컴퓨터 프로그램에서는 필수적이라고 할 수 있다.

주제 1은 역함수에 대한 것이다. 수에서 두 실수의 곱이 1이면 한 수는 다른 수의 역수이다. 그러나 함수에서는 항상 그렇지 않다. 즉, 일반적으로 함수 f의 역함수 f^{-1}는 $f(x)$의 역수가 아니다. 여기에서는 역함수가 원래 함수의 역수와 같은 함수에 대하여 알아보았다.

주제 2에서는 최대정수함수와 최소정수함수의 기본 성질과 그 응용을 다루었다. 이 함수들은 특정한 장면에서 매우 유용하다. 보통 실험에 의해 얻은 수치 자료는 유리수 또는 실수로 얻어진다. 종종 이런 자료들을 정수로 변환시킬 필요가 있다. 생활 속에서도 알게 모르게 이런 조작을 하고 있다. 예를 들면, 디지털 시계의 시간은 초를 정수로 만든 것이다. 택시의 미터기나 주유소의 주유량 표시도 정수로 만든 것이다. 이산수학은 정확한 이산값만을 갖는 대상을 다루는 학문으로, 이산적인 대상은 정수로 특성화시킬 수 있다. 최대정수함수와 최소정수함수는 이산값을 다루는 함수이다.

주제 3, 4에서는 생성함수를 다루는 데 생성함수는 광범위한 형태의 조합 문제를 해결하는 데 사용되는 가장 추상적인 문제 해결 기법이 됨을 많은 예를 통해 알아보았다.

주제 5에서는 이차곡선을 다루고, **주제 6**에서는 던져진 물체, 자동차의 헤드라이트의 반사면, 현수교에서 케이블 모양 등 이차곡선의 활용을 다루었다.

주제 3, 4는 생성함수, 주제 5, 6은 이차함수로 관련된 주제를 다루지만 주제 1과 주제 2는 독립된 주제로 학습 순서는 아무 관계가 없다.

112-1 역함수와 헨리 함수

Keywords 함수의 상등, 그래프, 합성함수, 일대일 대응, 역함수, 헨리 함수, 동치관계

1 역함수

0이 아닌 두 실수의 곱이 1이면 하나는 다른 하나의 역수이다. 즉

$$ab = 1 \Leftrightarrow b = \frac{1}{a}(= a^{-1}).$$

그러나 역함수가 존재하는 일대일 대응 함수 f에 대하여 일반적으로 $f^{-1}(x) \neq \dfrac{1}{f(x)}$이다.

먼저 두 집합 X, Y에 대하여 집합 X의 각 원소에 집합 Y의 원소가 오직 하나씩만 대응할 때, 이 대응을 X에서 Y로의 함수(function)라 하고, 기호

$$f : X \to Y,\ y = f(x)$$

로 나타낸다. 여기서

$y = f(x)$: 규칙(rule) 또는 f에 의한 x의 상(image) 혹은 x의 함수값
X : f의 정의역(domain), 앞으로 D_f를 f의 정의역으로 나타낸다.
Y : f의 공역(codomain)
$f(X) = \{f(x) \mid x \in X\}$: f의 치역(range)

1 $X = \{x, y, z\}$, $Y = \{1, 2, 3\}$일 때, X에서 Y로의 함수는 어느 것인가? 함수가 아닌 것의 이유는 무엇인가?

(1) $f(x) = 2,\ f(y) = 1,\ f(z) = 3$

(2) $g(x) = 1,\ g(y) = 3,\ g(z) = 1$

(3) $h(x) = 1,\ h(x) = 3,\ h(z) = 2$

두 함수가 같다는 말은 두 함수의 정의역이 같고 정의역에 속한 모든 원소의 함수값이 같을 때를 말한다. 즉

$$f=g \Leftrightarrow \begin{cases} D_f = D_g \\ \text{모든 } x\in D_f \text{에 대하여 } f(x)=g(x) \end{cases}$$

[ℝ]의 집합

ℝ은 실수의 집합을 말한다. 일반적으로 자연수의 집합은 ℕ, 정수의 집합은 𝕀, 유리수의 집합은 ℚ, 복소수의 집합은 ℂ로 나타낸다.

예를 들면, $D_f = D_g = \mathbb{R}$일 때, $f(x)=(x+1)^2$과 $g(x)=x^2+2x+1$은 같은 함수이다.
두 함수 $f: X \to Y$와 $g: Y \to Z$에 대하여 f의 치역이 g의 정의역에 포함될 때, 즉 $f(X) \subseteq Y$일 때, X에서 Z로 가는 새로운 함수

$$g \circ f: X \to Z,\ (g \circ f)(x) = g(f(x))$$

를 만들 수 있고, 이 함수를 f와 g의 합성함수라 한다.

2 다음 표를 완성하여라.

$f(x)$	$g(x)$	$(g \circ f)(x)$	$(f \circ g)(x)$
$x-7$	$\sqrt{x}$		
$x+2$	$3x$		
	$\sqrt{x-5}$	$\sqrt{x^2-5}$	
$\dfrac{x}{x-1}$	$\dfrac{x}{x-1}$		
	$1+\dfrac{1}{x}$	x	
$\dfrac{1}{x}$		x	

합성함수는 다음과 같은 성질을 가진다.

(1) $f \circ g \neq g \circ f$
(2) $f \circ (g \circ h) = (f \circ g) \circ h$
(3) $f \circ I = I \circ f = f$, 여기서 $I(x)=x$인 항등함수

함수 f에 대하여 집합 $G_f = \{(x, f(x)) \mid x \in D_f\}$을 f의 그래프라 한다. 즉

$$y=f(x) \Leftrightarrow (x,y) \in G_f$$

함수 $f: X \to Y$가 정의역 X의 임의의 원소 x_1, x_2에 대하여

(1) $x_1 \neq x_2 \Rightarrow f(x_1) \neq f(x_2)$

(2) 치역=공역 즉, $f(X) = Y$

을 만족할 때, 함수 f를 일대일 대응이라 한다. 이 때, X와 Y의 원소의 개수는 같고, Y에서 X로 가는 새로운 함수

$$f^{-1}: Y \to X,\ f(f^{-1}(x)) = x,\ f^{-1}(f(x)) = x$$

를 만들 수 있다. 이 함수를 f의 역함수라 한다.

3 아래 그림에서 함수 f는 일대일 대응이므로 역함수 f^{-1}가 존재한다. 화살표를 그어 완성하고 그래프 G_f와 $G_{f^{-1}}$을 구하여라.

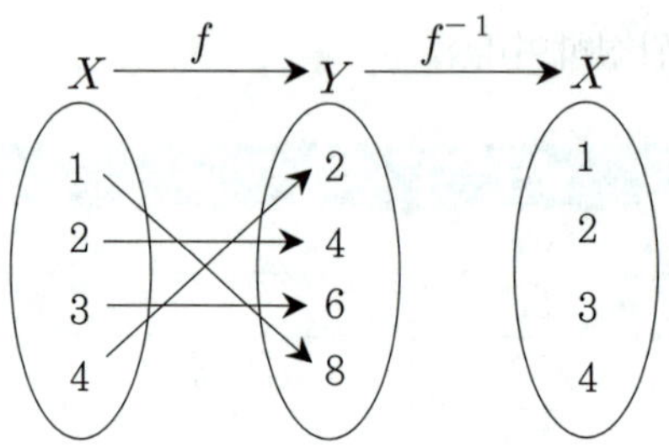

여기서

$$y = f(x) \Leftrightarrow (x,y) \in G_f \Leftrightarrow (y,x) \in G_{f^{-1}} \Leftrightarrow x = f^{-1}(y)$$

이 성립한다. 그리고 (x,y)와 (y,x)의 중점의 x-좌표와 y-좌표는 $\frac{x+y}{2}$로 같기 때문에 평면에서 두 점 (x,y)와 (y,x)은 직선 $y = x$에 대칭이다. 다시 말하면, 일대일 대응 함수와 그 역함수는 직선 $y = x$에 대칭이다. 따라서 일대일 대응 함수 $y = f(x)$의 x와 y를 바꾸고 나서 그 식을 y에 관하여 풀면 역함수 $y = f^{-1}(x)$를 얻을 수 있다.

4 (1) 일대일 대응 함수와 그 역함수는 왜 직선 $y = x$에 대칭인가? 설명하여라.

(2) 함수 $f(x) = x^3 + 2$는 일대일 대응인가? 일대일 대응이면 역함수를 구하여라.

2 역함수와의 관계

1. 헨리 함수

0이 아닌 두 실수의 곱이 1이면 한 수는 다른 수의 역수이다. 즉

$$ab = 1 \Leftrightarrow b = \frac{1}{a}(a = ^{-1})$$

그러나 함수에서는 이 관계가 항상 성립하지 않는다. 일대일 대응 함수 f는 역함수 f^{-1}를 갖지만 일반적으로 $f^{-1}(x) \neq \frac{1}{f(x)}$이다.[1)]
예를 들면, $f(x) = x^3$은 일대일 대응 함수이고 $f^{-1}(x) = x^{\frac{1}{3}}$이다. 만약 $x \neq 1$인 경우에는

$$f^{-1}(x) = x^{\frac{1}{3}} \neq x^{-3} = \frac{1}{f(x)}$$

으로 역함수가 원래 함수의 역수가 아니다. 그러면 등식 $f^{-1}(x) = \frac{1}{f(x)}$을 만족하는 일대일 대응 함수 f는 존재하는가라는 질문에 대하여 생각해보자.

1 (1) $f^{-1}(x) = \frac{1}{f(x)}$을 만족하는 $\{-1,1\}$에서 $\{-1,1\}$로 가는 일대일 대응 함수를 만들어라.

(2) 함수 $f : \mathbb{R} - 0 \to \mathbb{R} - 0$, $f(x) = \begin{cases} -x & x > 0 \\ -\frac{1}{x} & x < 0 \end{cases}$의 그래프를 그리고, 일대일 대응이면 역함수 f^{-1}를 구하여라. 이 함수는 식 $f^{-1}(x) = \frac{1}{f(x)}$을 만족하는가?

위에서 주어진 함수를 살펴보면 조건

(H1) $\quad (x,y) \in G_f \Rightarrow x \in D_{f^{-1}}$

1) Sharon MacKendrick, For What Functions Is $f^{-1}(x) = \frac{1}{f(x)}$?, The College Mathematics Journal, 37(4) (2003). p. 304-311.

$$\text{(H2)} \qquad f^{-1}(x)=\frac{1}{f(x)}$$

을 만족하고 있음을 알 수 있다. 조건 (H1)과 (H2)를 만족하는 함수를 헨리 함수(Henry function)라 한다.

이제 헨리 함수는 몇 개나 존재하는지, 헨리 함수는 어떠한 성질을 가지고 있는지 알아보자.

2 헨리 함수 f에 대하여 다음을 보여라.

(1) $(x, f(x)),\left(f(x), \frac{1}{x}\right),\left(\frac{1}{x}, \frac{1}{f(x)}\right),\left(\frac{1}{f(x)}, x\right) \in G_f$

(2) $x=\pm 1$이면 $f(x)=\pm 1$이다. 또한 $x=f(x)$이면 $x=\pm 1$이다.

예를 들면, $f(2)=-\frac{1}{3}$일 때,

$$\left\{\left(2,-\frac{1}{3}\right),\left(-\frac{1}{3}, \frac{1}{2}\right),\left(\frac{1}{2},-3\right),(-3,2)\right\} \subset G_f$$

이므로 다음과 같이 정의된 함수 f는 헨리 함수이다.

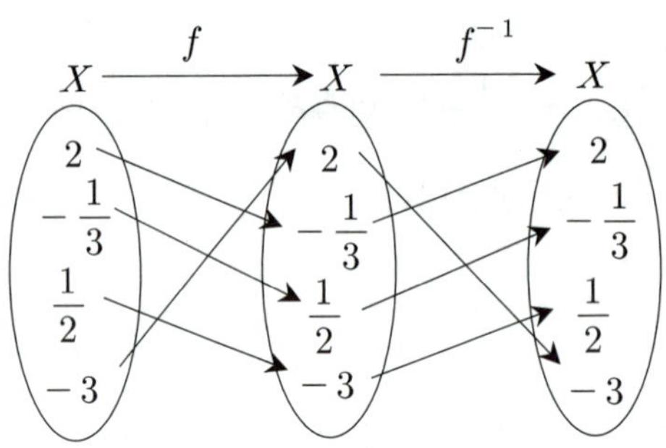

이와 같이 정의역과 공역이 유한집합으로 같은 헨리 함수는 무한히 만들 수 있다.

3 $f(2)=-\frac{1}{3}$, $f(3)=4$일 때, 헨리 함수를 만들어라.

2. 동치류

주어진 함수 $f: X \to Y$의 정의역 $X \ni x, y$에 다음과 같은 관계를 정의하자.

$$x \sim y \Leftrightarrow \text{음이 아닌 정수 } m,\ n\text{이 존재하여 } f^m(x) = f^n(y),$$

여기서 $f^0 = I$(항등함수), $f^m = f \circ f \circ \cdots \circ f$($m$개의 합성)을 의미한다.

4 위에서 정의한 관계 ~는 동치 관계[2)]이다. 이를 보여라.

이 동치 관계에 의해서 정의역 X는 동치류들로 분할된다. 즉

$$X = \bigcup_{x \in X} w_f(x) \quad [w_f(x)\text{는 서로소}]$$

$$\text{여기서 } w_f(x) = \{y \in X \mid y \sim x = f^k(x) \mid k = 0, \pm 1, \pm 2, \cdots\}$$

을 x의 동치류라 한다. 예를 들면, 함수 $f: \mathbb{R} \to \mathbb{R}$, $f(x) = x^2$는 역함수를 갖지 않지만 원소 x의 동치류는

$$w_f(x) = \{f^0(x), f(x), f^2(x), f^3(x), \cdots\} = \{x, x^2, x^4, x^8, \cdots\}$$

으로 주어진다.

5 (1) 함수 $f: \mathbb{R} - 0 \to \mathbb{R} - 0$, $f(x) = \dfrac{1}{x}$의 역함수와 원소 $x(\neq 0)$의 동치류 $w_f(x)$들 구하여라.

(2) 복소함수 $f: \mathbb{C} \to \mathbb{C}$, $f(x) = ix$의 역함수와 허수단위 $i = \sqrt{-1}$의 동치류 $w_f(i)$를 구하여라. 여기서 $\mathbb{C}$는 복소수 집합이고 허수단위 i는 방정식 $x^2 = -1$의 근이다.

6 등식 $f^{-1}(x) = \dfrac{1}{f(x)}$을 만족하는 함수 $f: \mathbb{R} - 0 \to \mathbb{R} - 0$에 대하여 다음을 보여라.

(1) $w_f(x) = \left\{x,\ f(x),\ \dfrac{1}{x},\ \dfrac{1}{f(x)}\right\}$.

---

2) 동치 관계는 (1) $x \sim x$ (반사율) (2) $x \sim y$ 이면 $y \sim x$ (대칭률) (3) $x \sim y$, $y \sim z$이면 $x \sim z$ (추이율)을 만족하는 관계이다.

(2) $x = \frac{1}{x}$ 이면 $f(x) = \frac{1}{f(x)}$ 이다. 또한 $f(x) = x$ 이면 $x = \frac{1}{x}$ 이다.

(3) 함수 $f : \mathbb{R} - 0 \to \mathbb{R} - 0$, $f(x) = \begin{cases} -x & (x > 0) \\ -\frac{1}{x} & (x < 0) \end{cases}$ 는 헨리 함수임을 앞에서 보았다. 0이 아닌 실수 x의 동치류 $w_f(x)$를 구하여라.

역함수와 헨리 함수

❶ 역함수

3 $G_f=\{(1,8),(2,4),(3,6),(4,2)\},\ G_{f^{-1}}=\{(8,1),(4,2),(6,3),(2,4)\}$

❷ 역함수와의 관계

1 (1) $f:\{-1,1\}\to\{-1,1\},\ f(1)=1,\ f(-1)=-1$
$g:\{-1,1\}\to\{-1,1\},\ g(1)=-1,\ g(-1)=1$
는 일대일 대응이고 역함수

$$f^{-1}:\{-1,1\}\to\{-1,1\},\ f^{-1}(1)=1,\ f^{-1}(-1)=-1,\ \text{즉 } f^{-1}=f$$
$$g^{-1}:\{-1,1\}\to\{-1,1\},\ g^{-1}(1)=-1,\ g^{-1}(-1)=1,\ \text{즉 } g^{-1}=g$$

를 갖는다. 이 두 함수는 모두 식 $f^{-1}(x)=\dfrac{1}{f(x)}$을 만족한다.

(2) 식 $f^{-1}(x)=\dfrac{1}{f(x)}$을 만족한다.

2 (1) 만약 $(a,b)\in G_f$이면 $b=f(a)$이고 $a\in D_{f^{-1}}$이며 $f^{-1}(a)=\dfrac{1}{b}$이다. 따라서 $f\left(\dfrac{1}{b}\right)=a$이므로 $\left(\dfrac{1}{b},a\right)\in G_f$이다. 마찬가지로 $\dfrac{1}{b}\in D_{f^{-1}}$이고 $f^{-1}\left(\dfrac{1}{b}\right)=\dfrac{1}{a}$이다. 따라서 $f\left(\dfrac{1}{a}\right)=\dfrac{1}{b}$이므로 $\left(\dfrac{1}{a},\dfrac{1}{b}\right)\in G_f$이다. 다시 $\dfrac{1}{a}\in D_{f^{-1}}$이고 $f^{-1}\left(\dfrac{1}{a}\right)=b$이다. 따라서 $f(b)=\dfrac{1}{a}$이므로 $\left(b,\dfrac{1}{a}\right)\in G_f$이다. 또다시 $b\in D_{f^{-1}}$이고 $f^{-1}(b)=a$이다. 따라서 $f(a)=b$이므로 $(a,b)\in G_f$이다. 다시 맨 처음으로 돌아간다. 따라서 헨리 함수 f에 대하여 다음이 성립한다.

(*) $$(x,f(x)),\left(f(x),\frac{1}{x}\right),\ \left(\frac{1}{x},\frac{1}{f(x)}\right),\ \left(\frac{1}{f(x)},x\right)\in G_f\ .$$

(2) $x=\pm1$이면 $\dfrac{1}{x}=x$이다. (*)에 의해 $f(x)=f\left(\dfrac{1}{x}\right)=\dfrac{1}{f(x)}$이다. 즉 $f(x)^2=1$이므로 $f(x)=\pm1$이다. 또한 $x=f(x)$이면 다시 (*)에 의해 $(x,x),\left(x,\dfrac{1}{x}\right)\in G_f$이다. 이때 $x\neq\dfrac{1}{x}$이면 f가 함수라는 사실에 모순이 된다. 따라서 $x=\dfrac{1}{x}$이다. 즉 $x=\pm1$이다.

따라서 헨리 함수 f에 대하여 다음이 성립한다.

$x = \pm 1$ 이면 $f(x) = \pm 1$

$x = f(x)$ 이면 $x = \pm 1$.

3 $\left(2,-\frac{1}{3}\right),\left(-\frac{1}{3},\frac{1}{2}\right),\left(\frac{1}{2},-3\right),(-3,2),(3,4),\left(4,\frac{1}{3}\right),\left(\frac{1}{3},\frac{1}{4}\right),\left(\frac{1}{4},2\right) \subset G_f$

이므로 다음과 같이 정의된 함수 f도 헨리 함수이다.

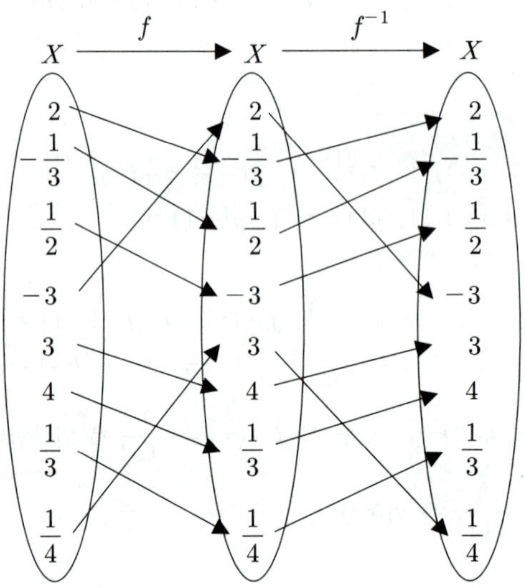

4 음이 아닌 정수 m에 대해 $f^m(x) = f^m(x)$이므로 $x \sim x$이다. $x \sim y$라 하면, 음이 아닌 정수 m, n이 존재하여 $f^m(x) = f^n(y)$이다. 그 정수 m, n에 대해 $f^n(y) = f^m(x)$이므로 $y \sim x$이다. $x \sim y$, $y \sim z$라 하면, 음이 아닌 정수 a,b,c,d가 존재하여

$$f^a(x) = f^b(y),\ f^c(y) = f^d(z)$$

이다. 앞의 등식에서 c승을 하고, 뒤 등식에서 b승을 하면 $f^{ac}(x) = f^{bc}(y) = f^{db}(z)$이고 ac, db는 음이 아닌 정수이므로 $x \sim z$이다.

5 (1) 함수 $f : \mathbb{R} - \{0\} \to \mathbb{R} - \{0\}$, $f(x) = \frac{1}{x}$는 자기 자신과 같은 역함수를 갖고

$$f(x) = \frac{1}{x},\ f^0(x) = x,\ f^1(x) = \frac{1}{x},\ f^2(x) = f\left(\frac{1}{x}\right) = x,\ f^3(x) = f(x) = \frac{1}{x},\ \cdots$$

이므로 원소 $x(\neq 0)$의 동치류는 $w_f(x) = \{f^0(x), f(x), f^2(x), f^3(x), \cdots\} = \left\{x, \frac{1}{x}\right\}$으로 주어진다.

(2) 복소함수 $f:\mathbb{C} \to \mathbb{C}$, $f(x)=ix$는 역함수 $f^{-1}(x)=\dfrac{1}{i}x$를 갖고 허수단위 $i=\sqrt{-1}$의 동치류는 $w_f(i)=\{f^0(x), f^{\pm1}(x), f^{\pm2}(x), f^{\pm3}(x), \cdots\}=\{i, -1, -i, 1\}$ 으로 주어진다. 여기서 $\mathbb{C}$는 복소수 집합이고 허수단위 i는 방정식 $x^2=-1$의 근이다.

6 (1) $f^0(x)=x$, $f^1(x)=f(x)$, $f^{-1}(x)=\dfrac{1}{f(x)}$,

$$f^{-2}(x)=f^{-1}(f^{-1}(x))=\frac{1}{f(f^{-1}(x))}=\frac{1}{x}$$

$$f^{-3}(x)=f^{-1}(f^{-2}(x))=\frac{1}{f(f^{-2}(x))}=\frac{1}{f^{-1}(x)}=f(x)$$

$$f^{-4}(x)=f^{-1}(f(x))=x$$

$$f^{-5}(x)=f^{-1}(x)=\frac{1}{f(x)} \text{ (계속 반복된다.)}$$

마찬가지로

$$f^2(x)=f(f(x))=\frac{1}{f^{-1}(f(x))}=\frac{1}{x}$$

$$f^3(x)=f(f^2(x))=\frac{1}{f^{-1}(f^2(x))}=\frac{1}{f(x)}$$

$$f^4(x)=f(f^3(x))=\frac{1}{f^{-1}(f^3(x))}=\frac{1}{f^2(x)}=x$$

$$f^5(x)=f(x) \text{ (계속 반복된다.)}$$

즉, 헨리 함수 $f:\mathbb{R}-\{0\} \to \mathbb{R}-\{0\}$에 대하여

(**) $$w_f(x)=\left\{x,\ f(x),\ \frac{1}{x},\ \frac{1}{f(x)}\right\}$$

이 성립한다.

(2) $x=\dfrac{1}{x}$이면 $f(x)=f\left(\dfrac{1}{x}\right)$이다. 그런데 (**)에 의해 $f\left(\dfrac{1}{x}\right)=f^3(x)=\dfrac{1}{f(x)}$이고 또한 $f(x)=x$이면 $f^2(x)=f(x)=x$이다. (**)에 의해 $f^2(x)=\dfrac{1}{x}$이다. 즉, 헨리 함수 $f:\mathbb{R}-\{0\} \to \mathbb{R}-\{0\}$에 대하여 $x=\dfrac{1}{x}$이면 $f(x)=\dfrac{1}{f(x)}$, $f(x)=x$이면 $x=\dfrac{1}{x}$이다.

(3) $w_f(x)=\left\{x,\ -x,\ \dfrac{1}{x},\ -\dfrac{1}{x}\right\}$

112-2

정수함수

Keywords Floor-함수(최대정수함수), Ceiling-함수(최소정수함수), 스펙트럼

1 최대정수함수와 최소정수함수

연속적인 수를 이산적으로 만드는 최대정수함수와 최소정수함수는 1960년 초, 이브슨(K. E. Iverson)에 의해 소개되었다. 다음은 두 함수의 정의이다.

floor-함수(최대정수함수) [ ]와 ceiling-함수(최소정수함수) ⌈ ⌉

> n이 정수이고 x가 실수일 때,
> **최대정수함수** $[x]$: x 보다 작거나 같은 최대정수, 즉
> $$[x]=n \Leftrightarrow n \le x < n+1 \Leftrightarrow x-1 < n \le x$$
> **최소정수함수** $\lceil x \rceil$: x 보다 크거나 같은 최소정수, 즉
> $$\lceil x \rceil = n \Leftrightarrow n-1 < x \le n \Leftrightarrow x \le n < x+1$$

예를 들어, 무리수 $\sqrt{3}=1.732\cdots$에 대하여 $[\sqrt{3}]=1$, $[-\sqrt{3}]=-2$, $\lceil\sqrt{3}\rceil=2$, $\lceil-\sqrt{3}\rceil=-1$이다.

1 무리수

$$e=2.718\cdots,\ \pi=3.141\cdots,\ \phi=\frac{1+\sqrt{5}}{2}=1.618\cdots$$

에 대하여 다음을 계산하여라.

$[e]$	$[-e]$	$\lceil e \rceil$	$\lceil -e \rceil$
$[\pi]$	$[-\pi]$	$\lceil \pi \rceil$	$\lceil -\pi \rceil$
$[\phi]$	$[-\phi]$	$\lceil \phi \rceil$	$\lceil -\phi \rceil$

최대정수함수와 최소정수함수에 친숙해질 수 있는 한 가지 좋은 방법은 그들의 그래프를 이해하는 것이다. 이들의 그래프를 알아보자.

2 $f(x)=x$, $f(x)=[x]$, $f(x)=\lceil x \rceil$, $x=\pm e=\pm 2.718\cdots$ 의 그래프를 그려라.

최대정수함수와 최소정수함수의 그래프를 관찰하면 최대정수함수와 최소정수함수에 대하여 증명 없이 다음을 얻을 수 있다.

$[x] \leq x \leq \lceil x \rceil$

$[x]=x \Leftrightarrow x$는 정수 $\Leftrightarrow \lceil x \rceil = x$

$[x] \leq x \leq \lceil x \rceil < x+1$

3 위 **2**의 그래프를 보고 최대정수함수와 최소정수함수에 관해 성립하는 등식 혹은 부등식을 추측해보아라.

4 n이 정수일 때, 다음을 보여라.

(1) $[x+n]=[x]+n$ (2) $\lceil x+n \rceil = \lceil x \rceil + n$

(3) $[nx] \neq n\lfloor x \rfloor$ (4) $\lceil nx \rceil \neq n \lceil x \rceil$

실수와 정수와의 모든 부등식은 정수들의 최대정수함수 혹은 최소정수함수 부등식과 같다.
첫째, $x < n \Leftrightarrow [x] < n$이 성립한다. 왜냐하면 $x < n$이면 $[x] \leq x < n$이므로 $[x] < n$이기 때문이다. 역으로, $[x] < n$이면 $x < [x]+1 < n+1$이므로 x $x < [x]+1 \leq n$, $x < n$이다.
둘째, $n < x \Leftrightarrow n < \lceil x \rceil$도 성립한다. 왜냐하면, $n < x$이면 $n < x \leq \lceil x \rceil$이므로 $n < \lceil x \rceil$이기 때문이다. 역으로, $n < \lceil x \rceil$이면 $x > \lceil x \rceil - 1 > n-1$, 즉 $x > \lceil x \rceil - 1 \geq n$이므로 $n < x$이다.

5 다음을 보여라.

(1) $x \le n \Leftrightarrow \lceil x \rceil \le n$
(2) $n \le x \Leftrightarrow n \le [x]$

실수 x에 대하여 x와 $[x]$의 차, 즉 $x-[x]$을 x의 소수 부분이라 부르고 $\{x\}$로 나타낸다. 이때, $[x]$을 x의 정수 부분이라 부른다. 즉

$$x=[x]+\{x\},\ 0 \le \{x\} < 1$$

$x+y$의 소수 부분과 x, y의 소수 부분 사이에는 $\{x\}+\{y\} \ge \{x+y\}$가 성립한다. 왜냐하면

$$\{x\}+\{y\}=[x]+y-[y]=x+y-([x]+[y]) \ge x+y-[x+y]=\{x+y\}$$

이기 때문이다.

6 실수 x와 y에 대하여, 다음이 성립함을 보여라.

(1) $[x+y] \ge [x]+[y]$
(2) $[x+y]=[x]+[y]\ \ (0 \le \{x\}+\{y\} < 1)$
(3) $[x+y]=[x]+[y]+1\ \ (1 \le \{x\}+\{y\} < 2)$
(4) $[-x]=\begin{cases} -[x]-1 & (x \ne \text{정수}) \\ -[x] & (x=\text{정수}) \end{cases}$

2 최대정수함수와 최소정수함수의 응용

최대정수함수와 최소정수함수를 사용하는 여러 가지 예와 응용을 알아보자. 먼저 [ ], ⌈ ⌉ 기호를 이중으로 사용하면

$$\lceil [x] \rceil = [x],\quad \lceil \lceil x \rceil \rceil = \lceil x \rceil$$

이다. 다음과 같은 이중 기호의 의미도 생각해보자.

1 다음을 구하여라.

(1) $[[x]]$ (2) $[\lceil x \rceil]$

두 양의 정수 a, b에 대하여, $\left[\frac{a}{b}\right]$는 두 가지 의미를 가지고 있다. 두 자연수 a, b에 대하여 $a=qb+r$, $0 \le r < b$라 하면 $\frac{a}{b}=q+\frac{r}{b}$, $0 \le \frac{r}{b} < 1$이므로 $\left[\frac{a}{b}\right]=q$이다. 즉 $\left[\frac{a}{b}\right]$는 a를 b로 나누었을 때의 몫뿐만 아니라 1, 2, ⋯, a 중에서 b의 배수의 개수를 의미한다.

실수 x와 양의 정수 b에 대하여, $[x]=qb+r$, $0 \le r < b$라 하면 $q=\left[\frac{[x]}{b}\right]$이다. 한편 $x=[x]+\{x\}$, $=qb+\{x\}+r$, $0 \le \{x\}+r < 1+(b-1)=b$ 이므로 $\left[\frac{x}{b}\right]=q$이다. 즉 $\left[\frac{[x]}{b}\right]=\left[\frac{x}{b}\right]$, $\left[\frac{\left[\frac{x}{c}\right]}{b}\right]=\left[\frac{x}{bc}\right]$, $\left[\frac{\left[\frac{x}{b}\right]}{b}\right]=\left[\frac{x}{b^2}\right]$ 이다.

2 다음 값을 구하여라.

$$\left[\frac{100}{3}\right] \qquad \left[\frac{100}{3^2}\right] \qquad \left[\frac{100}{3^3}\right] \qquad \left[\frac{100}{3^4}\right] \qquad \left[\frac{100}{3^5}\right]$$

자연수 n에 대하여

$$n!=n\times(n-1)\times\cdots\times 2\times 1$$

을 나누어떨어지게 하는 소수 p의 최대거듭제곱이 p^e일 때, 지수 $e=E(p,n)$는 다음으로 계산된다.

$$e=E(p,n)=\left[\frac{n}{p}\right]+\left[\frac{n}{p^2}\right]+\left[\frac{n}{p^3}\right]+\cdots+\left[\frac{n}{p^m}\right],\ p^{m+1}>n$$

3 (1) 500!을 나누어 떨어뜨리는 소수 3의 최대거듭제곱의 지수를 구하여라.
(2) 100!은 10^{24}의 배수임을 보여라.

이번에는 최대정수함수, 최소정수함수가 포함된 방정식에 대하여 알아보자. 임의의 실수 x와 자연수 n에 대하여

$$[x]+\left[x+\frac{1}{n}\right]+\cdots+\left[x+\frac{n-1}{n}\right]=[nx]$$

이 성립한다. $n=2$인 경우, 즉 $[x]+\left[x+\frac{1}{2}\right]=[2x]$를 살펴보자. $x=[x]+\{x\}$, $0 \le \{x\} < 1$라 하면 $x+\frac{1}{2}=[x]+[lx\}+\frac{1}{2}$, $2x=2[x]+2\{x\}$

이다. 만약 $0 \le \{x\} < \frac{1}{2}$이면 $\frac{1}{2} < \{x\} + \frac{1}{2} < 1$이고 $0 < 2\{x\} < 1$이므로

$$\left[x + \frac{1}{2}\right] = [x],\ [2x] = 2[x],\ [x] + \left[x + \frac{1}{2}\right] = 2[x] = [2x]$$

만약, $\frac{1}{2} \le \{x\} < 1$이면 $1 \le \{x\} + \frac{1}{2} < 1 + \frac{1}{2}$이고 $x + \frac{1}{2} = [x] + 1 + \{x\} - \frac{1}{2}$이다. 여기서 $0 \le \{x\} - \frac{1}{2} < \frac{1}{2}$이다. 또한 $2x = 2[x] + 2\{x\} = 2[x] + 1 + 2\{x\} - 1$이고, $0 \le 2\{x\} - 1 < 1$이므로 $[x] + \left[x + \frac{1}{2}\right] = 2[x] + 1 = [2x]$이다.

4 (1) 자연수 n에 대하여 $(n+1)^2 + n - [\sqrt{(n+1)^2 + (n+1)}\,]^2$의 부호를 결정하여라.

(2) $x > 0$, $[x]^2 = x(x - [x])$일 때, $x - \frac{1}{x}$의 값을 구하여라.

(3) $x^3 - [x] = 3$을 만족하는 x를 구하여라.

(4) $x - [x] + \frac{1}{x} - \left[\frac{1}{x}\right] = 1$을 만족하는 유리수 x는 없다. 설명하여라.

최대정수함수, 최소정수함수를 이용하면 자연수의 자리수도 알 수 있다.
예를 들면, $35 = (100011)_2$는 이진법으로 6자리이다.

$2^0 = 1 = (1)_2$: 1자리
$2^1 = 2 = (10)_2$, $3 = (11)_2$: 2자리
$2^2 = 4 = (100)_3$, $5 = (101)_2$, $6 = (110)_2$, $7 = (111)_2$: 3자리
……

즉, $2^{m-1} \le n < 2^m$을 만족하는 자연수 n은 2진법으로 m자리이다.

5 자연수 n이 2진법으로 m자리일 때, m을 최대정수함수와 최소정수함수로 나타내어라.

6 x가 정수이면, $x = [x] = \lceil x \rceil$이므로 등식

$$\lfloor \sqrt{\lfloor x \rfloor} \rfloor = \lfloor \sqrt{x} \rfloor, \quad \lceil \sqrt{\lceil x \rceil} \rceil = \lceil \sqrt{x} \rceil$$

이 성립한다.

(1) $\pi = 3.14159\cdots$, $e = 2.71828\cdots$, $\phi = (1+\sqrt{5})/2 = 1.61803\cdots$에 대하여 위의 등식이 성립하는가?

(2) 음이 아닌 실수 x에 대해서, 등식 $\lfloor \sqrt{\lfloor x \rfloor} \rfloor = \lfloor \sqrt{x} \rfloor$이 성립하는가? 성립한다면 증명하여라.

(3) 음이 아닌 실수 x에 대해서 등식 $\lceil \sqrt{\lceil x \rceil} \rceil = \lceil \sqrt{x} \rceil$이 성립하는가? 만약 성립하지 않는다면 반례를 찾고 증명하여라. 그리고 등식이 성립할 필요충분조건을 구하여라.

7 실수 $a \le b$에 대해서, 아래 표를 완성하고 설명하여라.

구간	포함된 정수의 개수
$[a, b]$	
$[a, b)$	
$(a, b]$	
(a, b)	

카지노에는 1번에서 1000번까지 번호가 매겨진 슬롯으로 구성된 룰렛(회전하는 원반위에 공을 굴리는 노름)이 있다. 만약 n이 $\lfloor n^{\frac{1}{3}} \rfloor$으로 나누어떨어지면 게임에 이겨 5달러를 벌고, 그렇지 않으면 게임에 져 1달러를 잃는다고 하자. 승자의 수가 W 명일 때,

$$\text{평균승률은 } \frac{5W-L}{1000} = \frac{5W-(1000-W)}{1000} = \frac{6W-1000}{1000} \text{이다.}$$

이 게임에서 돈을 벌려면 평균승률 $\frac{6W-1000}{1000} > 0$인 승자 W명이 필요하다. $W > \frac{1000}{6} = 166.\overline{6}$, 즉 최소 167명일 때 돈을 벌 수 있다.

8 위 게임에서 다음을 구하여라.

(1) 이 게임에서 승자의 수를 구하여라.

(2) 게임당 얼마를 벌 수 있는가?

min(a, b)

min(a, b)는 a, b 중의 작은 수를 말한다.

9 점화식

$$K_0=1\,;\ K_{n+1}=1+\min(2K_{[n/2]},\ 3K_{[n/3]}),\ n\ge 0$$

으로 주어진 수열에 대하여

(1) 아래 표의 빈칸을 채워라.

K_0	K_1	K_2	K_3	K_4	K_5	K_6	K_7	K_8	K_9	K_{10}

(2) 모든 정수 $n\ge 0$에 대해서 $K_n\ge n$이라 말할 수 있는가?

정수 $m(\ne 0)$, n, q, r에 대하여 $n=mq+r$, $0\le r<m$이면 $n-r$은 m으로 나누어떨어진다. 이러한 의미에서 나머지 r의 다른 표현으로 $(n \bmod m)$을 사용하자. 즉

$$n=m\left[\frac{n}{m}\right]+(n \bmod m) \text{ 또는 } (n \bmod m)=n-m\left[\frac{n}{m}\right].$$

예를 들면,

$$(5 \bmod 3)=5-3[5/3]=2$$
$$(5 \bmod -3)=5-(-3)[5/(-3)]=-1$$
$$(-5 \bmod 3)=-5-3[-5/3]=1$$
$$(-5 \bmod -3)=-5-(-3)[-5/-3]=-2$$

정수들의 나눗셈에서 나머지의 개념을 임의의 실수로 일반화시키자.

$$(x \bmod y)=x-y\left[\frac{x}{y}\right],\ y\ne 0\ ;\ (x \bmod 0)=x$$
$$0\le (x \bmod y)<y,\ y>0\ ;\ 0\ge (x \bmod y)>y,\ y<0.$$

특히, 실수 x를 정수와 소수부분으로 썼을 때, 즉 $x=[x]+\{x\}$일 때, $x=(x \bmod 1)$로 표현할 수 있다.

10 다음을 보여라.

$c(x \bmod y)=(cx \bmod cy)$, 여기서 c,x,y는 실수

예를 들어, 아래와 같이 17개의 사과♣를 5개의 가방에 '가로(왼쪽에서 오른쪽

으로)로 ♣을 채워 넣어' 나눈다고 하면 열의 길이가 긴 가방(그룹)은 $2=(17 \bmod 5)$개이고 원소의 개수는 $4=\left\lceil \frac{17}{5} \right\rceil$ 개이다. 마찬가지로 열의 길이가 짧은 가방(그룹)은 $3=5-(17 \bmod 5)$개이고 원소의 개수는 $3=\left[\frac{17}{5}\right]$개이다.

♣♣♣♣♣
♣♣♣♣♣
♣♣♣♣♣
♣♣

일반적으로 n개의 물건을 m개의 가방(그룹)에 가로로 채워 넣어 나눈다면, 열의 길이가 긴 가방(그룹)은 $(n \bmod m)$개이고 원소의 개수는 $\left\lceil \frac{n}{m} \right\rceil$ 이다. 마찬가지로 열의 길이가 짧은 가방(그룹)의 개수는 $m-(n \bmod m)$개이고 원소의 개수는 $\left[\frac{n}{m}\right]$이다.

11 (1) k번째 그룹의 원소의 개수를 주는 식을 구하여라.

(2) (1)에서 구한 식으로부터 증가(감소)하지 않는 순서로 가능하면 똑같게 m개의 그룹으로 n개의 물건을 분배하는 등식을 쓸 수 있다. 그 등식은 무엇인가?

3 스펙트럼

1926년에 샘 비티(Sam Beatty)는 저널 《월간미국수학》에 한 문제를 제시하였다. 1995년에 이르자 이 수열에 대해서 쓰여진 논문과 책이 수백 편에 이르게 되었다. 이렇게 많은 사람들의 관심을 끈 수열은 다음과 같이 만들어진다.

α이 1보다 큰 무리수일 때, β를 $\frac{1}{\alpha}+\frac{1}{\beta}=1$을 만족하는 수라고 하자. 자연수 n에 대하여 수열 $[n\alpha]$와 $[n\beta]$ 를 α에 의해서 결정되는 비티 수열이라고 한다. 이 비티 수열에는 매우 놀라운 성질이 숨어 있다. 이에 대하여 알아보기 위하여 먼저 스펙트럼을 살펴보자.

스펙트럼

주어진 실수에 자연수를 차례로 곱한 결과의 정수 부분으로 이루어진 수열

스펙트럼(Spectrum)이란 주어진 실수에 자연수를 차례로 곱한 결과의 정수부분으로 이루어진 수열을 말한다. 즉, 실수 α의 스펙트럼이란

분으로 이루어진 수열을 말한다. 즉, 실수 α의 스펙트럼이란

$$Spec\{\alpha\}=\{[\alpha],\ [2\alpha],\ [3\alpha],\ [4\alpha]\}$$

와 같이 정수의 다중집합을 말한다. 예를 들면, $\frac{1}{2}$의 스펙트럼은

$$Spec\left\{\frac{1}{2}\right\}=\{0,1,1,2,2,3,3,4,4,\cdots\}$$

이다.

1 $\frac{1}{3}$의 스펙트럼을 구하여라.

스펙트럼에서 α가 무리수인 경우를 비티 수열이라고 한다. 예를 들어, $\alpha=\sqrt{2}$이면 $\frac{1}{\alpha}+\frac{1}{\beta}=1$에서 $\beta=2+\sqrt{2}$이다. 따라서 $\sqrt{2}$에 대한 비티 수열은 자연수 n에 대하여 $[n\sqrt{2}]$와 $[n(2+\sqrt{2})]$ 즉, $Spec\{\sqrt{2}\}$, $Spec\{2+\sqrt{2}\}$이다.

2 다음은 $\sqrt{2}$에 대한 비티 수열이다.

n	1	2	3	4	5	6	7	8	9	10	11	12	13	14	15
$Spec\{\sqrt{2}\}$						8	9	11	12	14	15	16	18	19	21
$Spec\{2+\sqrt{2}\}$						20	23	27	30	34	37	40	44	47	51

(1) 위의 표를 완성하여라.

(2) $Spec\{2+\sqrt{2}\}$의 n번째 원소와 $Spec\{\sqrt{2}\}$의 n번째 원소와의 관계를 추론하여라.

(3) $Spec\{2+\sqrt{2}\}$와 $Spec\{\sqrt{2}\}$의 교집합은 무엇인지 추론하여라.

$Spec\{\alpha\}$의 원소 중에서 자연수 n보다 크지 않은 정수의 개수를 $N(\alpha,n)$로 표시하자. 즉

$$N(\alpha,n)=|\{m\in\mathbb{N}\,|\,[m\alpha]\le n\}|$$

양의 실수 α와 자연수 n에 대해서 $N(\alpha,n)$은 유일하게 결정된다.

3 (1) 다음을 구하여라.

$$N\left(\frac{1}{2}, 5\right) \qquad N\left(\frac{1}{3}, 5\right) \qquad N(\sqrt{2}, 20) \qquad N(2+\sqrt{2}, 20)$$

(2) 양의 실수 α와 자연수 n에 대해서, $N(\alpha, n)$을 구하는 식을 만들어보아라. 그리고 (1)의 값을 확인하여라.

(3) 일반적으로, 어느 두 스펙트럼도 같지 않음을 증명하여라. 즉

$$\alpha \neq \beta \Rightarrow Spec\{\alpha\} \neq Spec\{\beta\}$$

4 $Spec\{\sqrt{2}\}$와 $Spec\{2+\sqrt{2}\}$는 자연수의 집합 $\mathbb{N}$의 분할임을 보여라. 즉

$$Spec\{\sqrt{2}\} \cap Spec\{2+\sqrt{2}\} = \phi, \ Spec\{\sqrt{2}\} \cup Spec\{2+\sqrt{2}\} = \mathbb{N}.$$

주어진 양의 무리수 α에 대하여 비티 수열 $[n\alpha]$와 $[n\beta]$가 자연수를 분할한다는 것이 비티 수열의 놀라운 성질이다. 즉, 모든 자연수는 $Spec\{\alpha\}$, $Spec\{\beta\}$ 중 한쪽 수열에 단 한 번 나타난다. 위에서 $\sqrt{2}$에 의해 결정되는 비티 수열 $Spec\{\sqrt{2}\}$, $Spec\{2+\sqrt{2}\}$이 자연수를 분할함을 알아보았다. 몇 가지 유명한 수들에 대한 비티 수열은 다음과 같다.[3)]

α, β	비티 수열
$\alpha=\sqrt{3}$	1, 3, 5, 6, 8, 10, 12, 13, 15, 17, ...
$\beta=\frac{1}{2}(3+\sqrt{3})$	2, 4, 7, 9, 11, 14, 16, 18, 21, 23, 26, ...
$\alpha=e$	2, 5, 8, 10, 13, 16, 19, 21, 24, 27, 29, ...
$\beta=e/[e-1]$	1, 3, 4, 6, 7, 9, 11, 12, 14, 15, 17, 18, ...
$\alpha=\pi$	3, 6, 9, 12, 15, 18, 21, 25, 28, 31, 34, ...
$\beta=\pi/[\pi-1]$	1, 2, 4, 5, 7, 8, 10, 11, 13, 14, 16, 17, 19, ...
$\alpha=\phi$	1, 3, 4, 6, 8, 9, 11, 12, 14, 16, 17, 19, 21, ...
$\beta=\phi^2$	2, 5, 7, 10, 13, 15, 18, 20, 23, 26, 28, 31, 34, ...

3) http://mathworld.wolfram.com/BeattySequence.html

정수함수

❶ 최대정수함수와 최소정수함수

1 $[e]=2$, $[-e]=-3$, $\lceil e \rceil=3$, $\lceil -e \rceil=-2$
$[\pi]=3$, $[-\pi]=-4$, $\lceil \pi \rceil=4$, $\lceil -\pi \rceil=-3$
$[\phi]=1$, $[-\phi]=-2$, $\lceil \phi \rceil=2$, $\lceil -\phi \rceil=-1$

3 $\lceil x \rceil-[x]=1$ (x는 정수가 아니다), $[-x]=-\lceil x \rceil$, $\lceil -x \rceil=-[x]$

$\lceil x \rceil+n \ge x+n > \lceil x \rceil+n-1$

5 (1) $x \le n$이면 $\lceil x \rceil < x+1 \le n+1$이므로 $\lceil x \rceil < n+1$이다. 따라서 $\lceil x \rceil \le n$이다.
역으로 $\lceil x \rceil \le n$ 이면 $x \le \lceil x \rceil \le n$, 즉 $x \le n$이다.
(2) $n \le x$이면 $n-1 \le x-1 < [x]$이므로 $n \le [x]$이다.
역으로 $n \le [x]$이면, $n \le [x] \le x$이다, 즉 $n \le x$.

6 (4) $x=[x]+\{x\}$라 하면 $-x=-[x]-\{x\}=-[x]-1+1-\{x\}$이므로

$$[-x]=\begin{cases}-[x]-1 & x \ne \text{정수} \\ -[x] & x=\text{정수}\end{cases}$$

❷ 최대정수함수와 최소정수함수의 응용

1 (1) $[[x]]=[x]$ (2) $[\lceil x \rceil]=\lceil x \rceil$

2 $\left[\frac{100}{3}\right]=33$, $\left[\frac{100}{3^2}\right]=\left[\frac{33}{3}\right]=11$, $\left[\frac{100}{3^3}\right]=\left[\frac{11}{3}\right]=3$, $\left[\frac{100}{3^4}\right]=\left[\frac{3}{3}\right]=1$, $\left[\frac{100}{3^5}\right]=0$

3 (1) $\left[\frac{500}{3}\right]+\left[\frac{500}{3^2}\right]+\left[\frac{500}{3^3}\right]+\left[\frac{500}{3^4}\right]+\left[\frac{500}{3^5}\right]=166+55+18+6+2=247$
(2) $E(2,100)=50+25+12+6+3+1=97$이고 $E(5,100)=20+4=24$이므로
$10^{24}=2^{24}5^{24} \mid 2^{97}5^{24} \mid 100!$.

4 (1) 자연수 n에 대해서 $(n+1)^2+n-[\sqrt{(n+1)^2+(n+1)}\,]^2>0$이다. 왜냐하면,

$$(n+1)^2<(n+1)^2+(n+1)<(n+1)^2+2(n+1)+1=(n+2)^2$$

이므로 $n+1 < \sqrt{(n+1)^2+(n+1)} < (n+1)+1$이다.

따라서 $[\sqrt{(n+1)^2+(n+1)}]=n+1$이고

$$(n+1)^2+n-[\sqrt{(n+1)^2+(n+1)}]^2=(n+1)^2+n-(n+1)^2=n>0$$

(2) $x>0$이므로 $[x]\geq 0$이다. $[x]^2=x(x-[x])=([x]+\{x\})\{x\}<[x]+1$, 즉 $0\leq[x]<\frac{1+\sqrt{5}}{2}<2$이다. 따라서 $[x]=0$ 또는 $[x]=1$이다. $[x]=0$일 때, 만족하는 $x>0$는 존재하지 않는다. $[x]=1$일 때, $x^2-x-1=0$에서 $x-\frac{1}{x}=1$이다.

(3) $x=[x]+\{x\}$, $0\leq\{x\}<1$라 하면 $x^3=[x]+3=x-\{x\}+3$에서 $0\leq\{x\}=3+x-x^3<1$ 혹은 $2<x(x^2-1)\leq 3$을 얻는다. 만약 $x<0$이면 $x^2-1<0$이어야 하므로 $-1<x<0$을 얻는다. 즉 $[x]=-1$이다. $x^3=2$에서 $x=2^{\frac{1}{3}}>0$. 모순이다. 만약 $x>0$이면 $x^2-1>0$이어야 하므로 $x>1$이다. 또한 $x(x^2-1)\leq 3$에서 $x<2$를 얻는다. 따라서 $1<x<2$이다. 즉 $[x]=1$이다. $x^3=4$에서 $x=4^{\frac{1}{3}}$이다.

(4) 두 스펙트럼의 교집합은 공집합임은 앞에서 확인했으므로 두 스펙트럼의 합집합의 원소의 개수와 자연수의 집합의 원소의 개수가 같음을 보이자. 즉 $N(\alpha,n)$을 가지고 $Spec\sqrt{2}$와 $Spec2+\sqrt{2}$가 자연수의 집합의 분할인지 아닌지를 모든 자연수 n에 대하여 $N(\sqrt{2},n)+N(2+\sqrt{2},n)=n$을 체크함으로써 알 수 있다.

$$\begin{aligned}N(\sqrt{2},n)+N(2+\sqrt{2},n)&=\left\lceil\frac{n+1}{\sqrt{2}}\right\rceil-1+\left\lceil\frac{n+1}{2+\sqrt{2}}\right\rceil-1\\&=\left[\frac{n+1}{\sqrt{2}}\right]+\left[\frac{n+1}{2+\sqrt{2}}\right]\\&=\frac{n+1}{\sqrt{2}}-\left\{\frac{n+1}{\sqrt{2}}\right\}+\frac{n+1}{2+\sqrt{2}}-\left\{\frac{n+1}{2+\sqrt{2}}\right\}\\&=n-1+\left\{\frac{n+1}{\sqrt{2}}\right\}+\left\{\frac{n+1}{2+\sqrt{2}}\right\}\\&=n\end{aligned}$$

마지막 등식이 모든 n에 대해서 성립하는 이유는 $\frac{1}{\sqrt{2}}+\frac{1}{2+\sqrt{2}}=1$이기 때문이다.

5 만약 $n=2^{\alpha}$(α는 실수)라 할 때, $\alpha=\log(\mathrm{n})$으로 쓰au, $m-1\leq\log(\mathrm{n})<\mathrm{m}$이 성립한다. 따라서 $m=[\log(\mathrm{n})]+1$이다. 한편, $2^{m-1}\leq n\leq 2^m-1$, 즉 $2^{m-1}<n+1\leq 2^m$을 만족하는 자연수 n은 2진법으로 m자리이다. 만약 $n+1=2^{\alpha}$(α는 실수)라 할 때, $m-1<\log(\mathrm{n}+1)\leq m$, 즉 $m=\lceil\log(\mathrm{n}+1)\rceil$이다.

6 (1) 성립한다. 왜냐하면 좌변과 우변이 서로 1로 같기 때문이다.

(2) $[\sqrt{[x]}]=[\sqrt{x}]$은 성립한다; $m=[\sqrt{[x]}]$이라 놓으면, $m \le \sqrt{[x]} < m+1$을 얻는다. m, $\sqrt{[x]}$, $m+1$ 모두 음이 아니기 때문에 제곱을 하면 $m^2 \le [x] < (m+1)^2$을 얻어 $m^2 \le x < (m+1)^2$이다. 다시 제곱근을 취하면 $m \le \sqrt{x} < m+1$을 얻는다. 즉, $m=[\sqrt{x}]$이다. 따라서 $[\sqrt{[x]}]=[\sqrt{x}]$이다.

(3) $x=\phi=\dfrac{1+\sqrt{5}}{2}=1.618\cdots$일 때, $[\phi]=1$이다. 따라서 $\lceil \sqrt{[\phi]} \rceil=1$. 한편, $1<\sqrt{\phi}<\sqrt{2}=1.414\cdots$이므로 $\lceil \sqrt{\phi} \rceil=2$이다. 따라서 $\lceil \sqrt{[x]} \rceil \ne \lceil \sqrt{x} \rceil$.

$m^2<x<m^2+1$일 때, $\lceil \sqrt{[x]} \rceil \ne \lceil \sqrt{x} \rceil$이다. 왜냐하면, $\lceil \sqrt{[x]} \rceil=m$ 이지만 $\lceil \sqrt{x} \rceil=m+1$이기 때문이다. 따라서 $m^2<x<m^2+1$ 이외의 다른 곳에서, 즉 $x=0$ 또는 $m^2+1 \le x \le (m+1)^2$에서 등식 $\lceil \sqrt{[x]} \rceil=\lceil \sqrt{x} \rceil$은 성립한다.

7 $[a,b)$는 $\lceil b \rceil-\lceil a \rceil$개, $(a,b]$는 $[b]-[a]$개, $[a,b]$는 $[b]-\lceil a \rceil+1$개, (a,b)는 $\lceil b \rceil-[a]-1$개의 정수를 포함한다.

8 (1) $1 \le n \le 7=2^3-1$일 때, $[n^{\frac{1}{3}}]=1 \mid n$이기 때문에 1에서 $7=2^3-1$까지 수에 건 사람은 모두 승자이다.

$2^3=8 \le n<26=3^3-1$일 때, $[n^{\frac{1}{3}}]=2 \mid n$이기 때문에 $2^3=8$에서 $3^3-1=26$까지 수중에 짝수에 건 사람은 모두 승자이다.

$3^3=27 \le n<63=4^3-1$일 때, $[n^{\frac{1}{3}}]=3 \mid n$이기 때문에 $3^3=27$에서 $4^3-1=63$까지 수중에 3으로 나누어떨어지는 수에 건 사람은 모두 승자이다.

……

이를 수식으로 표현하면 다음과 같다.

$$
\begin{aligned}
W &= \sum_{1 \le n \le 1000} (n\text{ 은 승자}) = \sum_{1 \le n \le 1000} ([n^{\frac{1}{3}}] \mid n) \\
&= \sum_{k,n} (k=[n^{\frac{1}{3}}])\,(k \mid n)\,(1 \le n \le 10000) \\
&= \sum_{k,m,n} (k^3 \le n < (k+1)^3)(n=km)(1 \le n \le 1000)
\end{aligned}
$$

$n=1000=10^3$ 일 때, $[n^{\frac{1}{3}}]=10 \mid n$이므로 승자가 된다. 따라서

$$
\begin{aligned}
W &= 1+\sum_{k,m}(k^3 \le km < (k+1)^3)(1 \le k < 10) \\
&= 1+\sum_{k,m}\left(m \in \left[k^2, \frac{(k+1)^3}{k}\right]\right)(1 \le k < 10)
\end{aligned}
$$

$$= 1 + \sum_{1 \le k < 10} \left(\left\lceil \left\lceil k^2 + 3k + 3 + \frac{1}{k} \right\rceil \right\rceil - \lceil k^2 \rceil \right)$$

$$= 1 + \sum_{1 \le k < 10} (3k+4) = 1 + \frac{7+31}{2} \cdot 9 = 172$$

(2) 게임당 평균승률에 관한 공식에 $W = 172$를 대입하면 $(6 \cdot 172 - 1000)/1000 = 32/1000$달러, 즉 게임당 3.2센트를 번다.

9 (1)

K_0	K_1	K_2	K_3	K_4	K_5	K_6	K_7	K_8	K_9	K_{10}
1	3	3	4	7	7	7	9	9	10	13

(2) 그럴 수 없다. 왜냐하면, $n=0$일 때, 점화식의 정의로부터 $K_{0=1>0}$이 성립한다. 고정된 정수 $n \ge 0$보다 작은 모든 값에 대해서 부등식이 성립한다고 가정하고 $K_{n+1} \ge n+1$을 보이자. 점화식으로부터 $K_{n+1} = 1 + \min(2K_{\lfloor n/2 \rfloor}, 3K_{\lfloor n/3 \rfloor})$. 귀납법의 가정에 의해서

$$2K_{\lfloor n/2 \rfloor} \ge 2_{\lfloor n/2 \rfloor},\ 3K_{\lfloor n/3 \rfloor} \ge 3_{\lfloor n/3 \rfloor}$$

이다. 그런데 $2\lfloor n/2 \rfloor \ge n-1$이고 $3\lfloor n/3 \rfloor \ge n-2$이므로, $K_{n+1} = 1 + (n-2) = n-1$이다. 따라서 $K_n \ge n$이라 말할 수 없다.

10 $cy \ne 0$이면 $c(x \bmod y) = c(x - y\lfloor x/y \rfloor) = cx - cy\lfloor cx/cy \rfloor = (cx \bmod cy)$. 그리고 $cy = 0$인 경우는 자명하다.

11 (1) $n = qm + r$, $q = \lfloor n/m \rfloor$, $r = (n \bmod m)$, $0 \le r < m$이라 하면, $\left\lceil \frac{n-k+1}{m} \right\rceil = q + \left\lceil \frac{r-k+1}{m} \right\rceil$이다. $1 \le k \le m$이므로 $-m+1 \le -k+1 \le r-k+1 < m$이고 $-1 + \frac{1}{m} \le \frac{r-k+1}{m} < 1$이다. 따라서 만약 $k \le r$ 이면 $\left\lceil \frac{r-k+1}{m} \right\rceil = 1$, 즉 $\left\lceil \frac{n-k+1}{m} \right\rceil = q+1 = \left\lfloor \frac{n}{m} \right\rfloor + 1 = \left\lceil \frac{n}{m} \right\rceil$. 만약 $k > r$이면 $\left\lceil \frac{r-k+1}{m} \right\rceil = 0$, 즉 $\left\lceil \frac{n-k+1}{m} \right\rceil = q = \left\lfloor \frac{n}{m} \right\rfloor$.

(2) $n = \left\lceil \frac{n}{m} \right\rceil + \left\lceil \frac{n-1}{m} \right\rceil + \cdots + \left\lceil \frac{n-k+1}{m} \right\rceil$

❸ 스펙트럼

1 $Spec\left\{\frac{1}{3}\right\} = \{0,0,1,1,1,2,2,2,3,3,3,4,4,4,\cdots\}$

2 (1)

n	1	2	3	4	5
$Spec\{\sqrt{2}\}$	1	2	4	5	7
$Spec\{2+\sqrt{2}\}$	3	6	10	13	17

(2) $[n(2+\sqrt{2})]=[n\sqrt{2}+2n]=[n\sqrt{2}]+2n$

(3) $Spec\{\sqrt{2}\}\cap Spec\{2+\sqrt{2}\}=\varnothing$

3 (1) $N\left(\frac{1}{2},5\right)=11$, $N\left(\frac{1}{3},5\right)=17$, $N(\sqrt{2},20)=14$, $N(2+\sqrt{2},20)=6$

(2) $[m\alpha]\le n \Leftrightarrow [m\alpha]<n+1 \Leftrightarrow m\alpha<n+1 \Leftrightarrow 0<m<\frac{n+1}{\alpha}$ 이므로

$$N(\alpha,n)=\left\lceil \frac{n+1}{\alpha}\right\rceil-[0]-1=\left\lceil \frac{n+1}{\alpha}\right\rceil-1$$

(3) 일반성을 잃지 않게 $\alpha<\beta$라 가정하면 $m(\beta-\alpha)\ge 1$을 만족시키는 자연수 m이 존재한다. 즉 $m\beta-m\alpha\ge 1$. $[m\beta]\ge[m\alpha+1]=[m\alpha]+1$, 즉 $[m\beta]>[m\alpha]$. 두 스펙트럼에서 $[m\alpha]$보다 작거나 같은 원소의 개수를 확인해 보면, $Spec\{\beta\}$는 m개의 원소보다 더 적은 수를 가진 반면에 $Spec\{\alpha\}$는 적어도 m개의 원소를 갖는다.

4 두 스펙트럼의 교집합은 공집합임은 앞에서 확인했으므로 두 스펙트럼의 합집합의 원소의 개수와 자연수의 집합의 원소의 개수가 같음을 보이자. 즉 $N(\alpha,n)$을 가지고 $Spec\{\sqrt{2}\}$와 $Spec\{2+\sqrt{2}\}$가 자연수의 집합의 분할인지 아닌지를 모든 자연수 n에 대하여 $N(\sqrt{2},n)+N(2+\sqrt{2},n)=n$을 체크함으로써 알 수 있다.

$$\begin{aligned}
N(\sqrt{2},n)+n(2+\sqrt{2},n)&=\left\lceil\frac{n+1}{\sqrt{2}}\right\rceil-1+\left\lceil\frac{n+1}{2+\sqrt{2}}\right\rceil-1\\
&=\left[\frac{n+1}{\sqrt{2}}\right]+\left[\frac{n+1}{2+\sqrt{2}}\right]\\
&=\frac{n+1}{\sqrt{2}}-\left\{\frac{n+1}{\sqrt{2}}\right\}+\frac{n+1}{2+\sqrt{2}}-\left\{\frac{n+1}{2+\sqrt{2}}\right\}\\
&=n+1-\left\{\frac{n+1}{\sqrt{2}}\right\}-\left\{\frac{n+1}{2+\sqrt{2}}\right\}\\
&=n
\end{aligned}$$

마지막 등식이 모든 n에 대해서 성립하는 이유는 $\frac{1}{\sqrt{2}}+\frac{1}{2+\sqrt{2}}=1$이기 때문이다.

112-3 생성함수 1

Keywords 계승, 이항계수, 생성함수, 로랑 다항식

생성함수(generating function)는 광범위한 형태의 조합 문제를 해결하는데 사용되는 가장 추상적인 문제 해결 기법이 됨을 많은 예를 통해 알아보자.[4)]

1 행운의 티켓 문제와 다항식

여섯 자리 숫자가 찍혀 있는 티켓에서 처음 세 자리의 수의 합과 나머지 세 자리 수의 합이 같을 때 이 티켓을 행운의 티켓이라 한다. 예를 들면, 123060을 가진 티켓은 행운의 티켓이지만 123456을 가진 티켓은 행운의 티켓이 아니다.

키릴로프(Kirillov)의 문제 : 얼마나 많은 행운의 티켓이 있을까?

이 문제는 간단히 000000에서 999999을 가진 티켓에서 행운의 티켓을 골라 세면되지만 다른 방법으로 접근해보자.
처음 세 자리 수의 합이 n $(0 \le n \le 27)$인 세 자리 수의 개수를 a_n이라 하자. 예를 들면,

$$a_0 = 1 \ (000), \ a_1 = 3 \ (001,010,100), \ a_2 = 6 \ (002,020,200,011,101,110).$$

그러면 처음 세 자리 수의 합이 n인 행운의 티켓은 a_n^2개 있다. a_n의 값을 조사하자.

4) Richard A. Brualdi, *Introductory Combinatorics*, Prentice-Hall, Inc (1999).
S. K. Lando, *Lectures on Generating Functions*, AMS (2003)

한 자리 수의 합이 n인 한 자리 수의 개수는 $n=0,1,2,3,4,5,6,7,8,9$일 때, 1개씩 있다. 이 사실을 이용하여 한 자리 수의 합이 n인 한 자리 수의 개수를 x^n의 계수로 갖는 다항식을 $A_1(x)$라 하면

$$A_1(x)=1+x+x^2+\cdots+x^9$$

로 주어진다. $n>9$일 때, x^n의 계수는 0이다.
마찬가지로, 두 자리 수의 합이 n인 두 자리 수의 개수를 x^n의 계수로 갖는 다항식을 $A_2(x)$라 하자. x^n의 계수를 몇 개만 계산해 보자.

1 다음을 구하여라.

(1) x^0의 계수 (2) x^1의 계수
(3) x^2의 계수 (4) x^3의 계수

2 다항식 $A_2(x)$와 $A_2(x)$의 차수를 구하여라.

한편

$$A_1(s)^2=(1+s+s^2+\cdots+s^9)(1+s+s^2+\cdots+s^9)$$

에서 앞의 괄호에서 s^k를 택하고 뒤의 괄호에서 s^m을 택하여 곱하면 s^{k+m}이 되고, 이것이 $A_1(s)^2$에서 s^n의 계수에 기여할 필요충분조건은 $k+m=n$이다. 즉 $A_1(s)^2$에서 s^n의 계수는 n을 $k+m$ $(k,m=0,1,\cdots,9)$으로 표현하는 방법의 수와 같다. 따라서

$$A_2(s)=A_1(s)^2$$

이다.
세 자리 수의 합이 n인 세 자리 수의 개수를 x^n의 계수로 갖는 다항식을

$$A_3(x)=a_0+a_1x+a_2x^2+\cdots+a_{27}x^{27}$$

이라 하면, 앞에서 했던 방법으로 다음을 얻을 수 있다.

$$A_3(x)=A_1(x)^3$$

따라서 키릴로프의 문제(얼마나 많은 행운의 티켓이 있을까?)의 정답은 $A_1(x)^3$을 계산하여 그 계수들의 제곱의 합을 구하면 된다.

로랑 다항식

유한인 양수 지수 k와 유한인 음수 지수 k를 모두 갖는 x^k을 포함하는 다항식.

로랑(Laurent)[5] 다항식

$$A_3\left(\frac{1}{x}\right) = a_0 + \frac{a_1}{x} + \frac{a_2}{x^2} + \cdots + \frac{a_{27}}{x^{27}}$$

을 생각하자. 곱 $A_3(x)A_3\left(\frac{1}{x}\right)$ 또한 로랑 다항식이다.

3 $A_3(x)A_3\left(\frac{1}{x}\right)$의 상수항은 무엇인가?

한편,

$$A_1(x) = 1 + x + x^2 + \cdots + x^9 = \frac{1 - x^{10}}{1 - x}$$

을 이용하면 다음을 얻는다.

$$A_3(x)A_3\left(\frac{1}{x}\right) = A_1(x)^3 A_1\left(\frac{1}{x}\right)^3 = \left(\frac{1 - x^{10}}{1 - x}\right)^3\left(\frac{1 - x^{-10}}{1 - x^{-1}}\right)^3 = \left(\frac{2 - x^{10} - x^{-10}}{2 - x - x^{-1}}\right)^3$$

행운의 티켓의 개수를 구하는 또 다른 방법이 있다. 그 방법은 포함-배제의 원리이고 이 방법을 사용하면 행운의 티켓의 개수는 다음으로 주어진다.

$$\binom{32}{5} - 6\binom{22}{5} + 15\binom{12}{5} = 55252$$

2 생성함수와 그들의 연산

앞 절에서 행운의 티켓 문제를 세 자리 수의 합이 n인 세 자리 수의 개수를 x^n의 계수로 갖는 27차 다항식과 연관시켜 생각을 해보았다. 역으로 차수가 유한인 다항식의 계수는 어떤 문제를 해결하는데 중요한 역할을 할 수 있다. 이러한 개념을 일반적으로 확장해보자.

5) 로랑(Pierre A. Laurent, 1813~1854. 프랑스)

임의의 무한수열 $a_0,\ a_1,\ a_2,\ \cdots$ 에 대하여

$$A(x) = \sum_{n=0}^{\infty} a_n x^n = a_0 + a_1 x + a_2 x^2 + \cdots$$

을 무한수열 $a_0, a_1, a_2, \cdots$ 의 생성함수라 한다. 만약 수열에 있는 어떤 원소 이후의 모든 원소가 0일 때 대응하는 생성함수를 생성다항식이라 부른다. 여기서 변수 x는 형식적인 변수이다. 형식적이란 말은 $A(x_0)$는 $x = x_0$에서 함수의 값이 아니다. 그러나 $A(0) = a_0$는 $x = 0$에서 함수의 값을 정의한다.
두 생성함수

$$A(x) = a_0 + a_1 x + a_2 x^2 + \cdots,\quad B(x) = b_0 + b_1 x + b_2 x^2 + \cdots$$

의 합

$$A(x) + B(x) = (a_0 + b_0) + (a_1 + b_1)x + (a_2 + b_2)x^2 + \cdots$$

과 곱

$$A(x)B(x) = a_0 b_0 + (a_0 b_1 + a_1 b_0)x + (a_0 b_2 + a_1 b_1 + a_2 b_0)x^2 + \cdots$$

역시 생성함수이다.
특히, $B(0) = b_0 = 0$이라 하면 $B(x)$를 $A(x)$에 대입한

$$\begin{aligned} A(B(x)) &= a_0 + a_1(b_1 x + b_2 x^2 + \cdots) + a_2(b_1 x + b_2 x^2 + \cdots)^2 + \cdots \\ &= a_0 + a_1 b_1 x + (a_1 b_2 + a_2 b_1^2)x^2 + (a_1 b_3 + 2a_2 b_1 b_2 + a_3 b_1^3)x^3 + \cdots \end{aligned}$$

도 생성함수이다.
$B(x) = b_1 x + b_2 x^2 + \cdots,\ B(0) = b_0 = 0,\ b_1 \neq 0$일 때,

$$A(B(x)) = x \ \ (\text{또는 } B(C(x)) = x)$$

를 만족하는

$$A(x) = a_1 x + a_2 x^2 + \cdots$$

$$A(0) = 0 \ (\text{또는 } C(x) = c_1 x + c_2 x^2 + \cdots,\ C(0) = 0)$$

를 $B(x)$의 왼쪽 역함수 (혹은 오른쪽 역함수)라 한다. 실제 $A(x)$와 $C(x)$의 계수들은 귀납적으로 구해진다.
생성함수들의 나눗셈은 일반적으로 할 수 없다. 그러나

$$A(x) = a_0 + a_1 x + a_2 x^2 + \cdots,\ A(0) = a_0 \neq 0 \text{일 때,}$$
$$A(x)B(x) = 1$$

을 만족하는

$$B(x) = b_0 + b_1 x + b_2 x^2 + \cdots$$

가 존재한다. 실제 $B(x)$의 계수들은 귀납적으로 구해진다.

3 이항계수와 생성함수

1. 이항계수

이항계수 $\binom{n}{k}$는 n개의 서로 다른 대상물에서 k개의 대상물을 선택하는 방법의 수를 말한다. 따라서 $\binom{n}{k}$는 n개의 서로 다른 원소의 집합에서 k-부분집합(k개의 원소를 갖는 부분집합)의 개수를 준다. 예를 들면, 집합 {1, 2, 3,4}에서 원소가 2개인 부분집합의 개수는 6개다.

$$\{1,2\},\ \{1,3\},\ \{1,4\},\ \{2,3\},\ \{2,4\},\ \{3,4\}$$

이항계수 $\binom{n}{k}$의 값은 정확히 다음으로 주어진다.

$$\binom{n}{k} = \begin{cases} \dfrac{n!}{k!\,(n-k)!} & (n \geq k) \\ 0 & (n < k) \end{cases},$$

여기서 $0! = 1,\ n! = n \times (n-1) \times \cdots \times 2 \times 1$ (n 계승)

$\binom{n}{k} = \binom{n}{n-k}$: n개의 대상물에서 $n-k$개의 대상물을 제외하는 방법의 수

$\binom{n}{k} = \binom{n-1}{k} + \binom{n-1}{k-1}$: 특별한 대상물 하나를 포함하지 않는 경우와 포함하는 경우

2. 서로 다른 n개의 상자에 k개의 동일한 대상물을 분배하는 문제

6개의 핫도그를 A, B, C 세 종류로 나누는 방법의 수를 생각해보자.
핫도그를 X라 하자. 예를 들어, X / X X X / X X, 즉 /을 어디에 넣느냐에 따라 세 종류로 나눌 수 있다. 따라서 이 문제는 6개의 X와 2개의 /을 합한 8개에서 6개의 X 또는 2개의 /을 뽑는 방법의 수와 같다.

즉, $\binom{8}{6}=\binom{8}{2}=\frac{56}{2}=28$이다.

1 다음을 이항계수로 나타내어라.

(1) 서로 다른 n개의 상자에 k개의 동일한 대상물을 분배하는 방법의 수

(2) 서로 다른 n개의 상자에 k개의 동일한 대상물을 분배할 때, 모든 상자에 적어도 한 개 이상 넣는 방법의 수

(3) 서로 다른 n개의 상자에 k개의 동일한 대상물을 분배할 때, 첫째 상자에 적어도 k_1개, 둘째 상자에 적어도 k_2, $\cdots$, n번째 상자에 적어도 k_n개를 나누는 방법의 수

2 문자 $a,e,i,o,u,x,x,x,x,x,x,x,x$에서 두 개의 모음이 연속적으로 배열되지 않도록 나열할 수 있는 방법은 몇 가지인가?

3 방정식 $x_1+x_2+x_3+x_4=12$에 대하여 다음을 구하여라.

(1) $x_i \ge 0$일 때, 정수해는 몇 가지 있는가?

(2) $x_i > 0$일 때, 정수해는 몇 가지 있는가?

(3) $x_1 \ge 2,\ x_2 \ge 2,\ x_3 \ge 4,\ x_4 \ge 0$일 때, 정수해는 몇 가지 있는가?

3. 이항계수의 생성함수

$1=x^0$이라 하자. $(1+x)^3$을 전개하면 $(1+x)^3=1+3x+3x^2+x^3$이다. 세 집합 $\{x^0, x\}$, $\{x^0, x\}$, $\{x^0, x\}$에서 각각 하나를 선택하여 곱한 형식적인 곱을 모두 구하면

$x^0x^0x^0,\ x^0x^0x^1,\ x^0x^1x^0,\ x^1x^0x^0,\ x^0x^1x^1,\ x^1x^0x^1,\ x^1x^1x^0,\ x^1x^1x^1.$

위에서 구한 형식적인 곱들의 합을 모두 더하면 다음과 같이 $(1+x)^3$이 된다.

$x^0x^0x^0 + 3x^0x^0x^1 + 3x^0x^1x^1 + x^1x^1x^1 = 1 + 3x + 3x^2 + x^3 = (1+x)^3$.

x^0, x^1, x^2, x^3의 계수는 3개의 집합 $\{x^0, x\}$, $\{x^0, x\}$, $\{x^0, x\}$에서 지수의 합이 각각 (0, 1, 2, 3)인 형식적인 곱의 개수 (1, 3, 3, 1)이다. 이와 같은 계수는 각각 이항계수 $\left(\binom{3}{0}, \binom{3}{1}, \binom{3}{2}, \binom{3}{3}\right)$와 같다.

따라서 이항계수 $\binom{3}{k}$ $(k = 0, 1, 2, 3)$에 대한 생성함수가 $(1+x)^3$이다. 일반적으로 $(1+x)^n$은 이항계수 $\binom{n}{k}$ $(k = 0, 1, \cdots, n)$에 대한 생성함수이다.

4. 생성함수에서 계수의 두 가지 해석

생성함수 $(1+x)^3(1+x+x^2)^2$에서 x^k의 계수는 앞에서와 같이 5개의 집합 $\{x^0, x^1\}$, $\{x^0, x^1\}$, $\{x^0, x^1\}$, $\{x^0, x^1, x^2\}$, $\{x^0, x^1, x^2\}$에서 각각 하나를 선택한 것들의 지수의 합이 k인 서로 다른 모든 형식적인 곱의 개수와 같다. 5개의 집합에서 각각 하나를 선택한 것의 지수를 e_1, e_2, e_3, e_4, e_5라 하면 생성함수 $(1+x)^3(1+x+x^2)^2$에서 x^k의 계수는 두 가지로 해석할 수 있다.

한 가지 해석은 방정식

$$e_1 + e_2 + e_3 + e_4 + e_5 = k$$
$$(\text{단, } 0 \le e_1, e_2, e_3 \le 1, \text{ 그리고 } 0 \le e_4, e_5 \le 2)$$

을 만족하는 정수해의 개수와 같다는 것이다. 또 다른 해석은 k개의 동일한 대상물을 5개의 서로 다른 상자에 분배할 때, 처음 세 개의 상자에는 많아야 1개, 마지막 두 개의 상자에는 많아야 2개의 대상물을 넣는 방법의 수와 같다는 것이다.

4 3개의 사과, 3개의 귤, 3개의 배, 3개의 감 중에서 k개를 선택하는 방법의 수 a_k의 생성함수를 구하여라.

5 5개의 서로 다른 상자에 k개의 동일한 대상물을 분배하는 방법의 수 a_k에 대한 생성함수를 구하여라. 단, 처음 두 상자에는 각각 짝수 개를 10개 이하만 넣어야 하고, 나머지 3개의 상자에서 3개와 5개 사이의 개수를 넣을 수 있다.

생성함수 1

❶ 행운의 티켓 문제와 다항식

1 x^0의 계수$=1$ (00), x^1의 계수$=2$ (01, 10), x^2의 계수$=3$ (02, 20, 11)
x^3의 계수$=4$ (03, 30, 12, 21)

2 $A_2(x)=1+2x+3x^2+4x^3+\cdots$, 두 자리 수의 합이 가장 큰 수가 18이므로 $A_2(x)$의 차수는 18이다.

3 $a_0^2+a_1^2+a_2^2+\cdots+a_{27}^2$

❸ 이항계수와 생성함수

1 (1) k개의 X와 $(n-1)$개의 /을 합한 $k+(n-1)$개에서 k개의 X 또는 $(n-1)$개의 /을 뽑는 방법의 수 $\binom{k+n-1}{k}=\binom{k+n-1}{n-1}$

(2) n개의 상자에 미리 하나씩 주고 나서 다시 서로 다른 n개의 상자에 $k-n$개의 동일한 대상물을 분배하는 방법의 수 $\binom{k-n+n-1}{k-n}=\binom{k-1}{n-1}$

(3) $\binom{k-k_1-\cdots-k_n+n-1}{n-1}$

2 먼저 모음을 배열한다. 모음을 배열하는 방법은 $5\neq 120$가지이다. v를 모음 a,e,i,o,u 중 하나라 하자. $B_1vB_2vB_3vB_4vB_5vB_6$에서 B_i는 i 번째 상자라 하면, 이 문제는 8개의 x를 6개의 상자에 분배할 때, 상자 B_2,B_3,B_4,B_5에는 적어도 1개의 x가 있어야 한다. 즉 $\binom{4+6-1}{4}=\binom{9}{4}=\frac{9876}{4321}=126$가지이다. 따라서 전체적으로 $120\times 126=15120$가지이다.

3 (1) $\binom{12+4-1}{3}=455$개 (2) $\binom{(12-4)+4-1}{3}=165$개

(3) $\binom{(12-2-2-4)+4-1}{3}=35$개

4 방정식 $e_1+e_2+e_3+e_4=k$ (단, $0 \le e_1,e_2,e_3,e_4 \le 3$)을 만족하는 정수해의 개수를 구하는 문제와 같다. 즉 $(1+x+x^2+x^3)^4$에서 x^k의 계수가 a_k이다. 따라서 a_k의 생성함수는 $(1+x+x^2+x^3)^4$이다.

5 방정식 $e_1+e_2+e_3+e_4+e_5=k$(단, e_1,e_2는 짝수, $0 \le e_1,e_2 \le 10$, $3 \le e_3,e_4,e_5 \le 5$)을 만족하는 정수해의 개수를 구하는 문제와 같다. 따라서 a_k에 대한 생성함수는 $(1+x^2+x^4+x^6+x^8+x^{10})^2(x^3+x^4+x^5)^3$이다.

112-4

생성함수 2

Keywords 생성함수, 카탈란 수, 분배, 분할

1 생성함수의 계수를 계산하기 위한 여러 가지 다항 항등식

1. 잘 알려진 수열의 생성함수

임의의 실수 a에 대하여 생성함수

$$(1+x)^a = 1 + \frac{a}{1!}x + \frac{a(a-1)}{2!}x^2 + \frac{a(a-1)(a-2)}{3!}x^3 + \cdots$$

의 계수를 일반화된 이항계수라 하고 n번째 이항계수를 다음과 같이 나타낸다.

$$\binom{a}{0} = 1,\ \binom{a}{n} = \frac{a(a-1)\cdots(a-n+1)}{n!} \quad (n \geq 1)$$

1 위의 이항계수 식을 이용하여 다음을 구하여라.

(1) $a = -k$ (k는 자연수)일 때, $\dfrac{1}{(1-x)^k}$

(2) $a = n$(자연수)일 때,

$(1+x)^n$

$\binom{n}{0} + \binom{n}{1} + \cdots + \binom{n}{n}$

$\binom{n}{0} - \binom{n}{1} + \cdots + (-1)^n\binom{n}{n}$

$\binom{n}{0} + \binom{n}{2} + \cdots = \binom{n}{1} + \binom{n}{3} + \cdots$

기하수열의 생성함수에 대하여 알아보자. 수열 1,1,1,1,⋯의 생성함수는

$$G(x)=1+x+x^2+x^3+\cdots$$

이고

$$xG(x)=x+x^2+x^3+x^4+\cdots=G(x)-1$$

로부터

$$G(x)=1+x+x^2+x^3+\cdots=\frac{1}{1-x}$$

이다. 이를 이용하면 수열 $a,\ ar,\ ar^2,\ ar^3,\ \cdots$ 의 생성함수는 다음으로 주어진다.

$$G_{a,r}(x)=a+arx+ar^2x^2+ar^3x^3+\cdots=\frac{a}{1-rx}$$

2 수열 $a_0, a_1, a_2, a_3, \cdots$ 의 생성함수를

$$f(x)=a_0+a_1x+\cdots+a_nx^n+\cdots$$

라 할 때, $a_0+a_1+\cdots+a_n$의 생성함수를 구하여라.

피보나치 수열의 생성함수에 대하여 알아보자. 피보나치 수열 1, 1, 2, 3, 5, 8, 13, 21, 34, ⋯ 의 생성함수는

$$\mathrm{F}(x)=1+x+2x^2+3x^3+5x^4+\cdots$$

이고

$$\begin{aligned}(x+x^2)\mathrm{F}(x)&=(x+x^2+2x^3+3x^4+5x^5+\cdots)+(x^2+x^3+2x^4+3x^5+\cdots)\\&=x+2x^2+3x^3+5x^4+8x^5+\cdots=\mathrm{F}(x)-1\end{aligned}$$

으로부터

$$\begin{aligned}\mathrm{F}(x)&=\frac{1}{1-x-x^2}\\&=\frac{1}{\sqrt{5}}\left(\frac{1}{x-x_2}-\frac{1}{x-x_1}\right)=\frac{1}{\sqrt{5}}\left(\frac{1}{x_1\left(1-\dfrac{x}{x_1}\right)}-\frac{1}{x_2\left(1-\dfrac{x}{x_2}\right)}\right)\\&=\frac{1}{\sqrt{5}\ x_1}\left(1+\frac{x}{x_1}+\frac{x^2}{x_1^2}+\cdots\right)-\frac{1}{\sqrt{5}\ x_2}\left(1+\frac{x}{x_2}+\frac{x^2}{x_2^2}+\cdots\right)\end{aligned}$$

을 얻는다. 여기서 $x_1 = \dfrac{-1+\sqrt{5}}{2}$, $x_2 = \dfrac{-1-\sqrt{5}}{2}$는 방정식 $1-x-x^2=0$의 두 근이다.
생성함수 $\mathrm{F}(x)$에서 x^n의 계수를 f_n이라 하면 $x_1x_2=-1$이라는 사실을 이용하면 f_n과 그들 사이의 점화식을 구할 수 있다.

3 생성함수 $\mathrm{F}(x)$의 x^n의 계수 f_n을 구하고 그들의 점화식을 구하여라.

카탈란(Catalan) 수[6]의 생성함수를 알아보자. 예를 들면, $(3-1)\cdot(4+(15-9)\cdot(2+6))$의 계산의 순서는 4개의 괄호( )에 의해 결정된다. 이 경우는 ( )(( )( ))와 같은 형태이다. 이러한 형태를 정칙괄호구조(regular bracket structure)라 부른다. n개의 괄호로 만들어지는 정칙괄호구조의 전체 개수를 c_n이라 할 때 이 수를 카탈란 수라 한다. 편의상 $c_0=1$이라 하자.

$c_1 = 1$: ()
$c_2 = 2$: ()(), (())
$c_3 = 5$: ()()(), ()(()), (())(), (()()), ((()))

카탈란 수에서 C_1, C_2와 C_3 사이의 관계를 알아보기 위하여 파란색 ( )를 기준으로 다음을 생각해보자.
()()(), ()(()) : () 안에는 정칙괄호구조가 없고 ()밖에는 2개의 괄호로 이루어진 정칙괄호구조가 있다. $c_0c_2=2$
(())() : ()안에는 1개의 괄호로 이루어진 정칙괄호구조가 있고 ()밖에는 1개의 괄호로 이루어진 정칙괄호구조가 있다. $c_1c_1=1$
(()()), ((())) : ()안에는 2개의 괄호로 이루어진 정칙괄호구조가 있고 ()밖에는 정칙괄호구조가 없다. $c_2c_0=2$

이제 c_3를 c_0, c_1, c_2로 표현해보면 $c_3 = c_0c_2 + c_1c_1 + c_2c_0 = 2+1+2=5$.

4 다음에서 카탈란 수의 생성함수를 구하여보자.

(1) 일반적으로 $n+1$개의 괄호로 이루어진 정칙괄호구조 …(…)…에서 ()

6) 카탈란 수에 대해서는 [210-5 그래프의 응용] 참고

안이 k개의 괄호로 이루어진 정칙괄호구조이면 ( ) 밖에는 $n-k$개의 괄호로 이루어진 정칙괄호구조이다. $c_0 = c_1 = 1$이라 할 때, 카탈란 수 c_n에 대한 점화식을 구하여라.

(2) 점화식으로부터 c_4, c_5, c_6를 구하여라.

(3) 카탈란 수의 생성함수를

$$\mathrm{C}(x) = c_0 + c_1 x + c_2 x^2 + c_3 x^3 + c_4 x^4 + c_5 x^5 + c_6 x^6 + \cdots$$

라 하자. $x\,\mathrm{C}(x)^2$을 구하고 다음을 확인하여라.

$$\mathrm{C}(x) = \frac{1-\sqrt{1-4x}}{2x}$$

5 생성함수 $\mathrm{C}(x)$의 n번째 계수 c_n을 구하고 그들의 점화식을 구하여라.

6 카탈란 수의 생성함수의 연분수 표현을 구하여라.

카탈란 수 c_n $(n>1)$의 두 가지 성질을 증명없이 소개하고자 한다.
$n+2=p^k$ $(n>1,\ p$ 소수, k 자연수)일 때, 카탈란 수 c_n은 p로 나누어떨어진다. 예를 들면,
$c_2 = 2 \equiv 0 \pmod 2$, $c_5 = 42 \equiv 0 \pmod 7$, $c_7 = 429 \equiv 0 \pmod 3$이다.
또, $n=p^k$ $(n>1,\ p$ 소수, k 자연수)일 때, 카탈란 수 c_n은 p로 나누면 나머지가 2이다. 예를 들면, $c_2 = 2 \equiv 2 \pmod 2$, $c_3 = 5 \equiv 2 \pmod 3$, $c_5 = 42 \equiv 2 \pmod 5$이다.

2. 생성함수를 이용한 문제해결

식 $(x^2+x^3+x^4+\cdots)^5$에서 x^k의 계수를 구해보자.
$(x^2+x^3+x^4+\cdots)^5 = x^{10}(1+x+x^2+\cdots)^5 = x^{10}\dfrac{1}{(1-x)^5}$이므로 x^k의 계수는 $\dfrac{1}{(1-x)^5}$에서 x^{k-10}의 계수, 즉 $\dbinom{k-10+5-1}{k-10}$이다. 이 값은 k개의 동일한 대상물을 5개의 서로 다른 상자에 적어도 2개 이상의 대상물을 넣을 때,

이를 분배하는 방법의 수이다.

생성함수는 여러 종류의 문제해결에 효과적으로 쓰인다. 예를 들어, 20명으로부터 15달러를 거두어들이는 방법의 수를 생각해보자. 단, 처음 19명의 사람은 0달러나 1달러만 낼 수 있고, 마지막 한 사람은 0달러, 1달러, 또는 5달러를 낼 수 있다.

이 상황의 생성함수 $(1+x)^{19}(1+x+x^5)$이고 여기에서 x^{15}의 계수는

$$a_{15}b_0 + a_{14}b_1 + a_{10}b_5 = \binom{19}{15} + \binom{19}{14} + \binom{19}{10}$$

이다. 따라서 우리가 구하는 방법의 수는 $\binom{19}{15}+\binom{19}{14}+\binom{19}{10}$이다.

7 7개의 서로 다른 상자가 있다. 첫 번째 상자에 많아야 10개의 공을, 그리고 나머지 여섯 상자에는 어떻게 넣어도 상관이 없을 때, 25개의 동일한 공을 분배하는 방법의 수를 구하여라.

8 일곱 가지의 서로 다른 모양의 인형이 있다. 각 모양의 인형을 2~6개 사이의 수만큼 선택할 수 있을 때, 인형 25개를 선택하는 방법의 수를 구하여라.

9 항등식

$$\binom{n}{0}^2 + \binom{n}{1}^2 + \cdots \binom{n}{n}^2 = \binom{2n}{n}$$

을 보여라.

이번에는 $a_n = 2n^2$일 때, 생성함수 $h(x) = a_0 + a_1x + \cdots + a_nx^n + \cdots$을 구하여보자.

$$x\left(\frac{d}{dx}\frac{1}{1-x}\right) = x\frac{1}{(1-x)^2} = x + 2x^2 + 3x^3 + \cdots + nx^n + \cdots$$

$$x\left(\frac{d}{dx}\frac{x}{(1-x)^2}\right) = \frac{x(1+x)}{(1-x)^3} = 1^2x + 2^2x^2 + 3^2x^3 + \cdots + n^2x^n + \cdots$$

이므로 $a_n = 2n^2$의 생성함수는 $h(x) = \dfrac{2x(1+x)}{(1-x)^3}$이다.

따라서

$$2 \cdot 1^2 + 2 \cdot 2^2 + 2 \cdot 3^2 + \cdots + 2 \cdot n^2$$
$$= 2\binom{(n-1)+4-1}{n-1} + 2\binom{(n-2)+4-1}{n-2} = 2\binom{n+2}{3} + 2\binom{n+1}{3}$$

이다.

10 다음 물음에 답하여라.

(1) $(n-1)!\dfrac{1}{(1-x)^n}$의 x^k의 계수를 구하여라.

(2) $a_k = (k+1)k(k-1)$일 때, 생성함수 $h(x)$를 구하여라.

(3) $3 \cdot 2 \cdot 1 + 4 \cdot 3 \cdot 2 + \cdots + (n+1)n(n-1)$을 이항계수를 이용하여 나타내어라.

2 분해와 분할

이 절에서는 자연수 n의 분해와 분할에 대해서 알아보자.

1. 분해

$a_1, a_2, \cdots, a_k$가 모두 음이 아닌 정수일 때, $n = a_1 + a_2 + \cdots + a_k$을 분해(decomposition)라 한다. 적어도 하나의 $i(1 \le i \le k)$에 대해 $a_i \ne b_i$일 때, 두 표현

$$n = a_1 + a_2 + \cdots + a_k, \ n = b_1 + b_2 + \cdots + b_k$$

은 다르다. 우리는 이미 자연수 n을 k개의 음이 아닌 정수로 분해하는 방법의 수는

$$\binom{n+k-1}{k-1}$$

임을 알고 있다. 그리고

$$\frac{1}{(1-x)^k} = 1 + \binom{1+k-1}{1}x + \binom{2+k-1}{2}x^2 + \cdots + \binom{n+k-1}{n}x^n + \cdots$$

이므로 수열 (서로 다른 1의 k-분해의 개수), (서로 다른 2의 k-분해의 개수), …에 대한 생성함수는

$$B_k(x) = (1-x)^{-k}$$

이다.

2. 분할

0을 갖지 않는 n의 분해들의 동치류(equivalent class)를 'n-분할(partition)'이라 한다. 두 개의 분해가 동치(equivalent)라 함은 하나가 다른 하나의 항들의 순서를 바꾸어 얻어질 때를 말한다. 예를 들면, 2+2+1+1+1에서 항들의 순서를 바꾸어 얻어지는 표현들은 모두 이 표현과 동치이다.
작은 수의 분할의 예를 보자. 큰 수에서 작은 수로 써보면,

$$\begin{aligned}
n=1 &: 1 \\
n=2 &: 2=1+1 \\
n=3 &: 3=2+1=1+1+1 \\
n=4 &: 4=3+1=2+2=2+1+1=1+1+1+1 \\
n=5 &: 5=4+1=3+2=3+1+1=2+2+1=2+1+1+1 \\
&\quad =1+1+1+1+1
\end{aligned}$$

분할의 구성원을 분할원소라 부른다. n-분할의 방법의 수를 p_n이라 하자.

n	0	1	2	3	4	5	6	7	8
p_n	1	1	2	3	5	7	11	15	22

p_n의 생성함수를 구해보자. e_n을 n-분할에서 분할원소 n의 개수라 하자. 예를 들면,

$$5=2+1+1+1 : e_1=3,\ e_2=1,\ e_3=e_4=e_5=0.$$

따라서 p_n은 방정식

$$1e_1+2e_2+3e_3+\cdots=n \ (0 \le e_1, e_2, e_3, \cdots)$$

을 만족하는 정수해의 개수와 같다.

1 p_n의 생성함수를 구하여라.

마찬가지로 자연수 n을 서로 다른 자연수의 합과 서로 다른 홀수의 합으로 각각 표현하는 방법의 수를 d_n과 o_n이라 하면, d_n과 o_n은 각각 방정식

$$1e_1 + 2e_2 + 3e_3 + \cdots = n \ (0 \le e_1, e_2, e_3, \cdots \le 1)$$
$$1e_1 + 3e_3 + 5e_5 + \cdots = n \ (0 \le e_1, e_3, e_5, \cdots)$$

을 만족하는 정수해의 개수와 같다.

2 d_n과 o_n의 생성함수를 각각 구하여라.

3 1달러, 5달러, 10달러를 이용하여 k달러의 선물을 사는 방법의 수 a_k에 대한 생성함수를 구하여라.

4 모든 자연수는 서로 다른 2의 멱의 합으로 유일하게 표현할 수 있다.

(1) $1, 2, \cdots, 10$을 서로 다른 2의 멱의 합으로 표현하여라. 그 표현은 유일한가?

(2) 임의의 자연수 k를 서로 다른 2의 멱의 합으로 유일하게 표현하는 방법의 수를 a_k라 할 때, a_k의 생성함수를 구하여라.

생성함수 2

❶ 생성함수의 계수를 계산하기 위한 여러 가지 다항 항등식

1 (1) $\dfrac{1}{(1-x)^k}=1+\dbinom{1+k-1}{1}x+\cdots+\dbinom{n+k-1}{n}x^n+\cdots.$

(2) $(1+x)^n=\dbinom{n}{0}+\dbinom{n}{1}x+\dbinom{n}{2}x^2+\cdots+\dbinom{n}{n}x^n,\ \dbinom{n}{0}+\dbinom{n}{1}+\cdots+\dbinom{n}{n}=2^n$

$\dbinom{n}{0}-\dbinom{n}{1}+\cdots+(-1)^n\dbinom{n}{n}=0,\ \dbinom{n}{0}+\dbinom{n}{2}+\cdots=\dbinom{n}{1}+\dbinom{n}{3}+\cdots=2^{n-1}$

2 $$\begin{aligned}\frac{f(x)}{1-x}&=(a_0+a_1x+a_2x^2+a_3x^3+\cdots)(1+x+x^2+x^3+\cdots)\\&=a_0+(a_0+a_1)x+\cdots+(a_0+a_1+\cdots+a_n)x^n+\cdots\end{aligned}$$

즉 $a_0+a_1+\cdots+a_n$은 생성함수 $\dfrac{f(x)}{1-x}$에서 x^n의 계수이다.

3 $$\begin{aligned}f_n&=\frac{1}{\sqrt{5}}\left(x_1^{-1-n}-x_2^{-1-n}\right)=\frac{(-1)^n}{\sqrt{5}}\left(x_1^{n+1}-x_2^{n+1}\right),\\&=\frac{(-1)^n}{\sqrt{5}}\left(\left(\frac{-1+\sqrt{5}}{2}\right)^{n+1}-\left(\frac{-1-\sqrt{5}}{2}\right)^{n+1}\right)\end{aligned}$$

$f_0=f_1=1,\ f_{n+2}=f_{n+1}+f_n\,(n\ge 0)$

4 (1) $c_{n+1}=c_0c_n+c_1c_{n-1}+c_2c_{n-2}+\cdots+c_{n-1}c_1+c_nc_0\quad(n\ge 1)$

(2) $c_4=c_0c_3+c_1c_2+c_2c_1+c_3c_0=5+2+2+5=14$

$c_5=c_0c_4+c_1c_3+c_2c_2+c_3c_1+c_4c_0=14+5+4+5+14=42$

$c_6=c_0c_5+c_1c_4+c_2c_3+c_3c_2+c_4c_1+c_5c_0=42+14+10+10+14+42=132$

(3) 카탈란 수의 생성함수를

$$\begin{aligned}C(x)&=c_0+c_1x+c_2x^2+c_3x^3+c_4x^4+c_5x^5+c_6x^6+\cdots\\&=1+x+2x^2+5x^3+14x^4+42x^5+132x^6+\cdots\end{aligned}$$

라 하면,

$$\begin{aligned}x\,C(x)^2&=c_0^2x+(c_0c_1+c_1c_0)x^2+(c_0c_2+c_1c_1+c_2c_0)x^3+\cdots\\&=x+2x^2+5x^3+14x^4+\cdots\\&=C(x)-1\end{aligned}$$

로부터 $x\mathrm{C}(x)^2-\mathrm{C}(x)+1=0$, 즉 $\mathrm{C}(x)=\dfrac{1-\sqrt{1-4x}}{2x}$

5

$$c_n=\frac{1}{2}\{1-\sqrt{1-4x}\text{ 의 }(n+1)\text{번째 계수}\}$$

$$=\frac{1}{2}\frac{\frac{1}{2}\left(\frac{1}{2}-1\right)\cdots\left(\frac{1}{2}-n\right)}{(n+1)!}=\frac{\frac{1}{2}\cdot\frac{1}{2}\cdot\frac{3}{2}\cdot\cdots\cdot\frac{2n-1}{2}\cdot 4^{n+1}}{2(n+1)!}$$

$$=\frac{1\cdot 3\cdot 5\cdot\cdots\cdot(2n-1)\cdot 2^{n+1}}{2(n+1)!}=\frac{(2n)!}{(n+1)!n!}=\binom{\frac{1}{n+1}}{2n}$$

$$\frac{c_{n+1}}{c_n}=\frac{(2n+2)!/(n+2)!(n+1)!}{(2n)!/(n+1)!n!}=\frac{4n+2}{n+2},\text{ 즉 } c_{n+1}=\frac{4n+2}{n+2}c_n$$

6

$x\mathrm{C}(x)^2-\mathrm{C}(x)+1=0$ 혹은 $\mathrm{C}(x)(1-x\mathrm{C}(x))=1$로부터

$$\mathrm{C}(x)=\frac{1}{1-x\mathrm{C}(x)}=\frac{1}{1-\dfrac{x}{1-x\mathrm{C}(x)}}$$

$$=\frac{1}{1-\dfrac{x}{1-\dfrac{x}{1-x\mathrm{C}(x)}}}=\frac{1}{1-\dfrac{x}{1-\dfrac{x}{1-\dfrac{x}{1-\cdots}}}}$$

7

생성함수 $(1+x+x^2+\cdots+x^{10})(1+x+x^2+\cdots)^6=\dfrac{1-x^{11}}{1-x}\left(\dfrac{1}{1-x}\right)^6=(1-x^{11})(1-x)^{-7}$

에서 x^{25}의 계수는 $\dbinom{25+7-1}{25}+\dbinom{14+7-1}{14}(-1)=\dbinom{31}{25}-\dbinom{20}{14}$

8

생성함수 $(x^2+x^3+x^4+x^5+x^6)^7=x^{14}(1+x+x^2+x^3+x^4)^7$에서 x^{25}의 계수는

$(1+x+x^2+x^3+x^4)^7=\left(\dfrac{1-x^5}{1-x}\right)^7=(1-x)^{-7}(1-x^5)^7$에서 x^{11}의 계수는

$$\binom{11+7-1}{11}+(-1)\binom{6+7-1}{6}\binom{7}{1}+\binom{1+7-1}{1}\binom{7}{2}$$

9

우변은 $(1+x)^{2n}$에서 x^n의 계수이다. $(1+x)^{2n}$을 $(1+x)^n(1+x)^n$과 같이 쓰면 x^n의 계수는

$$a_0b_n+a_1b_{n-1}+\cdots+a_nb_0=\binom{n}{0}\binom{n}{n}+\binom{n}{1}\binom{n}{n-1}+\cdots+\binom{n}{n}\binom{n}{0}=\binom{n}{0}^2+\binom{n}{1}^2+\cdots+\binom{n}{n}^2$$

10 $x\left(\frac{d}{dx}\frac{1}{1-x}\right)=x\frac{1}{(1-x)^2}=x+2x^2+3x^3+\cdots+nx^n+\cdots$

$x\left(\frac{d}{dx}\frac{x}{(1-x)^2}\right)=\frac{x(1+x)}{(1-x)^3}=1^2x+2^2x^2+3^2x^3+\cdots+n^2x^n+\cdots$

이므로 $a_n=2n^2$의 생성함수는 $h(x)=\frac{2x(1+x)}{(1-x)^3}$이다.

따라서 $2\cdot1^2+2\cdot2^2+2\cdot3^2+\cdots+2\cdot n^2$

$$=2\binom{(n-1)+4-1}{n-1}+2\binom{(n-2)+4-1}{n-2}=2\binom{n+2}{3}+2\binom{n+1}{3}$$

이다.

11 (1) $(n-1)!\binom{k+n-1}{k}=(k+n-1)(k+n-2)\cdots(k+1)$

(2) $h(x)=\frac{3!x^2}{(1-x)^4}$

(3) $h^*(x)=\frac{h(x)}{1-x}=\frac{3!x^2}{(1-x)^5}=3!x^2(1-x)^{-5}$에서 x^n의 계수이므로

$$3\cdot2\cdot1+4\cdot3\cdot2+\cdots+(n+1)n(n-1)=6\binom{(n-2)+5-1}{n-2}=6\binom{n+2}{4}$$

❷ 분해와 분할

1 $P(x)=(1+x+x^2+\cdots)(1+x^2+x^4+\cdots)(1+x^3+x^6+\cdots)\cdots$

$$=\frac{1}{(1-x)}\frac{1}{(1-x^2)}\frac{1}{(1-x^3)}\cdots=\frac{1}{(1-x)(1-x^2)(1-x^3)\cdots}$$

2 $D(x)=(1+x)(1+x^2)(1+x^3)\cdots$

$O(x)=(1+x+x^2+\cdots)(1+x^3+x^6+\cdots)(1+x^5+x^{10}+\cdots)\cdots$

$$=\frac{1}{(1-x)(1-x^3)(1-x^5)\cdots}$$

3 $\frac{1}{(1-x)(1-x^5)(1-x^{10})}$

4 (1) $1=2^0$, $2=2^1$, $3=2^0+2^1$, $4=2^2$, $5=2^0+2^2$, $6=2^1+2^2$,
$7=2^0+2^1+2^2$, $8=2^3$, $9=2^0+2^3$, $10=2^1+2^3$

(2) 2^k의 개수를 e_k이라 하면 이 문제는 방정식

$$2^0e_0+2^1e_1+2^2e_2+\cdots+2^ke_k+\cdots=n \ (0\le e_0,e_1,\cdots,e_k,\cdots\le 1)$$

의 정수해를 구하는 문제와 같다. 따라서 생성함수는

$$g(x)=(1+x)(1+x^2)(1+x^4)\cdots(1+x^{2k})\cdots$$

이다. 표현이 유일하기 때문에 $g(x)$에서 x^k의 모든 계수가 반드시 1이어야 한다. 즉

$$g(x)=1+x+x^2+\cdots+x^k+\cdots=\frac{1}{1-x}$$

112-5

이차곡선 1

Keywords 포물선, 타원, 쌍곡선, 이차곡선, 초점

함수 $f: \mathbb{R} \rightarrow \mathbb{R}$, $f(x) = a_0 + a_1 x + a_2 x^2 + \cdots + a_n x^n$ (n은 자연수)을 다항함수라고 한다. 이차함수 $f(x) = a_0 + a_1 x + a_2 x^2$의 그래프의 모양을 포물선이라고 하는데, 이것은 이차곡선의 한 종류이다.
일반적으로, x, y의 이차방정식

$$ax^2 + bxy + cy^2 + dx + ey + f = 0$$

으로 나타난 곡선은 특별한 경우를 제외하면 평행이동이나 원점을 중심으로 회전이동하여 다음과 같은 모양으로 변형할 수 있음이 알려져 있다.

원 : $x^2 + y^2 = r^2 \ (r > 0)$

포물선 : $y^2 = 4px \ (p \neq 0)$

타원 : $\dfrac{x^2}{a^2} + \dfrac{y^2}{b^2} = 1 \ (a > 0,\ b > 0)$

쌍곡선 : $\dfrac{x^2}{a^2} - \dfrac{y^2}{b^2} = 1 \ (a > 0,\ b > 0)$

이들 곡선을 통틀어서 이차곡선이라고 한다.

1 종이로 접는 이차곡선

포물선은 평면 위에서 한 정점과 그 정점을 지나지 않는 한 정직선에 이르는 거리가 같은 점들의 집합이다.
포물선, 타원, 쌍곡선은 곡선이지만 종이를 접어 만들 수 있다. 정확하게 말하면 이들 곡선의 접선을 접는 것이지만 접선들의 윤곽에서 곡선을 볼 수 있다. 먼저 다음 그림에서 포물선을 생각해보자. 그림에서 점 P는 초점 F와 준선 위의 점 H를 이은 선분 FH의 수직이등분선과 점 H를 지나 준선에 수직인 선과의 교점이다. 점 P가 선분 FH의 수직이등분선 위의 점이므로 $\overline{PF}=\overline{PH}$이 성립하여 점 H가 준선 위에서 움직일 때, 점 P의 자취는 포물선이다.

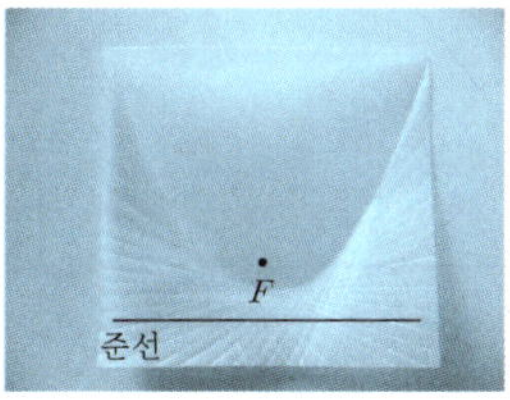

위의 성질을 이용하여 종이를 접어 포물선을 만들려면, 점 H를 준선 위에서 움직이면서 $\overline{FH}$의 수직이등분선을 접으면 된다. 즉, $\overline{FH}$의 수직이등분선의 외곽선으로 포물선이 보인다.

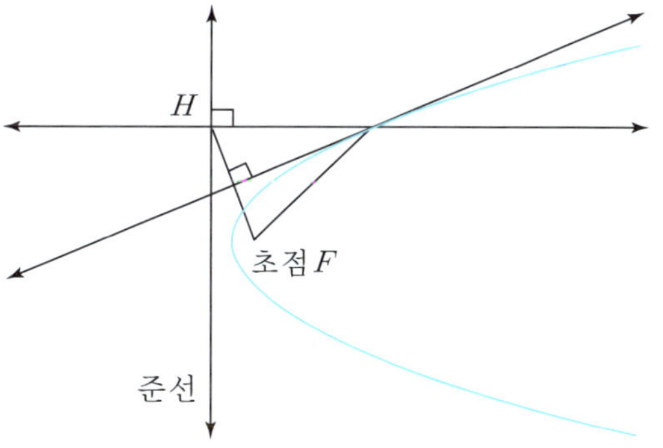

여기에서는 종이 위에 점 P의 자국을 남기는 것이 아니라 점 P를 지나는 포물선의 접선을 접을 것이다. 이러한 접선들의 외곽선으로 이루어지는 곡선을 포락선(envelope)이라고 한다.

이제 타원과 쌍곡선을 종이로 접는 방법에 대하여 알아보자.

1 다음을 그림으로 그려 타원의 기하학적인 정의를 알아보자.

(1) 중심이 F'인 원을 그려 원 위의 임의의 점을 Q라 하자. 원 안의 임의의 점 F를 잡아 $\overline{FQ}$의 수직이등분선과 $\overline{F'Q}$의 교점을 P라고 하자. 점 P를 작도하여라.

(2) 위의 그림에서 $\overline{PF}+\overline{PF'}$의 값이 일정하여 점 Q가 원 위에서 움직일 때, 점 P의 자취는 타원이다. 그 이유를 설명하여라.

(3) 위의 성질을 이용하여 종이를 접어 타원을 만들어보자. 점 Q가 원 위에서 움직일 때, 선분 FQ의 수직이등분선을 접으면 된다.

2 **1** 의 타원 그리는 방법을 이용하여 쌍곡선에 대하여 알아보자.

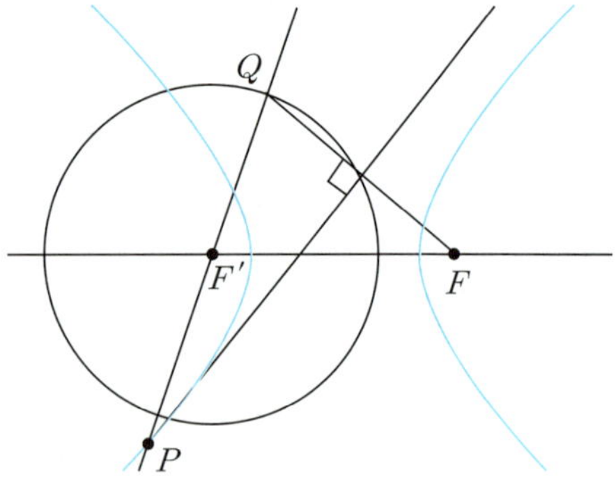

(1)타원을 기하학적으로 그리는 방법에서 점 F를 원 밖에 잡아 쌍곡선이 만들어지는지 확인하여라.

(2)종이를 접어 쌍곡선을 만드는 방법을 설명해보아라.

2 이차곡선의 발견

현재 3대 작도 불가능 문제라고 알려져 있는 작도에 관한 세 가지 문제는 고대 그리스 당시 수학자들에게 매우 큰 관심을 불러 일으키고 있었다. 이 세 가지 문제는

첫째, (원적 문제) 주어진 원과 같은 넓이를 갖는 정사각형을 작도하는 문제
둘째, (각의 삼등분 문제) 임의의 각을 3등분하는 선분을 작도하는 문제
셋째, (배적 문제) 주어진 정육면체의 2배의 부피를 갖는 정육면체를 작도하는 문제

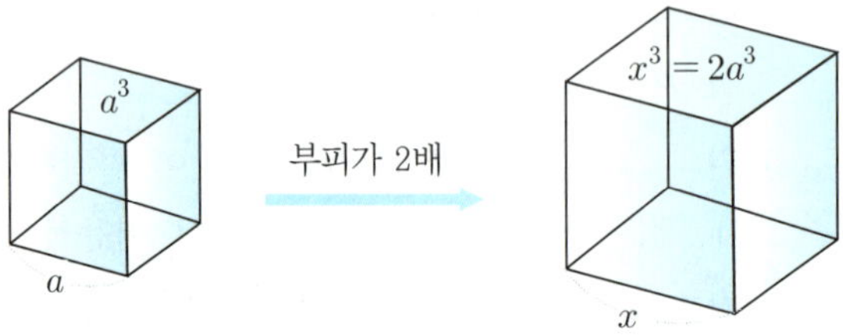

를 말한다. 3대 작도 문제 중 배적 문제를 해결하는 과정에서 원뿔곡선이 발견되었다.
이제 그 발견 과정을 따라가보자.
히포크라테스는 어떤 수 a에 대하여 다음과 같은 두 비례식을 생각하였다.

$$a : x = x : y, \quad x : y = y : 2a$$

1 위의 비례식으로부터 3개의 방정식을 만들어라.

2 **1** 에서 얻은 세 개의 방정식에서 x와 a 사이의 관계식을 만들어라.

3 위의 식을 만족하는 x를 한 모서리의 길이로 하는 정육면체의 부피는 한 모서리의 길이가 a인 정육면체 부피의 2배가 된다. a의 값이 주어졌을 때, x의 값은 어떻게 구할 수 있는가?

메나에크무스는 이러한 방정식을 만족하는 곡선을 작도하려고 시도했다. 자와 컴퍼스만으로는 방정식을 만족하는 것을 작도할 수 없었던 메나에크무스는 고심하다가 원뿔을 절단해 보기에 이른 것이다. 메나에크무스는 기원전 350년경에 다음 사실을 발견했다고 한다.

> "꼭지각이 직각인 원뿔을 모선에 대해서 수직인 평면으로 잘라낼 때 생긴 곡선은 두 방정식 $x^2 = ay$, $y^2 = 2ax$을 만족하고, 꼭지각이 둔각인 원뿔을 모선에 대해서 수직인 평면으로 잘라낼 때 생긴 곡선은 방정식 $xy = 2a^2$을 만족한다."

한편, 아폴로니우스는 메나에크무스와는 달리 한 원뿔을 가지고 여러 방향에서 잘라보았다. 그는 자른 면과 직원뿔의 밑면이 이루는 각의 크기에 따라 원뿔곡선을 분류하였다.

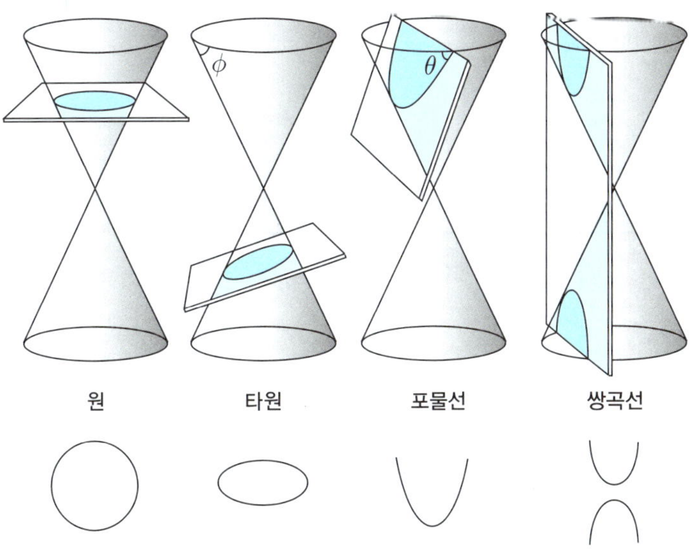

원뿔의 밑면과 모선이 이루는 각을 ϕ, 원뿔의 밑면과 단면이 이루는 각을 θ라고 하면

$\theta=0$일 때 ⇒ 원　　　　$\theta=\phi$일 때 ⇒ 포물선
$\theta<\phi$일 때 ⇒ 타원 $\theta>\phi$일 때 ⇒ 쌍곡선

원뿔곡선에 타원(ellipse), 포물선(parabola), 쌍곡선(hyperbola)이라는 이름을 붙여준 사람은 아폴로니우스이다.

3 타원의 반사 성질

자동차의 헤드라이트의 반사면은 포물면으로 되어 있어 상향등을 켜면 전구가 포물선의 초점 위치에 놓이게 된다. 초점에서 나온 빛은 직진하므로 어두운 밤에 매우 멀리까지 빛을 비출 수 있다. 전파만원경의 반사면도 포물면으로 만들어지는데, 이는 우주에서 오는 전파가 포물면인 반사면에 부딪히면 초점으로 모이게 되어 약한 신호도 잡을 수 있기 때문이다. 포물선의 반사 원리는 아래 그림을 보면 쉽게 이해할 수 있다. 아래 그림에서 초점 F와 준선 위의 점 H를 이은 선분의 수직이등분선과 준선에 수직인 선의 교점이 점 P이고 점 P의 자취가 포물선임은 알고 있다. 이제 빛이 축에 평행하게 들어오면 입사각($\angle DPH$)과 반사각($\angle DPF$)이 같기 때문에 빛은 포물선에 부딪힌 후 초점으로 모이게 된다.

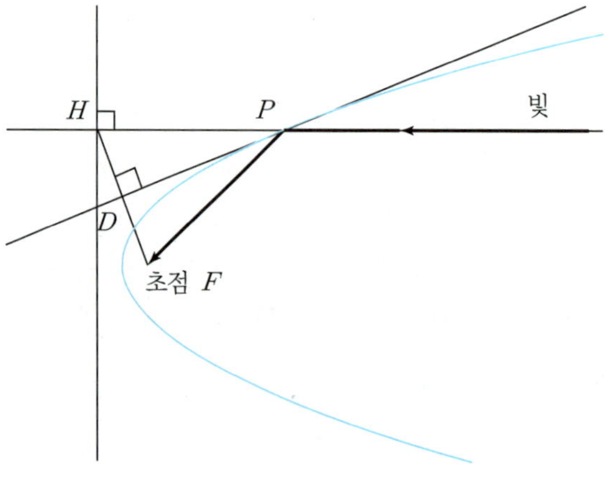

위와 같은 원리는 타원과 쌍곡선 모두에 적용된다. 즉, 타원과 쌍곡선에서 한 초점에서 나아간 빛은 곡선에 부딪힌 후, 다른 초점을 지나간다. 이러한 타원의 반사 원리는 망원경의 렌즈, 치과에서의 전등, 신장 결석을 치료하는 체외 충격파 쇄석기(lithotripter) 등에 쓰이는데 타원형으로 지어진 공간이 있는 건물도 있다. '속삭이는 화랑'이라는 타원형 공간에서는 한 초점에서 작은 소리로 말하더라도 떨어져 있는 또 다른 초점 위치에서 그 소리가 들린다. 이제 타원의 반사 성질을 증명하여 보자.

중심이 F'인 원을 그려 원 위의 임의의 점을 A라 하자. 원 안의 임의의 점 F를 잡아 $\overline{FA}$의 수직이등분선과 $\overline{F'A}$의 교점을 E라고 하자.

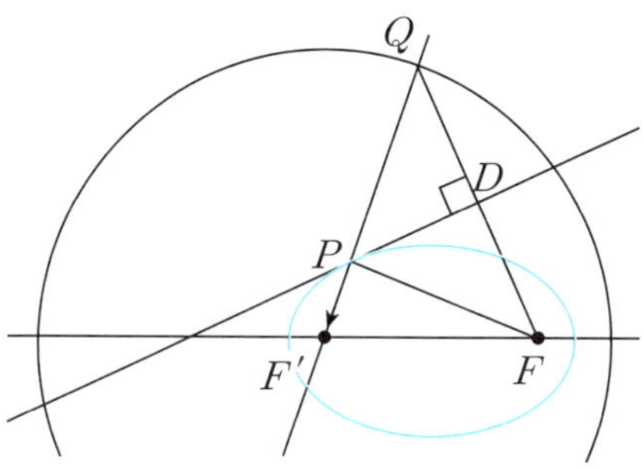

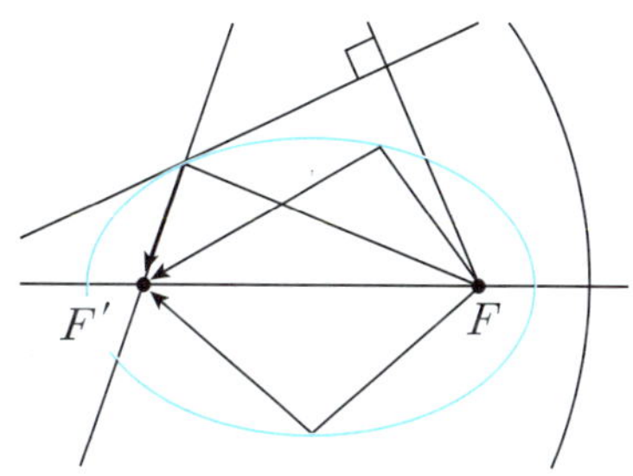

1 직선 EM은 점 E에서 타원의 접선이다. 두 초점 F, F'이 점 E에서의 접선과 이루는 각이 서로 같음을 설명하여라.

2 '속삭이는 화랑'의 원리를 설명하여라.

4 타원의 단면

원기둥 모양의 컵에 물을 담고 기울이면 그 단면의 모양은 타원이다. 코펜하겐에 있는 티코 브라헤 천문관은 이런 모양의 건물로 유명하다.

코펜하겐에 있는 티코 브라헤 천문관

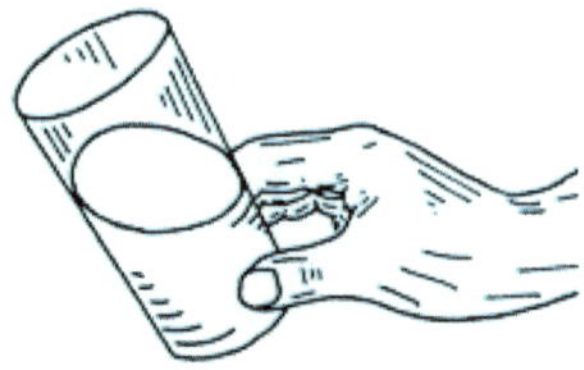

아래 그림과 같이 원기둥과 접하는 두 구와 원기둥의 밑면에 평행하지 않은 평면과의 접점을 F_1, F_2, 점 B는 원기둥과 평면의 교선 위의 임의의 점이라고 하자. 또, 점 B를 지나는 원기둥 위의 직선이 구와 만난 점을 P_1, P_2라고 하자.

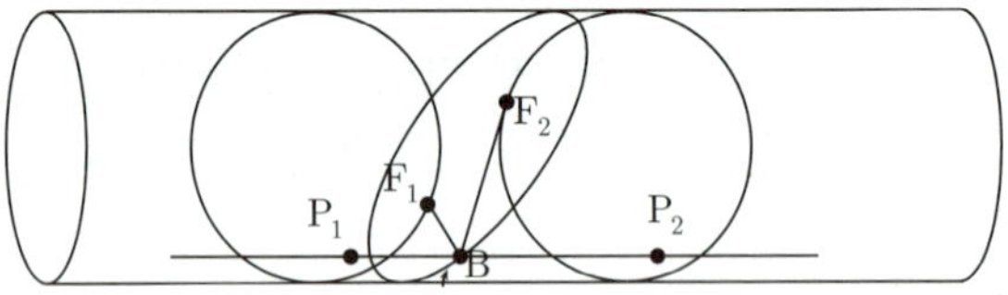

1 구 밖의 한 점에서 구에 그은 접선의 길이는 모두 같다. $\overline{BF_1}+\overline{BF_2}=\overline{P_1P_2}$인 이유를 설명하여라.

2 원기둥에서 원기둥의 밑면에 평행하지 않은 평면에 의한 단면이 타원을 이루는 이유를 설명하여라.

5 배는 어디에 있을까?

제 2차 세계대전 이후, 항해할 때에는 LORAN(LOng RAnge Navigation) 시스템을 사용하고 있다. 이 시스템으로 인해 악천후나 어둠으로 인해 앞이 보이지 않는 상황에서도 항해할 수 있게 해준다.

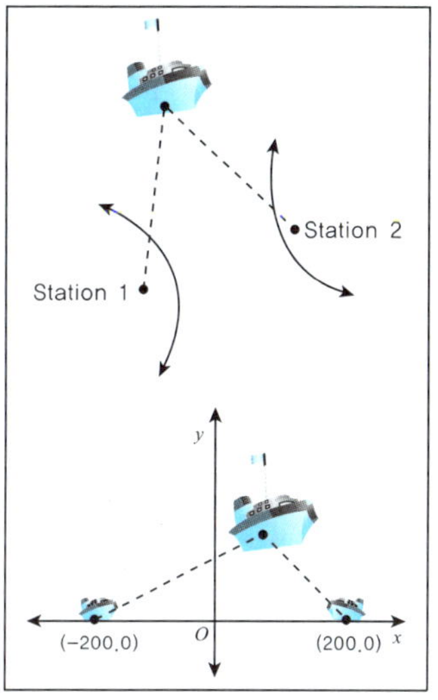

LORAN 시스템의 원리는 간단하다. 굉장히 멀리 떨어져 있는 두 기지에서 항해 중인 배로 동시에 전파를 보내면 배는 보통 어느 한 기지에 더 가까이 있기 마련이므로 이 신호를 약간의 시차를 두고 받게 된다. 두 기지로부터 도착하는 전파의 시간 차이와 전파의 속도를 알면, 두 기지로부터의 거리의 차를 구할 수 있다. 뿐만 아니라, 배는 두 기지를 초점으로 하는 쌍곡선 위에 위치하게 된다.

이제, 두 개의 LORAN 기지 A, B가 직선모양의 해안가를 따라 400km 떨어져 있다고 하자. 해안가로 접근 중인 선박은 두 기지로부터 전파신호를 받은 후 계산해 보니, B기지보다 A기지로부터 100km 더 먼 곳에 있다는 사실을 알게 되었다. 단 A는 서쪽, B는 동쪽에 있다고 하자.

항해 중인 배는 어떤 쌍곡선 위에 있을까? LORAN 기지 A와 B의 중점을 원점으로 하는 좌표를 생각하여 쌍곡선의 방정식 $\frac{x^2}{a^2}-\frac{y^2}{b^2}=1$을 구하여 보자.

1 초점의 좌표를 $(\pm c,\ 0)$이라고 할 때, c를 구하여라.

2 $2a$는 두 기지로부터 배까지의 거리의 차이다. a를 구하여라.

3 배가 위치한 쌍곡선의 방정식을 구하여라.

4 배가 해안가로부터 60km 떨어져 있을 때, 정확한 배의 좌표를 구하여라.

이차곡선 1

❶ 종이로 접은 이차곡선

2 (2) $\overline{F'P}+\overline{PF}=\overline{F'P}+\overline{PQ}=\overline{F'Q}$ 로
점 P에서 두 초점까지의 거리의 합은 원의 반지름이 되어 일정하다.

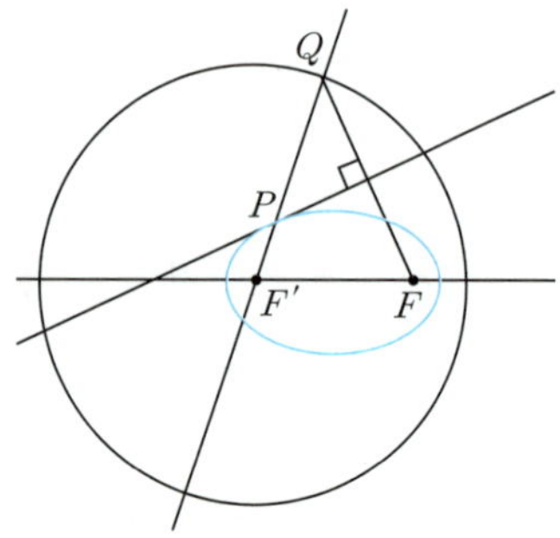

타원의 기하학적인 해석에 근거하여 종이를 접어 타원을 만들 수 있다. 원의 내부에 초점 F를 표시한 후, 선분 FQ의 수직이등분선을 접기 위하여 점 F와 점 Q를 포개어지도록 한다. 원 위의 모든 점에 대하여 이 과정을 되풀이하면 포락선으로 만들어지는 타원을 볼 수 있다.

2 (1) 중심이 F'인 원을 그려 원 위의 임의의 점을 Q라 하자. 원 밖에 임의의 점 F를 잡아 $\overline{FQ}$의 수직이등분선과 직선 $F'Q$의 교점을 P라고 하면

$$\overline{F'P}-\overline{PF}=\overline{F'P}-\overline{PQ}=\overline{F'Q}$$

로 점 P에서 두 초점 사이의 거리의 차는 원의 반지름이 되어 일정하다.

(2) 원의 외부에 초점 F를 표시한 후, 선분 FQ의 수직이등분선을 접기 위하여 점 F와 점 Q를 포개어지도록 한다. 원 위의 모든 점에 대하여 이 과정을 되풀이하면 포락선으로 만들어지는 쌍곡선을 볼 수 있다.

❷ 이차곡선의 발견

1 $x^2=ay$, $y^2=2ax$, $xy=2a^2$

2 $x^4=s^2y^2=s^2(2sx)=2s^3x$, $x^3=2s^3$

3 두 개의 식에서 교점을 구하면 된다.

❸ 포물선, 타원의 반사 성질

1 입사각($\angle DPF$)=반사각($\angle DPQ$)

❹ 타원의 단면

1 $\overline{BF_1}+\overline{BF_2}=\overline{BP_1}+\overline{BP_2}=\overline{P_1P_2}$

2 그림은 회전대칭이므로 $\overline{P_1P_2}$는 점 B의 위치에 영향을 받지 않는다. 따라서 점 B에서 F_1, F_2까지의 거리의 합은 항상 일정하므로 임의의 점 B는 타원을 이룬다.

❺ 배는 어디에 있을까?

1 200

2 50

3 $\dfrac{x^2}{2500}-\dfrac{y^2}{37500}=1$

4 $x=\pm\sqrt{2740}\fallingdotseq\pm52.3$, (52.3, 60)

112-6

이차곡선 2

Keywords 포물선, 타원, 쌍곡선, 이차곡선, 초점

1 던져진 물체가 그리는 곡선은 포물선

경기장에서 축구공, 야구공, 농구공, 골프공 등 여러 종류의 공들이 부드러운 곡선을 그리며 날아가는 것을 흔히 볼 수 있다. 그 자취는 포물선인데, 공은 왜 포물선을 그리면서 날아갈까?

비스듬히 던져진 물체가 손을 떠난 후 이 물체에 작용하는 힘은 중력과 공기 저항뿐이지만 속력이 빠르지 않을 때는 공기 저항은 중력에 비해 무시할 수 있을 정도로 작으므로 여기서는 공기저항은 무시하기로 하고 그 이유를 알아보자.

움직이는 모든 물체는 수평 방향과 수직 방향의 속력을 갖는다. 지표면을 달리는 자동차는 수직 방향 속력이 0이지만 발사대를 떠나 하늘로 솟구치는 로켓은 수평 방향 속력이 0이다. 수평 방향으로 던져진 물체가 그리는 궤적은 수직 방향의 성분과 수평 방향의 성분의 합이다. 그러므로 보통은 수평 방향의 속력을 가리키는 말인 속력에도 두 가지 성분이 들어 있다. 수평 방향을 x축으로 놓고 수직 방향을 y축으로 놓았을 때 공의 움직임은 수평거리 x 와 수직거리 y 의 식으로 나타낼 수 있다.

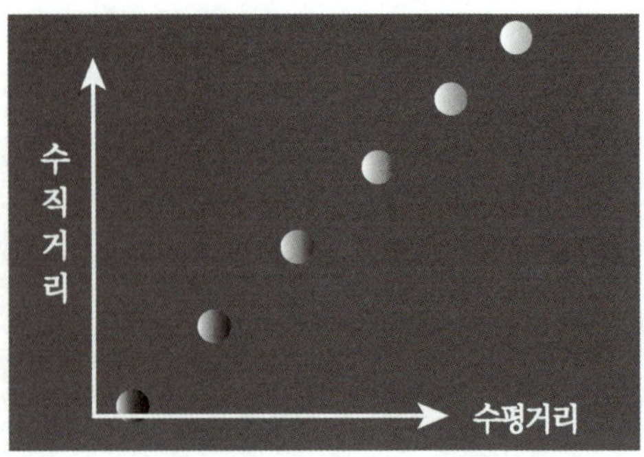

공이 손을 떠나서 허공에서 움직일 때 공기의 저항이나 중력과 같은 외부 힘의 작용이 없다고 가정하자. 또한 수평 방향의 속력인 v_x 와 수직 방향의 속력인 v_y 가 일정하다고 가정하자. 물체가 움직인 거리는 시간과

속력의 곱이므로 $x = v_x t$, $y = v_y t$ 이다. 그러나 갈릴레이(Galileo Galilei, 1564~ 1642)에 의하여 중력장에서 낙하하는 모든 물체는 시간의 제곱에 비례하는 거리, 즉 $-\frac{1}{2}gt^2$(g는 중력가속도)만큼 수직낙하한다는 사실을 알고 있으므로 던져진 물체의 시간 t 후의 높이는 $y = v_y t - \frac{1}{2}gt^2$ 이다.

갈릴레오 갈릴레이

1 t를 소거하여 y를 x에 관한 식으로 나타내어라.

2 **1**의 식을 좌표평면에 그래프로 나타내면 어떤 곡선이 되는가?

따라서 중력이 작용하는 지구상에서는 공뿐만 아니라 분수대의 물줄기, 바닷물 위로 솟구쳐 오르는 돌고래 등 비스듬히 쏘아 올려진 모든 물체의 자취는 포물선을 그리게 된다. 이 때, 수직 거리(높이)와 시간 사이의 관계도 이차함수 관계를 갖는데, 식 $y = -2\frac{1}{2v_x}gx^2 + \frac{v_y}{v_x}x$에서 중력가속도는 $g = 9.8$ m/s 이므로 $y = v_y t - 4.9t^2$가 된다. 즉, 이차항의 계수는 중력가속도의 절반으로 일정하고 일차항의 계수는 던져진 초기 속력의 수직 성분이다.

3 지평면과 θ의 각도를 이루면서 쏘아 올려진 물체에 대해서는 $v_x = v\cos\theta$, $v_y = v\sin\theta$이다. 이때, 최대 높이와 최대 수평거리를 시간 t의 식으로 나타내어라.

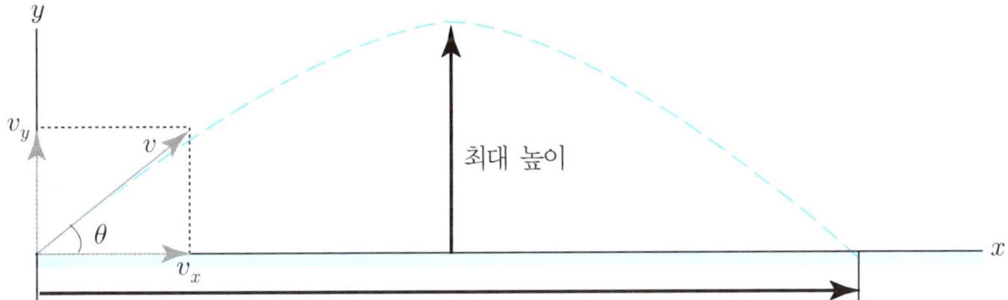

2 현수교에서의 포물선

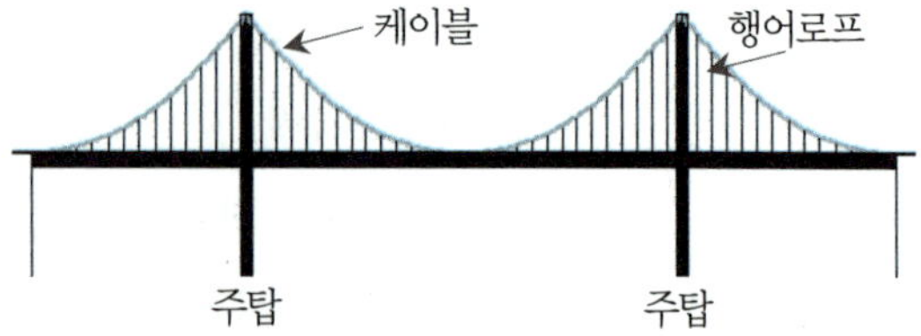

최근 몇 년 사이에 우리나라에는 서해대교, 영종대교, 광안대교 등 매우 큰 다리들이 건설되었다. 이러한 다리들은 모두 현수교 또는 사장교인데, 현수교의 특징인 늘어뜨려진 케이블은 이차함수의 그래프인 포물선 모양이고, 사장교의 특징인 곧은 케이블은 이등변삼각형 모양이다. 이런 양식의 특징은 직선 또는 곡선 모양의 케이블을 통해 두 개의 주탑에 하중이 전달되도록 하여 주탑 사이에 긴 거리를 확보할 수 있다는 점이다. 따라서 큰 배가 지나가야 하는 바다에는 두 개의 주탑 사이로 배가 지나갈 수 있도록 현수교나 사장교 양식으로 다리를 건설하는 것이다.

줄을 양쪽에서 잡고 늘어뜨리면 줄은 위치에너지가 최소가 되는 모양으로 늘어지게 되는데, 이 곡선을 현수선(catenary)이라고 한다. 갈릴레이는 이 곡선을 포물선이라고 생각했으나 융기우스(Jungius, 1669)에 의해서 포물선이 아님이 증명되었다.

1691년 라이프니츠(Leibniz), 호이겐스(Huygens), 요한 베르누이(Johann Bernoulli)에 의하여 현수선의 식이 구해지고 여러 가지 성질이 밝혀지게 되었다.

이제 현수선과 포물선의 정의를 염두에 두고 현수교를 다시 보자. 현수교를 만드는 과정에서 케이블을 주탑에 걸면 그 곡선은 현수선이다. 그러나 케이블에 행어로프를 이어 상판을 매달면 포물선으로 바뀐다. 따라서 우리가 보는 것은 현수교가 아니라 정확하게는 포물교이다.

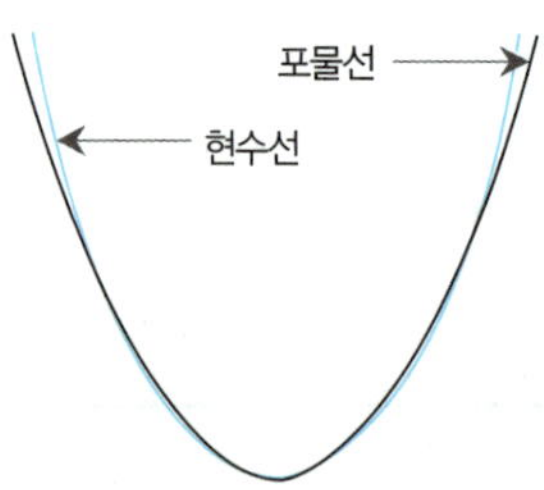

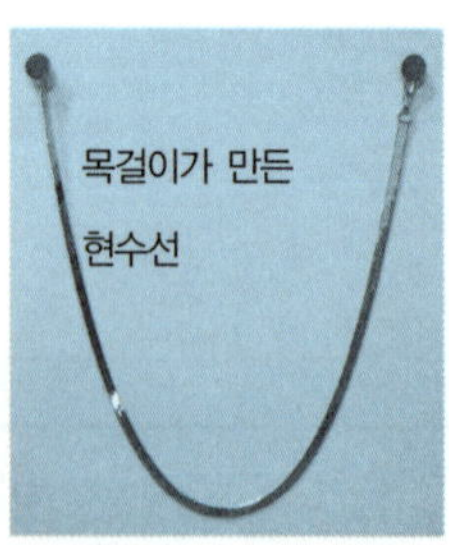

남해대교

현수교, 송전선 등에서 케이블(flexible cable)은 매우 중요한 구조이다. 케이블 구조의 디자인에서 장력(tension), 경간(span), 새그(sag, 처진 정도), 그리고 케이블의 길이 사이의 관계를 아는 것은 필수적이다. 케이블이 평형상태를 유지한다고 가정하여 이 양들을 결정해야 한다. 여기에서의 케이블의 해석에서는 모든 저항을 무시하는 것으로 한다. 즉, 힘이 항상 케이블의 방향으로만 존재한다는 가정 하에 해석을 해보도록 하자.
이 해석을 통해서 케이블이 이루는 선이 무엇인지, 그리고 경간, 새그 등이 주어졌을 때, 케이블의 장력, 길이 등을 구하여 보자.
케이블은 [그림 1]에서 보듯이 각각의 밀집된 하중 시리즈를 지탱해야 하거나 [그림 2]에서 보듯이 강도가 변하는 하중 , 즉 케이블 길이를 따라 연속적으로 분포된 하중 w를 지탱해야 한다. 케이블의 무게가 지탱해야 하는 하중과 비교해서 무시될 수 경우도 있고 그렇지 않은 경우도 있으나 모든 경우에 케이블의 평형에 요구되는 조건은 다음과 같이 형식화될 수 있다.[7)]

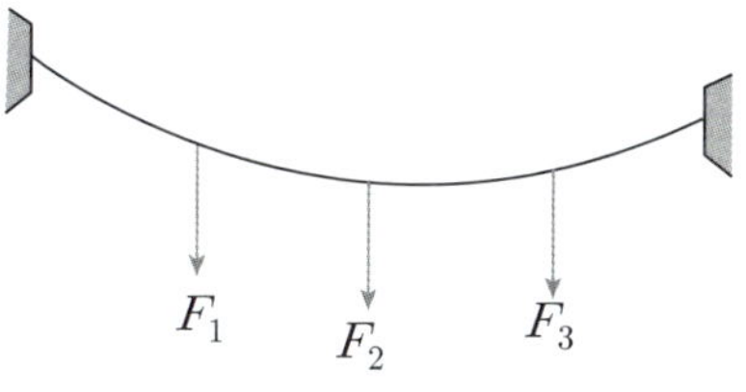

그림 1

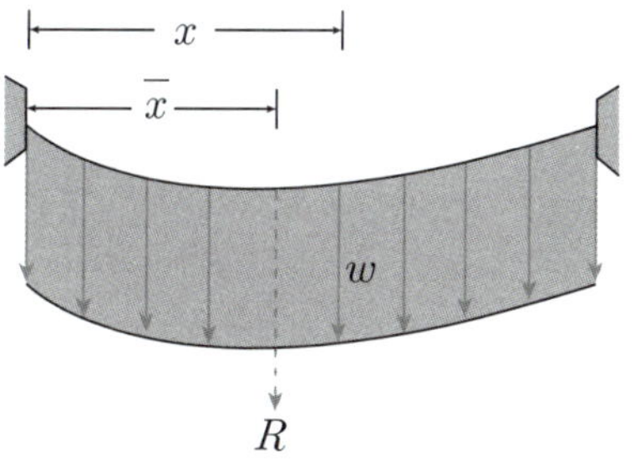

그림 2

1. 케이블이 만드는 곡선

그림 2에서의 케이블에 적용되는 하중의 힘이 단위 수평 길이 x에 대한 단위 힘 w로 표현될 수 있다면 그것은 케이블 전체가 수직으로 받는 힘은 w를 주어진 구간에서 x로 적분하는 것과 같게 된다는 뜻이다. 즉, 수직 합력 R은 다음과 같다.

$$R = \int dR = \int w \ dx$$

7) J.L. Meriam, L.G. Kraige, *Engineering Mechanics - Statics*, John Wiley & Sons, Inc. New York, 1993. p. 301-308.

모멘트의 원리로부터 R의 위치를 찾을 수 있어 위의 식은 다음과 같이 나타낼 수 있다.

$$R\,\overline{x} = \int x \ \ dR$$

즉, $\overline{x} = \int x \ dR \ / \ R$

그림 2에서 줄무늬는 하중의 기본 요소인 $dR = w\,dx$, 색칠된 넓이는 R을 나타낸다.

이제 그림 3을 보자. 임의의 위치 x에서 케이블에서의 장력을 T라고 하고 케이블은 수평 방향과 θ의 각도를 이루고 있다고 하자. $x+dx$에서의 장력은 $T+dT$이고 각은 $\theta+d\theta$이다.

x가 양의 방향으로 움직이면 T와 θ의 변화값도 양이다. 그림에서 수직, 수평 방향의 힘이 각각 평형이 되려면 다음이 성립해야 한다.

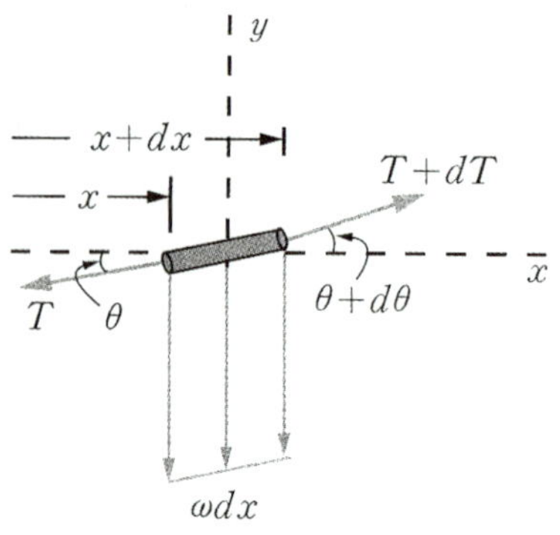

그림 3

$$(T+dT)\sin(\theta+d\theta) = T\sin\theta + w\ dx$$
$$(T+dT)\cos(\theta+d\theta) = T\cos\theta$$

sin, cos의 합의 공식을 이용하여 식을 전개하고 $d\theta \to 0$일 때 $\sin d\theta = \theta$, $\cos d\theta = 1$임을 대입하면

$$T\cos\theta + dT\sin\theta = w\ dx$$
$$dT\cos\theta - T\sin\theta\ d\theta = 0$$

따라서 $d(T\sin\theta) = w\,dx$, $d(T\cos\theta) = 0$를 얻을 수 있다. 이때, 식 $d(T\cos\theta) = 0$에서 T의 수평 방향 요소는 변하지 않는다는 것을 알 수 있다. 변하지 않는 수평 방향의 힘 $T\cos\theta$을 T_0라고 하면 $T = T_0 / \cos\theta$이고 이것을 식 $d(T\sin\theta) = w\,dx$에 대입하면

$$d(\,T_0\tan\theta\,) = w\ dx$$

를 얻는다. 그런데 $\tan\theta = dy/dx$이므로 위의 평형방정식은 다음과 같이 쓰여진다.

$$\frac{d^2y}{dx^2} = \frac{w}{T_0}$$

이 식 $\frac{d^2y}{dx^2} = \frac{w}{T_0}$을 케이블의 미분방정식이라고 한다. 이 방정식의 해 $y = f(x)$로 케이블의 모양이 포물선인지 현수선인지 결정짓게 된다. 케이블 자체 무게만이 작용하는 경우는 현수선이 되고 다리의 상판과 같이 다른 하중이 작용하는 경우에는 포물선이 된다.

2. 현수교의 케이블 모양은 포물선

수직 하중의 강도 w가 상수일 때, 이 설명은 도로의 일정한 무게가 상수 w로 표현되는 현수교에 매우 가깝게 근사된다. 케이블 자체의 무게는 수평 방향으로 일정하게 분포되지 않지만 상대적으로 매우 작기 때문에 이 무게는 무시된다.

먼저 두 점 A, B가 동일한 높이에 있지 않은 경우 그림 4에서 출발하자. 좌표의 원점은 케이블이 가장 낮은 쪽으로 하고 이곳에서의 수평 장력을 T_0라고 하자.

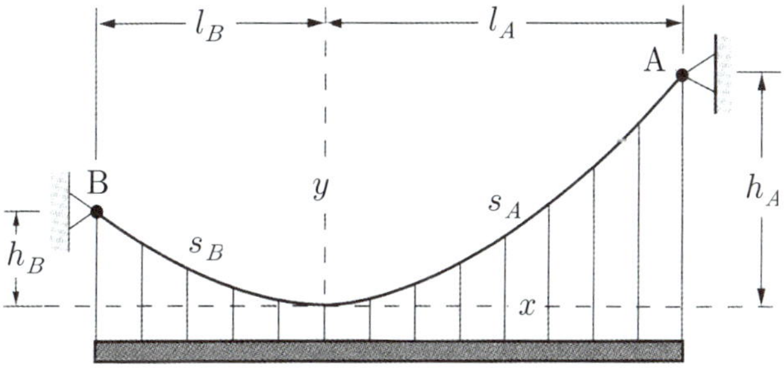

그림 4

식 $\frac{d^2y}{dx^2} = \frac{w}{T_0}$을 x에 대하여 적분하면

$$\frac{dy}{dx} = \frac{wx}{T_0} + C \qquad (C\text{는 적분상수})$$

좌표축을 위와 같이 설정하였으므로 $x = 0$일 때 $dy/dx = 0$이 되어 $C = 0$이

다. 따라서 $\frac{dy}{dx} = \frac{wx}{T_0}$ 이고 이것은 곡선의 기울기를 x에 대한 함수로 결정짓는다.

이제 한 번 더 적분하면

$$\int_0^y dy = \int_0^y \frac{wx}{T_0}\, dx$$

이고 여기서

$$(*) \qquad y = \frac{wx^2}{2T_0}$$

을 얻는다. 이 식으로부터 케이블의 모양이 포물선임을 알 수 있다.

3. 현수교에서 케이블의 길이와 장력

식 (*)에 $x = l_A$, $y = h_A$를 대입하면

$$T_0 = \frac{wl_A^2}{2h_A}$$

그림 5에서 장력 T는

$$(**) \qquad T = \sqrt{T_0^2 + w^2x^2}$$

두 식 (*), (**)에서 T_0를 소거하면

$$T = w\sqrt{x^2 + (l_A^2/2h_A)^2}$$

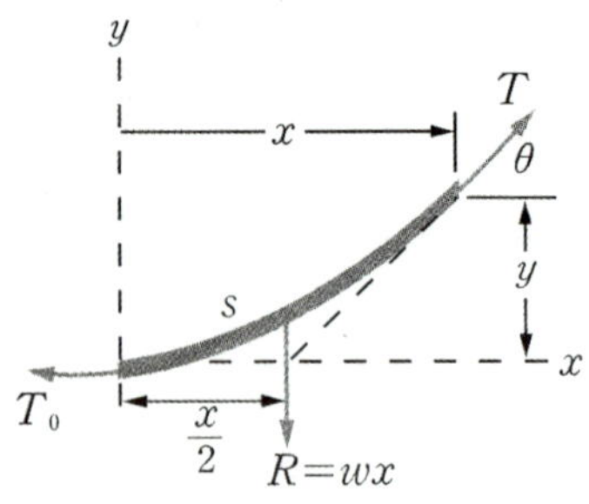

그림 5

장력은 $x = l_A$일 때 최대값을 가지므로

$$T_{\max} = wl_A\sqrt{1 + (l_A/2h_A)^2}$$

원점에서부터 점 A까지의 케이블의 길이 s_A는 $ds = \sqrt{dx^2 + dy^2}$ 을 적분하여 얻을 수 있다.

즉, $\int_0^{s_A} ds = \int_0^{l_A}\sqrt{1+(dy/dx)^2}\, dx = \int_0^{l_A}\sqrt{1+(wx/T_0)^2}\, dx$

적분을 편리하게 하기 위하여 위의 식을 수렴하는 무한급수로 바꾸고 항별 적분하여 보자.

$$(1+x)^n = 1 + nx + \frac{n(n-1)}{2!}x^2 + \frac{n(n-1)(n-2)}{3!}x^3 + \cdots$$

은 $x^2 < 1$일 때 수렴한다. $x = (wx / T_0)^2$으로 치환하고 $n = \frac{1}{2}$로 하면

$$\begin{aligned} s_A &= \int_0^{l_A} (1 + \frac{w^2 x^2}{2T_0^2} - \frac{w^4 x^4}{8T_0^4} + \cdots) \, dx \\ &= l_A (1 + \frac{2}{3}(\frac{h_A}{l_A})^2 - \frac{2}{5}(\frac{h_A}{l_A})^4 + \cdots) \end{aligned}$$

따라서 $h_A / l_A < \frac{1}{2}$일 때 케이블의 길이 s_A는 수렴한다.

원점에서 점 B까지의 케이블의 길이 s_B를 구할 때에는 h_A, l_A, s_A를 h_B, l_B, s_B로 바꾸어서 위의 과정을 되풀이하면 된다.

또한 그림 6과 같이 높이가 같은 탑이 설치되어 있는 현수교에서는 전체 너비는 $L = 2l_A$, 새그(sag, 처진 정도)는 $h = h_A$, 케이블의 전체 길이는 $S = 2s_A$이므로 장력의 최대값과 전체 길이는 다음과 같다.

$$T_{\max} = \frac{wL}{2} \sqrt{1 + (L/4h)^2}$$

$$S = L[1 + \frac{8}{3}(\frac{h}{L})^2 - \frac{32}{5}(\frac{h}{L})^4 + \cdots]$$

S는 $h/L < 1/4$일 때 수렴한다. 대부분의 경우에 h는 $L/4$보다 매우 작으므로 세 항 정도이면 케이블 길이 S의 정밀한 근사를 얻기에 충분하다.

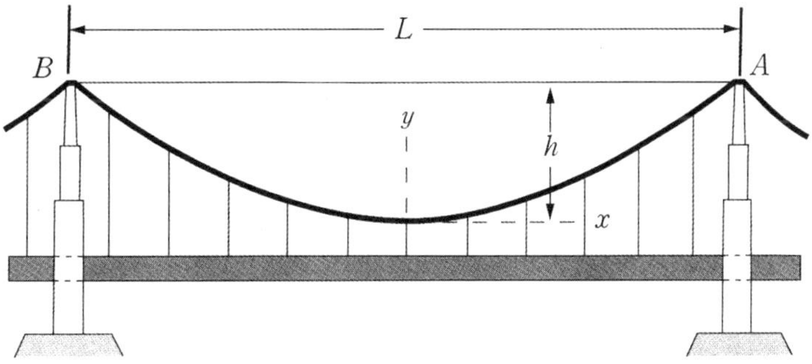

그림 6

이제 다음과 같은 현수교에서 케이블의 길이와 장력 등을 구하여보자.

1 아래 그림에서와 같이 300m 떨어진 같은 높이의 두 지점 사이에 매달린 케이블이 수평 길이에 대하여 미터당 12kg의 무게를 지탱하고 있다. 새그 h가 60m 일 때, 중간 지점에서의 장력, 최대 장력, 케이블의 전체 길이를 구하여라. 단, 중력가속도는 9.81 m/sec^2으로 한다.

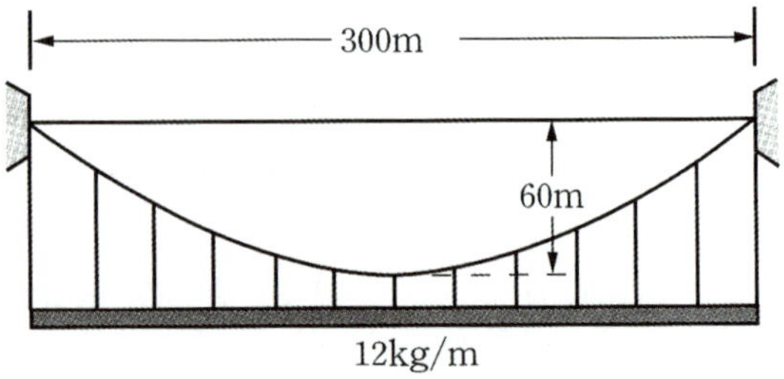

이차곡선의 활용

❶ 던져진 물체가 그리는 곡선은 포물선

1 $y = v_y(\frac{x}{v_x}) - \frac{1}{2}g(\frac{x}{v_x})^2 = -\frac{1}{2v_x}gx^2 + \frac{v_y}{v_x}x$

2 포물선

❷ 현수교에서의 포물선

1 $h = 60\text{m},\ L = 300\text{m},\ w = 12 \times 9.81 \times 10^{-3}\ \text{kN/m}\ \ l_A = L/2$를 대입하면

$$T_0 = \frac{wl_A^2}{2h_A} = \frac{wL^2}{8h} = \frac{0.1177\,(300)^2}{8 \times 60} = 22.07\ \text{kN}$$

$$T_{\max} = \frac{wL}{2}\ \sqrt{1 + (L/4h)^2} = 28.27\ \text{kN}$$

$$S = L[1 + \frac{8}{3}(\frac{h}{L})^2 - \frac{32}{5}(\frac{h}{L})^4 + \cdots\ ] = 300(1 + 0.1067 - 0.01024 + \cdots = 329\text{m}$$

ㄱ

각뿔수 72
감마함수 376, 377
게임 규칙 암호 385, 386
골드바흐의 가설 87, 89
공개키 암호 398, 400
공배수 230
공액분할 165, 166, 168, 169
과잉수 39, 40, 42, 43, 46, 53
극대이데알 243
기약다항식 243
기우가 가설 27
기우가 수 11, 26, 27, 29
기하평균 291-293, 295, 304, 307

ㄴ

뉴턴의 제곱근 알고리즘 361

ㄷ

다중 아핀 암호 385
단위분수 12
단항이데알 243
대수적 수 351
도미노 111, 112, 246, 247, 249-253, 255
도형수 56, 57, 61, 65, 67, 72, 74, 77
동치 280
동치류 411, 412, 446
등비수열 33
디리클레 식 214
디리클레의 정리 90

ㄹ

라그랑주 정리 1 279
라그랑주 정리 2 279
랭만의 퍼즐 118
로그평균 306, 307
로랑 다항식 433
루카스 수열 106, 129
르장드르 기호 213, 214
르장드르의 식 152
리만 가설 79, 84, 85
리만 제타 함수 84, 152, 377
린드 파피루스 11, 13, 14, 17, 313, 314

ㅁ

마방진 90, 91, 94
멱급수 환 171-173
멱평균 307
모듈 p 유리수 224
모듈 10 유리수 222-224
모듈러 변환 280
몫과 나머지 228, 230-232, 235, 242-244, 247, 248
뫼비우스 함수 152
무리수 192
미디의 정리 211

ㅂ

배수 228
베르누이 공식 184, 186
베르누이 다항식 184, 185
베르누이 수 177, 180, 181, 183, 184, 188
보이는 점/ 보이지 않는 점 365
부정방정식 268-277
부족수 39, 40, 43, 46, 53
분모가 소수인 단위분수의 합 29
분할 445, 446
분해 445, 446
비조화평균 305
비티 수열 423-425
빅뱅 이론과 블랙홀 95

ㅅ

사각뿔수 72, 73
사각수 55, 56, 59-64, 66, 67
산술평균 291-293, 295, 304, 307
삼각뿔수 72, 73
삼각수 55-58, 60-64, 66-72, 74-76
상/ 정의역/ 공역/ 치역 406
샘 로이드의 퍼즐 116, 120
생성함수 170, 171, 173, 174, 431, 433-437, 440-447
서로소 81, 230, 328
소수 79, 80
소수를 만드는 공식 92
소수의 개수 82, 83
소수의 성질 87
소수 정리 83, 84
소인수분해 229
순수 순환 단순연분수 279
순환 단순연분수 277-279
순환마디(의 길이) 193-197, 200-204, 209-212, 222
순환소수 192, 195, 198, 200-204, 209, 218, 221
스펙트럼 423-425
시에르핀스키의 가설 17

ㅇ

아르키메데스의 황소 문제 260
아틴 가설 206
아틴 상수 205
아핀 암호 384
약수 228
약수의 합 11, 30-35, 37-40, 42-45
에라토스테네스의 체 80
에르도스-슈트라우스의 가설 16
역함수 406, 408, 409, 411
연립합동식 264
연분수 127, 235, 236, 239-242, 244, 248, 250, 251, 253, 266, 277, 280, 283-285, 350, 357, 375
오각수 55, 56, 62-64
오일러 상수 377, 379
오일러 식 22
오일러 함수 202, 203, 210
오일러의 곱 153
오일러의 방법 47
오일러의 정리 395
완전수 11, 30, 34-40, 42-44, 49, 68, 69, 71
왼쪽으로 가는 순환수 218, 220, 222
우주공간의 부피 98

운동에너지 99
원뿔곡선 454-456
원시근 200, 203-205, 214, 216
원시형식 213, 214
원주율 311
원주율의 역사 312-317
월인석보 348
위어드 수 40
위치에너지 99
윌슨의 정리 395
유크셀 수열 364
유클리드 알고리즘 227, 228, 230-232, 268, 269, 271, 350
유클리드-오일러 정리 36
유클리드의 증명 81
유한소수 192
육각수 55, 62-64
이집트 및 피보나치 곱셈법 124
이차곡선 452, 454
이차무리수 277-281, 283
이항계수 435-437, 440, 445
일대일 대응 408, 409
n차-근사분수 252
RSA 암호 399, 401

ㅈ

자기변환 280, 281, 283
자연대수함수와 지수함수 178
자연수의 분할 162, 166, 168, 170
자연수의 합 107, 143, 144, 150, 156, 157, 161, 163, 164, 174
자체 공액분할 166, 169
정사각형붙이기 104-106
제곱근평균 305
조화평균 291-293, 295, 304, 307
종말론적 수 137
주기수 204
준완전수 11, 30, 38-40
중국인 나머지 정리 394
중심이 있는 도형수 74, 77
중심평균 305, 306
지구탈출 속도 98
지수생성함수 180, 184

ㅊ

초월수 351
최대공약수 228, 230
최대정수함수 416-420
최소공배수 230
최소정사각형 분할 125, 127, 128
최소정수함수 416-420
치환 암호 387, 388
친화수 11, 43-53

ㅋ

카이사르 암호 382-384
카탈란 수 442, 443
쿰머의 증명 86
키릴로프의 문제 433

ㅌ

타빗의 방법 45-48, 50-52
타원 452-458

ㅍ

페레르의 다이어그램 165, 166, 168
페르마 소수 81
페르마 수 81

페르마의 소정리 11, 27
페르마의 정리 395
페어리 수열 365-371
펠 방정식 280-285
포물선 452, 453, 455, 456, 462-468
피라미드 334-337
피보나치 수열 103, 104, 106, 107, 110, 111, 114, 116-118, 120-122, 124, 129, 130, 133, 136-138, 170, 171, 175
피보나치의 방법 15

ㅎ

하세 다이어그램 31-33
합동식 268, 272
합동식을 이용한 증명 86
합성수 229
합성함수 407
헤론평균 304-306
헨리 함수 409, 410
호루스의 눈 12, 13
환 243
황금비 103, 133, 136, 240, 334-338